U0274652

精彩由此展开……

300种美树彩图馆

付改兰　编著

中侨彩图馆

刘凤珍　主编

中国华侨出版社

图书在版编目（CIP）数据

300种美树彩图馆 / 付改兰编著. — 北京 : 中国华侨出版社，2015.12
（中侨彩图馆 / 刘凤珍主编）
ISBN 978-7-5113-5858-5

Ⅰ. ①3… Ⅱ. ①付… Ⅲ. ①树木－普及读物 Ⅳ. ①S718.4-49

中国版本图书馆CIP数据核字(2015)第302761号

300种美树彩图馆

编　　著/付改兰
丛书主编/刘凤珍
总 审 定/江　冰
出 版 人/方　鸣
责任编辑/紫　夜
装帧设计/贾惠茹 杨 琪
经　　销/新华书店
开　　本/720mm×1020mm　1/16　印张：27.5　字数：685千字
印　　刷/北京鑫国彩印刷制版有限公司
版　　次/2016年5月第1版　2016年5月第1次印刷
书　　号/ISBN 978-7-5113-5858-5
定　　价/39.80元

中国华侨出版社　北京市朝阳区静安里26号通成达大厦3层　邮编：100028
法律顾问：陈鹰律师事务所
发行部：（010）64443051　　传真：（010）64439708
网　址：www.oveaschin.com　　E-mail: oveaschin@sina.com

Preface 前言

树，是地球上最复杂、最成功的植物种群。最早的树木大约出现于3.7亿年前，而最后进化成类似现在的规模和种群数量，也已有几百万年的历史。今天，它们几乎覆盖着地球上1/3的陆地面积，有80 000多个不同的品种，从匍匐在地上的北极柳一直到高耸入云的红杉都属于这个庞大的树木王国——后者可以巍然矗立在113米的惊人高度。

本书即将为您呈现的便是多姿多彩的树的纷繁世界，精选全球最典型、最具代表性的近300种树，堪称对各种树木的盛大检阅和礼赞——从耐寒的针叶树、五彩缤纷的落叶阔叶树到风姿绰约的热带树，都被收入其中——带给读者更加丰富的知识素养，从而提高对树木的认知。它会让你对自己所在地方的树木种类增加更多的认识，并惊讶于世界上竟存在着如此丰富的树木种类，感叹它们作为独具魅力的生命形式是多么令人不可思议。

全书分“综述”和“树的种类”两大部分。“综述”部分从总体上描述了树木的形态及树根、树干、树叶、花和果实各部分的结构特征，以及森林与生态、社会、气候的关系等。“树的种类”部分中，除了几种较独特的裸子植物外，分别被归入“针叶树”、“阔叶树”、“热带树”三大类中，其中既有最著名、最珍贵、最具经济与生态意义的树木品种，也有众多普通的、常见的树种。每一个分类条目都有对特定树木的详细描述，包括其习性、科属、自然分布状况、树干高度、树形、叶子形状、经济用途等，以及这种树木会不会开花、结果。

作为一部图文并重的百科类图书，书中1 000余幅精心拍摄的照片、手绘插图将树木王国的多姿多彩直观立体呈现，每一种树木的各项细节，如树形、树枝、树叶、树皮、花朵、果实、种子等无不穷形尽相，极具使用价值和欣赏价值。

人类和树木有着天然的密切联系，不管身居何处，它们总是与我们息息相关。树木带给我们的不仅仅是食物、遮蔽所、木材、药品、燃料等，还有对我们赖以生存的环境所起的重大生态效益，例如调节气候、净化空气、涵养水源、防止水土流失等。对于所有生命而言，树木都是一个十分关键的元素。但可惜的是，全世界现有 8 750 多个树种正濒临灭绝，在整个世界范围内，每分钟至少都在丧失约 40 公顷的绿地面积。如果没有了树木，没有了绿色植物，世界将是不可想象的。为了人类的生存和发展，人人都应在更了解树木的基础上更好地爱护它们、爱护大自然。

Contents 目录

综述

树的种类

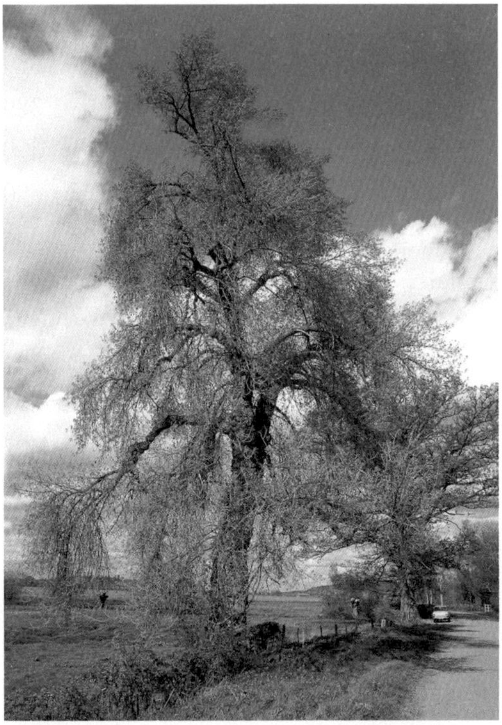

综述

很早以前人们已经将植物分成草本、木本（灌木、乔木）两类，而树是我们极为熟悉的。在我们的印象中，树是多年生植物，它们能够达到相当的高度，有单根木质的自支撑树干，通常在地面之上一定距离才开始分枝。然而，树的一个最显著特征是它们的多样性：形式多样，从针叶树、阔叶树到棕榈树，外观极为不同；生命史多样；在生态系统里充当的角色和所起的作用大不相同。

简单说来，树由 3 个部分组成：树根、树干（支撑茎）以及树干上面树枝和树叶组成的树冠。灌木要矮一些，没有严格意义上的树干，但是树木和灌木的区别并不十分清晰，有时候高的灌木和矮的树木很难区分。不管如何，每棵树的生命都是从一棵小树苗开始的，而树苗是由种子长成的，或者像树蕨（桫椤）那样由一个微小的孢子长成（这种情况非常罕见）。人类的活动也会产生一定的影响——许多树木的栽培变种只达到灌木的高度，而剪枝或矮林作业也会导致树的高度降低，形状好似灌木。

形态学特征

树作为孤立的样本常常出现在公园、花园，尤其是植物园里，在那里许多不同的树种聚集在一起，可比较一个物种与另一个物种的形态。这样我们很容易理解每个物种都是与众不同的，而且一般可以通过一系列“形态学特征”进行识别。当然，古代大多数人无意间已利用形态学特征辨认出树的普通种类。这些特征包括树皮、树叶、蓓蕾、分枝的方式，这赋予树自身独特的形状。

尽管单种样本树很重要（这通常是特地种植政策的结果），但在大多数人的心目中还是将树与森林或林地紧密联系在一起。对植物学家来说，这包含了植物社会学或生态学。人们对于森林的概念通常来自于童年的经历，那时认为森林通常是特征单一、里面光线黯淡的一种栖息地，这种简单的印象实际上体现了北温带许多森林的两个重要特征：首先是单个物种（有时候是 2 种或者 3 种）占优势；第二，树聚集在一起形成树冠层，因此大大减少了树冠下面可接收的光量。单棵树和整个森林都有统一的形态，我们这里主要关注的是树本身，但北方温带地区的针叶林和落叶林与大部分湿润

↗ 榕树具有向下生长的气生根，一旦气生根到达地面，就会长粗，这样树木看起来好像是被柱子支撑起来的。榕树在印度教中非常重要，经常被当作神物来崇拜。

的热带地区的本土植物差异非常大。在北方地区，通常用单个优势树种命名森林，例如北美和欧洲常见的橡树林、山毛榉林、松树林或者云杉林。与此相反，在潮湿的热带地区，物种的多样化程度很高，几十个不同的树种具有完全不同的高度、习性和叶子，但在整体结构中占有几乎同等的地位。热带森林最明显的特征就是每棵树都很高，或者说其树冠高度远高于其他地区普通的树冠层。

结构多样性

同样值得关注的是树木本身的结构多样性。最令人吃惊的当然是榕树，它是非常常见的一种常绿树。有些榕树的高度可达 26 米，而且具有长长的水平伸展的枝条，间或向下生出气生根，伸至地面充当树的支撑柱。榕树可能是世界上树冠最大的树种，再加上它们的树柱或者说支柱根，一棵树就可以形成一个小树林。在印度，榕树是神圣的。早在公元前 4 世

↘ 道格拉斯冷杉 (花旗松)生长速度非常快，通常每年可长高1米，有时候甚至达到1.5米。

↗ 加拿大艾伯塔的杰斯帕国家公园内麦迪森湖边生长的棉白杨、英国针枞和杉树。

纪亚历山大帝国入侵印度时，就已经有关于榕树的介绍。

我们曾试图用简单的植物学术语来表达这种结构的多样性，但是高大的橡树、山毛榉、棕榈和松树，以及细长的桦树和巨大的丝棉树，虽然都具备树的必要植物学特征，但彼此之间的差异又很大。因此简而言之，它们在统一的模式下表现出结构的多样性。

树形

大多数人直观地认为普通的树有两种形式——尖顶的“杉”树和“顶部茂密”的落叶树，这种最简单的划分分别包含针叶树和阔叶树。还有两种容易辨认但没那么常见的形式是帚状的钻天杨和“钉子”状的棕榈树。另外，还有其他许多树种已被植物学家鉴定。在冬天看看落叶树就可以明白每个物种高度分化的模式。最终，所有的形态和分支特征必须与胚性组织所处位置的芽尖的生长状况联系起来。所有这些特征在很大程度上来自植物的遗传，但是也会受到环境的影响，然而它们总是受到精确的生理限制。这一点使我们首先明白了树木结构的高度一致性：每一种树，不管属于什么种类，不管长在什么地方，都取决于细胞和组织的有序组合。树木解剖学家正是从这些细胞和组织入手来理解树木的。

因此，在专业人士眼里每个树种都有一种特征化形式，或者说一套植物学术语，一种总体形态学，这是长期进化的外在表现形式，尽管其属于生理特征，但必须用解剖性术语表达。每个树种有它自己的外在形式，同时内部解剖结构也有明显的、甚至是独有的特征，对于植物学家来说，这一事实为微观解剖树木进行比较研究开辟了一个广阔的领域。

任何树种的一般形态都不是固定不变的，甚至只要每天随便观察一下都可以发现无数这类例子。尽管单个树种的某些特征是不变的，但是在一定的地理范围内，在一般习性和高度方面还是会有巨大的差异，最明显的例子就是在北美广阔的地域内不同地区生长的花旗松。或许有人会拿我们熟知的罗森桧进行比较，它在栽培时差异很大，有时是生长速度很慢的观赏树，而在北美西部森林里，有的罗森桧高达 60 米，在那里以“美国扁柏”之名而广为人知。从常青针叶树，例如松树、云杉和银枞直插云霄的轮廓来看，比较显眼的一般形态取决于所谓的主干，而其生长与旁枝相关。主干明显的优势和极速的生长可能在数年之后呈现出非常端庄的尖顶习性，比较典型的是落基山脉的英国针枞；而某些主干不占优势的欧洲松树种可能形成矮顶生长习性，例如伞松。对于苏格兰松而言，不管是茂密的丛林中还是彼此孤立的个体，都会对生长中树木的总体习性产生巨大的影响。最后，当一个树种达到它所生长的纬度或海拔高度的极限时，就会出现特别矮小及发育畸形的样本——一般不认为它们与生长在较低纬度或低海拔地区的属于同一物种。人们很容易忽略这些多瘤的、矮小的物种，实际上它们可能是古代的遗留种——或许已经生长了几百年。

有少数树种能在适宜的环境中生存四五百年，其中包括所谓的长寿种，例如英国橡树。但只有少量种类存活时间非常久，例如寿长 1000 年的紫杉。最长寿的是美国西部海岸与山区里生存的红杉和其他少数针叶树以及一些经过鉴定的长寿单子叶龙血树个体，它们有的寿命超过 2000 年；而某些龙血树和狐尾松存活了 4000 多年。但实际上，许多树的自然寿命由于森林管理的需要缩短了，例如周期性砍伐森林并取其木材，而城市里为了美化环境栽培的树木，也可能为了防止它对公众造成危害而不得不砍伐。

树干和木质部结构

让一个孩子画一棵树，他（她）会先画树干，然后添加扇形或者枝干，总之树干是一般意义上的树中不可或缺的部分，然而树干的高度和直径尺寸可能变化很大。

在热带，具有大的树干和相对较小树冠（由于枝干的限制）的树通常被称作厚梗树；那些树干相对较细而树冠较大、枝干广泛伸展的树叫作薄梗树。许多生长缓慢的树，甚至有些大的、成熟的针叶树可能都没有单根明确的树干，例如普通紫杉和欧洲雪松。然而，很难想象大部分正常生长的落叶树种会没有树干，例如橡树、椤和山毛榉树，尤其是大部分针叶树。

由于树木在早期生命中存在一个被放射状组织的中心轴，自嫩芽伸展到根部，因此出现了树干，并显示出它突出的地位。最初，在山毛榉树苗的第一年生命里，在这种纤细的轴中，茎和根之间的界线可能并不明显，但是它们未来的发展却大不相同，树苗上纤细的（已经是木质的）茎在数年之后逐渐转变成发育完全的树的树干。在生长过程中树彼此之间若靠得太近可能会抑制侧枝的存活，因此我们常常看见尽管密密匝匝的松树或云杉可能已经生长了三四十年，但它们的树干在很高处才伸展出侧枝。某些时候，缺乏侧枝可能是因为在早期，森林工人的“性急”行为所致。当然，相同物种的独立个体也会表现出大不相同的景象。

许多棕榈树种包括油棕、椰枣树和椰子树的结构颇为独特，从严格意义上说树干就是一个不分枝的茎干，上面顶着一个由巨型树叶组成的树冠，而且棕榈树的生长方式与阔叶树或针叶树完全不同，尽管棕榈树的“木质”与它

槲树长着黑色的条状树皮。许多橡树的寿命都很长，可能可以存活800年或者更长时间。

↗ 猴面包树通常是非洲草原上干旱季节里唯一可见的不落叶树，这是由于它的巨型树干比较轻，肉质，由中空的小室组成，在雨季时可以储藏数万加仑的水以备干旱季节用。这种树是天然的“水库”，所储的水可供人类和动物饮用。

们在化学特性上有些相似，并且也特别坚韧，但其茎干的排列和结构与阔叶树和针叶树截然不同。许多热带树的树干多弯曲，与北方温带森林里的树并不相像。一棵成熟的猴面包树，树干的特点是特别粗。

一棵针叶树和一棵阔叶树树干的细胞成分在解剖学排列上本质是相似的，只有成分本身不同。简单地说，我们可以看到许多的层——从外层保护性树皮、输送糖分的韧皮部（或内树皮）到木材内部输送水分的固体核心部分（木质部）。在韧皮部与木质部之间，有一个活跃地分裂细胞的狭窄带（维管形成层），向外生成次生韧皮部，向内生成次生木质部或者木质。

解构木质部

为了详细了解这些层，我们将从木质部说起，木质部是树干的主要组成部分，具有重要的经济价值。在所谓的“硬木”或双子叶木本树种中，木质部主要由 5 种比例不同的成分组成：

1．导管最有特点，它由首尾相连的管状细胞组成，导管分子幼时是活细胞，成熟时原生质体被分解，成为死细胞，胞间横壁消失，形成穿孔。

2．一般说来，大多数硬木中很大一部分是由纤维成分组成的，它由无数狭长的细胞组

◎相关链接

木质素是一系列化学成分不详的复合碳化合物的通用术语，但是很明显有许多不同种类的木质素。一个值得一提的有趣事实是针叶树的木质素与阔叶树的木质素不同。另外我们需要注意的重要事实是：这些细胞和它们的木质素决定木质的强度和硬度，因此木质素壁越厚，这些特性就越明显。

成，有着厚厚的细胞壁和细细的尖端，彼此紧紧连接在一起，其中散布着导管。木质部的硬度取决于这些细胞的数量和细胞壁的厚度。

3. 大多数木质部含有一定比例活的薄壁细胞，通常里面储藏有淀粉。这些细胞在其他厚壁成分间形成竖直序列。

4. 木质部上活的部分生理上与所谓的放射线联系起来。放射线实质上是由少数活细胞垂直叠层起来的壁，里面通常充满淀粉。在被剖开的树干或枝干中（也就是从横切面观察），这些放射线形成一系列放射状线，其中最宽的线肉眼很容易看见。

5. 管胞为木质部的细胞成分之一，为末端尖锐的管状细胞。硬木上管胞的数量通常并不多，但是在所有的软木以及非常稀少的原始双子叶植物中它们几乎是“木质柱”（除了放射线之外）的全部要素。管胞具有双重作用——作为导管的输送功能和提供纤维的强韧性。它们的部分纵向壁上具有非常分散的浅点，叫作凹坑，它们将水从一个细胞运送到另一个细胞。

在树木生长以及存活的时候，树的导管壁、管胞壁和纤维壁充满一种叫作木质素的物质。当它们死亡后，这种物质仍然存在，因此保留了硬的细胞形状。

因此我们把树干或枝干的木质看作是由庞大的连锁的微观细胞丛组成的，其中有些在器官功能成熟后变得高度木质化并死去；其他与此交织在一起的成分（组成木质部的薄壁组织和放射线）仍然存活，而且代谢活动的程度不同。所有这些细胞来源于精细的分生（周期性分裂）细胞柱体，术语叫作维管形成层，它们形成木质部和树皮之间的分界线。毋庸置疑，维管形成层作为一种分生组织或者形成组织，不仅在树的发育过程中发挥重要的作用，而且在树的整个生命历程中都具有重要的作用。

■ 年轮

人们都知道在拦腰劈开树干之后会看到年轮，这种放射状的生长轮代表着它的生长年龄，但是生长轮是怎样出现的呢？答案就在于维管形成层在每年不同时期产生的细胞类型和大小。在有些树种中，年轮看起来更加明显，这是因为春季初次形成的导管比夏季形成的导管要大得多。英国橡树和梣树都很好地表现出这种特征，这类木质称为“环孔材”。有些木材，包括山毛榉树、柳树、苹果树等，在春季和夏季木质之间导管直径没有明显的差异，这类木质的年轮叫作“散孔材”，其年轮间的界线并不十分清晰——夏季这类木质除了导管尺寸之

↗ 一个树桩的生长轮显示了它的年龄，每个生长轮就是树木在一个生长季节里生成的一个木质层。生长轮由于生长条件的不同或宽或窄——如果生长时雨量丰富就会产生宽生长轮，干旱的话就会产生窄生长轮。

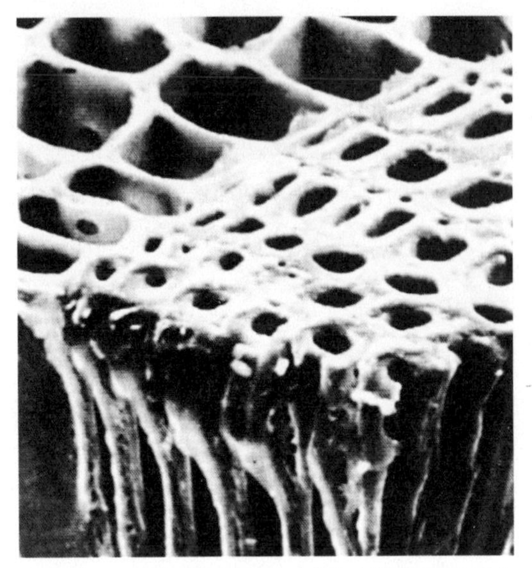

↗ 通过电子显微镜放大500倍的苏格兰松的天然木质结构照片。

外还存在其他明显的特征作为分界标记。在一种软木中，例如苏格兰松，在生长周期结束时形成管胞，此时正是夏季，它们比起春季形成的管胞具有更窄的孔和更厚的壁，由此人们能够识别每年生长的轮。

单子叶的被子植物例如棕榈一般没有显示出由于维管形成层柱所致的每年树干的变粗，也就是说没有明显的次生增厚过程。但是有极少数单子叶被子植物树干变粗的方式非常怪，完全不同于双子叶植物，最著名的例子就是龙血树，它的基本组织里的细胞是分生的——能够像我们前面描述的双子叶植物的形成层细胞那样分裂，但是它不是向外茎部切掉韧皮部细胞，也不是向着中心切断木质部细胞，而是韧皮部细胞和木质部细胞都向着茎的中心被切掉，这样我们会看到如同在初生茎里维管束那样的模式不断复制、增加。

■ 木质部的其他特征

木质部解剖学家习惯研究 3 种薄切面：横切面、径向切面和切向切面。径向切面是通过茎的中心（直径）所作的纵切面，切向切面是垂直于茎的半径所作的纵切面。从微观上看，这 3 种方式结合在一起足以提供鉴别木质部所需要的所有信息：在大多数情况下，可以鉴别出木质所从属的属，有时甚至能鉴别其所属种类。虽然通过该过程我们可以了解木质部许多特点，但是还有其他可利用的特征，不需要显微镜就可以检测到，其中包括一些结构特征用放大镜或者凭肉眼就可以看到，例如颜色和比重，以及树皮的形态。在分析木质部颜色的时候，通常必须考虑活的外层区域和通常没有活性的核心区域的差异——前者一般是颜色较浅的边材，而后者是颜色较深的心材。从商业角度来看，心材是最有价值的，它里面包含有数量不等的树胶、树脂和作为天然防腐剂的沉积物。对于有些木材，这种心材具有与众不同的颜色，例如黑檀树的是黑色的，豆科的洋苏木树的是紫色的。

木材的比重差异很大，正是这一重要的物理特征使得人们可以据此分类：柚木是价

↗ 树的木质部被切开当作木料，外面圆边的“厚片”被削成结片并加工成硬板。木质部的外层很少有结，通常加工成厚木板，而中间的核心部分结比较多，可切成更厚的木板或者横梁。树干可以“削开”做成夹板，或者用于造纸。

值不菲的木材，木质密实、厚重，并且由于里面有树脂材料沉积所以特别不易腐烂；与此相反，美国香脂木特别轻，有点类似于分布比较广泛的西非树，有一定的价值。毋庸置疑，树的用途与显微镜下可观察到的它的解剖结构密不可分。

树皮

一棵活的树若没有树皮或外壳，它就是非常不完整的。植物学术语中，树皮被定义为“维管形成层外所有的组织”，而且包含多种成分。详细说来，树皮可以分为由维管形成层构成的“内树皮”或者说“韧皮”，以及大体上由木栓形成层组成的“外树皮”。以前，解剖学家有时候会将内树皮区分成两部分：“硬”韧皮部和“软”韧皮部，前者由纤维组成，后者是韧皮部活的成分。在一般人看来，“树皮”通常就是指粗糙的外层；但是活的韧皮部成分是树的重要组成部分，因为它们的功能是将糖类以及新陈代谢产生的其他有机产物从植物的一个部分输运到另一个部分。

外部的树皮是保护性的，但是我们常常会看到动物伤害树皮，另外树皮也会或多或少地从木头上剥落。有些树种已经进化出一些措施减少这类伤害，包括干茎上长螫毛和长刺；甚至可能已经与动物群（特别是昆虫）发展成共生关系，共生动物在宿主树上生存，可以帮助树免受大型草食动物的蹂躏，它们云集在树干和树枝上，叮咬和刺伤这些动物。这些保护性措施还是很有用的，因为若没有保护，一旦这种“树皮环”韧皮部完全被破坏，从树叶到树

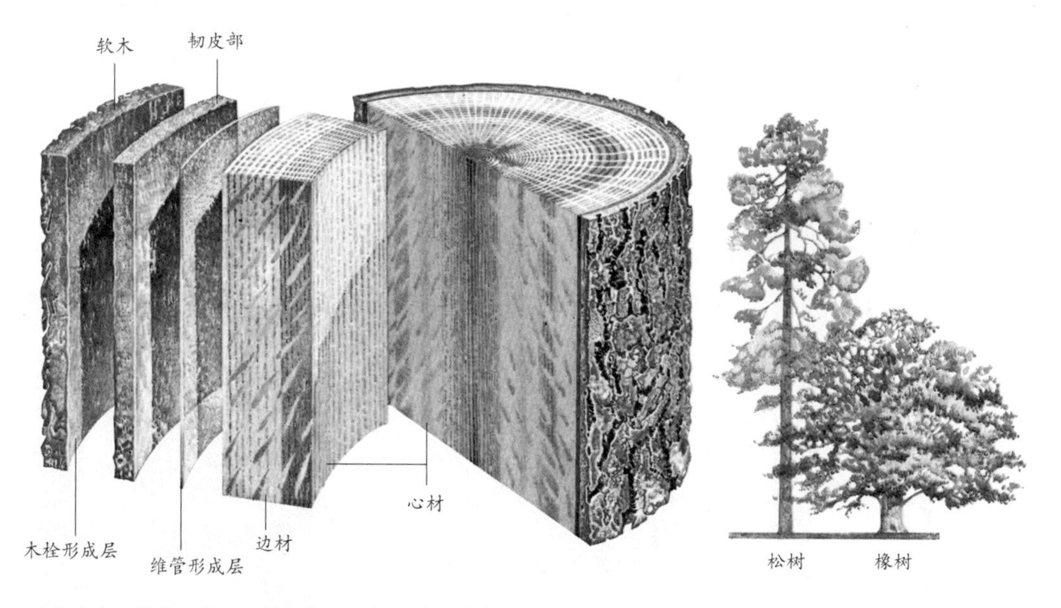

↗ 从出产木材的角度看，树可分为明确的2类：产生软木的针叶树（例如松树）和产生硬木的阔叶树或者被子植物（例如橡树）。树干是由几个活的和无活性的层组成的：最外层是木栓，保护树免受伤害、减少水分损失以及隔冷隔热，新的木栓层是由木栓形成层产生的，这2层结合在一起形成外面的树皮。树皮下面是韧皮部（内树皮或韧皮），这一层为树输送必要的养料，当它死亡时为外层树皮贡献组织。维管形成层通常只有一层细胞，但它却赋予树干生命，通过分裂可为外部产生新的韧皮部细胞，同时为内部产生新的木质部细胞。树干大部分都是真正的木质（木质部）。最外面的层（边材）由管状细胞组成，它可以将水从根部传输到叶子。每年维管形成层都会为边材添加一轮新的边材细胞，过了数年之后，边材失去传输水的功能，变成树的“垃圾桶”，新陈代谢活动产生的所有废物（特别是木质素）就在这些边材细胞里沉积，于是形成中心的心材圆柱体，它担当支撑树的强有力的“脊骨”。

根传递有机物的过程就被完全中断，树很快就会死亡。

科学家已经知道韧皮部能够快速、高效地携带有机物在植物内游走，但即便现在人们仍然不甚明了该过程的机理。然而，树的韧皮部主要还是次生的，也就是说它的形成类似于次生木质（木质部），来自于维管形成层的活动。在树里面也有一些维管形成层的派生物发育成纤维，组成内树皮的“硬韧皮部”，其他则形成普通的活（实质）组织。因此，这种次生韧皮部如同次生木质部那样，是一种复合组织，可以年复一年地更新。放射线也扩展到韧皮部，由于通常扩张得很明显，所以横切面上形成一种特征化的喇叭形状。

在木质茎干或树枝的早期生命中，内树皮外部是绿色的皮层，它通过初始的表皮与外边连接，然而这样的排列不能显著地增加树干的周长，除非存在一种机制使得表皮和皮层为细胞分裂或扩张（或者二者皆有）提供空间，但这种情况非常少见。通常情况下会出现一种特别的新生长区（或者次生分裂组织），叫作木栓形成层或者软木形成层，一旦其形成，可为树干或树枝提供完整的保护组织，同时解决周长增长问题。木栓组织的连续层（被分散的呼吸孔隔开）提供保护性皮层。周长增长有不同方式，但是通常是通过不断增长中的深层组织里木栓形成层的周期性更新解决的。当一根嫩枝或者树苗的树干在第一个季节里由绿色突然变成棕色或者浅灰色，这种颜色的变化几乎无一例外都与木栓第一层的出现有关。当然一般情况下表面木栓只是薄薄的一层皮，但在少数的情况下（如栓皮栎）会形成很厚的层。

因此，树皮的作用非常重要，它既是运输（置换）有机物质的途径（内树皮），又是树的外部保护性皮层（外树皮）。另外还存在特别坚硬、壁厚的细胞群，叫作石细胞。许多树的树皮里的丹宁和各种结晶沉积物具有商业用途，而且许多树皮，比如帕拉橡胶树的树皮具有特殊的脉管、乳状汁液，可收集它们的乳胶用于制作天然橡胶。

或许普通人和植物学家对树皮的共同兴趣在于其外部特征的多样性和鉴别价值。甚至大多数观察者随便扫一眼就可以发现粗糙且有凹槽的橡树树皮、纤维状洋槐树皮、悬铃木的鳞

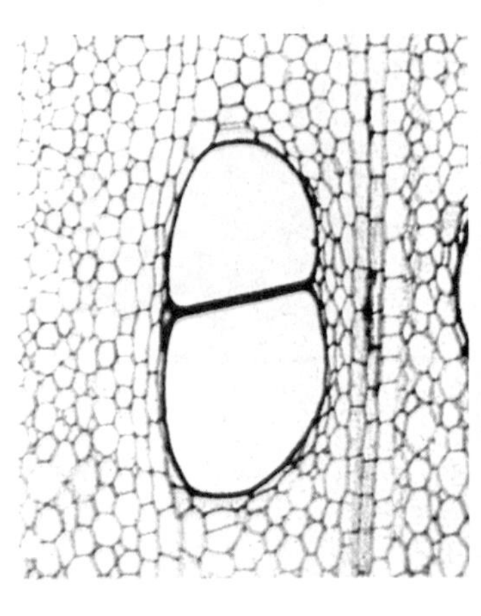

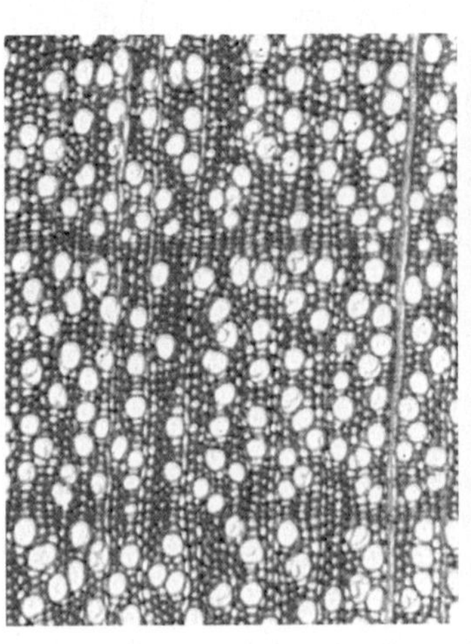

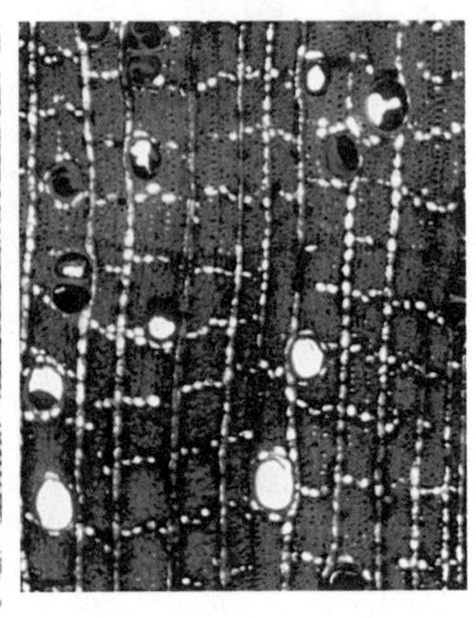

↗ 3种类型的木质部横切面的显微照片（放大75倍）显示出木头的密度明显与色泽、细胞壁的厚度以及细胞的数量有关。左图是香脂木，这是一种非常轻的木材，该木质部具有壁面极薄的纤维，而且脉管大，间隔宽。中图是黄杨木材，这是一种致密、结实的木材，其纤维管胞的壁较厚，而且脉管小，平均分布于早期和晚期形成的木质部中——分散孔材的一个特征。右图是乌木，这是一种特别重的木材，其木质部纤维壁很厚，脉管小，间隔宽，而且常常被树胶沉积物阻塞。

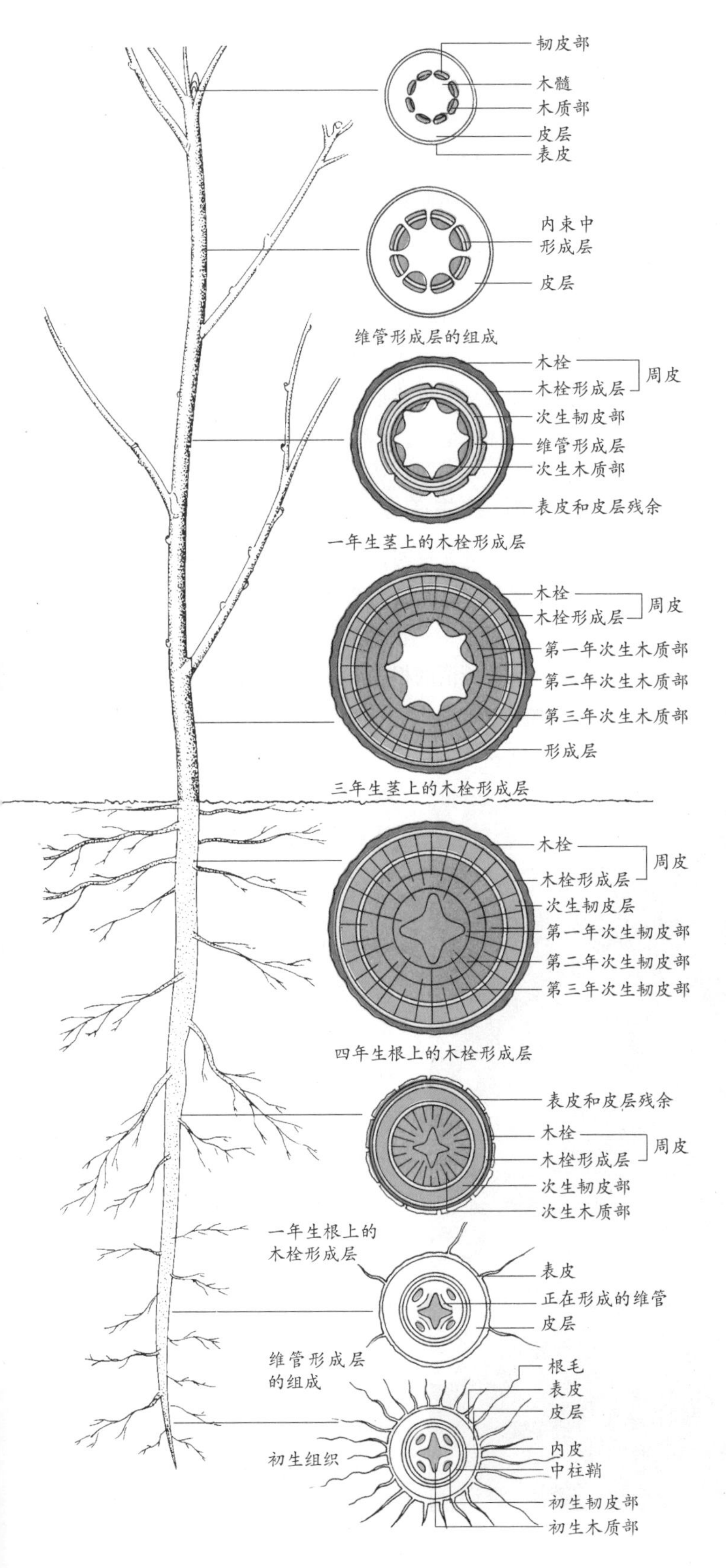

状树皮和桦树高处树干和树枝上银白色树皮之间的差异。大多数针叶树的树皮都为鳞状，有些非常有特色，例如内华达红木或巨杉，树皮软得像海绵，甚至可以用拳头在上面打出一个孔而不会伤到手。

几个世纪以来，当地居民早就知道通过辨认树皮来辨别树种，而现在植物学家则已经认识到对它进行科学研究的重要性。

根系

根系的两大主要功能就是吸收和固定。研究一棵阔叶树的树苗就会发现，在贴地面处有 2 片深绿色子叶，在子叶下面，茎部几乎延伸到地面下的嫩主根（胚根）顶。最初，根系的结构很简单，径直向土壤中生长（向地性），但很快从无数的侧根变成分枝，这些分枝出现在母根组织中的深处，恰好在顶点的后面。很快也在顶点后面，大多数根长出微细的小根毛，也就是根吸收水分的主要部位。

对于大多数树种来说，

⇖ 图示茎和根的各种次生组织的形成过程——这些器官周长增长。在茎部和根部出现2种不同类型的形成层，分裂形成次生组织：维管形成层产生次生木质部（输送水的组织）以及次生韧皮部（传输食物的组织），而木栓形成层产生保护性组织（木栓），有效替代幼时器官的表皮。

在相当早的时候就出现了次生加厚的过程（通过形成层的活动产生木质部和韧皮部）。因此，尽管在嫩根生命的初期维管组织的排列与茎部不同，但是很快彼此之间越来越相似，至少从横切面看是如此——木质部中间的核心被维管形成层和树皮包围。

但是，组织层面的内部相似性掩盖不了总体形态学上的明显差异：根从来不长叶子，也不是发芽的一般场所；而且根不是绿色的（所有典型的情况都如此）；并且正如前面已经提到的，它们以奇特的方式长出分枝，嫩根的尖在向土壤挺进的过程中，受到根帽的保护，而且在此过程中根帽不断被更新；根帽也不与芽尖平行。

这些解剖学细节使我们不仅仅把树的根系当作一个整体来考虑，而是要考虑它的一般特征——深度以及在土壤中伸展扩散的程度，不同的树种特征差异很大。例如，许多针叶树种的根相对比较浅，因此很容易被狂风暴雨连根拔起，然而我们要知道被拔起的只是它们全部根系的一小部分，而整个根系侧面铺展开来的部分要远远大于它们的树冠。计算组成整个根系各种分枝根长度的总和可揭示树的大的总体特征。树下面和树周围所拥有的“空间”在某种意义上说就是被它的根系所“占据”的，而森林土壤中，根系之间的竞争也是激烈无情的。

■ 共生关系

毫无疑问，树的根系、周围的土壤以及微观菌群之间的关系是很复杂的，需要考虑到许多因素——物理的、化学的和生物的。现在，研究所谓的根围（即指土壤中围绕植物根系的一个区域）才刚刚开始，然而人们已经很清楚地认识到树根和土壤微生物之间的关系不仅复杂而且重要；从某种程度上说，对相邻的树的根系也是如此。

或许人们对这些共生关系研究最清楚、了解最全面的就是树根和菌根之间的关系——土壤真菌在落叶层、土壤和树根之间扮演交互作用的角色。这种关系以菌丝套或菌丝的形式体现，菌丝积聚起来形成菌丝体并包住许多幼嫩的小根，侵袭根的皮层系统的细胞间隙。小根受到真菌侵袭的刺激而分枝，变成珊瑚状。苏格兰松和欧洲山毛榉树是最有名的例子，但是这种现象在树根系中是非常普遍的。真菌和宿主树似乎都从这种共生关系中获益，后者通过增加的容量吸收菌根传递的一定量的营养物质。

↗ 板状根为这种雨林树提供额外的支撑。

桤木（桤树属）的根表现出另一种有趣的协作，它的根系与固氮微生物有关，然而我们对固氮微生物的特性却不甚明了，因为到目前为止还不可能在纯粹的培育环境中培养它。目前有几个树种涉及到弗兰克氏菌，可能与丝状细菌有关，有时候叫作放线菌（放射菌类）。类似的关系也会出现在其他完全不相干的树种上，最有名的可能就是那些豆科植物的根上的根瘤——和它们有关的微生物是细菌，属于根瘤菌。

变态根

树也会长出许多特别的变态根：在热带树基处，表面根通常垂直向上延伸，形成木质的、厚板一样的三角形牢牢地支撑住树干；露兜树（露兜树属）以及某些红树林露在土壤上方的根向下扎进土壤，形成支柱或脚柱；榕树（榕属）出现类似的气生根，它们不全是深入土壤，而是有的悬挂在树枝下面作为呼吸空气的根；有些树种地面下的树根也有呼吸功能，例如湿地柏。

树叶

树叶的尺寸和形态多种多样。例如澳洲木麻黄（木麻黄属）和某些针叶树的树叶很细，像鳞片，一般人或许认为其根本就不是叶子。植物学家将它们看作树叶，认为茎、叶、芽或枝之间在其腋中或多或少都有某种关联。通过挑出腋芽，植物学家认为胡桃木（胡桃属）、梣树和漆树（漆树属）的叶子是复叶，所有这些树的叶子是由无数的小叶组成的；与此相对，有些树尽管树叶形状各不相同，但叶子都属于单叶，例如橡树、榆树、山毛榉树以及欧椴树。简而言之，已经有相当多的术语用来描述树叶的形态，植物学家在读了这样的专业描述之后，

叶端样式

叶缘样式

叶的排列和附着方式

一个“典型的”阔叶树树叶的切面，显示各种组织的解剖学排列。栅栏叶肉及其无数的叶绿素是主要的动力中心，光合作用在此进行。

↙ 湿地柏是美国田纳西州睿福特湖国家野生动植物保护区温带森林的一个树种。湿地柏每年或者隔几年会落叶，这在针叶树中是非常罕见的。

脑海里立刻就能形成树叶形状和特征的清晰印象。有些热带树的叶子特别大，例如藤春属，这是热带西非一种有名的森林树种，它的树叶长度可能超过 1 米，宽度也与此相称；许多单子叶植物同样也长出庞大的树叶，例如香蕉树以及棕榈树。

树叶的功能

除了单纯的描述方便之外，更有趣的是树叶的功能，它们可充当树木主要的食物工厂。在初夏，许多树种的叶子形状显示出微妙的变化，所有常见的叶子根据需要做出重要的折中方案：一方面最大限度地暴露表面接受阳光，自由吸收二氧化碳以进行光合作用；同时采取保护措施防止过量的水分蒸发。据此我们可以解释为什么树叶叶片变宽，总是出现长叶柄或柄茎以使叶片占据有利位置，树叶表面出现无数的微孔、气孔（在下表面更常见），以及最终提供保护性的皮层或表皮。脉络系统充当"骨架"和传输组织，使树叶与茎部联通。

树叶基本的解剖学结构是一致的，但最终结构变化很大。所有的树叶中，表皮形成活细胞的最外层，这只有一层细胞厚，通过不透水表皮与外部相连，上下表皮之间只被气孔打断（如左页截面图所示）。内部组织或者说叶肉是树叶的发电站，每个细胞含有无数绿色的叶绿体，就是在这里进行光合作用。大多数树叶具有 2 种类型的叶肉细胞：上面的栅栏叶肉由柱状细胞组成，彼此之间由无数的窄气道分隔；下面的海绵叶肉由不规则形状的细胞组成，中间有较大的气体空间。大

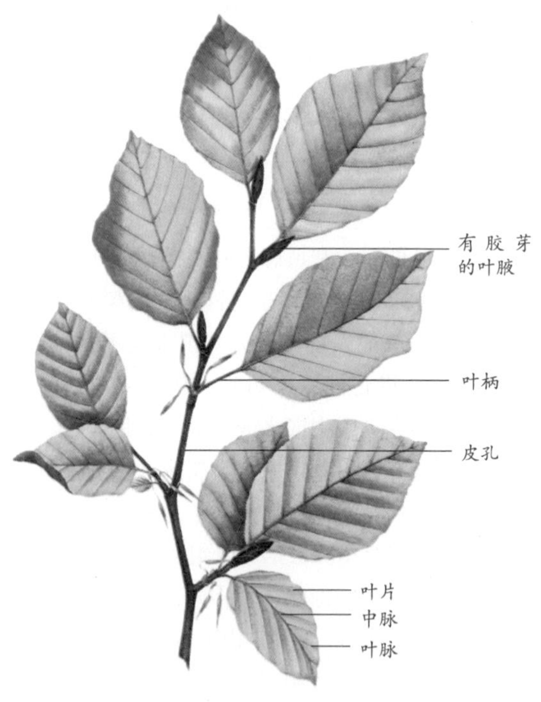

↗ 欧洲山毛榉的嫩芽和叶子，该图表现了它们的主要组成部分。

多数叶绿体出现在栅栏叶肉细胞中。

因此每棵树上的每片叶子可看作一台机器精密调节的零件，各部分彼此配合，发挥重要的功能，从 2 种简单的原料水和二氧化碳中合成有机化合物，例如糖类和淀粉。

■ 气候和季节性反应

不同的气候会给树叶带来不同的压力。在潮湿的热带地区，不太需要考虑保护性措施、水分保留和表皮状况，而半干旱地区的树种通常都是硬叶型，其叶子特点是纹理直、叶质硬、尺寸较小，而且有比较厚的表皮，这表明它们已经适应并能抵抗干旱。不仅不同气候带的树叶之间有差异，即使在单一的气候体系中也会出现惊人的多样性，我们只要看看热带森林就会明白这一点。热带地区的多样性是显而易见的，但例如橡树、山毛榉树以及桦树作为同一个温带森林的组成部分，它们的树叶彼此之间也形态各异。

我们目前对不同树种的个体经济学了解较少，但是它们有一个共同点就是落叶，这是北方温带气候条件下秋天的一个特征，而且季节分明的热带干旱地区树木在旱季开始时也会落叶。落叶可以看做是节省能量的一种措施，它可以使树木活动量降低，在严酷的季节里充分休息，这在双子叶植物中特别常见，但针叶树很少如此，然而的确也可能发生在某些针叶树上，例如落叶松和湿地柏。所谓的常绿树的叶子总是绿色的，但是它们也有落叶的时候，单片树叶很少能活过几个季节。

树叶上有许多特征可供分类植物学家研究。当然，树叶也会有变化（例如桑树就很明显），一般可以通过叶子辨别树种，尤其需要考虑树叶解剖的微观特征，这一点对那些有绒毛的树叶或羽状树叶来说是很重要的。即便如此，也要注意，因为完全不相干的植物的叶子可能具有惊人的相似性（例如枫树和悬铃木），而在热带，许多完全不相干的树种一般都具有卵形的短柄小树叶。只有非常罕见的树叶可以立即辨认出来，例如银杏的扇形叶子或者鹅掌楸的四瓣状叶子。落叶树种的冬芽也容易辨认。这些特征对于试图了解过去树种的古植物学家来说是很有帮助的。

尽管树叶显然是无数生物（大多为昆虫和鸟类）的栖息地，但我们不能仅仅把树叶看作其他生物的生活环境。其他生物之所以利用它们，总是与它们作为世界上的有机物质的主要

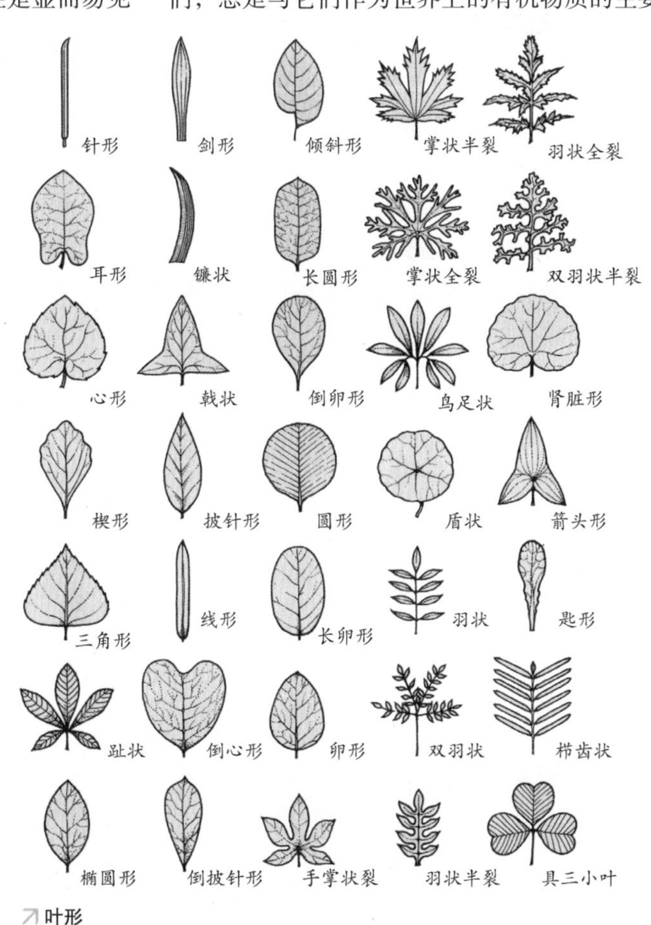

↗叶形

初级建造者的重要性有关。因此，树叶具有全方位的生物重要性是不言而喻的。

花和果实

植物学术语总是把花描述成“必要的器官”，花朵被花萼包围，花瓣和花萼是大多数花最明显的特征，然而有相当多的种类没有明显的花萼，它们的必要器官仅仅具有不太显眼的鳞片状结构，术语上称作苞叶。许多花最鲜艳的部分是花冠（组成花瓣），但也不都是如此。

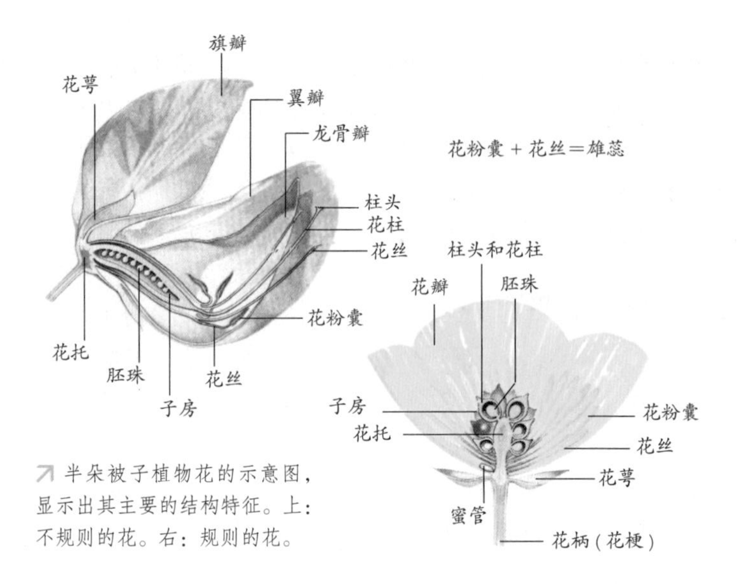

↗ 半朵被子植物花的示意图，显示出其主要的结构特征。上：不规则的花。右：规则的花。

授粉和受精

针叶树的球果也是一种形式的花，因为它们和其他花一样，也将微小孢子（或花粉）传递到雌性受体部位。在大多数情况下，最初形成一个软的雌球果，最后变成坚硬的球果，例如我们平时在松树上看到的松果。而刺柏属树木和普通紫杉（紫杉属）上出现的“浆果状”的种子与球果并不相同。

在针叶树上，雄球果（雄花）在某个季节里产生无数微小的花粉粒，接着通过花粉管发育成长，并最终释放出微小的性细胞或者雄性配子。花粉粒随风飘散，“受体终端”就是常见的雌球花（排卵花），这时的雌球花仍然是幼嫩的、柔软的，鳞片张开。每个雌球花代表一个或多个所谓的“裸露的胚珠”，每个胚珠就是一个巨大的孢子，有孢子囊和外围保护性结构，里面裹着的是雌性配子——卵细胞（卵子）。在合适的时候受精，产生一个“裸露的种子”（据此出现了“裸子植物”这一术语）。

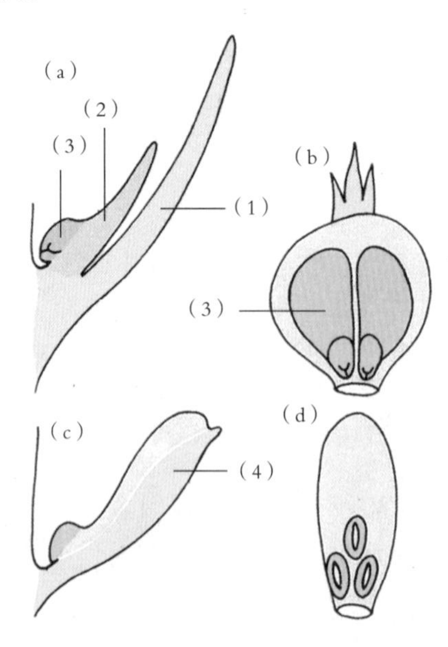

↘ 球果的结构。针叶树成熟球果的结构细节，标示出苞鳞（1）、珠鳞（2）以及种子（3）的位置——后者是从受精的胚珠发育来的。（a）和（b）为花旗松的，说明鳞片彼此之间也有差异。（c）和（d）为金钟柏，显示苞鳞和珠鳞融合形成单个的球果鳞（4）。（a）和（c）是侧面图，（b）和（d）是俯视图。球果鳞这一术语通常适用于结果实的球果的鳞片。

在某些针叶树上，授粉和受精是分开的，甚至有的间隔时间长达 1 年。

在开花的植物或者被子植物（这里指的是硬木和阔叶树）上我们发现结构更精细、形式更多变的花，大部分花具有类似的组成部分：花萼、花瓣以及内部产生花粉的雄蕊、子房或含有胚珠的子房。子房表征了被子植物的特点，它是闭合的，从幼嫩的胚珠最终发育成种子，都不会“裸露”。我们这里所说的闭合器官意思是一个特别的受体区（柱头）和输送区（花柱）成为子房必要的附属物。风、水、昆虫或其他动物将花粉传递给柱头，在此发育，产生花粉管，沿着花柱向下生长，最终通过一个细小的孔即珠孔与胚珠紧密接触，然后花粉管裂开，释放出2个雄性配子，其中1个与卵子融合，由此产生种子。裸子植物的授粉和受精是分开的，但二者之间的时间间隔比针叶树的要短。

花的整个进化史似乎与花粉传递或者说授粉有关，授粉介质已经大大地改变了花的形态，树和其他开花的植物都是如此。因此，我们能够从许多树种中一眼认出靠风授粉的柔荑花树种，例如榛树、桦树以及白杨树，因为它们有丰富的疏松的花粉，没有花蜜，也没有明显的吸引昆虫的特征。柳树有大的蜜槽以吸引昆虫授粉，这是个特例。

与此形成鲜明对比的是那些开硕大的、鲜艳的花的树——也就是许多人认为的“开花树”。它们绝大部分属于昆虫授粉，但也有许多种类（特别是在热带地区）靠鸟授粉。这些花一般具有特别完整的结构，通常呈鲜红色或者彩色。在世界各地有少数树是靠蝙蝠授粉的，这类花在夜晚开放，一般比较大，颜色黯淡，会散发出霉味。许多科中都有这样的例子，包括豆科、桃金娘科以及仙人掌科。“开花树”这个词容易使人想到樱桃树、杏树、山楂树以及其他在公园或花园里开花的树。但事实上这些并非全部，因为所有的阔叶树都可能在它们生命的某些阶段“开花”，否则不可能繁殖。在本书的主要章节都少不了花的描述，花的形态多样性明显与树种有关：在潮湿的热带地区，不同的树种整年连续开花，每一种都与它主要授粉者的季节性数量相适应，但在热带仍有少数树种与授粉者所处的地理范围有关。在北温带，春季和夏季是开花的季节，各种蜜蜂是其中最重要的授粉生物。

开花是结果的前奏，而1个果实（植物学意义上的）就是1个成熟的子房，因此1粒种子就是1个成熟的受精的胚珠，里面孕育着新一代植物的胚胎。如果获得交叉授粉的机会，这个新胚胎就会拥有新的遗传组成，这不仅对于树的进化过程非常重要，而且对于将树“改良”为人类所用也很重要。

植物学家为了方便描述从而对果实的结构进行分类，因此，有张口裂开、散落种子的干果（蒴果），也有许多种“鲜”果。有些种类（例如接骨木）种子位于一个全部为肉质果壁的隔间里，而其他种类的果皮本身是由一层外皮、中间的果肉以及里面的果核组成的，例如李子和樱桃，这种情况下的种子就是果核里面的“仁”。因此，植物学家将浆果与核果区分开来。

■ 散播种子

我们必须从果实的重要生态学作用来看待果实的结构，特别要与种子散播结合起来。在

↗ 挪威枫树的果实呈回力棒状，这些果实是由2个翼果组成的，每粒果实都有单个的翅和种子，而且可以飞较远的距离。

该图显示的是处于不同成熟阶段的松树的球果，它们是受精的雌性繁殖器官。一旦发育完全，交叠的鳞片会在初秋开裂，释放出里面的种子。

这里我们可以做一个对比：柳树的开裂干蒴果借助风释放微小的种子，种子上面有成簇软毛；而核果和浆果都通过内部的食物储存来吸引散播媒介，大多数是鸟类。幼嫩的接骨木树苗若生长在不可能传播的地方，那么即便在种子周围新鲜的果肉被消化之后，种子仍然不能再发育，这样的例子证实了散播机制的有效性。

很明显，2 种机制都可以远距离散播种子，这对于天然地成功散播树种非常重要。如果果实和种子都很大，种子散播起来会比较困难，例如七叶树，显然不吸引动物散播媒介。甚至槭科（小无花果树和枫树）里许多轻巧灵活的小翅果似乎也不可能从母树上携带新苗到远处，更不用说热带美洲沙匣树的炸果了。桦树和松树上轻翅果以及热带紫葳科树种里的翅种传播起来会容易一些。椰子树的果实通过洋流远距离传播，这在重型果实里是个特例。

■ 发芽

当种子发芽，新的植物开始生长时，我们可以控制许多生长因素。植物要想存活，必须有合适的土壤、营养、水分和温度。在所有因素中最具有决定性的因素或许是那些不可或缺的因素，或者多种因素的综合，其中彼此之间会有竞争。竞争不仅来自于临近的其他无数植物，也有动物界无数成员施加的影响，其中不仅仅是人类。春季第一次修剪草坪通常会有无数的小无花果树或枫树的小树苗遭“斩首”，有时候还有其他物种。尽管所有正常的种子自身携带食物，或者在它们的子叶里储备食物，但在成功播下种子并长成树苗之前，经常有食物供应被耗尽的情况。一旦建立，小树苗开始在所有竞争者中自由生长。

树的生长

树的生长是一个庞大的、复杂的过程，这

温带木本植物休眠的芽（例如七叶树的芽）被一层黏性鳞片状树叶层包围，可保护下个季节长出的胚胎叶和花。在温暖的春季，芽会张开，树叶和花迅速扩大。然而，就算整个冬季很温暖，那些芽仍然会处于休眠状态。

里所说的只是最基本的部分。目前已经有整套书系来描写许多具有重要经济价值的树的生长，而且林业工作者一定非常关注引进树种的成功生长。通常人们正是借助这些资料将一个完全陌生的树种引进到特别适合它们的环境中。有时候为了使一个树种成功生长，必须对其所处的不适宜环境进行恰当的处理，例如在北欧泥炭沼泽里人工栽培大片的西特喀云杉人造林。在天然林区里，我们假定物种和底土特征之间有非常密切的联系，这是一种合乎情理的假设。我们认为山毛榉生长在白垩里，橡树生长于重质黏土中，松树和桦树生长在营养贫乏的沙地和沙砾里，而桤木生长在河岸边。因此，要想使某个新树种成功生长必须考虑它所处的环境，虽然大多数普通的本地树种繁衍更广泛，但它们之间的竞争也是可以人为控制的。

无论何时，植物的生长总是依赖合适的水分和营养供应，以及温度——通常是限制性因素。我们都很熟悉北温带树种生长的季节性特征，了解其与温度的关系，但是不要忘记它与光也有着重要的联系——日长和绝对光强。研究树木生长现象的学者经常需要阐述环境里几

↘ 该图示显示了花旗松的生命周期及其管理和收获细节。从商业角度看，每棵树应当在它健康的时候进行收获，不然树质会随着年龄的增长而恶化。（a）小树（8~9年）比较细瘦，通常可做圣诞树。（b）在树龄30~40年的时候，下面的枝条开始脱落，可将树砍伐做纸浆。（c）在树龄50~60年的时候，木材可用于打浆，且笔直的树干可做支柱。（d）在树龄100年的时候，树干可砍下做建筑木材，也可制成夹板。（e）100年后生长慢下来，但是树干仍然可做木材。一棵成熟的树可能达到100米。（f）几个世纪之后，树开始衰弱——树枝脱落，树皮剥落，而且树干开始腐烂。（g）最后，上面的树枝死亡，腐烂的树干非常衰弱。（h）花旗松倒在地上。

个不相干因素的相对重要性，但由于每一个因素总体说来都是可调节的，因此阐述起来比较困难。这些学者致力于研究它们与整体的生长量的关系，通过合适的测量手段形成“净同化率”或者说“生产力”数字。树的生长机理远远超出了这里简单的介绍。春天形成层的再度活跃由发芽中的植物生长激素带来。同时，在初生顶端分生组织的活动达到高潮的时候，储存的食物用完，释放出来的能量足以使细胞分裂和细胞扩张。再度活化的维管形成层立即形成新的组织（木质部和韧皮部），使得原材料能够快速运输，储藏的物质能够运动起来。在单个细胞内化学活动很激烈，发生呼吸、光合作用、组建蛋白质、形成新的细胞壁以及其他过程，我们很容易认识这中间的复杂性。

所有这些内部活动（从细胞层面而言）的外在表现就是春季树上长出新叶、发芽。当我们知道单片成熟的树叶通常是由 1 500 万个左右的细胞组成的时候，我们可以想象每个春季单棵树里制造的难以数计的细胞。虽然我们能看到这些显著的生长现象——张开的嫩芽、新生的树叶、伸长的小枝都是很容易观察到的，但老树树干周长和高度的增加则不易察觉。对于迅速生长的物种例如桦树，在栽培成功的早些年高度增加得非常迅速，后来明显慢下来。尽管高度增加得很少，但在树木生命延续的每个春天还是有所增加。在温带，除少数树种外，一般树围 1.5 米的树每年周长增加近 2.5 厘米，这是树的生长在树冠没有受到过度拥挤的抑制的状况下发生的。这对于估计树的年龄非常有用。因此，树围 2.5 米的树可能已经存活了 100 年左右。

不适用于这个一般规律的特例是：

- 巨红杉
- 海岸红杉
- 黎巴嫩雪松
- 花旗松
- 南方山毛榉树
- 土耳其橡树
- 鹅掌楸
- 梧桐

上述树每年周长增加 5 ～ 7.5 厘米。

- 苏格兰松
- 七叶树
- 普通椴木

上述树每年周长的增加少于 2.5 厘米。

在其他气候条件下，完全不同的生长条件占据优势地位。在潮湿的热带地区，2 年不间断的生长很容易使树达到一两米高。在世界上大沙漠的边缘，气温比较高但缺水，使得某些树种成为生长最缓慢的树种。在北极圈，温度是个严重的限制因素。在风较大的海滨，风速和盐度可能限制树的生长高度，并且扭曲树的生长。即便如此，至少某些物种的生命在所有的障碍面前仍然显得非常顽强，因此当我们知道单种有毒真菌例如榆枯萎病菌（荷兰榆树病的起因）可能导致英国上千万的榆树在几个季节里死亡的时候会感到非常震惊。尽管栽种本地抵抗疾病的物种并改进造林活动可能有助于防范，但人类的树木植物学知识在试图阻止这种破坏的时候总是显得很无力。在澳大利亚，易燃、干燥、富油的常绿桉树林时不时会燃起森林大火，面对这种浩劫人们同样显得无能为力。我们的补救措施是必须种植更多的本地树种。

森林生态体系

森林依赖合适的环境条件，但是森林本身在改变环境方面也起到了很重要的作用，并能创造一系列微环境，极大地影响森林里植物和动物的分布。森林树冠层反射或吸收掉 99% 的入射阳光，因此森林的地面通常比森林外面要冷，而且光线也会更暗。森林能大大降低风速，为不能忍受恶劣暴露环境的植物和动物提

在加拿大国家公园布里顿海角高地，秋天的枫树、桦树和山毛榉给山坡带来缤纷的色彩。

供庇护所。主导树种也会改变所处的土壤：树木不仅摄取水分，而且脱落的树叶对土壤会产生物理性和化学性影响。它们的落叶能提供腐殖质，保持黏土—腐殖质复合型土壤，而且含有可溶性营养物质。含有丰富有机酸或者木质组织的树叶例如松针分解缓慢，造成薄层的、营养贫瘠的酸性土壤；含有少量有机酸性物质的树叶很快分解，会产生较深厚的更肥沃的土壤。菌根从腐生真菌中获得营养物质并提供给树木，使树木对土壤肥沃程度的依赖性降低。森林里大多数营养物质存在于生物体组织内，这些生物体组成了生态系统，而且在原始森林里通过食物链的循环维持营养物质相对恒定。森林砍伐会打破这种循环，并导致营养物质流失。人类破坏森林不仅破坏了植被，而且大大降低了许多地区土壤的肥沃程度。

林业工作者和生态学者将一个森林区分为几个层：最明显的是林冠，它是由最高的树的树冠组成的；在林冠下面是一层林下叶层树；再下面是喜阴的灌木丛，形成另一层；地面上是草和苔藓。在落叶林里，有树叶或没有树叶的环境差异较大，而且许多草本植物适应这样的季节性差异。

森林动态

从全球来看，一个森林的物种组成依赖于占主导地位的气候状况，而仅从地区来看，物种又随着土壤条件的变化有所变化。从更细的角度看，森林动力学会造成进一步的变化。一个成熟的郁闭林冠会造成阴暗的林地，只有那些适应低光照条件并具有高度的根系竞争力的植物才有可能在下面生长。能在郁闭的林冠下发育的树苗就是耐阴种，通常有较大的种子。需要高亮光条件的物种也就是需光种，只可能在倒伏的树、火灾和泥石流过后留下的空地中生长，它们的种子通常比较小，靠风传播，而且数量庞大。由于这些树苗总是拓殖到空地，因此它们也叫作先锋树种。实际上，从耐阴种到严格的先锋种有一个类型谱带。在北美洲温带落叶林里，在没有灾难破坏森林的情况下，先锋树种北美乔松、高山栎和板栗树容易被耐阴种硬槭木、铁杉属和水青冈属树种所取代。娑罗双是印度尼西亚主要的木材树种，属于近先锋树种，喜欢轻度的、但并非致命的森林干扰。先锋树种一般出现在同龄林的大空地里，不同树龄的则发育为成片的高低不平、拼贴的森林斑块。耐阴种战胜了先锋种，在小范

↘ 耐阴种树苗可以生长在光照少、根系竞争激烈的环境里。

↗ 全世界最富饶的森林类型就是热带雨林：高温和恒定的湿度使得无数物种在这样的生物群系区内茁壮成长，但是如果破坏了自然树被，频繁的降雨会使雨水迅速滤走土壤中的营养，使得土地不再适合长期农业耕作或放牧，森林也就不再富饶。

围内取代它们或者彼此替代，最后发育形成一个混合树龄的森林，有小块空地替代期、建群期和成熟期。不同物种适应生长周期里不同时期的生态位对森林成分的动态方面具有重要的生态学和经济学含义，森林学这一科学就是建立在理解和驾驭它们的基础之上的。

毫无疑问，不管森林曾经处于怎样的平衡状态，或具有多么稳定的物种组成，一次大灾难或彻底的气候变化迟早都会引起森林整体的变化。许多树种仍在慢慢从冰河时代避难所向极地移动，这是1万年以前最后一次冰河时代结束时，为了应对温度的突然升高而做出的反应。我们必须记住：我们今天所看到的森林仅仅是地球不断变化的多样性模式的一个瞬间，每个物种对变化的气候会做出不同的反应。今天许多非常普通的物种在冰河世纪是罕见的，而其他物种却因为气候的变化而走向了灭绝。

世界上的森林

森林是全世界陆地上的顶级植被，所占面积大约为5000万平方千米，但是人类活动已经极大地改变了森林，甚至是完全摧毁了它们，这其中包括西欧很多地方曾经存在的森林。生物地理学家已经把世界划分成“生物气象区”或者说气候带，每个气候带支持结构和功能相似的植被类型，但是它们的分布范围可能相隔遥远，而且具有完全不同的物种组成。这里讨论的是顶级植被森林的生物群系。

■ 热带雨林

热带雨林出现在北纬25°和南纬25°之间，所占面积为1800万平方千米，热带雨林三大块分别集中在亚马孙河、非洲几内亚—刚果地区和东南亚，即从印度高止山脉西部延伸到太平洋西部岛屿。在巴西沿岸、中美洲和加勒比、马达加斯加岛和马斯克林群岛，也有较小面积的热带雨林。热带雨林位于年平均气温高于 20℃、年降雨量超过 2000 毫米，而且在最干旱的月份里雨量至少也有 100 毫米的地区。这样的森林里土壤比较深，通常被严重沥滤，营养贫乏。

热带雨林是物种最多样化、最富饶的森林。在安第斯山脉东部侧腹 1 公顷的森林里发现了多达 307 个物种。这个生物群系有 10 万多个植物品种，而且仍然有新物种被发现，甚至还包括大树。这 3 个雨林区内有丰富的豆科、桃金娘科和大戟科植物，而东南亚森林里主要是龙脑香科植物。

低地热带雨林是结构最复杂的森林，主林冠高 30 ~ 50 米，有时候甚至达到 60 ~ 80 米，下面是许多稍小树种、棕榈树，在潮湿的地区有桫椤，小树苗数量非常多，但在地面除了在森林的边缘或者清林之后重新生长的森林（次生林）之外，罕见浓密的植被。木质攀缘植物（藤蔓植物）很常见，树的板状根的支撑使它们可以达到很高的高度，相对来说树形较细长。附生植物在雨量充沛的地区是很常见的，主要是兰花、蕨类植物，以及凤梨科植物和仙人掌科植物（在美洲），它们可能吊挂在较大的树的枝条上。

还有 3 种其他类型的湿热带森林，它们与低地雨林完全不同，值得特别关注。石南林生在自由排干、营养贫乏、酸性、沙质土壤中，里面生有许多茂密的小树。在极端情形下树冠可能只有 5 米高，树叶（硬叶）一般很小，硬、革质，通常具有较高的反射率（反照率）。它们腐烂缓慢，因此通常形成一个深厚的落叶层。石南林结构与低地雨林完全不同，多样性比较差，而且含有许多独特的树种。

高山雨林（也叫云雾林或高山矮曲林）生长于热带山脉的云层之上，由于地域状况的差异，云层高度低至 600 米，高至 3000 米。这种类型的雨林具有低密的林冠，树叶小且硬，特征类似于石南林，尽管它们所处的气候完全不同，却处于相似的气压下。但是，与石南林不同的是，高山雨林的树木和地面上都生有厚厚的苔藓和附生植物，包括许多稀有的兰科植物。大部分时间土壤里都是浸满水的，而且通常在深处形成泥煤层。

↗ 世界上主要的森林类型

人类干预之前，世界上主要的地区都被原始森林覆盖。

↗ 非洲顶级热带森林的断面图，显示这类典型森林由3层组成。主要的林冠非常浓密，因此林下叶层必须能够适应低光照强度和高湿度。林冠层的树一般都有细长的树干，大部分支撑力量来自于树冠层树与树之间的联合作用，但是超林冠层的树缺乏这类材料支撑，通常由发育完全的板状根帮助支撑躯干。

红树林出现在泥泞的潮汐海滨，在那里它们可能形成跨径几千米的浓密林带。比较典型的红树林里，红树是常绿的，具有厚的、革质的叶子，而且具有适应这种极端环境的生理调节机制，树苗是在母树上发育成的，能够迅速地在不稳定的泥泞地基上扎根。另外，这些树生有不同类型的支撑根和气生根（也就是呼吸根），能使根系在厌氧泥里呼吸。

直到 60 年以前，人们对热带雨林的开发仍然非常少。但从那时起，人口的增长连同技术的进步已经威胁到这些脆弱的生态系统——特别是大范围的伐木、采矿以及修建堤坝和高速公路。在全世界范围内，约 40%的低地热带雨林已经消失，有些以前出产木材的国家现在需要进口木材。

热带丛林中生活着大量的野生物，从猿和猴子到世界上体型最大的昆虫。但是，这些野生物的大部分都面临着危机，因为热带丛林的面积正在日益缩小。

热带地区分布着两个不同类型的丛林。一种是大部分人都经常听到的热带雨林，主要生长在赤道附近，那里的气候全年都是温暖而潮湿的。这种湿气很重的环境会让人类感到不舒服，但却是树木和很多其他植物的绝佳生活地。另一种，被称为季节性或者季风性丛林，存在于热带地区的边缘，那里，每年都会有很长一

↗ 清晨，薄雾蔓延在覆盖着中非丛林的山峦间。这些丛林是珍稀的山林大猩猩的生活地。

段时间的干旱季节，在这样的环境中，植物和动物需要适应倾盆大雨和长达几个月的干旱。

交替变化的季节

在季节性丛林中，雨季的到来很隆重，常常开始于闪电点亮夜空之后。最初，这些风暴很干燥，但是几天之后，降雨开始了，厚厚的云层压来，葡萄般大小的雨便随之而来，重重地敲打着丛林的地面。丛林里便漫起了大水，而树木也正需要这些降水，因为此时正是它们生长的时候。

6 个月左右之后，干旱达到了顶峰，丛林看上去完全不同。洪水被干旱所取代，大部分树木都已经凋零了，空气在高温下灼烧，枯叶在脚下碎裂。由于大部分树木都是光秃秃的，让人觉得是进入了冬季的丛林。但是，并不是所有的树木都开始了休眠，有一种非常有名的被称为蓝花楹木的干旱时期的植物却会在这个时候开满淡紫色的花朵。在热带国家，这种颜色鲜艳的树种被种植在各地的公园和花园里。

顶级猫科动物

季节性丛林分布在热带的各个地区，从中美洲和南美洲到东南亚和澳大利亚北部。在亚洲，季节性丛林中生活着犀牛和世界上最大的 3 种猫科动物，其中老虎是体型最大的，也是最让动物保护主义者担心的。一个世纪前，大量老虎生活在南亚地区，而如今，它们的数量正在快速下降，并且几乎完全是因为人类捕猎所致。

老虎是很危险的动物，所以人类不想要它们太靠近自己的家园也就不足为奇了。

但安全因素并不是老虎被猎杀的主要原因，其中更为重要的因素是钱。老虎的身体部件被出售用作东方国家的传统医药，价格可以卖到非常之高，比如，单单一根虎腿骨就可以卖到 5000 美元左右。出售老虎身体部件是违法的，但是在如此之高的利益驱动之下，这种贸易依然在进行着。

第二种大型猫科动物为亚洲狮——与非洲狮有着很近的亲缘关系。亚洲狮曾经广泛地分

↗ 亚洲热带丛林中生活着世界上3/4的老虎，其中一些是最为危险的食肉动物之一。

蓝花楹木野生生长在玻利维亚和阿根廷北部地区。

布在印度次大陆上，但是如今它们只生活在印度西北部的吉尔森林保护区内。生存下来的亚洲狮数量大约在400只左右，好在它们的森林庇护所已被严加防范，因此它们的未来应该是有希望的。从远处看，这些亚洲狮与它们的非洲狮兄弟很相像，但是可以通过两个特征而将它们区别开来——亚洲狮的鬃毛比较短，而且在它们的下腹部覆盖有一块奇特的折叠状皮层。

与老虎和狮子相比，豹子最擅长于应付人类和生活环境的变化。像大部分猫科动物一样，它们主要是在夜间活动的，但它们对食物并不是那么挑剔的——豹子可以杀死一头成年的鹿，但如果这种食物不容易找到，它们也会把目标定在更小的猎物上，包括啮齿类动物甚至大型昆虫。豹子在食物方面涉猎广泛，所以可以度过各个食物匮乏时期。

争夺阳光

在季节性丛林中，植物和动物都需要努力适应季节的变化，而且都会选择一个特定的时期繁殖后代。但是在热带雨林，事实上根本没有四季的变化，因此生物在全年中都保持着一样的生长热情。对于热带雨林的植物而言，需要占据的最大优势就是获得足够的阳光——这是在一个密密地长着各种植物的栖息地中必然要展开的战争。森林中体型高大的树种自然而然地挡住了体型矮小的植物的阳光。这些高大的树种可以长到12层楼的高度，它们的树冠看上去就像是长满树叶的小岛漂浮在深绿色的海洋上。

在这种大树达到其最大体型前，它们需要从茂密的丛林底部努力向上生长。因此，很多树都会采用“等待”战术，它们先是专心向上生长，并不横向长粗，因此它们需要的能量就相对较少。有些不能熬过这一阶段的树，就会在来到阳光充足的高处前死去，而幸运地熬过来的，也就生存了下来。如果一棵老树倒下，就能够突然给地面带来一大片阳光，这就给小树以很大的机会，它们会拼命地生长，来争夺这一空隙，胜利者也就长成了这块区域中的苍天大树。

私人栖木

一些热带雨林植物有自己的一套获取阳光的本事，它们并不是向上生长，而是一生都在树枝和高高的树干上度过。这类植物被称为附生植物，包括几千种兰花和刺叶的凤梨科植物及蕨类植物。很多附生植物都很小，可以放入火柴盒里，但有些则像一个垃圾箱那么大，重量可达到1/4吨。

与寄生植物不同，附生植物并不从它们的

这株凤梨科植物利用其鲜红色的叶子而不是花朵来吸引可以帮助传播花粉的动物。

附主那里盗取任何东西，而是从雨水中获取水分，从尘土和落叶中获取营养。有些凤梨科植物有自己的储水库，由一圈叶子组成，另一些则能够通过一种特殊的鳞苞结构，可以像棉层一样吸收水分。生长于澳大利亚的鹿角蕨类甚至还通过收集落叶形成自己的肥料堆，利用这些肥料堆中的养分，这种蕨类可以长到两米左右。

致命乘客

附生植物并不会给树木带来什么伤害，但是如果体重过大也会导致树枝的折断。而一些栖居植物则有着非常险恶的生活方式：对于热带雨林树木而言，最危险的莫过于绞杀榕，这种植物属于寄生植物，会慢慢地使寄主窒息而死。

一株绞杀榕开始于寄生在树枝上的一粒种子，随着种子萌芽，慢慢地便长成丛状。这些植物丛会伸出细长的根，问题便开始产生了——这些根虽然只有像铅笔一样细，但是会像蛇一样缠在树干上，一直蔓延到地面。一旦根部接触到地面，绞杀榕就会比它的寄主生长得更快，其根部变得越来越粗壮，直至其在树干外构成了一件活的“紧身衣”。随着时间一年一年过去，这棵充当寄主的树木就会窒息而死。

一旦寄主死去，其树干就会慢慢腐烂，只留下寄生植物。在绞杀榕内部是中空的树干——寄主留下的可怕的遗体。

森林中的合作者

绞杀榕的传播需要依赖鸟类，因为鸟类帮助它们播撒种子——鸟类以绞杀榕的果实为食，但是种子却被完好无损地排出体外。当一只鸟停留在树枝上，它常常会留下一些含有绞杀榕种子的粪便。就这样，鸟类和绞杀榕实现了双赢。

像这种合作者关系在热带丛林中是很常见的，因为有如此多个不同种类的植物和动物肩并肩地生活在一起。动物不仅可以帮助传播种子，而且可以帮助授粉。在温带丛林中，传粉

↗ 这株绞杀榕正在慢慢地将“网”收紧，其各处的根部已经融合在一起了。

动物基本上都是昆虫，但是在热带丛林中，许多不同种类的动物都在充当着这个角色，其中包括食蜜鸟类，比如蜂鸟和鹦鹉，以及几百个不同种类的蝙蝠。与昆虫相比，鸟类和蝙蝠体型较大且笨重，因此吸引它们的花朵必须大而强韧。通过蝙蝠授粉的花朵一般呈乳白色，并且在日落后会散发出浓烈的麝香气味，可以吸引蝙蝠的到来。

很多传粉动物接触的花朵种类都比较宽泛，但是有些却仅限于一种花朵。其中最具代表性的是来自马达加斯加岛的一种天蛾，它的舌头可以伸长到 30 厘米，可以像一根超长型吸杆一样使用，一直伸到兰花的最深处。天蛾吸完花蜜后就会卷起长舌，然后飞向下一顿美餐。

甲虫猎食者的天堂

科学家也不能确定到底有多少种昆虫生活在热带丛林中，但是其中至少包括了 5000 个不同种类的蟋蟀，4 万个不同种类的蝴蝶和飞蛾（以及它们饥饿的幼虫）和 10 万个不同种

类的甲虫。其中一些是昆虫界的“巨人”——来自中非的歌利亚甲虫是世界上最重的昆虫，大约是一只老鼠重量的3倍。来自南美的长角甲虫则长着最长的触角。如果这些触角完全伸直，它们几乎可以和本页书的宽度一样长。

如果要找到这些昆虫，则需要很大的耐心，因为它们通常都是在夜晚的时候才开始活跃起来。但是蚂蚁就比较容易找到，因为它们大部分都是在白天工作。在中美洲和南美洲丛林中，当太阳升起的时候，切叶蚁就从它们的地下巢穴中涌到了树上，来到最细的嫩枝上，它们会干净利落地把叶子折断，然后带回地下。切叶蚁用树叶来种植一种真菌，以作为自己的食物。它们出奇地勤奋，但是在大雨来临的时候，它们是绝不工作的。看到雨滴的第一眼，切叶蚁就会丢掉自己的“货”，留下的一串叶子碎片，一直延伸到蚁穴入口。

巢穴的袭击者

切叶蚁相对是没有危害的，但是热带丛林中有很多种蚂蚁具有很强的撕咬和叮咬力。织布蚂蚁生活在草丛和树林里，虽然它们体型很小，但是任何靠近其的东西都会遭到其猛烈的攻击。这些小小的蚂蚁用叶子建造出袋子状的蚁窝，用自己的黏丝将叶子“缝合”在一起。军蚁或者兵蚁则更加危险，这些游牧昆虫大群地生活在一起，每一群的数量可以达到10万只之多。它们在丛林地面上“汹涌”而过，制服所有体型过小或者来不及逃离的生物。夜幕降临的时候，其中的工蚁就会停下来，用它们的身体连接起来做成一个临时的帐蓬，也叫作露营地，这个帐蓬可以像一个足球那么大，蚁后则躲在里面。

很少有动物敢吃军蚁，只是偶尔有几只鸟会在蚁群周围鼓翼逗留一会，这种鸟类被称为蚂蚁鸟。它们这样做是为了在军蚁群中寻找那些试图逃跑的其他昆虫或动物。但是也有一些丛林哺乳动物，其中包括来自南美洲的小食蚁兽和来自非洲和亚洲的布满鳞片的穿山甲，非常擅长捣毁蚁穴，它们都是攀爬高手，而且长有又长又黏的舌头用来舔食自己的食物。

8只脚的捕食者

一些生活在雨林中的蜘蛛虽然没有刺，但是长得很像蚂蚁，这可以在一定程度上保护自己。

热带雨林中还居住着大型的球状网蜘蛛，可以织出直径达1.5米的大网。但是世界上最大的蜘蛛网是由群居蜘蛛织出的，它们通常几千只生活在一起，用500多米长的丝编织起巨大的蜘蛛网。通过齐心协力，它们可以比单独作战捕捉到更大的猎物。但是，雨林中最有名的蜘蛛根本不织网——白天，它们躲在地下，晚上才出来捕猎。虽然这些蜘蛛被称为食鸟蜘蛛，其实它们的猎食范围很广，它们靠直接的接触来捕捉猎物，多毛的足部可以长达28厘

↘ 图中的切叶蚁正在把叶子的碎片运回自己的蚁巢。而在叶子上搭顺风车的这只蚂蚁是“小个子”的工蚁，一旦叶子被运回地下后，就由这些蚂蚁负责做进一步的处理。

米。一旦这种蜘蛛将其猎物缠住，其带有剧毒的尖牙就开始发挥作用了。鸟类通常能试图逃走，但是昆虫、青蛙和其他小型动物就没有这么幸运了。这种蜘蛛通常当场将猎物吃掉，而无需在天亮拖回自己的洞穴。

爱爬树的蛇

在世界上的寒冷地带，森林并不是蛇类和蜥蜴的理想栖息地，因为低温会使它们行动困难。而在热带丛林中，生活环境就再好不过了，不仅气候常年温暖，而且还有大量藏身之所。蛇和蜥蜴都非常擅长于伪装术，而且还是敏捷的攀爬高手——树蟒和蟒蛇用尾巴紧紧地缠住树枝，在树上静静地等待猎物的到来。如果一只老鼠或者猴子进入到一定距离，它就会迅速地启动上半身，用颚部将猎物牢牢咬住。在中美洲丛林中，扁斑奎蛇也采用相同的战术，但是它们常常潜伏在花朵附近，当蜂鸟飞来吸食花蜜时，这种蛇就乘机将之捕食。

生活在热带雨林中的蜥蜴没有毒牙也没有毒液，因此，它们需要利用伪装术来避开鸟类的追捕。大部分蜥蜴是绿色的，但是来自澳大利亚的叶尾壁虎则长有错乱的灰色和棕色斑纹，这使得它们在树皮上爬行时几乎看不出来。为了使得它们的伪装术更为有效，它们的身体几乎是扁平的，这样就不会形成可能出卖它们的影子。

生活在丛林地面上

就像食鸟蜘蛛一样，生活在丛林中的大部分动物都会在太阳升起的时候躲藏起来。然而，蝴蝶则是例外，虽然它们通常生活在树的顶部，很多还是会每天至少一次地停落到地面上的。其目的在于从地面上补充其所需的盐分和其他重要成分。蝴蝶可以在湿润的泥土、腐烂的果实和动物的粪便中找到所需要的物质。如果找到了一块不错的地方，几百只蝴蝶会相互推搡着努力地想分得一杯羹。一看到有危险，蝴蝶都会立即飞到空中。

↗ 蜘蛛猴毛茸茸的尾巴可以像其第三条腿一样地灵活使用，而手臂则可以用来采集食物。图中的这只雌性蜘蛛猴带着自己的幼仔，正在树枝上悬荡。

而对于小小的箭毒蛙而言，即使是暴露在明亮的日光下，它们也常常是无所畏惧的。这种蛙小到可以放在大拇指上，颜色非常艳丽，跳跃在叶子和倒下的树干之间，寻找小型昆虫和蠕虫。箭毒蛙的确可以如此自信，因为它们体内含有动物世界中毒性最强的物质。而鲜艳的颜色则警告其他动物最好乖乖地离它们远一点。

箭毒蛙只生活在中美洲和南美洲地区。历史上，这种蛙类的毒汁曾经被用来抹在箭上制成毒箭，箭毒蛙也就因此而得名。

树顶上的合唱

与热带丛林中的昆虫不同，很少有大型动物可以一生都在叶子上度过。这是因为雨林树木的叶子非常坚韧，通常含有一种吃起来不美味或者不容易被消化的物质。昆虫已经进化出可以应付这种物质的技能，但是只有一小部分哺乳动物能够完全以叶子为食。吼猴是适应地比较成功的哺乳动物之一，它们生活在从墨西哥到阿根廷北部的热带丛林中，以叫声响亮著称。这种叫声是由雄性猴子发出的，它们的喉部有一个腔室，可以起到像扩音器一样的效果。吼猴成小群的生活，它们通过自己的叫声来标示出各个群体的进食范围。

热带丛林中，到处都生活着猴子，但是只有美洲猴子包括吼猴长有善于抓握的尾巴。这些尾巴可以卷在树枝上，而且朝下一面长有一片裸露的皮肤，可以帮助它们更好地实现抓握。吼猴的体重很大，因此一般都是用手臂进行抓握和进食的。但是蜘蛛猴的体重较小，因此它们通常可以单单通过尾巴而在树枝间荡来荡去。

小型灵长类动物

热带丛林中生活着世界上一半以上的灵长类动物，包括猿、猴子，以及它们的近亲。其中，体型最大的是大猩猩，而最小的则生活在马达加斯加岛的丛林中。红褐色的小嘴狐猴体重大约只有40克，几乎跟一个鸡蛋那么重。这种小型灵长类动物以植物果实、花蜜和昆虫为食，主要是在夜间依靠敏锐的听力和视力来寻找食物。马达加斯加岛以生活着多种奇异的灵长类动物而闻名，但事实上，世界上其他地区也生活着这些种类的灵长类动物，只是鲜为人知而已。眼镜猴是其中身手最为敏捷的灵长类动物之一，生活在东南亚丛林中，主要是在夜间捕捉昆虫为食。这种小型灵长类动物依靠敏锐的视觉捕食，其眼睛居然要大过其大脑的体积。

尽管不同的灵长类动物的体型间存在着如此大的区别，它们还是有着共同点的，它们中的大部分都长有指甲，而不是爪子，还有善于抓握的手指和脚趾。它们的眼睛长在脸的正前方，这可以帮助它们在跳跃的时候准确地判断距离。与生活在热带丛林中的其他哺乳动物相比，灵长类动物的繁殖速度相对较慢。比如眼镜猴，每次只能生育1只幼仔，而且怀孕时间长达6个月。

丛林及其未来

对于灵长类动物以及很多其他动物而言，可悲的是，热带丛林正在快速地萎缩。迄今为止，已经有1/3的灵长类动物，以及从鹦鹉到犀鸟的几百种热带鸟类和几千种植物，正面临着灭绝的危机。

其中一些物种变得稀有，是因为它们被人类猎捕和收集，而有些则是因为生活在日益萎缩的热带丛林中而面临着灭顶之灾。在那里，推土机和链锯正在逼近。一旦树木被砍伐，人类开始居住进来，丛林也就被农田所替代了。

人类砍伐森林已经有几千年的历史了，而且人类依靠农田种植粮食生存。但是，热带丛林正在以前所未有的速度被砍伐，同时毁坏了大量的野生动植物栖息地。一些濒临灭绝的物种，比如猩猩，可以通过把它们放入保护区来帮助它们的生存繁衍，但是这项工程很昂贵，而且能够挽救的也只是丛林中的一小部分野生物。由于热带丛林是那么的丰富而又复杂，人类不可能一方面毁坏丛林，一方面又想保护丛林中的生物。

■ 季节性干旱热带森林

季节性干旱热带森林出现在热带雨林生物群系向南和向北的广袤带状土地上，在印度境内，向北最远到达北纬30°。该生物群系的总面积约为750万平方千米，年平均气温20～30℃，年平均降雨量1500～2500毫米。然而，季节性降雨量变化将它与雨林区分开来，其冬季干燥季节有4～7个月。在冬季，许多树木落叶，甚至保持休眠直到湿润的气候条件恢复。花朵通常在叶子即将出现前开放，这时候森林展现出非常壮观的美丽景象。与雨林相比，干旱森林更矮，林冠很少达到30米，而且一般非常小。露生植物是比较罕见的，藤蔓植物更少见，而且附生植物也非常稀少。干旱森林的树与雨林的树是近亲，但总体说来物种的多样性方面要差些。

人们发现干旱森林虽然与热带稀树草原处

于同样的气候带，但是它的土壤更肥沃。热带稀树草原上所有的树种能适应频繁的火灾，而被烧毁的干旱森林则会变成一片草原。人类的破坏性行为对干旱森林的影响比雨林更严重，这是因为它们生长在更肥沃的土地上，具有更适宜的气候，更适合密集型农业；而且因为它们含有的生物量较少，易遭火焚的干旱季节很长，因此更容易清理。结果，最后世界上只剩下很少的干旱森林，例如在中美洲只有2%的原始干旱森林没被破坏，与此相对，有85%的亚马孙雨林尚未被破坏。

■ 地中海生物群系

地中海生物群系的特点是适应冬雨，它们分布在地中海沿岸的狭窄区域、非洲东南部海岸、澳大利亚、南美洲以及美国加利福尼亚海岸，面积约为180万平方千米。这些地区夏季炎热干燥，冬季温暖潮湿，每年的降雨量500 ~ 1000毫米，但是不规律，而且也有长期缺水的时候。春季是生长和开花的主要时节。典型的植被是由山谷森林、开阔的林地、灌木带以及草地组合拼成的。在地中海和加利福尼亚，主导植被是高山栎属植物，澳大利亚是桉树，智利是南水青冈和金合欢树，南非是木樨榄和漆树。许多物种都生硬叶，以在干旱时最大限度地减少水分损失，并使树可以充分利用雨季之外的少许降雨。尽管本生物群系所占的地区面积狭小，但物种数目是非常庞大的。

地中海盆地从古代开始就是文明的中心，采伐森林和土壤侵蚀已经破坏了大多数原始森林，只留下退化的林区。以前森林里主要是冬青栎硬木形成的林冠，高15 ~ 18米，下面有灌木丛和草地，但现在大部分已经被一种茂密的灌木丛植被所取代，叫作常绿高灌丛林。该生物群系物种非常丰富，但是由于时常发生的火灾和过度放牧，现在物种已经变少，森林逐

↗ 在美国加利福尼亚州约塞米蒂国家公园的温带森林里，护林员点燃森林大火，为的是替新树成长开辟场地。

↗ 尽管在16世纪到19世纪之间，地中海区域整个森林都是裸露的，冬青栎却在西班牙埃斯特雷马杜拉贫瘠的自然条件下存活下来。

渐退化。这些灌木丛也相应出现在其他大陆，如美国加利福尼亚的小槲树林、智利的常绿有刺灌木丛以及南非的高山硬叶灌木群落。

■ 温带落叶林

对许多西方人来说，温带落叶林是他们最熟悉的森林，在北美东部、欧洲、南非南部、澳大利亚东南部以及新西兰的广大地区，温带落叶林是天然的植被，占地面积总共为700万平方千米。这些地区的年平均气温为5～20℃，年平均降雨量500～2500毫米，但在不同的地区年降水量分配差异较大。这些地区冬季有霜冻，有些地区冬季漫长且寒冷。

温带落叶林主要是阔叶树，例如北半球的高山栎、水青冈、硬槭木和榆树，南美洲和新西兰的南水青冈，以及澳大利亚的桉树。北美洲东部的落叶林跨越的纬度范围比较宽，从佛罗里达覆盖到加拿大，而且根据存在的种类又划分成许多相关联群组。欧洲温带落叶林的品种最少，这是因为冰河世纪的温带物种在向南迁移过程中受到地中海的阻隔，许多物种因此消失了。

在上述范围内，这些森林的结构是相似的：林冠高度在20～30米间；接着是小一些的树形成的林下叶层，例如山茱萸；下面是地表上广布的树苗、草和蕨类植物。由于落叶林林冠没有热带雨林（主要是常绿树种）浓密，因此较多的光到达森林的地面，地面上的花更为繁多。

冬季开始的时候树木会落叶，停止光合作用，这是树木对寒冷做出的反应。树叶失去叶绿素，变成花青素和其他色素，使得叶子变成红色和黄色，非常漂亮。在春季，许多树种推迟生长新叶，等待长期温暖天气的来临，因此冬季短时期温暖的天气不会使树木发芽。为了能够落叶，夏季生长期需要延长，而且要求天气非常暖和，从而能长出一树的新叶，形成下一年的萌芽，而且释放储藏的碳水化合物维持植物安度冬季休眠期，直到新叶功能发育完全。

几个世纪以来，人类的活动使得欧洲的森林变得支离破碎，18世纪到19世纪期间，北美洲遭受了更大范围的乱砍滥伐。但由于在森林覆盖过的土地上耕种并不合算，再加上人们已经种植了大片的新生林，现在大量的森林正

海拔和纬度决定森林的类型。在美国科罗拉多州，白杨形成“山区”北方森林，这种落叶树种在美国寒冷的地区和温和的地区很常见。

在恢复。

很多栖息地的生活环境会因季节的转换而改变，尤其是在温带丛林中，这些变化比地球上任何一个生物栖息地都要显得更丰富多彩。

温带丛林曾经覆盖了欧洲和北美洲的大部分地区，即使经过了多年的森林砍伐，仍然留有大面积的温带丛林。在该栖息地中，动物的生活需要适应各种不同的季节变化，以及随季节变化极大的食物供应落差——夏季的时候有大量的食物，而到了冬季则很难找到食物了。

南极山毛榉和达尔文青蛙

由于各个大陆的位置分布是不均匀的，因此温带丛林的分布也是不均匀的。在南半球，温带丛林的面积很小，主要集中在新西兰和南美洲的一角。在这些地区，最为重要的树种是南方山毛榉树，这种树的有些种类是常绿树，但是有一个被称为南极山毛榉树的南美树种，在秋季叶子会变成鲜艳的红色，然后便凋零了。这种树生长在多暴风雨天气的合恩角上，比世界上其他任何一种树都要靠近南极，因此而得名。

这些南方丛林中生活着一些比较罕见的动物，包括世界上生活区域最靠南的鹦鹉和一种最为稀有的两栖动物——达尔文青蛙。达尔文青蛙这种南美洲的罕见生物长着尖尖的“鼻部”，生活在森林的小溪中。它的繁殖方式更是奇特——雄性青蛙会守护在蛙卵周围，直至其孵化，然后一口将之“吞下”。事实上，雄蛙并不是将蝌蚪吞入胃中，而是使小蝌蚪居住在其喉咙处的“育儿袋”中，并持续几个星期左右。当蝌蚪变成青蛙后，雄蛙就将之咳出，然后便游走了。

运转中的林地

在南美和新西兰，一些地区的山毛榉树林基本保持着人类到来前的原貌，但是在欧洲和北美，温带丛林则有完全不同的经历。在那里，很多丛林都被砍伐作为木材使用，而其他树木林地则被砍伐后辟为农场用地。因此，原始温带丛林已经变得零零碎碎，点缀在旷野和村镇之间。

在这些林地中，古树通常都有自己的故事。比如，在英国，常常能够找到一棵在遥远年代里曾经在树干近地面处被砍穿的古树。这个过程被称为矮林作业，可以使树木长出很多快速成长的分枝，从而用于制成木炭和其他东西，比如篱笆和木屐。这些分枝每隔几年便被砍伐一次，砍完后，新的分枝又会长出。如今，矮林作业已经不是很常见了，但是曾经经历过这道作业的老树还是很容易被分辨出来的，这些树通常都有很多树干，长在离地仅几厘米高的同一个树桩上。

矮林作业听起来是很极端的做法，但事实上，这样却可以延长树木的生命。在英国的树林里，一些经过矮林作业的榛树已经有1500岁高龄了，是普通野生榛树寿命的10倍。

森林的“新年”

在深冬的寒冷日子里，温带丛林中的生物像是通通消失了，树上没有叶子、没有花朵、没有昆虫，只有少量的哺乳动物和鸟类在丛林里活动。森林的地面上也是一片安静，尤其是在被积雪覆盖了以后。在这样的场景下，很难想象它实际上的变化可以有多快。但是当春季到来的时候，森林便会很快焕然一新。随着白天的变长和气温的升高，野花便盛开了。很快，树上的嫩芽变成了繁密的枝叶。在3个月疯狂的生长期中，有些树可以高过热带树种，树枝伸长了，树叶饱饱地吸收了太阳的能量。同时，动物的生活也重现生机：空中到处都是飞行的

↗ 在英国的树林中，野风信子将地面变成了蓝色的海洋。当树木上长满叶子时，它也就停止了开花。

昆虫；新孵化出来的毛虫在嫩叶中大口啃咬；候鸟大量到来，食用树叶上的毛虫，它们的鸣叫声回荡在树梢上，宣告着春季的完全到来。

森林“年”的结束

这种繁盛现象出现快，结束得也快，到了盛夏，一切便结束了，生命的发展速度已经换挡——仍然是到处都可以看到动物，但树上的鸟儿变得越来越安静了，它们的繁殖期也接近了尾声。至此为止，大部分树已经停止了生长，并集中能量用于产生种子，它们的叶子也失去了鲜嫩的颜色，有些甚至已经开始变黄——这是即将开始另一种主要变化的一个前兆。

再经过 3 个月，秋季便到来了。森林中的动物需要为艰难的时期做准备了，大部分候鸟也已经离开了。

但是最大的变化发生在外部——秋季多彩的色调已经取代了夏季的深绿。经过大约 6 个月的生命运转，大量的树叶开始凋零，也标志着森林“年”的结束。

树叶为什么会改变颜色

秋季落叶满天飞，这是自然界中最美丽的景观之一。这种现象出现在从欧洲到日本的广大地域上，但要数美国东北角地区的落叶最为壮观：在新英格兰，森林中的白桦树、枫树和山毛榉树的叶子在第一次霜降后开始呈现出美丽的颜色，之后，它们的叶子慢慢地也将凋零。

树叶经历了各种颜色变化和折磨，这就意味着它们需要被新的叶子所取代。常青树全年都在换叶子，因此树枝上的叶子永远是新的。但是在温带，大部分阔叶树会一次掉完所有的叶子，而在来年春季长出全新的叶子。

这种方式意味着阔叶树的叶子不需要应付寒冬气候。但是放弃全部叶子也是颇伤元气的，因此它们会尽力回收利用其中含有的所有物质，其中之一便是叶绿素——植物中含有的用来生长的绿色化学物质。树木会将叶子上的绿色素分解后进行吸收，如此，叶子的绿色便慢慢褪去。很多叶子变成黄色，但也有一些变成橘黄色、红色或者颜色变得很黯淡。夏季的气温越高，秋季的树叶会呈现得越丰富多彩。

一旦所有有用的物质都被吸收后，树就会将叶脉封塞，这样便断绝了叶子的水分供应。

几天后，树叶便纷纷凋零了。

生活在树叶凋落物中

在潮热的热带雨林中，凋落的叶子在几个星期内便腐烂了，但是在温带阔叶林中，叶子需要经过很长一段时间后才会腐烂。如此，树林的地面上便铺起了厚厚一层落叶，这不仅为树林提供了肥料，也带来了树林泥土特有的气味。一茶匙的树叶凋落物中可能生活着好几百的小型动物、几百万微生真菌和几十亿的细菌，对于它们而言，凋落的树叶便是它们完整的生活环境了，就像软泥对于生活在海底的动物一样。

这个环境中的大部分居住者都是依靠分解残骸来存活的，这些自然界的“循环器”包括木虱、千足虫，以及那些体型更小、刚刚能被肉眼看见的动物。在微生物的协助下，这些动物可以对每一块残骸进行处理，吸收其中的能量，而让营养物质回归到泥土中。像所有生活环境一样，树叶凋落物中也生活着食肉者，其中包括长有毒钳的蜈蚣和一种被称为“拟蝎”的微小动物——这种动物看上去像缩小版的蝎子，但是长着有毒的钳子而不是毒刺。拟蝎用毒钳将猎物麻醉，也用其与同类进行信息交流。

这些生物生活在世界各地的森林中，但是由于它们的体型非常之小，所以基本没有人看到过。

既然脚下生活着这么多的生物，很多猎捕动物当然也会在树叶凋落物中寻找食物。鼩鼱小鼹鼠一样在落叶堆里翻拱，直到嗅到食物。虽然体型很小，但是它们是永远饥饿的觅食者，因为它们快速的行动需要消耗大量的体能。蟾蜍和蝾螈则不同，它们的行动速度很慢，因此可以在不用进食的情况下存活好几个星期。在干旱的季节里，它们藏身在原木和叶子下，而在大雨降临时，便开始出来觅食。

橡树和橡子

在阔叶林中，动物通常需要生活在特定的树中来让自己有家的感觉。比如，常见的睡鼠通常都是生活在榛树中，因为榛子是它们最喜欢的食物之一。在所有落叶树中，橡树上生活的动物数量最多，橡树叶和橡子为几十种哺乳动物和鸟类以及几百种昆虫提供

↙ 在智利的国家森林公园中，南方山毛榉树正在展现其美丽的秋色。南方山毛榉树生长在南美洲，以及新西兰和澳大利亚。

↗ 在仲冬的寒冷中，这棵古老的橡树只剩下光秃秃的树枝蜿蜒盘旋着。从这棵树的外形可以看出，其树干部曾经在近地面处被砍断过。

了食物。这些动物中，有些只是偶尔前来拜访，但是大部分都是一生都生活在橡树上或者生活在橡树周围。

对于松鸦而言，一树的橡子可以让冬季的生活变得简单得多。与很多鸟类不同，松鸦整年都生活在落叶林中，它们的食物随着季节的变化而变化。在春季和夏季，它们以昆虫为食，而且它们也会食用其他鸟类的蛋和幼雏。但是到了秋季，当不能找到上述这些食物的时候，橡子便成为了它们最重要的食物。

松鸦不仅食用橡子，而且还会将橡子埋在地下。它们对于食物的埋藏地有很强的记忆力，到了冬季，它们会将橡子挖出来作为食物。有时候，储备的橡子量太多，来不及吃完的就会在来年生根发芽。因此，在一定意义上，松鸦还帮助了橡树这一物种的传播。

秘密储备

这种储存食物的行为在英语中被称为“caching”，源自于法语，具有隐藏的意思。松鸦独自储存食物，核桃夹子鸟也是如此。核桃夹子鸟生活在针叶林中，将松子埋藏起来以备冬季食用。但是，在北美洲，橡树啄木鸟则是家族式作业，它们会事先在死去的树干上凿出洞，将橡子储藏在其中。一棵树上有时能储藏5万颗橡子，足够啄木鸟一家子吃到来年春季的了。这种食物仓库常常还会引来其他鸟类，因此，啄木鸟会像卫兵一样守卫着自己的劳动果实。

狐狸和松鼠也会储藏食物。事实上，这些动物并不会事先进行计划，也并不知道在冬季会很难找到食物，这一切都只是本能的行为。也正是这种本能，使得它们能够生存下去。

挖掘食物

在中世纪，欧洲的很多森林都属于封建地主所有，他们将这些森林作为猎捕野猪和鹿的乐园。拥有一块可以打猎的森林是地位的象征，就像呈上美味的食物一样可以给客人留下深刻的印象。但是，早在很久以前，很多这种私家森林都已经消失了，而野猪和鹿却繁盛起来了，即便是在靠近城镇的树林中也是如此。这些动物能够发展地如此成功，主要在于它们有很高的警觉性——远离人类。如果在人类出入较多的地方，则通常是在夜晚才出来觅食。

野猪是家猪的祖先，有着同样有力的颚部和扁平的鼻子，可以在地上翻拱食物。鼻尖部位可以向上翻动，很快从“推土机”转变成“铲子”。利用这套“设备”，野猪可以将地面掀开，寻找营养丰富的植物根部，或者掘出鼹鼠或蚯蚓。事实上，没有什么是这种动物不吃的，虽然它们喜欢新鲜食物（包括粮食），但是它们也可以以生物残骸为食。大多数情况下，野猪都是通过嗅觉来找到食物的，它们的嗅觉出奇地灵敏，甚至可以将尚在地下的各个不同种类的土豆分辨出来。

野猪在森林地面上树叶堆成的窝中产仔，一般一胎可以产下 10 头左右。像它们的很多亲属一样，野猪的幼仔身上都长有条纹。雌性野猪或老母猪都具有很强的建巢本能，因此比较体贴一些的农民会为他们养的母猪提供一些堆巢的原材料。

以树皮为食

野猪只生活在欧洲和亚洲，而鹿则分布在世界上几乎所有的阔叶林中。白尾鹿只生活在美洲，而红鹿则生活在从加拿大到中国的整个北半球。它们还被引进到世界上的其他地区，包括阿根廷和澳大利亚。1851 年，它们还被引进到了新西兰，在那里，红鹿的繁殖非常旺盛，甚至对当地的野生物造成了一定的威胁。

在一年中的大部分时间，鹿都是以植物的叶子为食的，但是当秋季来临，叶子凋零后，它们不得不转而食用比较坚硬粗糙的食物。它们会食用小树的顶部,也会以树皮为食。在冬季，树皮牢牢地贴在树干上，因此每次，鹿只能挖下一小片树皮。但是到了早春，树液开始产生，树干的外层就会变得光滑，树皮也会变松。这时，鹿在树皮上一咬，常常能撕下一长条树皮，有时还会将树木置于死地。

这种饮食习惯对于整个森林而言不会造成很大的伤害，但是如果是在植物园中则可能会形成一场浩劫。正是这个原因，小树需要用篱笆保护起来，或者在它们的树干上包上塑料保护膜。

与野猪不同，大部分鹿每胎只生一只小鹿。最初，小鹿蜷缩在矮树丛中，母鹿每隔几个小时就回来为其喂奶。红鹿在长到 3 ~ 4 天后，便能跟着母鹿外出，而小白尾鹿则需要隐藏在树丛中生活 1 个月之久。小鹿常常看上去像被遗弃了一样，伸出援手的人类也常常把其带回动物保护中心。但事实上，它们并不需要人类插手，因为母鹿从来没有走远。

鹿角

大部分动物在繁殖期间是外观最佳的时候，一些鸟类会额外长出多彩的羽毛，而蝴蝶则会展示它们艳丽的翅膀。雄鹿则会长出鹿角——这是动物世界中最大也是最吸引人的装饰品。与牛角不同，鹿角是由坚硬的骨头形成的。红鹿的鹿角可以长到 70 厘米长,3 千克重。驼鹿的鹿角更大，重量可以达到 30 千克，一端到另一端的长度可达 2 米。

鹿角从鹿的前额开始长出，最初上面覆盖着一层柔软的皮，随着鹿角的慢慢生长，会出现分叉，大约经过 15 ~ 20 星期后，新的鹿角就长成了。一旦停止生长后，上面的皮层就会变干，最后脱落。这段时期对于鹿而言是很不舒服的，它们会用树或者灌木摩擦自己的鹿角，以使皮层尽快脱落。

秋季，动物的发情期到来了，雄性开始了

↗ 鹿角的大小一部分取决于鹿的年龄，另一部分取决于鹿的食物。图中的这只红鹿，每只鹿角上分别长有6个尖，而最大的红鹿角甚至可以长出12个尖。

每年秋季有好几个星期，位于美国新英格兰地区的树林都会吸引着来自世界各地的游客。在北美洲的这个地带，秋季的颜色是非常生动的。当北部冷空气来袭时，温带丛林的叶子一夜之间便凋零满地。图中的丛林中满是枫树和白桦树。不久，所有的树都会掉完它们的叶子，整个树林将光秃秃地一直平静地等到来年春季。

一年一度的竞争，它们用自己的鹿角来争夺交配权。有时，两头雄鹿只是炫耀一下自己的鹿角，直到其中一头自动退出为止。如果双方都不让步，那么头碰头的战争便开始了，有时还会造成严重的伤势。胜者可以聚集一群雌鹿，而败者只能保持低调，黯然地舔舐自己的伤口，等待来年再战。

真菌猎食者

对于阔叶树而言，鹿是它们的一大问题。此外，更为严重的敌人到处都是，其中之一便是真菌。真菌是森林生命中永远不会缺少的组成部分，有时甚至还是致命的。对于真菌而言，每一棵树，不论其是老或是嫩，都是潜在的食物来源。真菌生活在树叶凋落物和木头中，通过它们纤细的摄食菌丝，分解其中活的生物或者死的残骸。

一些丛林真菌像动物一样，在丛林间秘密地蔓延，其中之一便是贪婪的蜂蜜真菌，它分布在整个北半球地区。蜂蜜真菌会长到一般伞菌大小，但是其位于地下的细丝可以长得非常之长。在美国密歇根州的橡树林中，曾经发现过一张蜂蜜真菌的地下细丝网，面积达到 15 公顷，重量达 10 吨。这么庞大的真菌细丝网是从曾经的一粒小小的孢子开始的，经过了森林 1000 多年的养育后方才形成。有些真菌的细丝网甚至可以更大，它们中包括了科学家迄今为止发现的最大的生物。

当蜂蜜真菌发现合适的猎物时，它们会在树皮下向上生长，偷取新的木质层上的营养物质。在进攻的最初阶段，树看上去还是很健康的，但是随着时间的推移，这种伤害开始渐渐显露了——树叶开始变黄，生长减缓，整个树枝开始呈现出病态。在蜂蜜色的伞菌长满树干的时候，这棵树的生命也就宣告结束了。

存活

与动物不同，树木的死亡会经历好多年的时间。英国橡树尤其顽固，可以挣扎着存活 200 年之久，甚至当树干内部已经基本烂空的情况下，橡树还能继续生长。在 19 世纪，在英国的林肯郡伯索尔（Bowthorpe）有一棵非常有名的中空橡树，里面像一个大房间一样，可以供当地的乡绅以及 20 个宾客在其中用餐。上个世纪，在美国加利福尼亚州，一些巨大的红杉的中空部位可以容许一辆汽车从中开过。这些树现在仍然长势良好，有些已经超过了 90 米的高度。

即使遭到雷击或者树干被暴风折断后，树木也能顽强地生存下来。有些树种，包括橡树、栗树和榛树，在经过矮林作业——不是仅仅经过一次，而是几百年来经过很多次后，仍然能够存活下来。

树木之所以能够承受这些打击，是因为真正关乎重大的仅仅是树皮下的活层。只要有足够的活层留下来，就能够进行最为关键的水分及树液的传输工作。但是，如果一棵树遭到了真菌的进攻，树木边材就很难再正常地传输水分和树液了。最后，输送管道被封塞，树木也就慢慢地死去了。

在死树中安家

一棵树死去后，其价值还远没有消失殆尽，死去的树干可以成为啄木鸟的家，在最初的主人搬出后，还会吸引其他鸟类前来居住。这些洞居者包括十几个不同种类的树林物种，从山雀到食肉鸟类，比如猫头鹰等。啄木鸟和猫头鹰将它们的蛋直接产在树洞里，但是很多体型较小的鸟类则是先在树洞中铺上一层苔藓和树叶。

在有些树林中，尤其是那些用来采伐原木的树林中，死树出现的频率很低，因此，树洞的争夺很激烈。如果一只鸟幸运地找到一个树洞，并想要占为己有，则通常需要先打败对手。䴓有一套阻止大鸟占据自己洞穴的独特方法，它们会在树洞口糊上泥土，使得洞口小到只能容许一只的进出。当一只鸟前来察看树洞的时候，它会将泥土误认为是树皮，认为树洞太小，不足以安身。

中空的树木也是蝙蝠安家的最爱，因为这里可以为它们挡风遮雨，又可以避开捕猎者的视线。在温带丛林中，大部分蝙蝠都以昆虫为食，在半空中捕捉猎物。生活在丛林中的蝙蝠种类众多，并不是所有蝙蝠都是通过这个方法捕食的。比如体型较大的生活在西欧地区的鼠耳蝙蝠，它们在深夜出动，抓捕地面上的甲虫和蜘蛛，同时它们也会在空中捕食。它们并不依靠自己的声呐系统来作出判断，而是在爬过地面时，聆听昆虫发出的声音来找到食物。来自新西兰的短尾蝙蝠是这种生活方式的真正专家——它们把翅膀紧紧地闭合起来，通过在丛林地面甚至树干上快速行走来发现食物所在。短尾蝙蝠主要以昆虫为食，但是偶尔也吃果实，以及来自花朵的花蜜和花粉。

■ 温带雨林

温带雨林是一个很小且分散的生物群系，人们发现的其最大的区域位于北美太平洋海岸，从加利福尼亚北部延伸到阿拉斯加南部，较小的区域在澳大利亚东南部、塔斯马尼亚、新西兰和智利。这些地区的年降雨量超过2000毫米，而且全年分布均匀。所有的地区都是温和的海洋气候，温度很少降至冰点以下。

在加利福尼亚海岸，由于夏天有雾，雨林扩展进入地中海生物群系，雾的湿气养育了海岸红杉，它是世界上最高的树，高度可达110米，是这些森林中最突出的树种。当然，这种生物群系主要是常绿树，在北美洲其他优势种有花旗松、铅笔柏、云杉和冷杉，这些树中许多都很高大，而且寿命也长。在澳洲，优势树种包括红桉和其他桉树，在塔斯马尼亚优势树种是南水青冈（属常绿或落叶乔木）和陆均松，而在智利南水青冈比智利柏要多。但是，总体说来，温带雨林的生物多样性不如温带落叶林。

这个生物群系的林冠通常高40～60米，而树干的周长可能达到20米。通常光照有限，而且土壤呈酸性，因此地表层只限于生长树冠小的树苗，以及草和蕨类植物。

由于温带雨林里的树木树形庞大，因此对商业伐木人来说是很有吸引力的，在北美洲，他们几乎将树木全部放倒，危及依靠古老森林生活的哺乳动物和鸟类，例如斑点猫头鹰。伐木人和环境保护主义者之间的斗争将是长期的。

■ 北方针叶林

北方针叶林（也就是我们熟知的欧亚大陆针叶林带）延伸出一个宽阔的林带，中心大约在北纬60°，分布范围从挪威延伸到俄罗斯的太平洋海岸；从阿拉斯加海岸到纽芬兰岛。纬度低的区域较小，分布在高山上，包括阿巴拉契亚山脉、阿尔卑斯山以及喜马拉雅山的部分地区。因为南半球在相应的纬度没有比较广阔的陆地，因此南半球没有相应的北方针叶林。

该生物群系覆盖面积为1200万～1500万平方千米，年平均气温-5～5℃，年平均降雨量200～2000毫米。这些地区夏季气候温和，7月平均气温为10～20℃，但是冬季非常冷，在西伯利亚中部，气温低至-50℃。

北方针叶林的森林结构非常简单，具有茂密的林冠，高30～40米，但在该生物群系分

↗ 山雀是针叶林中的常见鸟类。图中的这种凤头雀是欧洲品种，通常生活在成熟的针叶林中。

布的海拔和纬度极限处林冠没这么高，而且更开放。这些常绿森林的优势树种是松、云杉和冷杉，而在西伯利亚最冷的地区是落叶松。树冠下面是一层常绿灌木，例如刺柏属丛木和杜鹃科植物，也有落叶灌木，例如柳树和桤木。在茂密的林冠下面几乎没有再生植物，地面植被非常稀少，几乎只有苔藓，因此最终形成厚厚的泥煤层。

火是最常见的扰乱因素，90% 都是由雷电引起的。树有许多方法应对火：许多树有厚厚的树皮以保护树干，有些有球果，在大火后张开，使它们的需光种子充分利用暂时开放的栖息地。北方针叶林是由再生的森林形成的，古老森林非常罕见。相对来说，大多数北方针叶林直到最近一些年都没遭受破坏，但是现在人们为了获取木材，正在不断开采。

针叶树尤其善于抵御干旱、大风和寒冷气候的威胁。在其他树种需要挣扎着方能生存的地区，它们却长势旺盛。

针叶树是应付极端恶劣天气的专家。正是因为它们针形的叶子，使得它们可以生长在海拔较高的山上以及干旱、贫瘠的山坡上。一些针叶树也生长在热带丛林和沼泽地里，但是，它们最为重要的据点还是在极北地区。在那里，它们形成了北方针叶林——一片广阔而偏远的栖息地，几乎环绕了整个地球。

穿越大陆

北方针叶林常常被称为“Taiga”，这是它的俄罗斯语名称。在俄罗斯，针叶林分布在 11 个不同的时区，而在其中的有些地区，针叶林覆盖的宽度可以达到 1 500 千米。

如果是坐火车穿越整个针叶林，大约需要 1 个星期的时间，而整个旅程中，窗外的景色几乎没有什么变化。一致性是北方针叶林的最主要特色，因为该类丛林中的树木种类很少。比如，在整个俄罗斯针叶林带中，大约只有 10 个不同的树种，而在北美地区的针叶林带，树种数量也多不了几个。相比而言，在足球场大小的热带丛林中，树种的数量可以达到几百种之多。

对于野生物而言，物种越少就意味着找到的食物的机会越渺茫。但是从另一个角度看，

如果一种动物可以在这里生存下来，那么它将拥有世界上最为宽敞的家园。

冬季的皮毛

对于生活在北方针叶林中的动物而言，熬过寒冷的冬季是生活中最重要的挑战。在接近冻原的加拿大针叶林中，冬季温度可以降到 -40℃。然而，在西伯利亚东部，气候甚至更加恶劣，在那一带的一个采矿小镇上，曾经有过 -68℃的纪录，比北极的温度还要低。在冬季，地面泥土的冻结时间长达好几个月，所以很难找到液态水资源。

应付寒冷的方法之一是远离寒冷——候鸟就采用这样的方法。哺乳动物没得选择，因为它们不可能作如此长途的迁徙。相反，它们利用自然界最好的隔热体——皮毛来保暖。皮毛的外层是长毛，下层则是长满绒毛的内层皮毛。秋季的时候，内层皮毛会渐渐变厚，为即将到来的冬季准备好额外的保暖设备。

很多生活在北方森林中的食肉性哺乳动物都以其奢华的皮毛而著称，其中最为有名的是美洲貂——一种敏捷而凶狠的猎捕动物，一般在水中或者水域附近捕食。此外还有鱼貂，与美洲貂非常相像，但它是在树上捕食的。但是，在所有具有商业价值的长皮毛动物中，当数俄罗斯黑貂最为珍贵，这是一种狐狸大小的动物，生活在西伯利亚东部，常常需要面对极度的寒冷。俄罗斯黑貂吃小动物和水果。幸亏有其“豪华”的皮毛，使得其在 -50℃的环境下还能保持活力。不幸的是，人类看上了它们的皮毛，因此几百年来，它们一直遭到人类的捕杀。现在，这种动物很多被关养起来——有些甚至是在极其苛刻的条件下。即便如此，仍然有大量的这种动物在野外被捕杀。

日渐消失的狼

在民间传说中，针叶林是非常危险的地方，需要十分警惕。这些所谓的危险，大部分都是虚构的。但是，的确有一段时期，人类完全有理由害怕丛林中的狼。在大约 400 多年前，大量灰狼分布在北半球，其中丛林是它们最为舒适的安身之所。

事实上，狼攻击人类的记录非常之少，倒是对于农场里的动物而言，狼是一大威胁——

↘ 一群驯鹿在西伯利亚东部的奥姆雅克恩附近的针叶林中奔跑。树间的空旷地正是寒冷的冬季气候的标志。

↗ 从针叶林到北极冻原，灰狼的栖息地很广。在每一个狼群中，成年的狼都需要出外捕食，而只有比较年长的狼才承担繁殖后代的重任。

尤其是当它们天然的食物越来越少的时候。因此，狼遭到了大量的捕杀。在过去的几个世纪中，它们被驱赶到了杳无人烟的地区，或者就是被赶尽杀绝。在英格兰岛上，最后一只野狼死于大约 1770 年。俄罗斯、加拿大和阿拉斯加还生活着数量较大的狼群，而在美国的其他地区，狼已经基本绝迹了。

一场激战正上演

如果没有人类的帮助，美洲狼可能已经灭绝了。在 20 世纪 90 年代，动物保护主义者开始了一项特殊的项目，以帮助狼重新回到曾经居住的领土上。加拿大狼被空运到美国蒙大拿州、爱达荷州以及怀俄明州的山里，并且逐步地被释放到野外。这项重新引入计划被证明是非常成功的，现在在这些地区，已经生活着二十几个狼群了。

对于狼的重新归来，并不是每个人都感到高兴的。大部分牧场主都认为这些狼会攻击他们的牛羊，在有些地方，已经有“狼嫌疑犯”被猎杀了。由于这个原因，被重新引入的狼群受到了严格的管理和控制，希望人与狼之间能够和平共处。

长长的冬眠

其实狼并没有人类想象的那么危险，棕熊倒是不折不扣的危险动物。除了北极熊外，棕熊便是世界上最大的陆生食肉动物了，它们的力量大得令人吃惊。棕熊的食物范围很广，包括从鱼到鹿，从树根到昆虫的各类动植物。它们可以用爪子将一头成年的驼鹿或者马拖出好几百米远。对于这种视力很弱但是力量奇大的动物而言，人类可以对它们形成威胁，或者偶尔，人类也会成为它们的美餐。

与狼一样，棕熊曾经生活在整个北半球地区，也经历了分布范围锐减的情况，但是棕熊非常擅长应付丛林生活状况的各种起伏。它们并不是整年都在动的，而是有 6 个月的时间处于冬眠状态——这是在觅食困难时期节约体能的好方法。它们会在朝北的坡上挖个洞，铺上树枝和树叶。洞穴通常不会超过 1.5 米宽，刚好能够容下这种体重达半吨的动物。

到了秋季，棕熊的一半体重来自其脂肪，这些脂肪也正是它们的冬季“燃料”。体内的脂肪是动物重要的能量来源，棕熊是通过大量食用其能够找到的一切食物来堆积起这些脂肪的。当棕熊进入冬眠状态时，它们的体温降到只有 5℃，心跳速度减慢，脂肪则被慢慢地消耗，用来保持生命的延续。

但是与很多其他冬眠者——比如旱獭相比，棕熊的睡眠很浅，体温的下降幅度也不算大。棕熊在冬眠期间仍然能隐约地感知到周边的动静，如果受到打扰，能立即醒过来。这种快速反应意味着即使在深冬时期，棕熊的洞穴也不是探险的好去处。

食叶者

熊几乎是什么都吃的，但对于针叶树叶仍然是望而却步的。与其他大部分树叶相比，针叶树叶坚硬，外面裹有蜡层，而且含有气味浓重的树脂，不易消化。它们只适合森林中的专业食叶者，如飞蛾的毛虫和叶蜂的幼虫。松毛虫蛾是以针叶树叶为食的欧洲物种之一，成年蛾呈灰色或者棕色，但是幼虫则长有绿色和白色的条纹，与松针上的蜡光非常匹配。它们贪婪地食用嫩松针，把整个身体伸展在其食物上，这使得它们更难被发现了。一只雌性飞蛾可以产下几百个卵，因此这种毛虫的传播速度非常之快。

松毛虫日夜不停地吃着松针，但是另外一个种类——列队蛾则有着不同的生活节奏：白天，它们的幼虫住在枝头自己结的丝巢中，这种丝韧而有弹性，动物很难将之撕开，即使用刀也很难切开。从巢中会引出一条丝，一直拖到其他长有嫩叶的树枝上。到了夜晚，这些幼虫会沿着这条丝成队而出，进食时排成一条线，这也正是它们名字的由来。

在木头中生活

对于一些生活在针叶林中的昆虫而言，木头比叶子更为美味。在针叶林中，最具代表意义的便是树蜂，常常“嗡嗡嗡”地飞行在树丛中。成年树蜂呈黑黄相间，其中雌性树蜂长有看上去非常危险的刺。事实上，这种刺是没有危害的，只不过是专门用来钻透树皮，将卵产在树干中的排卵管。雌性树蜂寻找虚弱或者已经倒下的树木，将卵一个一个地注入到树皮之下。当幼虫孵化出来后，它们会花3年左右时间在树木中挖洞为家。这些幼虫并不是以木头为食，而据说是以长在树皮下的一种真菌为食。真菌擅长于分解木头中的物质，而树蜂则利用了这种优势对真菌进行“耕作”，并帮助其传播。

外部的攻击

对于树蜂的幼虫而言，不幸的是，它们的家并没有像看起来那么安全，这是因为存在着另一种昆虫——姬蜂。姬蜂的幼虫以树蜂的幼虫为食。利用其敏锐的嗅觉，姬蜂可以找到木头中的树蜂幼虫。雌性姬蜂会将排卵管插入木头，在每一条树蜂幼虫旁边产下一个卵。当姬蜂的幼虫孵化出来后，就会将树蜂的幼虫活活吃掉。

即使树蜂的幼虫能够逃过此劫，另一种危险也会随时袭来——啄木鸟正在凿打着树木，它们将舌头伸到了可以找到的任何通道。啄木鸟的舌尖上有毛刺，可以将树蜂的幼虫勾出。

↗ 在美国犹他州布莱斯峡谷国家公园沼泽峡谷里，松、云杉和冷杉形成的北方针叶林被白雪覆盖。

↗ 针叶树的树干笔直而树枝向下倾斜，使其能够很好地处理积雪的压力问题。其实，霜冻的问题更为严重，因为它会扼杀刚刚长出的嫩芽。

切开松果

针叶树不会开花也不会结果，但是它们能够产出营养丰富的种子，隐藏在松果里面。大部分松果都比较小，可以握在手里，但是北美洲兰伯氏松产出的松果可以长达 50 厘米。而澳大利亚的大叶南洋杉则可以产出世界上最重的松果，这种松果外形像一个带刺的瓜，非常坚硬，重量可达 5 千克。

↗ 这些松枝刚刚开始生长，其中的黄色部位是雄性松果，很快就会向空中散发出花粉。雌性松果相对较大，它们的木质鳞片保护着种子的生长。

大叶南洋杉的松果在成熟的时候会裂开，这样使得动物很容易就吃到其中的种子。但是，其他松树的松果一般都不会自行裂开，直到快要坠落到地面上之前，才会释放出其中的种子。松鸦和核桃夹子鸟会在丛林地面上翻找种子，但也有些鸟类会在种子掉落前先下手为强，在北方丛林中，这种鸟类中首当其冲的应该是交喙鸟——一种雀类，鸟喙上下两片在末梢处相互交叠。利用喙这个灵巧的设施，一只交喙鸟可以撬开松果上的鳞片，从而用舌头将鳞片下的种子取出。

交喙鸟依赖种子性粮食，如果当年粮食收成好的话，这种鸟类也会非常繁盛。但是，如果在一个丰收年后到来了一个歉收年，那么就会有很多交喙鸟找不到吃的了。当这种情况出现的时候，交喙鸟就会向南飞到北方丛林外的区域中寻找食物，这种迁徙被称为“族群骤增”，也会发生在其他雀类身上。

飞行的猎捕者

漫长的冬夜和浓密的枝叶，针叶林似乎天生就是为猫头鹰而设。一些世界上最大种类的猫头鹰生活在这里，包括来自欧洲和亚洲的北方大雕。

这种猫头鹰已经大到足以攻击一头小鹿了，而它们的叫声是如此低沉有力，以至在1千米外的地方都可以听到。

大雕需要足够大的空间进行活动，因此它们通常是在树木生长较为稀疏的地方捕食。乌林则不同，无论在浓密的丛林还是开阔的乡野，它们都可以行动自如。这种强壮的鸟类生活在整个远东地区，停歇在活的树上或者死去的树干上，用黄色的眼睛凝视着这个世界。尽管它的体形很大，但是它几乎只以小型啮齿动物为食，用其敏锐的听觉来找到躲在雪堆下的猎物。在针叶林中，大部分鸟类都会尽量避开人类，但是乌林如果发现自己的巢受到了威胁，则会毫不犹豫地进行反击。凭借1.5米宽的翼展，再厉害的入侵者也可以被它赶走。

不对等的伙伴

白天，大部分猫头鹰都栖息在树上，而其他鸟类则出来觅食。鹰和秃鹰会发现自己很难在树与树之间自如飞行，但是北方苍鹰却非常适应这种林间地带——将自己的尾巴和翅膀作为方向舵，北方苍鹰可以在树林中突然转向，袭击树上和地面上的猎物。这种高速的猎捕者主要以其他鸟类为食，但是如果方便的话，它们也会抓取树上的松鼠和小豪猪作为食物。

对于哺乳动物而言，雄性的体形一般要大于雌性。但是猎捕性鸟类却常常刚好相反——雌性北方苍鹰几乎比其配偶要重1/3，而且通常能够抓到更重的猎物。为了弥补这一点，雄性苍鹰通常更为灵敏，当其掠过迷宫般的树干和树枝时，可以抓到山雀那么小的鸟类。而对于另一种丛林捕食者——食雀鹰而言，雄性和雌性鸟之间的差别就更大了，雌性食雀鹰的体重通常是雄性的两倍。

变化中的森林

并不是只有野生动物发现了针叶林的价值。几百年来，人类之所以用针叶树来作为木材原料，就是因为它们的外形笔直挺拔，在使用上比较方便。在18世纪，几百万棵针叶树被用来作为铁路枕木，还有更多的被用来作于支护矿坑。如今，针叶树也被广泛运用于建筑业、造纸业，还有其树脂可用于制造各种各样的产品——从油墨到溶剂到黏胶剂。

尽管如此，世界上的针叶树的生长面积并没有减少，所以也并不存在濒临灭绝的危险，但他们也在变化中。每年，大面积的森林被砍伐用做木材，砍伐后的树木有些是重新栽培的，有些则是再自行繁衍生长的。那些种植的森林跟那些自然生长的林木是相当不一样的，那些种植的往往只能是一类树木，而且树龄基本相同，往往在树木成熟前就被砍伐了，所以对于野生动物而言，这些种植林是极难生存的地方。

保护原始森林

一方面，人类大面积地进行人工造林，另一方面，自然资源保护学家一直在努力地保护现存真正的野生森林。最重要的防线之一在北美西北太平洋海岸——横跨美国和加拿大的边界。这个区域是世界重要木材制造区之一，但其中生长年代较久的大部分树木都已被砍伐了。

↗ 在针叶树被砍伐后，人类用在苗圃中培育的小树苗重新种植。不像野生的针叶树，新树苗会迅速繁殖长大，这样就会产出更多更好的形状笔直的木材。

延伸得像尺子一样笔直的鲜明的界线代表了森林最新被砍伐的边缘。图中所示的风景为北美西北太平洋海岸的喀斯喀特山脉。

美国奥林匹克国家公园保护着世界罕有的针叶雨林。这是一个特殊的栖息地，生长着100米高的原始树木。再往北一点，在加拿大温哥华岛格里夸湾，也建立起了一个新的生物保护区，以此来保护温哥华岛的原始森林。相比已经被砍伐的森林，那些保护区是非常微不足道的，但这样的举措表明原始森林还是能够被保留下来的。

灌木地

灌木在体型上比树木小，但是质地却像树木一样坚硬，它们覆盖了地球上很大范围的干燥地区。在灌木地区，生物需要忍受漫长而干旱的夏季，以及随时可能袭来的野火。

当列举世界上的陆上栖息地时，灌木地通常不会被列入其中。因为人类认为灌木地是无用的废地，让人往来不便，也不能用来种植什么有用的作物。但是，对于野生生物而言，灌木地不仅可以提供很多藏身之处，而且可以给它们带来丰富的食物。

什么是灌木

树木是很容易被认出来的，因为它们通常会有单一的树干。但是灌木不同，因为它们没有树干，而是在靠近地面的时候就已经分出很多枝干了。有些灌木可以有一层楼那么高，而最小的灌木则只到达脚踝处。它们通常生长得很密，长有尖刺，这就使得在灌木地行走变得很困难了。

在南美洲大查科区，环境条件非常恶劣，几乎没有人会进入这片地区。从这里到亚马孙河雨林之间的地带，冬季温暖而干燥，但夏季则是非常炎热而潮湿的，一场暴风雨就能将这里变成一片“泥海”。这种到处长满刺的环境根本不适合人类生活，但却是动物的绝佳栖息地。这些定居者中有各种鸟类和咬人的昆虫，以及世界上一些剧毒的蛇类。

但是，并不是所有灌木地都是如此不适宜人类居住的。在欧洲南部，灌木沿着地中海沿

↘ 在美国加利福尼亚州，矮橡树林灌木丛中生长着仙人掌和山艾树，以及叶上多刺的橡树。对于生活在马背上的早期定居者而言，穿越灌木地是一种非常糟糕的经历。

岸生长，而在美国加利福尼亚州南部，很多城市周围都大量生长着一种被称为矮橡树林的灌木丛。

灌木地的气候

世界上大部分灌木地都分布在干旱期在一年中达到几个月的地区。这种气候不适宜树的生长，但是小型木本植物却可以长得非常茂盛。事实上，灌木地的气候似乎可以促进植物的进化，因此可以发现大量不同种类的植物生长在一起。

就单纯的植物种类而言，有一种灌木地可以说创造了同样面积栖息地植物种类的最高纪录，这种灌木地就是南非高山硬叶灌木群落——“凡波斯”，生长在好望角的高山上。凡波斯就像是覆盖在地面上的常绿地毯一样。虽然凡波斯的区域面积小于 500 平方千米，但是其中却含有 8 500 个不同种类的灌木和其他植物，数量几乎与生活在欧洲所有国家的灌木数量之和持平。

在向东穿越印度海域几千千米外的澳大利亚西部的灌木地是世界上另一个生物生长的热地。与南非不同，这块地区非常平坦，灌木丛生长在厚厚的一层含泥炭的土地上。尽管土壤贫瘠，这一地区仍生长着 7 000 多个不同种类的植物，其春季开花品种之多，尤其令人惊奇。这一地区周围都是沙漠，因此其就像是大陆角落中一个生态岛。在有些地块，生长的植物中有 4/5 是世界上特有的植物种类。

灌木和授粉者

大部分花是由昆虫和风帮助授粉的，但是在灌木地，鸟类会来光顾并为之效力。在南非和澳大利亚，这些鸟类是灌木的亲密伙伴，没有它们，灌木将很难生存下去。

在凡波斯，卡佛食蜜鸟经常光顾一种被称为普罗梯亚木的灌木，以其花蜜为食。普罗梯亚木遍布非洲的灌木地，其中凡波斯是它们最

↗ 在澳大利亚的国家公园中，生长速度缓慢的灌木为岩石沙袋鼠和袋鼠以及170多种鸟类提供了很好的庇护之所。

主要的生长地。最大的种类可以长到一人高，会长出红色或者黄色的头状花，其中含有几十甚至几百朵小花。每个头状花都像是锥形冰激凌，每次产蜜期在一星期左右。

食蜜鸟通常以昆虫为食，但是当普罗梯亚木开始产花蜜时，其便转而食用花蜜。它们细长的喙部刚好适合用来探入花朵深处。这种鸟每天几乎要食用250朵花的花蜜。在这个过程中，它们的前额把花粉从一株植物带到了另一株植物，从而帮助了普罗梯亚木授粉结子。此后，这些鸟还会收集一些种子，因为它们可以成为鸟巢中温暖的内垫。

以花朵为食的哺乳动物

即使没有看到鸟在四处活动，依靠鸟类传播花粉的灌木也是很容易就能被识别出来的，它们的花朵通常都呈鲜红色、橘色或者黄色，长在长长的茎干上，这样就便于鸟类出入。另一方面，这类灌木的花朵通常比较坚韧，因为鸟类具有比昆虫更大的破坏力。但是在凡波斯，有一种普罗梯亚木的花色比较暗淡，在夜间开花，花朵距离地面很近。这种花根本不能吸引鸟类的注意，相反，主要是小型哺乳动物常来光顾。

这些哺乳动物中至少包括两种啮齿动物和南非象。它们都属于夜行动物，依靠嗅觉而不是视觉来寻找普罗梯亚木花朵。这种花带着麝香般的香味，并且可以产出甜度特别高的花蜜，适合哺乳动物的口味。花蜜是非常有效的食物，尤其是产在冬季的花蜜，可以帮助动物度过冬季食物匮乏期。

澳大利亚也生活着可以帮助传播花粉的哺乳动物，但是都是些小型的有袋动物。其中包括主要以桉树为食的几个物种，以及那些用翅膀或者翼膜在桉树间滑翔的动物。此外，还有一种被称为“蜂蜜负鼠”的动物，完全是依靠灌木丛的花生活的。这种老鼠大小的有袋动物生活在西澳大利亚的灌木丛中，它们的新生幼体是世界上最小的哺乳动物幼体，每只只有0.005克，比一张邮票还轻。

↗ 南非的凡波斯在8月份开始开花，这也正式代表着南部春季的来临。到了12月，随着夏季的热浪涌来，大部分花都败谢了。

灌木丛起火了

火是灌木丛生活的重要组成部分，尤其是经过几星期甚至几个月的干旱之后。枯树叶和枯树枝都很容易被点燃，几小时之内，几千公顷的灌木地就会燃起熊熊大火。

这种大火会危及到人类生命和住宅的安全，但是对于灌木丛本身而言，其实并不是像其看起来那么危险。

在美国的加利福尼亚州，这种大火因为蔓延速度非常之快，常常会成为报纸上的头条新闻。一旦大火过去，大自然很快就能自我复原。在几个星期之内，很多灌木都会发出新芽，在2 ~ 3年后，这些被烧尽的灌木很快又会恢复到大火前的繁盛景象。

矮橡树林之所以能够恢复得如此之快，是因为它们的灌木丛已经进化出了防火功能。比如，一种被称为黑肉叶刺茎藜的常见灌木长有坚韧的木质茎，根则可以延伸到很深的地下，大火通常只能将其细小的枝叶部分燃尽，而植物的核心部分却能够存活下来。一旦破坏结束，

↙ 火借风势，扫荡了美国加利福尼亚州莫哈韦沙漠边上的一片约书亚树。在这片干旱的灌木地里，已经死去的植物很快就被燃烧殆尽，但是活着的植物则要坚强得多，大火仅能让约书亚树损失一些叶子而已。

↗ 生长在澳大利亚的黑男孩树有着尖顶状的花朵，看上去像是直指天空的柱子。这种植物通常都是在大火过后开花。

黑肉叶刺茎藜又能发出新芽，重新长出茎叶。

灌木在火中传播种子

通常情况下，一旦植物授粉后，它就开始渐渐地产出和传播种子。但是在灌木地，像普罗梯亚木和黑肉叶刺茎藜那样的植物却不同，它们并不是在种子成熟时便急于将其传播开去，而是可以将种子存上好几年，等待大火的到来。当大火扫荡而至时，种壳就会打开，里面的种子便落到泥土中去了。一些针叶树也有类似的情况，因为大火造成的高温可以帮助它们打开球果，释放种子。

灌木之所以选择在这个时候传播种子，是因为大火后是最佳的播种时机。此时的土地上盖满了肥沃的灰烬，而枯叶则已经被清理干净，这就为种子提供了一个很好的生长环境，同时也确保它们有足够多的时间生长，从而迎接下一场大火的到来。

地面巡逻

在灌木地中，野生物很不容易被发现，但是声音可以泄露它们的踪迹。树枝折断的声音可能就预示着瞪羚或者鹿的到来，而枯叶的沙沙声以及随后的一阵安静则可能说明蜥蜴在爬行。对于蜥蜴而言，灌木地几乎就是其最理想的生活环境——到处都能够找到掩护，但也有一些空旷的区域可以让它们获得阳光的温暖。

对于生活在灌木地的大部分蜥蜴而言，昆虫是最主要的食物，尤其是在叶子中进食的体型较肥硕的蟋蟀和纺织娘。蜥蜴主要是靠视力来搜索猎物的，而且它们本身很善于通过变色来掩饰自己。只要昆虫一动，就很可能暴露在蜥蜴的视线中，并且立即引来杀身之祸。但这些昆虫食用者自身也要保持警惕，因为很多鸟类和蛇类很喜欢以蜥蜴为食。更有甚者，蜥蜴之间也会出现互相蚕食的现象。对于爬行动物而言，这种行为也不算罕见，大型爬行动物通常会捕食小型的爬行动物，有些则还会出现同类相食，甚至吃掉自己的后代的现象。因此年幼的蜥蜴如果想要避免成为父母的猎物的话，需要非常警惕地生活。

吃蛇的蛇

就像蜥蜴之间互相蚕食一样，一些生活在灌木丛中的蛇也会把其他蛇作为自己的食物。对于蛇而言，这是十分有意义的，因为一条体型较小的蛇就可以成为非常不错的一顿美餐，捕食后的蛇可以连续几个星期不用进食。神奇的是，剧毒的蛇类通常成为无毒蛇的美食。比如，在地中海地区，灌木丛中无毒的鞭蛇常常食用有毒的蝰蛇，而在美国加利福尼亚州丛林中，无毒的王蛇则常常食用剧毒的响尾蛇。这两个例子中，捕食者利用的通常都是对方速度相对缓慢的弱点——它们可以发起闪电般的攻击，用牙齿咬住猎物的颈部，然后用自己的身体将猎物紧紧地缠住。一旦猎物死去，它便将之吞下——这个过程通常需要 1 个多小时。

植树可以美化城市环境，特别是与周围建筑环境和谐共处时更能增添美感。图中是美国明尼苏达州州立大学校园的景色。

林学

据估计：全世界森林木材蓄积量有 3860 亿立方米，其中 2/3 是阔叶树，1/3 是针叶林。年总产量是 34 亿立方米，36% 是针叶树。所有砍伐的木材中，超过半数用作燃料。

近千年来人类不断地开发、利用森林带来了巨大财富，但人类的活动也将森林面积减至其最大时的一半以下。从古代起，人类为了种庄稼，为了保护自己免受野兽或敌人的侵犯，为了得到森林的产品而夷平原始森林。在铁器时代开始的时候，西欧大部分都被森林覆盖，比如斯堪的纳维亚半岛的云杉、松树以及桦树，中欧的松树、冷杉、山毛榉和橡树，不列颠群岛的橡树、桦树和松树等。早期的人们采集这样的木材满足他们简单的需要，木头烧制木炭，清理森林放牧或种庄稼。火和放牧家畜是主要的破坏手段，有时还会特意放养非本土的草食动物。然而，至今森林破坏史还远没有结束：世界森林的净面积仍在以每年近 1000 万公顷的速度减少，这主要是乱砍滥伐造成的，还有南美洲、非洲和亚洲部分地区的游垦。但是，20 世纪 90 年代，某些温带森林和北方针叶林面积却增加了。

■ 森林管理

今天，工业需求导致森林的使用范围增加，通常涉及到分解原木的结构，制成纸张或木板，或者与塑料结合形成新的材料。随着世界人口的增长，世界木材消费量随之增加，木材供应量的持续增加使得森林面积缩小。很明显，我们需要管理森林。

森林为人类履行多种多样的职能：它们抵御土壤侵蚀并减少水患；它们保护农业并改良局部恶劣气候；它们保证正常的水供应并防止污染；它们为无数的动植物提供栖息地——森林本身就是资源；森林、林地和树木形成迷人的风景，为都市的人们提供重要的休闲场所。

↗ 在美国佛罗里达州彭萨科拉有一种耐火的长叶松，大火荑除非本地生灌木，它却仍然挺立，并从肥沃的灰烬中抽枝发芽。

因此现代林业工作者面临两难问题：一方面是该怎样更迅速、更经济地增加木材供应量，另一方面是该如何保护森林生态系统以维系从森林中获取的所有其他利益（通常经济上不能量化）。这一挑战必须在当地政府的经济框架内进行，解决途径就是根据科学选择有效的行动方式，在森林管理和环境保护之间获得平衡。

造林是创造并维护森林的一种途径，它涉及到树的生命史的详细知识的运用、树的普遍特征，以及对环境因素的掌握。每个树种对环境状况的需要和反应不同，生长模式以及忍耐极端环境的能力也不同。在限定的气候范围内综合考虑所有树种的上述因素，造林学家可以很好地控制森林的发育。

森林一旦形成，就需要持续照料，直至成熟，还要周期性地剪枝，为选择保留的最好树干腾出更多的生长空间。随着成熟期的临近，必须采取措施养育下一代，这些措施包括：天然播种、清理森林之后重新种植同一树种或者其他树种，或者在现存的林地进行栽种。人们已经开发出不同的造林体系，以保证不同条件下都能重建森林，而且森林结构变化越多，造林体系就越复杂。最简单的体系（不一定是最好的）就是清场之后重新种植。最复杂的造林体系就是定期移除单独、分散的成熟树种，以促进其天然再生能力，并维持混合物种的永久性、非均龄结构，一般在山区使用该体系以防止侵蚀。造林就是在没有树木覆盖的地方创造新的森林或林地——通常需要几百年或者更长时间，这样的地方可能已经被耕种，条件恶化，或者由于气候因素发生了变化，比如沙丘入侵，或者受工业废弃物影响，例如矿山里的矿渣堆。造林实际上就是在长时间间隔之后，在完全不同的条件下重新恢复植被，适用于几乎所有的情况。

一般说来，造林的目的是为了满足工业用木材的需求，但还有其他重要用途，例如控制洪水、提供庇护所、防止侵蚀或改善气候（特别是干旱的国家）。目前新增加造林面积是每年 500 万公顷，但是每年失去 1500 万公顷，净损失 1000 万公顷。许多国家已经启动了大型造林项目，在 20 世纪 30 年代，美国田纳西州的“山谷计划”成功地将“沙湾”变成肥沃土地。而在欧盟的一些国家里，从 20 世纪 90 年代早期开始，有 100 万公顷过剩的牧场被改造成森林。从新千年开始，中国、印度、俄罗斯和美国是 21 世纪开始以来造林面积最大的国家。

造林所需要的技术不同于重建现存的森

造林就是在工业、畜牧业或气候恶化造成树木损失的地方创造新的森林。

林，条件几乎都是比较苛刻的——土壤贫瘠、狂风肆虐或阳光暴晒，而且动物和昆虫造成危害的风险要远远大于较稳定的森林生态系统。在湿地，必须排水，而且必须碾碎板结的土壤以使树能够扎根。在干旱的坡地，气候炎热时需要保存雨水，而在岩石多的地方有时候必须引进土壤栽培新树。土壤施肥总是免不了的，特别是磷酸盐化肥。

造林所选物种不一定与本土生长的森林相同。工业需要快速生长的树种，它们也必须像先锋树种那样能够忍受苛刻的条件，这一般就意味着针叶树（通常为引进种或者外来种）将成为造林的主要树种。澳大利亚和新西兰常常使用的树种主要是加利福尼亚的辐射松；南非多用美国东南部的古巴松；在英国的湿地，造林所选择的主要物种是北美本地种西特喀云杉。

在某些国家，如果条件许可，最初栽种的可能含有阔叶树，例如橡树、杞木、白杨、桉树，以及桦树。但是，条件越艰苦，在初始地点上栽种多样化的新物种的成功几率越小。我们应当把造林看成是恢复森林生态系统的前驱阶段——可能需要 50 或 100 年时间重建森林。即使单一栽培先锋针叶树种都可能为该地带来巨大的环境收益。我们需要保护它不受放牧、干扰、风和侵蚀的伤害，保留土壤中的水分，保持森林的组成和结构、植物和动物群的多样性，使该地从人工种植慢慢发展成森林。

■ 改善现存的森林

我们需要保护天然的森林体系以发挥它们的环保功能，而不是用人工森林来替代它们，同时，增加森林可利用木材的潜在生产力，现在林业工作者越来越关注木材产量。人类不仅砍伐热带雨林获取木材，游垦也导致森林退化，因此产生了许多森林学问题。自然再生难以保证，而引进外来种只会增加生态系统的渐进破坏速度。

在过去，一个国家在制订相关国家政策的时候，主要看是否需要为已经建立的消耗木材的工业提供稳定的或者不断增加的木材产量。发展中国家倾向于简单地开采森林，为了其他目的获取资金或者为农业腾出土地。今天情况已经发生了改变，自然资源不断减少的压力要求对现存的资源进行强有力的监管，并开发新的资源。

因此，一个国家在制订国家森林政策的时候需要考虑许多必要的因素：生产和收获的效益必须与保护自然环境不受污染平衡；必须确定多用途森林的主要用途；保护森林而不是攫取森林，比如设立国家公园和野生动植物保护区；有必要确定如何正确使用森林以达到国家发展需求的目的，必须投入人力财力，研究怎么获得原材料的持续产出，同时又顾及到当地人们的需要，因为如果没有当地人好的合作，长期管理就会失败；遗传研究也特别重要，该领域的突破将有助于大大提高造林和森林管理的效率，降低对现存天然森林的压力；各阶层的森林管理者必须在科学的基础上接受培训，知道如何正确应用林业技术，怎样在增加木材产量的同时减少对环境的伤害。

森林产品

森林提供一种世界上最主要的再生资源。森林本身是许多动植物的栖息地，也是许多人的家，他们依靠森林环境获得食物、衣服、建筑材料、燃料以及其他东西。从全球范围来说，森林是主要的森林工业和次要的森林产品广泛的原材料来源。

从森林业和森林产品相关的财富统计数据看，或许最重要的事实就是世界每年的森林产量中大约一半用作燃料（不管是柴火还是木炭），有 30 亿人依靠它。

主要的森林工业与木材和木材产品——合

板、木片、木质纸浆和纸张有关。次要的森林产品包括：叶饲料和落叶，树皮用作软木，观赏树和灌木，药用植物，可吃水果、种子以及植物的其他部分，松脂制品，油类、脂类、树脂、松节油、树脂、胶、燃料以及树液糖，纤维、纱以及丝棉，柳筐、藤制品、竹制品、芦苇制品、灯芯草制品以及盖屋的材料。植物也会生成矿物产品，例如泥煤、褐煤和煤。

■ 主要的森林产品

森林工业基于利用森林里树的部分或者全部。成熟的树被放倒，枝条被除去，树干锯成圆木，再切成木材。全世界消费的木材数量呈不断上升趋势。联合国粮食与农业组织（F.A.O）估计：2002年大约消费了34亿立方米的木材，比20世纪70年代早期增加了50%。工业使用木材产量的47%，另外53%用作燃料。在工业用木材中，大约2/3的用做木料（梁、柱、铁轨枕木等等）和木质板（合板、粒子板等），二者均约为1/3。其他1/3工业用木头被制成纸浆，它是造纸业的基础，但也用于化学工业制成各种各样的产品，例如人造纤维、纤维素基塑料、漆、炸药，另外制革和蒸馏过程也会用到。全球大约一半的造纸用于包装和包裹，1/3用于高质量书写和印刷用纸，大约1/7用于新闻纸印刷。

随着世界木材消费量与日俱增，许多国家大片的森林变成农业用地，目前的许多木材出口商将来连自己的需要都无法满足。而且，世界上大部分森林地区位于非常偏远的地方，如果使用它们的话成本很可能会不断增加。目前，造林面积大约只占全部可开发森林面积的5%，因此目前砍伐的大部分木头并非来自于人们种植的森林，而且在开采之前根本没有拿出钱来投资或者投资很少。因此，木材只会变得稀少而昂贵——尤其是用于细木匠业、家具制造业以及其他用途的高质量木料。最好的硬木需要很长时间才能长成，而且生长过程中比造纸用木需要更多的呵护。用作燃料的木头比较容易生长：例如高质量柚木60年收获一次，用于造纸的云杉可10年收获一次，而棉白杨只需要5年时间就可以砍伐用作燃料。

■ 次要的森林产品

从最早的人类历史起，许多不同的森林产品就已经为人类所用。随着多年来工业和技术的发展，所谓的次要森林产品的重要性已经发生了变化。松脂制品很能说明问题，松脂这个术语在16世纪首次出现于英国，造船材料（树脂、焦油和木料）来自松树。这些商品对建造木船、填漏、索具防水来说非常重要。从16世纪直到19世纪，很多航海国家就是建立在规律、可靠地获得这些材料供应的基础之上的。

↗ 人工栽培的针叶林，成熟的树达到合适的尺寸用作圆木时，会被放倒，除去树枝。

↗ 椰子树为热带地区的人们提供许许多多的产品：木头可用于建造房屋；叶子可用作墙壁和盖屋的材料；纤维状树皮可制作绳索；坚果提供食物和饮料，外壳可制成杯子和罐子；树液里提取的汁液可制成美味的椰子酒。

现在松脂制品形成部分林化工业，林化工业就是用树的某些成分制造化工产品，它包括非常广泛的物质，例如木质素派生物、香草醛、香精油、枫蜜、油性树脂、生物碱、丹宁酸、橡胶、乙醇、乙酸、维生素和蜡。尽管世界市场上合成染料占较大的比例，但在某些地方天然染料靛青和洋苏木的心材（供做染料用）也很重要。

在森林工厂里，可食水果和种子——可可豆、椰子、咖啡、茶叶、香蕉和香料都是主要的产品。乳胶和橡胶取自森林中的树木和栽种的农作物。Chicle 是中美产的一种树胶，它是制作口香糖的基础原料，这种天然产品来自森林中的树，每 5 年切开一次收集这种树胶。

人类可从某些森林树中提取具有药用价值的物质。在热带森林，金鸡纳树是奎宁的来源；生长在美洲和非洲的安得罗巴树的树皮和种子都可以提供医用原料；马钱子产生大量的生物碱，它综合了致命毒性物质番木鳖碱、二甲马钱子碱和箭毒素的医用特性。以上三例说明保护森林物种的遗传多样性是非常重要的，毫无疑问，还有其他“次要”产品尚未被发展，而这些对森林的未来都是很有益处的。

森林和社会

从远古时代起，树就被人类崇敬，用做宗教符号和审美对象。挪威神话里的世界之树是世界的通天柱，连接地球、天堂和地狱，它就是一棵巨型伸展的梣树。对希腊人来说，树木和小树林是神圣的，它们通常与特定的神相联系：橡树和宙斯，橄榄树和雅典娜，月桂树和阿波罗。这样的崇敬并不能阻止树木被砍伐，但是当原始森林被清空，单棵的树或树丛将被当做神圣的遗迹，这是值得今天恢复的风俗习惯。早在公元前 1500 年在埃及就有了移植树的实践，而忒奥弗剌斯托（亚里士多德弟子）和老普林尼在经典时期就已经记录了树的照料方法。社会对树的关注可以体现在无数的地名里，当初这些地方离树非常近，而且每一种语言的诗歌、散文和歌曲里都有树的踪影。

在中世纪，随着社会的发展，越来越需要正在发展中的国家的森林资源为制造业提供原材料。

直到 13 世纪和 14 世纪，欧洲原始森林的管理和开发权通常被皇室牢牢掌控，许多森林成为他们的狩猎场。但是，早期熔炼钢铁业的发展导致对森林资源的需求增加，狩猎活动随之慢慢消失了。这种开采产生的“缺口”很快被精细农业的需求和实践活动所填补，结果是整个欧洲广袤的原始森林消失了，而且再也没有恢复。人们总是不断地关注欧洲森林的消亡，例如 1581 年颁布法律试图控制伦敦南部橡树森林的破坏，当时人们开采森林用于制造熔炼

↗三叶胶树(大戟科树木)可产橡胶，它是汽车轮胎、鞋底和弹性布料所用的商业性橡胶的主要来源。

钢铁业所需要的木炭。

但是，从风景林这一术语所显示的内容来看，那个时代曾获益于此。从 15 世纪到 19 世纪，曾有一段海上势力、殖民化以及探险的历史——由于本国的森林资源限制，使得这段历史成为可能。随着新大陆的发现，成千上万的新物种和奇特物种被人们发现，其中包括树种。在上层社会，赏鉴罕见的植物渐渐成为一种时尚，这也刺激了新植物的发现和种植。树成为风景公园里的主题的时代开始了。从 18 世纪开始出现以植物园和人工风景的形式收集标本树，特别是在英国和法国的家居地周围，风景林种植在 19 世纪达到顶峰，而且，在 1 个多世纪以前，许多华丽的标本树仍然在验证着林业工作者曾经付出的努力。

■ 城市里的树

欧洲在经历两次世界战争的蹂躏之后，必须重建并重新恢复它的乡镇和城市。由于许多国家的地方和中央政府重视城市规划，认识到树木对生活质量的促进作用，因此在城市和乡村地区开始种植并维护树木资源。新的城镇被建立在有新的植物资源的地方，同时保留原有的树种群，特别是在那些形成风景必要特征的地方。专业协会游说立法机构颁布规章制度保护社会发展所威胁的植物资源，给予脆弱的地域以特别的关照，列出保护级别，政府可同意个人和组织种树。

尽管许多国家都有日益增长的公共意识和保护法令，但是对树木的破坏仍在继续，而且不仅仅局限在那些出产木材的森林和林地里。修建大量道路、建造人行道和设立市郊商业中心与停车场导致城市及其周围许多大树的消亡。在许多地方,尤其是在新的风景区，故意破坏行为导致许多无谓的伤害。许多当权人士喜欢将他们植树的数目而不是栽活的树木数目作为记录植树进度的标志。当然，很多情况下只是因为没有足够的后续资金支持导致新树死亡。

更大的树木损失和损毁却是在发展的名义下造成的，那些涉及发展或使用土地的人们应当承担一部分责任。城市需要更多的房屋、工厂和道路，只有当地方强烈抗议时，才会使高速公路的策划者被迫重新设计原来通过不可替代林区的路线。高速公路建设可能会破坏风景,这一意识已经催生了许多很好的种植项目，中央政府提供资金支持，但是树木并非简单的装饰：道路两旁种树可以防止风的侵扰，因此增加了高速公路的安全性，另外还可降低噪声级别（例如树叶的飒飒声可以掩盖交通的轰鸣声），可以缓和现代建筑物产生的刺眼感觉。

房地产的发展导致人们不顾规划部门关于保护树木的规定，耗费了大量的树木。在建造房屋的过程中，土壤被破坏，接着改变了地下水位，硬的地表下降，而且挖掘和填实过程改

↗ 宝翠花园具有100年历史，里面有标本树和花圃。该风景点位于加拿大不列颠哥伦比亚省萨尼克半岛上废弃的采石场。

一般说来，由于市郊面积比较小，不足以支撑一大片森林，因此明智的办法是选择种植小型的树木——桦树、欧洲花楸、山胡桃树或者一些槭树，例如血皮槭树，而不是选择山毛榉、橡树或者智利南美杉。

乡村的树木境况也不容乐观。在欧洲，真正意义上的森林已经消失，使得灌木树篱成为传统树木的积聚地和实际上的线形自然保护区。由于疾病的影响，例如荷兰榆树病对英国榆树的毁灭性影响，而且由于树篱总体的减少趋势、田地的增加，还有农业机械化，这一切都在持续地改变着环境。耕田的农民抱怨树木减少了他们的田地面积，或者树根损坏了贵重的机器。这些抱怨是有原因的，每块农场都会有不能耕种的田地，在上面被种植了树木形成灌木林和杂树林。家畜需要荫凉地（在夏季和冬季得到庇护），因此，要求在牧场种树以使畜牧业良性发展，除了保护和庇护所，这些树木还可为将来的房产或牧业提供木料。

变了陆地的结构，剥夺了现存树木的水分资源，以至于它们不得不试图调整自己以适应变化了的环境。如果环境变得越来越糟糕，树木别无选择，只能死去。在建立公共服务设施的时候会挖沟渠为电力供应铺设管道，树木的主根被切断之后，不仅破坏了树木的稳定性和营养源，而且真菌疾病可能有机会进入切开的表面。

树木的所有者也必须为树的损毁和破坏承担责任。许多人错误地认为砍伐和修剪树枝会减小树枝的厚度，或者，比如酸橙和美国梧桐树的蜜露往下滴会破坏汽车的保护漆，而被无情地砍断树枝。在新开发区，选择树种不当可能导致树木只能占据有限的区域。

■ 风景林或城市林业

随着世界城市人口流动性的增加，他们对休闲娱乐区域的需求催生了风景林，其存在在于其审美和娱乐价值，而不是产出木材。这些林地靠近人口中心。地方政府通常负责对它们进行管理，需要考虑参观者的压力和林地生态系统之间的平衡。所谓的“城市林业”观念已经出现了近一个世纪，这个理念最初出现在加拿大，定义为“不是对城市全部树逐棵地进行管理，而是对城市人口影响和使用的整体树林进行管理”。通过定义我们知道，对一个森林或者人造林进行管理以获取木材的意识就是来自于上面的城市森林的定义，许多政府的森林管理部门现在已经意识到商业森林的休闲娱乐价值。在荷兰，一旦完成最初的造林工作，就开放森林供人休闲娱乐。现在，英国所有的大型人造林地区都有森林走廊，甚至私有的森林也向公众开放。在北美洲，大片的森林供人休闲娱乐，包括从佐治亚州延伸到缅因州的阿巴拉契山的森林。

因此，风景林和商业林需要相同的方法管理。由于欧洲园林已经被人为操纵，因此天然林实际上已经不存在了，管理林地供人观赏是主要目的。林业工作者看重所谓的固定产率以及收益。对风景林支持者来说，林地的价值是以社会利益来衡量的，也就意味着需要外部资金支持。但是，为什么林地不能采取两级管理呢——用真正的森林收入资助风景林设施。在风景林地，原来的树木不得不移除，因此需要类似商业林的人造林实践经验。

↗一棵树立于一个新工厂的废墟里，仍试图努力在已经改变了的环境中生存。

美国和欧洲的天然森林和人造林

国家	森林陆地覆盖比例 (%)
美国	24.7
欧洲	46.0
德国	30.7
法国	27.9
比利时	22.2
英国	11.6
荷兰	11.1
丹麦	10.7
爱尔兰	9.6

资料来源：联合国粮食农业组织（F.A.O.）2000 年

树被认为是风景的必要组成部分，所有社会成员必须为树木的生存负责。公众不能单单寄希望于有关部门的保护措施，也不能无限制地接近林地，例如，公共开放时，由于纷至沓来的践踏使得土壤变得坚实，还有因此产生的垃圾都只会阻碍保护措施的执行。要想把森林遗产传给后代，维护国家乡村和城市风景区所代表的自然遗产的任务是艰巨的，而且也应是不遗余力的。

从上表森林面积我们可以看出早些年森林消亡的程度，森林面积以占陆地总面积的比例的形式给出——实际上这些国家大多数“天然”森林覆盖率都应当在 80%以上。

气候：决定性因素

尽管人类活动对世界森林的分布范围具有重要的影响，包括目前的工业化和焚烧化石燃料加快了全球变暖的步伐，但目前世界树种的分布还是反映了它们对气候的需求，特别是最低温度——在此温度以下树木不能生长。

美国农业部依据年平均最低温度将北美洲

划分成 10 个气候区，从 1 区（北极：低于 -45℃）到 10 区（热带：-1 ~ 5℃）。这些气候区划分已经成为植物学家和其他植物地理领域的工作者的参考标准。为了进行比较，已经采用同一系统显示欧洲气候区（除了 10 区没有用上），同时考虑到不列颠群岛的海洋性气候对它的调节，湾流经过英国西部的大西洋时的影响，因此英国的第 8 区对应于美国或欧洲大陆的第 9 区。

这些气候区（缩写为 CZ）作为特定范围显示在所有的属里，特别是那些信息齐全的物种里面。这对于园艺工作更实用，因为如果某些物种不能广泛生长，就不能把它们归入一个特定的气候区。除此之外，许多（尽管不是全部）杂交种和栽培变种不能归属于任何气候区，因为它们要么与气候区不相干，要么很难确定杂交种和栽培变种的起源。

气候区（北美洲）

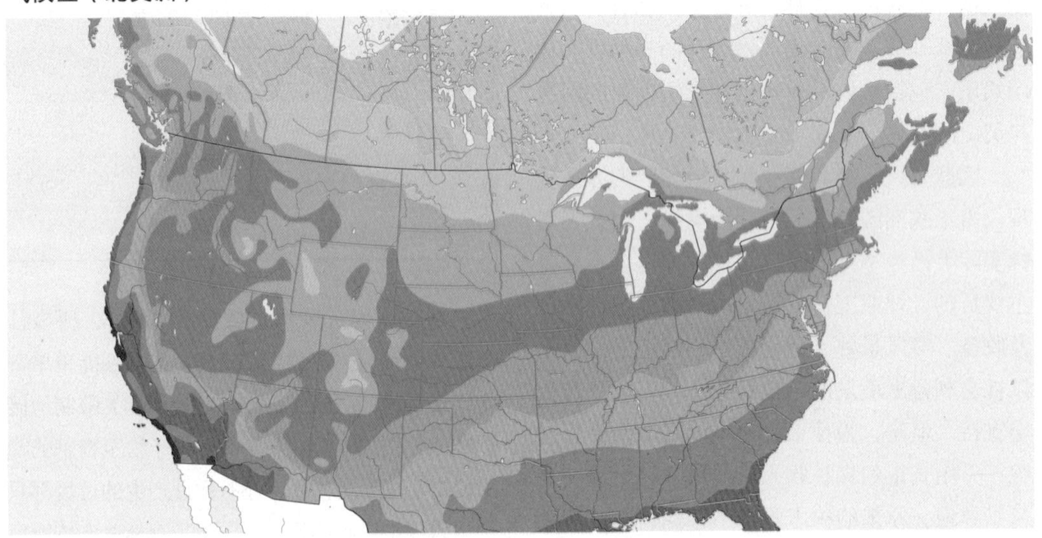

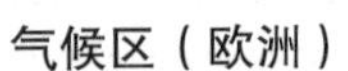

气候区（欧洲）

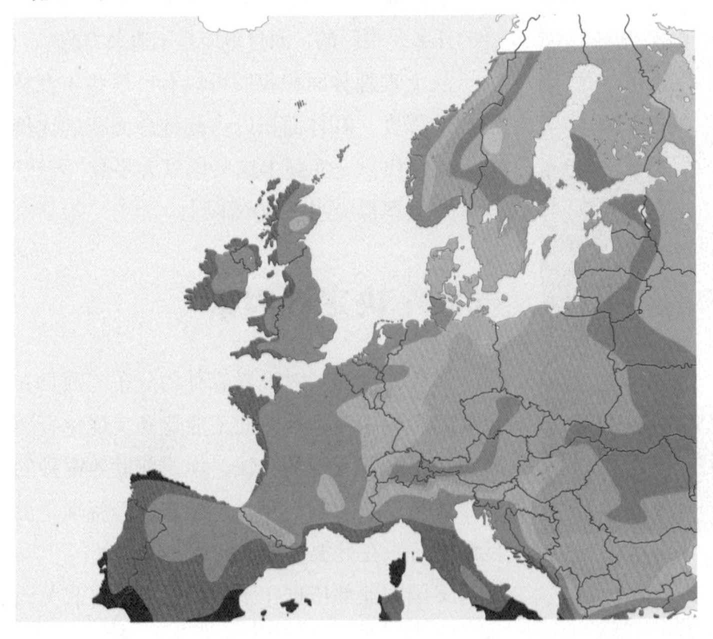

北美洲

℉	区域	℃
低于 -50		低于 -45
-50 ~ -40		-45 ~ -40
-40 ~ -30		-40 ~ -34
-30 ~ -20		-34 ~ -29
-20 ~ -10		-29 ~ -23
-10 ~ 0		-23 ~ -17
0 ~ 10		-17 ~ -12
10 ~ 20		-12 ~ -7
20 ~ 30		-7 ~ -1
30 ~ 40		-1 ~ 5

欧洲

℉	区域	℃
低于 -50		低于 -45
-50 ~ -40		-45 ~ -40
-40 ~ -30		-40 ~ -34
-30 ~ -20		-34 ~ -29
-20 ~ -10		-29 ~ -23
-10 ~ 0		-23 ~ -17
0 ~ 10		-17 ~ -12
10 ~ 20		-12 ~ -7
20 ~ 30		-7 ~ -1
30 ~ 40		-1 ~ 5

山毛榉是整个北半球温带森林中的优势树种或者共显性的树种。有些山毛榉树种由于其漂亮的伸展形态和叶子而被人们选择栽培。

树的种类

树的3种主要类型可通过树叶这一特征进行大体辨别，分别是针叶树、阔叶树和单子叶树种。针叶树通常生针形叶或鳞状叶，阔叶树基本上是平伸的单叶或复叶；第3种类型单子叶树种例如棕榈树的树叶一般较大，而且平伸，但从外观看主要是扇形树叶，或与蕨类植物相似。

如今在全世界范围里，阔叶树无疑是占有优势地位的天然树种，但在特别寒冷的气候带里针叶树占优势。在气候温暖的地区，由于森林政策的影响，导致单一栽培速生的针叶林取代天然阔叶林或草地。

棕榈树主要分布在热带地区，2650个种类中只有少数分布在亚热带和温带。它们是古老的物种，有证据表明它们的分布曾经更广泛，甚至在热带也是如此。

今天，针叶树是分布较广的唯一的裸子植物。它们的历史可追溯到3亿年前，但是目前只在世界上凉爽的地区和寒冷的地区占有优势，例如北半球广袤的北方地区以及全世界的山区。与其他裸子植物不同，针叶树之所以成功存活下来的原因之一可能在于它们已经进化出抗旱性能，例如长针形或鳞状的叶子；其他代表性的树形裸子植物是2种完全不同的种群——苏铁和银杏树，二者都是中生代期间优势植物群的遗留种，时间大约在2.25亿至6400万年以前，但是它们的进化史可追溯到针叶树那样久远的时期。

今天发现的其他原始树形植物是所谓的桫椤，它们只占1万种全部蕨类植物中的一小部分。尽管桫椤的化石表明其历史大约为1.9亿年，但所有蕨类植物的历史可追溯到3.5亿年前。比较有趣的是人们观察到桫椤、苏铁和棕

↗ 北极柳是一种高度不超过60厘米的灌木，它生长于土堆中，在北美洲、欧洲和亚洲的冻原上形成紧挨着的贴地的一层。它的花朵很小，形成致密的、直立的柔荑花，由风传播授粉，有些是雄花，有些是雌花，雌雄异株。

榈树的总体形态具有一定的相似性，所有这些群组在完全不同的时期、沿着不同的路线进化的同时，繁殖的方法也不同。

这里最后探讨的一种树形种类叫作“树仙人掌”，它们可以适应恶劣的沙漠气候，由于它们是双子叶被子植物，按照植物学术语可以将其归为阔叶树，但是由于大多数仙人掌树缺乏真正的叶子，取而代之的只有刺，而且，由于其至少在生命早期靠光合作用组织的水储存组织提供机械支撑，而不是靠木质，所以说树仙人掌与传统的阔叶树没什么相似性。

本章主要详细介绍针叶树、阔叶树、单子叶树以及树仙人掌，但桫椤、银杏树和苏铁也占有一定篇幅。针叶树那一部分包含世界上所有已经发现的属，但亚洲和南半球的许多属在北半球温带地区被当做灌木或者高山盆景栽培，或植于假山上供观赏。阔叶树具有优势性地位，且种类极其丰富，本书不可能详细介绍所有的属，因此只介绍生长在凉爽温和的地中海型气候区的本地生或者栽培的属。热带阔叶树出现于“热带树”那一部分。我们很难选择属，因为许多属是由大部分灌木而不是树组成的。如果有些属中包含重要的树，即便它们大多数是灌木或者更小的植物，本书也收录进去。一旦选择了一个属，种类的覆盖是很广的，其中考虑所有重要的种类，不管是不是树。因此，“柳科”下面有灌木一样的山毛柳和筐柳，甚至是高度只有几英寸的北极柳。单子叶植物、棕榈树和树仙人掌归在“阔叶林”或“热带树”部分，这样比较合适。

蚌壳蕨通常生有硕大的羽状复叶，这正是桫椤的典型特征。它的树叶螺旋形排列，聚簇成冠状。桫椤的生长速度非常缓慢，每年生长2.5～5厘米，树叶下面有孢子产生。

桫椤

桫椤不同于其他树种，它是真正的真蕨纲蕨类植物，与普通的绵马和欧洲蕨是近亲。然而，大多数蕨类植物的茎萎缩成小型根茎，比如绵马，或者延长成欧洲蕨那样的根状茎。在这 2 种情形下，在地面上直接从茎部长出气生叶，既有不孕叶也有繁殖叶（对蕨类植物而言通常称植物体），甚至欧洲蕨也不例外。

“桫椤”指的是桫椤科和蚌壳蕨科所包含的所有成员，它们的根茎直立、结实，形成树的躯干，顶部还有叶冠。沙德拉属也呈现树状生长方式，它属于乌毛蕨科，偶尔还有其他的乌毛蕨属，例如肋骨蕨，但是只有桫椤科和蚌壳蕨科的植物才能达到任意尺寸，它们具有重要的生态学研究价值。

桫椤的茎干的总体形态与被子植物的树干完全不同：首先，桫椤很少分枝，如果分枝，茎一分为二成 2 个相同的枝条，偶尔也会形成侧枝，例如墨西哥桫椤，在老叶柄基部发出另外的芽；第二，桫椤没有真正的树皮层，但它的外表层被叶柄残余体弄得很粗糙，上面通常覆盖着地衣、苔藓以及其他附生植物，与热带地区的其他树种有些相似；第三，桫椤不像真正的树那样具有庞大的根系，它的茎干下部有许多不定根，缠绕在一起形成一个硬的遮盖层，厚度是茎干直径的 2 倍，以支撑桫椤。桫椤可以生长到 25 米，但达到这种高度通常需要周围的植被来支撑。

↗ 桫椤是一种树干支撑起树叶位于地面之上的蕨类植物，但是它们的树干上不形成新的木质组织，树干靠桫椤生长过程中延伸出来的纤维质根支撑。通常可通过在树干基部切下部分组织进行移植，只要保持湿润就会生长出新的根系。图为蚌壳蕨。

桫椤组织的内部结构不如真正的树那么先进，尽管从细胞层面上看的确存在木质部（运输水的细胞）和韧皮部（运输糖的细胞），而且功能与更高的植物一样，但与针叶树和阔叶树不同的是，它们没有次生组织，而且蕨类植物的树干周长不能增加。木质部和韧皮部以维管束（分体中柱）相连，维管束通常嵌在皱状的木化纤维柱体中，联合在一起形成网状中柱。

桫椤的树叶围绕着茎干呈螺旋形排列，在顶处形成一个莲座形，外边有鳞片或绒毛保护。树冠上成熟的树叶数目在不同的种类上各不相同，有的是五六片，例如大羽桫椤，有的多达40片，例如 C.atrox。有些种类的树叶死亡和掉落之后在树干表面形成一种特征化的疤痕，而其他种类例如南极洲蚌壳蕨和毛轴桫椤的叶柄很多年不脱落。桫椤的树叶结构同典型的蕨类植物，通常 2 ~ 4 裂，叶中脉（叶轴）和叶柄（柄茎）上可能覆盖有鳞、刺（例如桫椤）或者刚毛（例如蚌壳蕨）。从解剖学上说叶片组织类似于被子植物，但是在厚度或适应干旱性方面生态变种较少。桫椤沿着叶柄的每侧是钉子状的向外生长组织，叫作气囊，在幼嫩的树叶上它们充当呼吸器官或者控水器官。

桫椤同大多数蕨类植物一样，繁殖是通过在普通绿叶背面产生的孢子实现的。有些种类例如鲁瑞达桫椤的繁殖叶的形态很独特，孢子产生于丛生的孢子囊中，叫作芽孢囊群，在年幼的时候（某些种类直到孢子成熟时）受到膜状副翼或者被所谓的囊群盖所覆盖；孢子产生有性生殖后代，是一种楔形的绿色细胞小板（配子体），里面嵌有繁殖器官。游动的雄性精子与雌性的卵细胞结合，并发育成一个新的桫椤（孢子体），可能需要 10 ~ 15 年时间才能成熟。目前认为桫椤是由 2 个不同的科组成的：桫椤科包括桫椤属和木桫椤属，但后者通常归在前者里面；蚌壳蕨科包括所有其他的属：蚌壳蕨属、Cystodium 属、Culcita 属、密稚蕨属、金毛狗属和 Calochlaena 属。这里不包括 2 个属于同一系列的科——毛囊蕨科和蚌桫椤科。

桫椤科和蚌壳蕨科的主要差别可总结如下：桫椤科在茎干顶端、叶柄、中脉和叶脉上有鳞，芽孢囊群位于叶子中部而不是边缘，不生孢膜，或者（更有可能）生有碟形或杯形的孢膜，在有些种类中就包住整个芽孢囊群；蚌壳蕨科有刚毛，而且芽孢囊群是在叶子的边缘，在其内面上受到薄翼状孢膜的保护，外面受到叶子下弯边缘的保护。

蚌壳蕨属的 25 种分布在南半球。在新西兰南水青冈—罗汉松—陆均松森林里，它们可生长在从海平面到海拔 600 米的地方。在地球最南端，糙鳞蚌壳蕨通常可以耐受霜冻。在澳大利亚东南部和塔斯马尼亚岛的南水青冈森林里，蚌壳蕨是重要的组成部分，它在浓密树冠下形成3米高的一层，这是因为年幼的桫椤只接受全部阳光的1%就可以生长。浓密的绒毛保护蚌壳蕨的生长末梢，使它们能在森林火灾中仍然可以存活。蚌壳蕨扩展进入新几内亚岛（位于太平洋中）和马来群岛热带地区，到达苏门答腊岛（在印尼西部）和吕宋岛（菲律宾主要岛屿），在那里它们生长于山区中央的雨林里。在美洲发现了8个种类，向北延伸至墨西哥。在非洲没有发现蚌壳蕨属，但是在圣海伦娜岛发现一个特有种类。人们从桫椤化石发现早在侏罗纪就已出现桫椤的踪影，而且其中一个标本是膜叶蕨，大多数与蚌壳蕨相像。

蚌壳蕨纤维也就是新西兰毛利人称作的"Whekiponga"，可用来建造棚屋和篱笆。由于其树干在地面上保持完好，人们认为使用这样的材料可防止老鼠啃咬。蚌壳蕨的外表皮被削掉之后露出里面叶疤留下的灰黑图样，也被用于建造和装饰礼仪房屋。

桫椤科包括600多种，广泛分布于整个热带地区，北至喜马拉雅山和日本北部的本州岛（台湾桫椤），南至塔斯马尼亚岛（澳大利亚桫椤）和新西兰最南端，在那里斯氏碗蕨生长于新西兰卢西达森林里，它位于佛兰茨约瑟夫冰川几英尺厚的冰里面。在南亚和东南亚的其他地方，桫椤广泛出现在潮湿的雨林里，而且是山区中部和山区顶部森林里的重要组成部分，特别是云雾缭绕的地方。它们是树线3000米以上空旷的草地里最显眼的物种，分布在新几内亚岛、苏门答腊岛和苏拉威西岛（印度尼西亚中部）。令人吃惊的是，尽管每种植物一定会产生数克孢子，但发芽率和分散程度却很低，而且物种没有广泛的分布排列，几乎每个山脉都有地方种，例如圣威廉敏娜的毛轴桫椤。有少数种类分布比较广泛，在整个东南亚大陆和岛屿的次生森林和近河里很常见，例如大羽桫椤。

在非洲，桫椤属并不常见，那里有一种热带（或亚热带）稀树大草原种叫作C.dregei，可耐受周期性的火烧。在美洲，桫椤主要分布在南美洲热带地区，北至墨西哥、南至巴拉圭，它也是当地重要的森林物种。

当地人用桫椤建造房屋，在森林被改造成公园时，桫椤树通常留做建筑材料。毛利人用银蕨（称作白粉桫椤）和其他新西兰的种类做罐子和瓶子，切削之后维管组织和叶沟形成迷人的图样。毛利人也用树干顶部的木髓制成一种西米，而且新几内亚岛、婆罗洲（一半属马来西亚，一半属印尼）、印度尼西亚及其他地方的当地人将尚未卷起的繁殖叶当蔬菜吃。毛利人也用干叶铺床。在沙巴（马来西亚州名，旧称北婆罗州），中空的桫椤茎可用作蜂房。

桫椤树干基部的不定根可用于栽培兰花，或者锯成固体厚片，或者弄碎后拌在混合物里。《国际濒危物种贸易公约》（*CITES*）规定：除非有特别许可证，否则禁止蚌壳蕨科和桫椤科所有的物种贸易。

在温带和热带地区的公园里，人们培育桫椤当观赏树。孢子的散播缓慢，而且发芽率低，但是一旦成功就无须特别管理。蚌壳蕨生长在欧洲的温室里，通常在海洋性气候区室外栽培，生长缓慢，不适合短期风景园林。

银杏树

银杏树是裸子植物银杏纲中唯一存活下来的世界上最古老的树种。

银杏树在中国和日本已经有几百年的栽培历史，很受欢迎，尤其在庙宇里更是备受青睐，被佛教赋予神圣的色彩。当18世纪第一次在欧洲种植银杏树的时候，西方科学界才知道它。有段时间人们认为只有在远东地区才能培育它，但是现在有充分的证据表明它可以生活在野生环境中，例如中国东部的浙江省和安徽省。在过去的200多年中，银杏树在许多不同的土壤和气候条件下得以成功引种，它不易生病，对昆虫和空气污染极具抵抗力。

在中生代特别是在侏罗纪（大约 1.5 亿年前）时期，银杏目植物十分繁盛，种类也非常丰富，而且有些银杏代表特有的属。银杏在全世界范围内广泛分布，而且无疑是植物群中重要的组成部分。在中生代留下的三角洲沉积物中发现大量的银杏叶化石。银杏树在中生代末期衰落，而且从第三纪至今只有这唯一一种银杏幸存。

银杏树可长成大树，而且古老的标本树（有些树龄甚至在 1000 年以上）可长得非常高大。银杏树的树枝分布比较凌乱，在冬季落叶的时候会看得更清楚。树叶特别有意思，扇形的叶片生在一个长的柄上（叶柄），脉络是开放的耙状，没有叶脉交叉。正是因为银杏树具有蕨类植物那样的叶子和叶片形状，所以才使得它得到一个通俗的名称"掌叶铁线蕨树"。在秋季，银杏树的树叶变成美丽的黄色。

银杏树分雌雄两种，在欧洲早期种植的大部分品种是雄性的，据记载，第一棵雌性树 1814 年出现在日内瓦城（瑞士西南部城市）。有些树种在栽培过程中需要嫁接有相反性别的枝条。

雌银杏树结出的球果没有什么特别之处，类似于常见的针叶树的雄球花。种子通常是成对出现的，但是有时候在茎部，看起来与雄球花的形态一样，二者都生在叶柄处的短芽上。但与针叶树不同的是，银杏树没有雌球花。

银杏树繁殖周期里最明显的特征就是存在游离的雄性细胞（精子），类似于苏铁。实际上，苏铁和银杏树在种子发育过程中有几个特征也很相似，但并不能认为这些就可以说明它们之间有任何紧密的关联，而只能说明是这些特别古老的原始植物遗留下来的原始特征。

除了北方的寒冷地区，银杏树在大多数温带地区都可以生长。它们似乎并不偏爱某种类型的土壤，只要土壤肥沃、阳光充足它们就可以生长。银杏树可作为观赏性标本树，但也常被种植在道路旁；它们对污染忍耐力强，因此在工业区种植特别有益。可栽培种类包括：树枝半挺立分布的"圆柱形银杏树"、枝条下垂的"垂枝银杏树"和枝条呈圆锥形的"圆锥形银杏树"。

成熟的种子有柔软的肉质外层，散发出难闻的腐臭黄油的气味，正因为如此，雄树更适

↖ 银杏树的叶子为扇形、两裂，在树枝上交替排列。树叶聚生，生长缓慢。树叶上面还有明显的、微微凸起的叶脉，看起来像棱纹。

银杏树可作为观赏性标本树，但也常被种植在道路旁；它们对污染忍耐力强，因此在工业区种植特别有益。

合在林荫道旁种植。在东方，白色的种子仁可做成装饰品。

苏铁

苏铁由 10 个（或 11 个）属组成，它们是非常原始的木本植物群，看起来像棕榈树，但并非棕榈树的近亲。苏铁是现存的裸子植物中的第二大目，它们具有许多完全不同于针叶树的重要特征，一般最明显的特征就是具有类似棕榈树的习性，以及宽大的羽状复叶，还有许多结构方面和生殖方面的独有特点。

或许苏铁比其他任何植物（除了银杏树）更当得起“活化石”的名号，这一物种在中生代（大约 2 亿年前）达到进化的顶峰时期，从此之后明显衰落，而没有任何显著的进化特征变化。我们已知的最早的苏铁化石来自古生代晚期（大约 2.4 亿年前）的二叠纪，从产种器官以及其他特征看，它非常像现存的苏铁属植物。在接下来的三叠纪和侏罗纪，苏铁有着非常广泛的分布，从这些时期三角洲沉积的大量的化石叶子判断，这种植物是非常丰富的。由于化石植物几乎总是处于破碎不完整的状态——苏铁当然也不例外，因此其中生代的形态很难重现，但是证据显示它们与现存的代表性物种差异很小。

现存的苏铁属的地理分布可说明其起源于远古，大约 17 种苏铁分布最广泛：从玻利尼西亚经过马达加斯加岛向北直至日本；蕨苏铁属只有 1 种，仅分布于南非；大凤尾蕉属（约 46 种）更广泛地分布于热带和南部非洲；鲍恩凤尾蕉属只有 2 个种，分布于澳大利亚北部；大泽米属（15 种）和鳞叶铁属（2 个种）有时一起归在大泽米属里面，也分布在澳大利亚；角铁属（10 个种）和双子凤尾蕉属位于墨西哥和美洲中部；小凤尾蕉属（1 个种）仅分布于古巴，泽米属（40 种）广泛分布于热带美洲，以上分布模式通常意味着苏铁属是古生物的残遗，而且生存于这些相对局限的区域。

由于苏铁是非常古老的植物，因此它们表现出许多奇怪的特点并不难理解，其中有些是非常原始的特征。大多数很像棕榈树，挺立的树干不分枝，顶部是叶冠，我们不知道这是真正的原始特征，抑或是代表更精细的特征的简化形式，因为我们很难通过化石形态确定其习性。

霍北大泽米是澳大利亚昆士兰的本地物种，是最高的苏铁，可长到 20 米。有些现存的苏铁只有很短的地下茎，这可能是一种变化和退化的情形。它们的生长特别缓慢，寿命很长，据估计有些现存的样本可能已经超过 1 000 年。它们在长的间隔期生成新的叶子，有时候如果几年没有新的生长它们就可能进入休眠状态。

同所有其他同时代的裸子植物一样，苏铁是木本植物，但是它们的木质像海绵。大多数苏铁羽状复叶的小叶具有耙状的平行叶脉体系，但是苏铁属只有一根中脉，而蕨苏铁属的小叶具有蕨类植物那样的脉络：一个中脉和耙状的侧脉。

它们的根系就更怪了：有些根长到地面之上，根条极其丰富，形成珊瑚状。这些根含有蓝绿藻类（藻青菌），分布在外部组织特殊的细胞层里，通过显微镜可观察到。一般认为苏铁通过藻青菌固定大气里的氮，从中获益。

苏铁有分离的雄性和雌性植株。除雌性苏铁属植物外，所有的生殖结构都位于大的球果（通常在茎的末端）内。从球果基部附近发芽，生长出茎。雌性苏铁属植物没有球果，取而代之的是包含种子的大孢子，有些像无性叶，占据普通叶子的位置，因此茎继续生长，随后生出新叶。

苏铁的繁殖过程有几个异常特征，但或许

↑　苏铁具有科学价值，但经济价值不高。人们欣赏它是由于它的热带风情形态。

最有趣的就是产生游离的精子。在卵子（小种子）受精之后，每个发育的花粉粒产生 2 个精子。除苏铁外只有 1 种种子植物即银杏树产生游动的精子。

苏铁有时候被称为西米棕榈，因为某些种类茎部柔软的、富含糖分的组织可用于制造一种西米，例如卷圈苏铁和外卷苏铁。苏铁的大种子仁也可吃，但是除非用特殊的方式加工，否则可能有毒。苏铁特别是铁树可在温带地区的温室中或是热带地区室外作为观赏树栽培，最常见的观赏树种是外卷苏铁。

针叶树

针叶树是一个古老的种群，从化石看来，它们的历史可追溯到石炭纪晚期（大约 3 亿年前），而有几个科则只在化石中出现过。现存的科也是很古老的：南洋杉科和杉科可追溯到侏罗纪（9500 万年前），松科则至少要追溯到白垩纪（1.35 亿年前）早期。

现存的针叶树和紫杉（红豆杉）由 70 个属组成，分别属于 9 个科，它们是唯一数量庞大且具有重要经济价值的裸子植物。其他具有树形的裸子植物群组是银杏树和苏铁。

针叶树明显地分为北半球群组和南半球群组——这种分布可能起源特别早，而且可能与 2 个主大陆被东西走向的古地中海分开的那段时期相关。当然也可能涉及其他因素，例如，毋庸置疑，曾有大量的植物灭绝，因为化石证据表明：在侏罗纪和白垩纪，南洋杉科生长在欧洲和北半球的其他地区；许多针叶树的属曾经分布十分广泛，现在都局限于非常小的区域；海岸红松现在局限于北美洲西部，而在早期广泛分布于北半球；也有几个远东的属曾经分布更广泛。200 万年前，更新世冰河作用使许多属向南方转移，而且这种区域的缩小仍持续下去。

大多数针叶树分布在凉爽的气候带（不管是高纬度还是高海拔），少数出现于热带或亚热带的低地。高纬度的广大区域主要覆盖着针叶林，但是大多数天然针叶树都被采伐用做木料。许多具有特别价值的木料针叶树种被种植范围远超过它们天然分布的地区，例如辐射松本来生在加利福尼亚的部分地区，却在澳大利亚、新西兰和南非的许多地区种植，它们已经成为非常重要的木料树。

商业上所谓的“软木”就是针叶树产出的木材，该术语并不十分恰当，因为最软的木材实际上来自于阔叶树，而且有些针叶树例如红豆杉的木材相当硬。但是，软木的均匀性比硬木（阔叶树）要好，因为它们缺少成分的相同分化。软木是主要的建筑材料，而且用于不同的制造业，例如造纸、纺织、人造板、包装材料和化学制品。从针叶树获取的树脂是松脂和其他物质的原材料，用于制漆、制药和香料工业。有些松树的果仁可以吃，特别是(南欧地中海沿岸产的)石松或日本金松。但是针叶树不是好的食物源。

从园艺角度看，针叶树的价值非常高，许多种类具有特别高的观赏价值：柏树和松树科的某些种类大量用于园艺，它们中许多为矮树形式；针叶树栽培过程中产生了属间杂交种，最有名的是朝气蓬勃的莱兰柏，它是阿拉斯加花柏和日本金冠柏的杂交种，现在被广泛用作树篱植物和屏风树。

针叶树分类学

通常认为针叶树代表裸子植物里的松纲。现存的针叶树（包括红豆杉）是由 9 个科构成的，这些科连同它们的属列在附表里。红豆杉科包括在针叶树里面，但是有些植物学家认为它们代表一个独立的目，其中原因之一是它们的种子不像典型的针叶树那样生在球果里。实

美国华盛顿奥林匹克国家森林的混合针叶林里，许多针叶树都表现出圆锥形生长特性。

◎相关链接——

有些文献解释说“杉科”有“不完美的球果”，而“松科”有“完美的球果”，这样在解释雌性生殖结构时使用该术语就会产生问题。“球果”这一术语适用于“松科”，但不适用于“杉科”，文中已经给出了原因。一般说来，雌球花这一术语既适用于“松科”，又适用于“杉科”，而且仍然为部分分类学者所用，但是其他的学者将“花”这一术语仅限于用于被子植物（开花植物），但是这里这个术语已经延伸至所有的情形。在这本书里，使用雄球花这个词指“松科”和“杉科”的雄性生殖结构，而雌球花这个词指“松科”的雌性生殖结构，“雌球花”（加双引号）指“杉科”的雌性生殖结构。换句话说，球果等于说完美的球果，而“球果”（加双引号）等于不完美的球果，使用其他通用的表达法即指雌性结构。

际上不单单红豆杉科有这种情况——罗汉松科或者三尖杉科也没有形成典型的球果。这 3 种科连同芹松科都缺乏典型的（雌性）球果，一般传统上把它们称作“杉科”，将之与其他 5 科区分开来，后者有明显的球果，因此叫作“松科”。将刺柏属树木（柏科）归入“松科”里面乍一看有些意外，因为它们结出的球果是肉质的，通常称作“浆果”，但是，仔细观察很快就会明白它具有典型的球果结构——只是它的肉质产生了误导作用。

从生物学角度看，“松科”和“杉科”的区别很大，因为前者靠风传播种子（除了刺柏之外），后者是由动物（包括刺柏）传播。

针叶树的鉴别特征

松科

树叶针状，呈螺旋排列，但有时候扭曲；芽鳞状；同一植株上生有雄球花和雌球花（雄雌同株）；球果鳞有两种——苞鳞和珠鳞，珠鳞在苞鳞叶腋处生出并分离，上表面生 2 个倒置胚珠，这产生独特的种子，种子基部生出膜状的翅；雄球花小孢子（雄蕊）有 2 个花粉囊；除了落叶松属、黄杉属和铁杉属之外，每个花粉粒生 2 个气泡状的翅。松科广泛分布于北半球，它包括 12 属：冷杉属（冷杉）、雪松属（雪松）、大果铁杉属、油杉属、落叶松属（落叶松）、长苞铁杉属、云杉属（云杉）、松属（松树）、金钱松属（日本金松）、黄杉属（道格拉斯冷杉）和铁杉属（铁杉）。（银杉属是中国的一个属，但是至今西方没有相关材料或数据。）

注：本书球果鳞这个词指的是成熟球果的主要组成部分，可能是珠鳞，例如松科，或者（假定）融合在一起的苞鳞和珠鳞，比如柏科、杉科和南洋杉科。除非特别指明，球果这个词指的是雌性的（具胚珠的）结构。

杉科

树叶线形到锥形，同球果鳞一样呈螺旋形排列（水杉例外，它的树叶对生）；芽非鳞状；雄雌同株；球果鳞不分苞鳞和珠鳞，其完全联合在一起形成单一的结构，而且每个球果鳞含 2 粒以上竖立或倒转的胚珠；胚珠产生种子，某些属的种子边缘有翅。小孢子有 2 ~ 9 个花粉囊；花粉无翅。杉科共 9 属，它们是：密叶杉属（塔斯马尼亚雪松）、柳杉属、杉木属、水松属、水杉属（水杉）、红杉属（海岸红杉）、巨杉属（巨杉）、台湾杉属以及落羽松属（湿地柏）。其中 8 属分布在北半球，只有密叶杉属分布于南半球。

金松科

以前人们将金松科归入杉科，但是现在从金松科里唯一的属——金松属（日本金松）看，它具备独立的特征，可作为一个新的科。

日本金松雌雄同株、四季常青；鳞状树叶芽扁平；针状树叶呈螺旋形在枝端轮生；雄球果生于近枝端，由螺旋形排列的鳞片组成，每个鳞片上生 2 个花粉囊。雌球果也近枝端，单生，上面的繁殖鳞片呈螺旋形分布，有 5 ~ 9 粒胚珠。

南洋杉科

树叶宽窄都有，叶脉平行，像球果鳞那样呈螺旋形分布；雌雄同株或雌雄异株；苞鳞和珠鳞不区分，而是融合成单一的结构，每个都有 1 粒胚珠，后来种子同球果鳞一起脱落；雄球果相对较大；小孢子叶大约生 12 个花粉囊；花粉无翅。南洋杉科包括 3 属，主要位于南半球，它们是：贝壳杉属（贝壳杉）、南洋杉属（智利南洋杉）以及沃莱米杉属。

柏科

成年的树叶大多比较小，鳞片状（幼叶有时为针状）对生，罕见三叶轮生；雌雄同株或雌雄异株；球果较小、近球形，直径 2 ~ 3 厘米，鳞片成对出现，或呈盾状或扁平，或呈叠瓦状，一般最后变成或多或少的木质（刺柏的果实与浆果相似），在繁殖鳞片上生 1 个或者许多直立的胚珠；种子或有翅、或无翅。刺柏的球果减至 1 对繁殖鳞片（或 3 ~ 8 片轮生），它们彼此聚结，变成肉质的果实。柏科球果上的鳞片一般被认为是苞鳞和珠鳞完全融合的结果。柏科包括 20 属：西澳柏属、南美柏属、澳洲柏属、翠柏属、扁柏属（扁柏）、柏木属、塔斯曼柏属、智利柏属、福建柏属、刺柏属（刺柏）、甜柏属、海参崴柏属、杉叶柏属、巴布亚柏属、白智利柏属、侧柏属、香漆柏属、崖柏属（崖柏）、罗汉柏属和南非柏属。

罗汉松科

罗汉松科除了 Microcachrys 属之外，所有的树叶都呈螺旋形排列，或鳞片状、或针状；雌雄同株或雌雄异株，球果减至少许鳞片，成熟后只含有 1 粒种子（来自倒转的胚珠），种子被肉质结构包围或者嵌入其中，也就是肉质鳞被——人们怀疑它是异体同形，但通常解释为珠鳞；球果可能生在肉质柄上或者“脚”上（也就是罗汉松科英文名 podocarp 的由来，podo 词头是足的意思）；花粉粒大多有翅。罗汉松科分布范围只局限于南半球，只有少数几种延伸到赤道以北。罗汉松科共含有 17 属：Acmopyle 属、Afrocarpus 属、鸡毛松属、陆均松属、Falcatifolium 属、Halocarpus 属、Lagarostrobus 属、Lepidothamnus 属、Microcachrys 属、Microstrobus 属、竹柏属、

↘ 苏格兰松原始森林原来占据苏格兰广袤的高地，现在只剩下零零散散的遗留痕迹，树与树之间相隔较远，树干分枝、树冠宽阔（可比较下页图）。

Parasitaxus 属、罗汉松属、Prumnopitys 属、Retrophyllum 属、Saxegothaea 属和 Sundacarpus 属。

芹松科

以前芹松科被归入罗汉松科，但是现在从芹松科唯一的属——芹松属看，它具备独立的特征足以作为一个新的科。

芹松科是常绿树，雌雄同株或雌雄异株；小枝生有端芽和树叶状的枝（叶状枝）；鳞片状树叶呈放射状分布在叶状枝上；雄球花呈圆柱形柔荑花序，簇生于枝端，雌球花单生于叶腋或叶状枝的边缘。

三尖杉科

树叶呈螺旋形分布在主枝上，但表现出来是两级相对侧生；有 3 ~ 5 个花粉囊；一般是雌雄异株；球果减至几对交叉生的苞叶，每片苞叶成熟之后生 2 粒胚珠；自然的“球果”相对较大，突起在初始的球果上，有一个外肉质层（假种皮），里面有一层薄薄的木质层。三尖杉科含 2 属：穗花杉属和粗榧属，10 个种的原产地都在北半球。

红豆杉科

许多专家将红豆杉作为独立的纲（红豆杉纲）和目（红豆杉目）里唯一的科，其中原因之一是：红豆杉的种子生在短腋枝顶端，那里基部有少许鳞片，而典型的针叶树种子是侧生的。红豆杉是常绿树（或灌木）；树叶近线形，一般呈两级螺旋形排列；通常是雌雄异株；有 3 ~ 8（9）个小孢子叶，具有花粉囊；花粉粒无翅；“球果”腋生，含 1 粒胚珠，但没有延伸的苞叶，种子最终被一层有颜色的肉质假种皮包围；木质部没有树脂通道。红豆杉科含 4 属，其中 3 属在北半球，但是澳洲红豆杉分布在南半球，它们是：澳洲红豆杉属、白豆杉属、红豆杉属和榧树属。

↘ 苏格兰松密集长在一起形成良好的防护林带。当它们紧挨着种植在一起时，每棵树只有一个窄窄的树冠，因此树干成为理想的木材来源。

松科 > 松属

松树

真正的松树（松属）是一组常绿针叶树的集合，广泛存在于旧大陆和新大陆的北温带地区。它们的分布范围南至马来西亚群岛、南美洲和中美洲的赤道处，北至北极圈附近北方针叶林带的边缘。

大部分松树显示出宽金字塔式形式，但也有少数是灌木。成年植株的叶子有 2 种类型：苞叶和成年叶。苞叶鳞片状，螺旋形生长，通常出现在嫩枝条（“长枝”）的下端。一般说来，

知识档案

松树

种数 93

分布 北方温带地区、中美洲和印度尼西亚。

经济用途 可做：“木材、纸浆和作为树脂来源。也被广泛栽培作观赏植物，有许多栽培变种。

▷ 在美国犹他州布赖斯峡谷国家公园里，黑松努力在荒凉的土壤中生存，形成独特的风景。该树种的特点是树皮很薄，叶子黄绿色，又长又宽。作为落基山脉的本地种，它能够在森林大火之后释放种子。

松树会落叶，叶腋里生长出所谓没发育的叶子或者“短芽”。在这些短芽上出现成年叶（针状），2 ~ 5个成簇（通常是2个、3个或者5个，但有时候多至8个，或者少至1个）。它们从8 ~ 12个芽鳞之间的基鞘处发出，这些成年叶可存活5年或者更长时间。

雄球花和雌球花同株异体：雄球花短、圆柱形、柔荑花序状；雌球花有一个中心轴，苞鳞围绕其螺旋形排列，在其腋部最后生长出珠鳞，每个珠鳞的下表面有2粒胚珠。这些珠鳞的顶端变大且在这种变大部位可能生有一根中心刺。变大部分可能升高并分化形成一个所谓的壳嘴，上面也可能有一根刺。球果可能是直立的、倾斜的或者下垂的。

授粉

松树靠风授粉，而且通常花粉非常多，肉眼可见。花粉在分散时需要两侧有气泡状翼的颗粒的帮助。从春季授粉到受精至少需要1年时间才能完成，在此期间雌球花仍然非常小，受精之后迅速长到成熟时的尺寸，起初的绿色变成棕色，而且种子通常在接下来的秋季成熟。但是，有些种类还需要额外的1年时间才能成熟。大多数种类的种子有翅，而且翅一般比种子本身长。

狐尾松是最壮观的种类之一，它生长于美国科罗拉多州、犹他州、内华达州和亚利桑那州的落基山脉中，在这些海拔高的地方它们生长得特别缓慢，多瘤且矮小，树身有很多死去的木质部分。有的松树是当今地球上最古老的树种，寿命长达6000年。

松树的重要性

松木是所有软木中最重要的木材，种植最广泛的森林树种是苏格兰松、辐射松和科西嘉松。松木可用于各种建造和木工工作，树脂有助于保护木质，涂上杂酚油之后成为户外电线杆、铁轨枕木和路障的理想材料。苏格兰松木也就是我们所知的黄木，切割苏格兰松获得树脂，蒸馏后可得到松节油和松香；在密封容器（隔绝空气）内进行分解蒸馏可产生焦油和沥青；蒸馏树叶和树枝可

↗ 辐射松大多生长于海岸线，在北美洲温暖潮湿的太平洋海岸线上茁壮成长。

得到松油。

松树也被广泛种植用作观赏树，风景区可单棵种植，一组种植可作为树篱。特别高大的观赏树有黑松、海岸松、石松和美国五叶松，比较矮的观赏树有花树皮松、中欧山松和欧洲赤松。

辐射松可用作防风林，特别是在海岸线上。这些树也可以移除大气中的盐分。它们被广泛种植于新西兰贫瘠的土地上。石松的种子或核仁长大后，很快脱去退化翅，地中海居民把它们当成美味食用，称其为松子。

↗ 南欧黑松　　↗ 不丹松

松树种子一般在春季开始散播，这样可以防止幼嫩的树苗被霜冻；嫁接栽培，大约每2年移植一次小树苗，以刺激丰富的纤维根发育。大部分种类能够适应不同的土壤，只要求排水良好，但是有些种可生长于钙质土壤，也就是说它们需要富含石灰的土壤。

"松"这一通用名适用于许多不属于松属的松树状的树，甚至包括某些不属于针叶树的树。上表给出一些这样的例子。

通用名里带"松(pine)"字的植物

通用名(俗名)	种(学名)	科
黑松	Callitris calcarata	柏科
巴西松	Araucaria angustifolia	南洋杉科
芹松	Phyllocladus trichomanoides	伪叶竹柏科
智利松	Araucaria araucana	南洋杉科
柏松	Callitris spp	柏科
花旗杉	Araucaria cunninghamii	南洋杉科
泪柏	Lagarostrobus franklinii	罗汉松科
日本伞松	Sciadopitys verticillata	金松科
考里松	Agathis spp (especially A.australis)	南洋杉科
高山密叶杉	Athrotaxis selaginoides	松科
针松	Hakea leucoptera	山龙眼科
南洋杉	Araucaria heterophylla	南洋杉科
巴拉那松	Araucaria angustifolia	南洋杉科
红松	Dacrydium cupressinum	罗汉松科
橡胶松	Landolphia kirkii	夹竹桃科
露兜树	Pandanus spp	露兜树科
白松	Podocarpus elatus	罗汉松科
白柏松	Callitris glaucophylla	柏科

■ 松属主要的种

单维管束亚属(软松亚属)

叶子上面有1个维管束。短芽基部的叶鞘会脱落；鳞叶非下延生长；木头含有少许树脂，木质软。

A树叶5针成束。

B叶子边缘呈细锯齿状。

瑞士石松 分布在欧洲阿尔卑斯山、俄罗斯东北部和美国。树一般高10~25(最高40)米；芽上有厚厚的棕色绒毛；树叶深绿色，长5~12厘米，在背面没有明显的白线；成熟的球果直径5~8厘米，终端有壳嘴，无刺；种子无翅。

金心黄杨 瑞士石松的栽培变种，生浅黄色的树叶。

阿罗拉松 瑞士石松的栽培变种，具有向上的柱形枝条。

糖松 分布在北美洲。糖松树高50~100米；芽上覆盖有绒毛；树叶长7~10厘米，背面有明显的白线；成熟的球果长（25）30~50毫米；种子有翅，翅比种子本身长。

马其顿松 位于巴尔干半岛的山区。树高10~20米；芽绿色、无绒毛，不张开；树叶长7~12厘米；成熟的球果略呈圆柱形，长8~15厘米，突起、膨胀；种子长8~10毫米，有较长的翅。

威姆士松树或白松 分布在北美洲。树高25~50米；芽上没有绒毛，不张开；树叶长6~14厘米，柔软且有弹性；成熟的球果通常弯曲，长8~20厘米，有平的突起；种子斑驳，长6~7毫米，有较长的翅。

矮松 白松的栽培变种，生长缓慢、树形矮小、密集生长。

扭叶松 白松的栽培变种，具有扭曲的树枝和树叶。

塔形松 白松的栽培变种，具有直立的树枝和柱状习性。

卧俯松 白松的栽培变种，呈俯卧形，生水平的或略上翘的枝条。

乔松或不丹松 分布在喜马拉雅山，西至阿富汗。树高一般约为35米，但是有时候可达50米；芽上无绒毛，明显张开；树叶12~20厘米；成熟的球果长15~25厘米，有突起，它的壳嘴接触到下面的鳞片；种子8~9毫米长，有较长的翅。

BB树叶边缘完整。

狐尾松 分布在美国。通常一棵矮狐尾松的高度可达

乔松的叶子和球果

威姆士松的叶子和球果

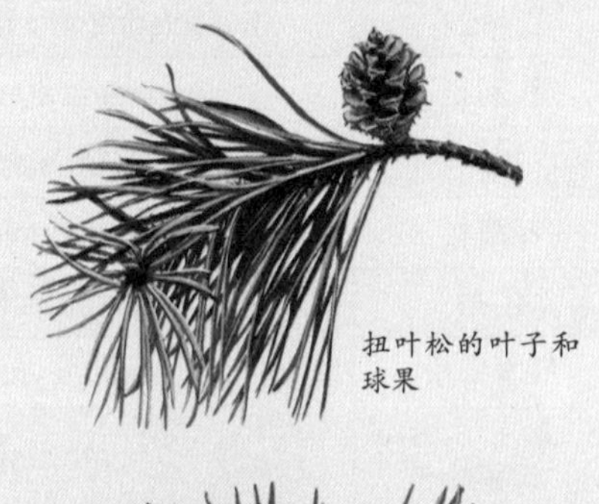

扭叶松的叶子和球果

苏格兰松的叶子和球果

↗ 松树的叶子几乎都是2~5片针叶形成的束状，每束基部有鞘，后面连接着叶子。每束树叶形成细圆柱形。每片叶子都很长且窄，有明显的白色气孔。

美国黄松的叶子、球果和树皮

辐射松的叶子、球果和树皮

地中海松的叶子和球果

海岸松的叶子和球果

奥地利黑松的叶子和球果

15米；芽灰橘色，很快脱去绒毛；树叶长2~4厘米；成熟的球果长4~9厘米，末端的壳嘴上有细长的、弯曲的刺，长6~8毫米。

AA 树叶1~4针成束。

花树皮松 分布在中国。花树皮松树高20~30米；芽上没有绒毛；树叶长5~10厘米，具有平滑的边缘,3针成束；成熟的球果长5~7厘米，壳嘴突起，生宽基、内弯的刺；种子长8~12毫米，具短翅。花树皮松这个俗名来源于它的树皮脱落之后露出里面多彩的树干。

墨西哥石松 分布在美国西南部的亚利桑那州到墨西哥。墨西哥石松树高6~7米；芽深橘色，很快脱去绒毛；树叶长2~5厘米，细锯齿边，1~4针成束；成熟的球果呈球形，直径2.5~5厘米，壳嘴宽；种子长1.5~3厘米，翅很窄。

双维管束亚属（硬松亚属）

树叶有2个维管束，短芽的叶鞘不脱落；鳞状叶基下延生长；木质含有大量的树脂，木材相对比较硬。

C树叶3针成束（也有例外，例如阿勒坡松和辐射松的树叶2针成束。）

D叶子长度小于15厘米。

阿勒坡松 分布在地中海区域和亚洲西部。阿勒坡松树高10~15米；树叶长6~15厘米，有时候2针成束；成熟的球果直径8~12厘米，隆突略平，壳嘴钝、无刺。

辐射松 分布在美国加利福尼亚州。树高25~30米；树叶长10~15厘米，有时候2针成束；成熟的球果直径7~14厘米，钝、不对称、无柄、下弯， 隆突上有微细的刺。

刚松 分布在美国东部地区。树高10~15（25）米；树叶坚硬，长7~14厘米；成熟的球果对称分布，直径3~7厘米；壳嘴上有尖细的、弯曲的刺。

DD 叶子长度大于15厘米。

大果松 分布在加利福尼亚南部和墨西哥南部。树高25米；芽张开；树叶长15~30厘米；成熟的球果比较大，直径25~35厘米，壳嘴突起，刺弯曲、纯；种子翅厚，长度是种子长度的2倍。

长针松或油松 分布在美国东部地区。树高可达40米；芽鳞有白边、芽不张开；树叶长20~45厘米；成熟的球果长15~20厘米，几乎无柄，壳嘴上有短的下弯的刺；种翅膜状，大约是种子长度的2倍。

西部黄松 分布在北美洲西北部地区。树高50~75米；芽不张开；树叶长12~25厘米，树叶束有时候是2针、4针或者5针；成熟的球果呈黄绿色，几乎无柄，直径8~15厘米，壳嘴上有钝的、内弯的刺。

杰夫里松 分布在北美洲西北部地区。此树与西部黄松类似，但芽张开；成熟的球果更大，而且有树脂，具有特别的香茅一样的气味。

火炬松 分布在北美洲东部和东南部地区。

树高20~30（50）米；芽不张开；树叶长12~25厘米，呈蓝绿色；成熟的球果无柄，直径6~12厘米，壳嘴结实、三角形，上面有略微弯曲的刺；种子直径6~7毫米，有翅，翅约长2.5厘米。

CC树叶2针成束。

E树叶长度不超过8厘米。

苏格兰松或苏格兰冷杉 分布在欧洲北部和中部，以及亚洲西部。树高20~40米；树干上部光滑，呈红色；树叶长2~7厘米，呈蓝绿色，通常为扭曲状；成熟的球果直径3~7厘米，壳嘴几乎对称分布，上面有微细的刺。苏格兰松的亚种沼松呈宽顶树形，只生长于英国北部和苏格兰的高地。

欧洲山松 分布在欧洲中部的山区。欧洲山松与苏格兰松很相似，但通常是灌木，树叶呈亮绿色，形态多变。

滨松 分布在美洲西北部的海岸线地区。树高可达10米；树叶长3~5厘米，质地坚硬、形态扭曲；成熟的球果倾斜生长，直径2~5厘米；壳嘴针突出，但比较脆。黑松是内陆的代表物种。

EE 大部分树叶长度大于8厘米。

意大利石松或伞松 生长于地中海地区。树蘑菇状，高15~25米；树叶长10~20厘米；成熟的球果呈球状，直径6~9厘米；意大利石松的种子很有名，长12~18厘米，种翅只有6~7毫米长，而且很快脱落。

地中海松或阿勒坡松 树叶3针成束——参考前面的描述。

辐射松 树叶主要是3针成束——参考前面的描述。

日本黑松 分布在日本。树高30米；冬芽灰白色，不含树脂，顶端有离生的伞状鳞片；树叶长6~11厘米，叶鞘基有2条长细丝；成熟的球果直径4~6厘米，壳嘴上可能有刺，也可能没有。

海岸松 分布在地中海西部地区。树高30米；冬芽不含树脂；树叶长10~20厘米，质地坚硬，叶鞘基没有终端细丝；成熟的球果对称分布并聚集在一起，直径9~18厘米，壳嘴有突出的刺。

奥地利黑松 分布在奥地利，东至巴尔干半岛。树高20~40（50）米；树皮灰白色，裂开成鳞片状；叶子长9~16厘米，坚硬；成熟的球果对称分布，直径5~8厘米，壳嘴上通常有短刺。科西嘉松的叶子嫩绿色、卷曲，长12~18厘米。

↗在春季，当辐射松新芽抽出、球果出现的时候，原本有些阴暗的颜色变得生动起来。

云杉属

云杉

云杉属由约40个常绿树种组成，广泛分布在旧大陆和新大陆北半球比较寒冷的地区，从北极圈到南部比较温暖的高山都可见到云杉的踪影。

云杉树形略呈锥形，枝条从水平到下垂呈不规则分布，树皮皱、红褐色。小枝的特征是具有木质的下延的钉子状叶基，它们在芽周围以垫子状结构（叶枕状）连续分布，彼此之间以凹槽分开。冬芽可能含有树脂，也可能没有。

知识档案

云杉

种数 40

分布 北温带地区。

经济用途 重要的软木材源，可用于造纸，也广泛栽培用作观赏树。

美国俄勒冈州沿岸寒冷、潮湿的气候适合锡特卡云杉及该属其他种类生长。在有充足光线的地方，单棵树可水平分枝生长，而且上面长有喜湿的苔藓和地衣。这种树的一个典型特征是死后依然有一些靠里的树枝以及嫩枝存活。

↗ 科罗拉多蓝杉　↗ 塞尔维亚云杉

树叶针状，大致呈放射状分布在侧枝的周围（导致枝形变化较少）或者在下面呈侧向离分（栉齿状的），低处的叶子排成至少两水平行，每行分布在枝的两侧。树叶有 2 种类型：菱形四边形，宽度约与高度相等；或者扁平状，宽度远大于高度。每片叶子有 2 个边缘树脂管，有时候是 1 个，没有的情况罕见。

雄球果和雌球果同株异体，雄球花腋生，黄色或者深红色，呈柔荑花序状聚簇在一起，雌球果在顶端。年幼的雌球果呈绿色或紫色，每个球果上有大量的鳞，而且每片鳞下面的基部生 2 粒胚珠。一旦受精，球果当年就会成熟，呈下垂状，成熟时不会裂开。种子有翅，略呈扁平状。

云杉属里大多数种类可在潮湿、寒冷的土壤中生存，但在浅土里可能无法抵御狂风的袭击；如果在肥厚的土壤里栽种，它们可以抵挡风沙，而且根系牢固，可充做防风林。

北美洲有 3 种云杉具有特别重要的经济价值，它们是红云杉、黑云杉和白云杉，都被广泛用于造纸业。在挪威和英国岛屿上，广泛种植挪威云杉用于造林，另外人们成功栽培了锡特卡云杉，它能够耐受很多类型的贫瘠土壤，从沙地到寒冷、潮湿的土壤和沼泽地都可以生存。在这 2 个国家，这些树种中每一种的比例都不超过 10%。

云杉木质地柔软，没有气味，容易加工，而且品相不错。它可用于一般的木工作业，用作支柱、包装箱和传声结构板，因此可用作弦乐器，也可加工成木质纸浆后广泛用于造纸和人造纤维。挪威云杉的树脂经过纯化之后可制成白条脂，树叶和芽蒸馏之后可制成瑞士松节油；树叶和芽的提取液与不同的糖物质混合可发酵制成云杉啤酒；挪威云杉的树皮也可用于制革。

许多针叶树被当作圣诞树出售，但最常见的是挪威云杉，其他云杉广泛种植作为观赏树，最出名的是科罗拉多蓝杉和恩氏云杉，也有许多矮云杉栽种在假山花园里，颇受欢迎，其中包括加拿大云杉（即白云杉）属和挪威云杉属的一些种类。

◎相关链接——

东方云杉又叫高加索云杉，拉丁名为Picea orientalis，这种云杉树形漂亮，和其他云杉相比，可以在碱性更大的土壤中存活，也更适应干燥的气候，因此常被选作人工种植。这种树在1839年时被引入到欧洲，此后在公园、大的花园和植物园中都很常见。野生的东方云杉已经存活了大约400年，并出现了很多栽培变种。它的针叶很浓密，较短，顶端较钝，整体的树形为圆锥形，很容易辨认。

东方云杉的树皮为粉褐色，刚开始的时候相对较光滑，成熟后则会裂开成小的不规则皮块。它的针叶长为1厘米（0.5英寸），顶端较钝，上表面为有光泽暗绿色，下表面要浅一点，这些叶子朝浅黄色的小枝顶端生长。它的雄花刚开始时为亮红色，盛开的时候变成黄色，它的雌花为红色，在春季时分簇长在同一棵树上。它的果实为下垂的圆柱形球果，长为10厘米（4英寸），紫色，成熟的时候变成褐色，其表面有一些有香味的黏性树脂形成的斑点。

塞尔维亚云杉的叶子和球果

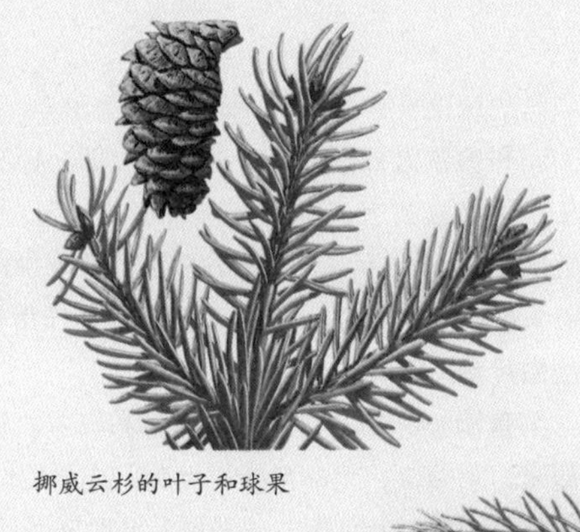

挪威云杉的叶子和球果

■ 云杉属主要的种

第一组：树叶扁平（看起来只有2个面），在下表面（朝向水平枝）上生有白色的气孔带，上表面呈绿色，罕有断裂的气孔线。

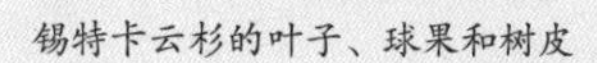

锡特卡云杉的叶子、球果和树皮

A第一年生的侧枝多毛。

塞尔维亚云杉 分布在欧洲，特别是前南斯拉夫。塞尔维亚云杉树高可达30米；水平枝上的树叶下端略分裂（栉齿状），树叶薄，上下表面均有棱脊，树叶长8~18毫米，宽2毫米，具有突出的尖。

↗ 锡特卡云杉发育中的雌球果的显著特征就是聚生习性以及浅红色外形。雄球果为浅黄色。

科罗拉多云杉的叶子和球果

成熟的球果长3~6厘米，呈卵形椭圆形。

布鲁尔氏云杉 分布在美国西部。树高可达40米；树叶呈辐射状分布于下垂的枝条上，树叶长2~2.5(3)厘米，两面都稍稍凸出；顶端尖；成熟的球果长6~12厘米，呈圆柱椭圆形，球果通身都有鳞片。

AA第一年生的侧枝无毛；树叶呈栉齿状分布在树枝的下表面；球果上的鳞片参差不齐。

鱼鳞杉 分布在亚洲东北部和日本。该树高度可达50米；树叶长1~2厘米，顶端尖，但非角状、无刺；成熟的球果长4~8厘米，呈圆柱椭圆形。旱谷云杉的树叶更短，通常更容易栽培。

锡特卡云杉 分布在美国南部海岸。树高可达60米；树叶长1.5~2.5厘米，顶端尖、角状、有刺，树叶两面突起、略有棱脊；成熟的球果长6~10厘米，呈圆柱椭圆形。

第二组：树叶是四边形，有四面，横截面菱形，宽度约等于或者稍小于高度，每面都有（2）3~5（6）个白色（不是条形的）的气孔线。

B第一年生的侧枝无绒毛（但有时挪威云杉和中国云杉有绒毛），至少上层树叶向前、向芽弯曲。

C下层树叶侧向分开成2个以上水平的部分（栉齿状），重叠。

挪威云杉 分布在欧洲中部和北部地区。挪威云杉高度可达50米；树叶长1~2（2.5）厘米，绿色；成熟的球果圆柱形，长10~15厘米；有时在芽上有细细的软毛。挪威云杉约有150个栽培树种是低矮树种。

白云杉 分布在美国北部（阿拉斯加）和加拿大。白云杉树高可达30米；树叶长8~18毫米，呈蓝绿色，树叶碾碎后闻起来有气味；成熟的球果呈圆柱椭圆形，长3.5~5厘米。

CC下层树叶没有分开，但尖略向下（辐射状排列）。

喜马拉雅云杉 分布在喜马拉雅山区。喜马拉雅云杉高度可达30~50米；冬芽有树脂；树叶长2~4(5)毫米，宽1毫米，顶端尖锐；成熟的球果圆柱形，长12~15（18）厘米。

中国云杉 位于中国西部。树高可达25米；冬芽里面含有树脂，芽黄褐色，有时有绒毛；树叶辐射状排列，长1~1.8厘米，有时卷曲；顶端尖锐；成熟的球果长8~10厘米，呈圆柱椭圆形。

雪岭云杉 分布在亚洲中部。树高可达35米；冬芽不含树脂；枝芽灰色；树叶呈辐射状排列分布，长2~3.5厘米，有时卷曲；顶端尖锐；成熟的球果呈圆柱椭圆形，长7~10厘米，球果通身为鳞片。

喜马拉雅云杉的叶子和球果

BB第一年生的侧枝无绒毛，但是树叶往外伸展，辐射生长角度45°~90°，上层树叶不向前弯；成熟的球果长度大于5厘米。

日本云杉或虎尾云杉 分布在日本。树高可达40米；树叶长1.5~2厘米，卷曲、坚硬，顶端非常尖，树叶呈深绿色、发亮；成熟的球果长为8~10厘米。

科罗拉多云杉 分布在美国西南部地区。树高可达50米，树枝平伸；树叶长1.5~2.5厘米，略卷曲，树叶各个面的亮蓝绿色使气孔线看起来有些模糊，树叶硬、僵直，顶端锋利、尖锐，树枝上半部的树叶比下半部要多；成熟的球果呈圆柱椭圆形，长6~10厘米。白云杉和科斯特北美云杉是2种常见的栽培植物，前者生有水平的枝条，后者枝条下垂。

BBB第一年生的侧枝多毛，下部树叶侧向分开成两水平部分（梳状），上面重叠。（中国云杉和黑云杉的树叶略呈辐射状分布。）

D终端芽基部环生有锥形的（针状的）鳞片，球果长度大于5厘米。

黑云杉 分布在北美洲西北部地区。黑云杉树高20~30米；幼枝上生有腺体、多毛；树叶长7~15毫米，靠近芽的两侧有蓝绿色的气孔线；顶端钝；成熟的球果卵形。

红色云杉 分布在加拿大至美国卡罗莱纳州。树叶长1~1.5厘米，特别尖锐，呈深绿色到亮绿色，靠近枝条的那一侧有另一侧2倍长的气孔线；成熟的球果长3~4（5）厘米，长圆形。

DD终端芽基部没有环生的锥形的（针状的）鳞片，球果长度大于5厘米。

恩氏云杉 分布在北美洲西北部地区。树高20~50米；第一年生芽黄灰色，有腺体软毛；树叶长1.5~2.5厘米，顶端尖锐，上层树叶向芽的方向弯曲，树叶碾碎后有气味；成熟的球果长度可达8厘米。人工栽培的恩氏云杉很少。

西伯利亚云杉 分布在欧洲北部和亚洲北部地区。树高可达50米；第一年生的芽呈棕色，有细软毛；树叶长1~1.8厘米；顶端尖；成熟的球果呈圆柱椭圆形，长6~8厘米，通身布满鳞片。

东方云杉 分布在小亚细亚和高加索山脉。树叶墨绿色，发亮，长6~8毫米（偶尔可达12毫米），顶端钝；成熟的球果呈圆柱椭圆形，长6~9厘米。

第三组：树叶呈栉齿状分布，横截面四边形，但是从上至下略显平，因此宽度要大于高度；靠近芽的两边（上边）有另外两边（下边）上2倍长的气孔线；球果长度大于5厘米。

二色云杉 分布在日本。树高可达25米；主枝有绒毛，侧枝没有；终端芽基部没有针状鳞片；树叶长1~2厘米，上表面有5~6条气孔线，下表面2条气孔线；成熟的球果呈圆柱椭圆形，长6~12厘米。

萨哈林云杉 分布在日本。树高可达40米；芽红褐色，终端芽基部有针状鳞片；树叶长6~12厘米，上边有2条白色的气孔带，下面每侧有一2条断裂的气孔线，顶端圆头或者尖利；成熟的球果长5~8厘米，圆柱椭圆形。

丽江云杉 分布在中国西部地区。树高可达30米；芽呈灰黄色；上两层树叶重叠成瓦状，向前弯曲，与小枝略微平行；树叶长8~15毫米，上面有2条白色的气孔带，下边有1~2(3,4)条断裂的气孔线；顶端尖利、角状；成熟的球果长5~8厘米，呈圆柱椭圆形。

加拿大云杉成熟的雌球果，该树是北美的本地生树种。

冷杉属

冷杉

冷杉属含有40 ~ 55种常绿树，广泛分布于北半球的山区：欧洲中部和南部（西班牙南部以及对着北非的地区）、亚洲北部以及喜马拉雅山、日本以及北美洲的广大地区。冷杉这一名称来源于中古拉丁语，指的是某些类型的冷杉树，这些树并非一定属于冷杉属，但在英语里“fir”（冷杉）这个词现在只限于冷杉属的种，不过也有例外，花旗松是伪铁杉属的种的传统名称，而苏格兰冷杉是苏格兰松的通用名。有些专家使用银杉这个名称指代冷杉属的成员，将它们与其他的冷杉区分开来。

鉴别冷杉属并不困难，我

知识档案

冷杉

种数 50

分布 北温带到亚洲东南部和美洲中部。

经济用途 栽培用于取木料和树脂。许多种类也可栽培作观赏树。

高贵冷杉由于其高度和耐性而成为良好的观赏树种。它生长迅速，在原产地若干年后高度可达60米。

们可结合以下特征进行鉴别：成熟时竖立的球果会裂开；树针单个出现；圆盘状的针瘢痕没有高出树皮的水平，因此小枝非常平滑。

冷杉属大约有 30 种被栽种在它们的原产地之外，但不是因为经济价值，而是它们那高高的、美丽的外形。银枞、大果冷杉、红冷杉以及高加索冷杉常常作为公园和花园里的观赏树，前三者也有一定的造林价值。它们需要潮湿的土壤，特别喜欢肥厚的土壤、潮湿的气候以及干净的空气——对大气污染的敏感性使得它们不适合种植在工业区里面或者附近。福莱胶枞（南部香脂冷杉）和香膏冷杉在美国和加拿大可作圣诞树。

冷杉常常是昆虫攻击的目标，落叶松球蚜属的蚜虫对其危害特别大，受害程度在不同的地区有差异，因此在欧洲，落叶松球蚜的危害还不算大，但是在加拿大它可能破坏所有的香膏冷杉树种。冷杉木可售卖，颜色从白色到黄色，或者是红棕色，但在心材和边材之间没有明显的差别。冷杉木通常没有树脂管道。

冷杉木质地柔软、容易加工，木面优良，易于涂漆和抛光。冷杉木主要用于室内，但若经过防腐处理也可用于室外，例如做电线杆。由于该木材没有明显的气味，它也可用作食品箱盛装乳制品。

有些美国冷杉幼树的树皮上有“树脂泡”。蒸汽馏化除去松节油，残留的固体物质是松香，可用于制造，例如塑料、肥皂和清漆。加拿大香膏在制药业中广泛用作微观处理过程中的永久性封固剂，它可从香膏冷杉以及其他美洲种类中获取。

◎相关链接——

壮丽冷杉的样子很壮观，可谓名副其实。它的主干很直，大大的球果直立于树枝上，又添了一分风骨。它的耐寒性极强，可以在美国卡斯克德山脉的海拔超过1500米（4,921英尺）的地方生存。此外，它被大量栽种于除了原产地外的其他地方，以获得亮褐色、纹理密实、坚硬的木材。

壮丽冷杉的树皮为银灰色，表面光滑，间或有树脂形成的小滴。它在生长初期呈圆锥形，树枝呈轮生体方式分布，树形较宽阔。变老后，则顶部变宽变平，并带有扭曲的死枝，很有特色。它的针叶的上表面为灰绿色，下表面有两条明显的白色气孔组成的条带。这些针叶缀满枝头，先向上弯曲然后又朝下。树体顶端的针叶长为1厘米（0.5英寸），下面的针叶则为4厘米（1.5英寸）。将这些针叶捣碎，会散发出类似猫尿的刺激性气味。它的球果呈较宽的圆柱形，长达23厘米（10英寸），直立于树枝上。

↗ 香膏冷杉新长出的小枝顶端呈浅黄绿色，成熟之后慢慢变暗，呈蓝绿色。

冷杉属主要的种

第一组： 树针分布在一个平面上，或者至少部分在上面分叉（栉齿状）。除非特别指明，树针平伸。

银枞 分布在欧洲中部和南部山区。树高可达50米；小枝多毛、无槽；冬芽里不含树脂；树叶长1.5~3厘米，顶端锯齿状，下表面有2条白色的气孔带，侧边有树脂道。

香膏冷杉 广泛分布于北美洲，延伸至北极圈，可用来制作加拿大香膏。树高可达25米；小枝多毛，无槽；冬芽含树脂；树叶长1.5~2.5厘米，顶端锯齿状，只在下表面有4~9条白色的气孔带，中央有树脂道。

科罗拉多冷杉或白色冷杉 分布于美国科罗拉多州到加利福尼亚州的山区、新墨西哥州、亚利桑那州(美国西南部的州)以及墨西哥。科罗拉多冷杉树高可达40米；小枝少毛或无毛；冬芽含有树脂；树叶长4~6厘米，两面有白色的气孔线；顶端非锯齿状；树脂道位于侧面。

巨冷杉 分布于北美洲西北部地区。树高可达100米，巨冷杉很好栽种，但栽培时高度只能达到50米。巨冷杉可以抵抗疾病或昆虫的侵袭，并且可以抵御霜冻。小枝呈橄榄绿色，少毛甚至无毛；冬芽含有树脂；树叶长3~6厘米，顶端锯齿状，只在下表面有白色的气孔带，侧面有树脂道。

红冷杉 分布于美国俄勒冈州到加利福尼亚州的广阔地区。树高可达70米；小

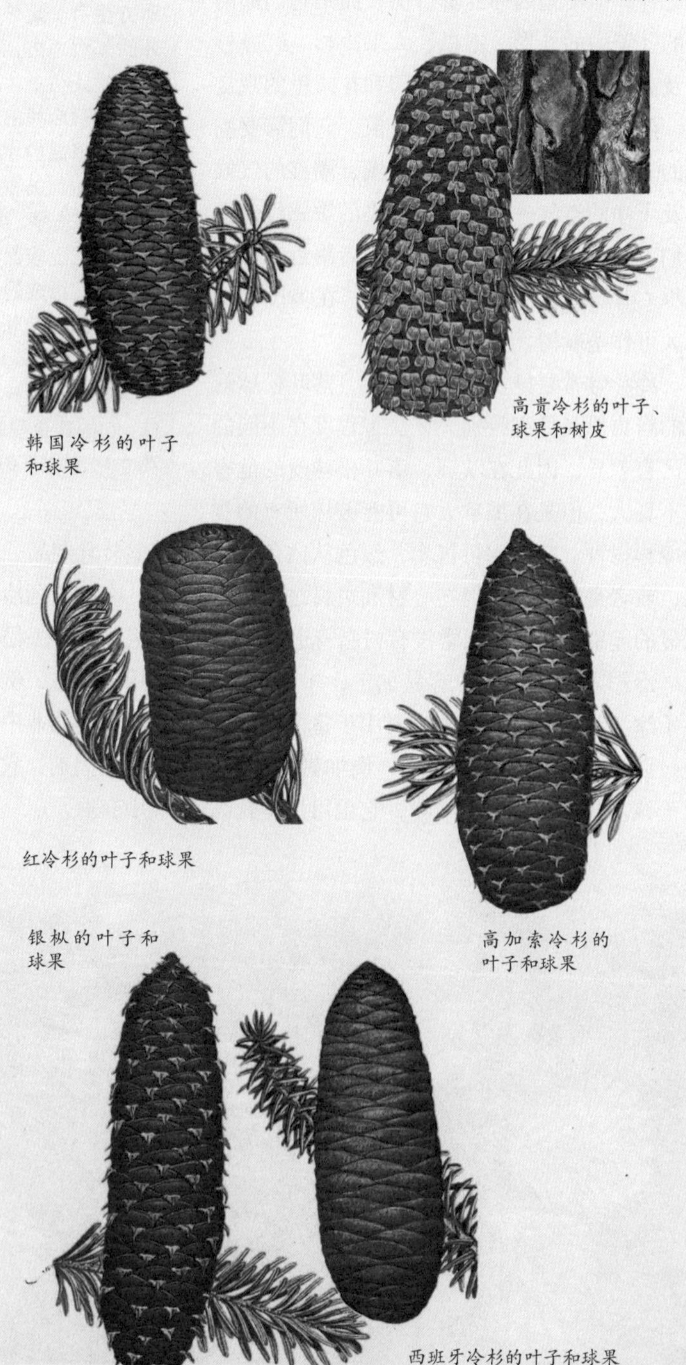

韩国冷杉的叶子和球果

高贵冷杉的叶子、球果和树皮

红冷杉的叶子和球果

银枞的叶子和球果

高加索冷杉的叶子和球果

西班牙冷杉的叶子和球果

枝上生有密密的铁锈色软毛；冬芽含有树脂；树叶长2.5~4厘米，横截面呈四边形，顶端非锯齿状；所有面均有气孔带，侧面有树脂道。

高贵冷杉

高贵冷杉 分布于华盛顿到加利福尼亚北部的山区。树高可达80米，可用于造林，栽种时树高达50米，但是有时候可能会遭受严重的蚜虫袭击。小枝上生有密密的铁锈色软毛；冬芽含有树脂；树叶长2.5~3.5厘米，上表面平滑或者有凹槽，顶端不分叉或轻微分叉，2面都有气孔带，侧面有树脂道。

喜马拉雅冷杉 位于喜马拉雅山西北部。树高可达50米；小枝凹槽上生有红褐色的软毛；冬芽含有树脂；树叶长2.5~6厘米，顶端锯齿状，只在下表面有气孔带，树脂道位于侧面。

第二组：树针不像第一组那样呈栉齿状，但在上面密密地重叠在一起；小枝多毛；树针扁平。

红银枞 分布在加拿大不列颠哥伦比亚省、阿尔伯达和美国俄勒冈州的山区。树高可到80米，但栽种时高度只有30米，容易遭受蚜虫的侵袭；冬芽含树脂；树叶长2~3厘米，顶端平截或呈锯齿状，只在下表面有白色气孔带，树脂道位于侧面。

韩国冷杉

叙利亚冷杉 分布在小亚细亚、叙利亚共和国北部山区。叙利亚冷杉树高可达30米；冬芽顶部生有少许鳞片，不含树脂或只有少许树脂；树叶长2~3厘米，顶端轻度分叉，只在下表面有白色气孔带，树叶侧面有树脂道；球果里有隐藏的苞叶。

高加索冷杉 分布在高加索北部山区以及小亚细亚。高加索冷杉树高可达50米。该树种与叙利亚冷杉非常相似，但是它的冬芽鳞片不散生，球果含有突出的、下弯的苞叶。

第三组：树针既不重叠，也不分叉，但是向上和向外伸直；扁平。

韩国冷杉 分布在韩国。树高18米，有时候栽培时变成灌木；它的冬芽里只有少数树脂；树叶长1~2厘米，尖端一般较细、向下，只在下表面有白色的气孔带；中央有树脂道。

第四组：树针在小枝周围呈放射状分布。

希腊冷杉 分布在希腊山区。树高可达30米；冬芽里面含有树脂；树叶扁平，长2~3厘米，顶端非常尖；只在下表面有白色的气孔带，侧边有树脂道。

高加索冷杉

西班牙冷杉 位于西班牙南部地区。西班牙冷杉树高可达25米；能在石灰质土壤中生长；冬芽含树脂；树叶长1.5~2厘米，又厚又硬，顶端不太尖利，树脂道位于中央。

铁杉属

铁杉

铁杉属包含约 14 种常绿树（有时是矮树丛），原产于北美洲的一些国家、日本、中国大陆、中国台湾和喜马拉雅山脉区域。它们的树形呈金字塔形，树枝水平或略下垂；树叶扁平，短柄（有柄的）螺旋形嵌入，叶柄扭曲使树叶呈水平的两层，叶基突出下延，叶柄生于其上。树叶可在树上存留好几年，最后脱落时在叶基上留下一个半圆的疤痕。

云杉属与铁杉属的区别在于树叶无柄，具有更明显的略成菱形的叶痕，球果长度大于 2.5 厘米，但山铁杉及其近亲杂交种杰夫里铁杉的球果长达 7 厘米。铁杉的雄球果很小，只有 5 毫米，有时是浅白黄色，但更多时候是红色；雌球果小，很少超过 2.5 厘米。球果下垂，在第一年成熟，但落种后几年才会掉下。种子小且有翅，每个球果鳞片下有 2 粒种子。

铁杉喜欢肥沃的、排水良好的土壤。通常利用种子繁殖，通过剪枝或嫁接可形成不同的变种和形式，除了众多的变种和形式以及大部分加拿大铁杉种之外，还有许多属间的杂交种，例如铁杉属和云杉属杂交（得到铁杉–云杉杂交种）、云杉属和铁杉–云杉杂交种杂交（得到云杉–铁杉–云杉的杂交种）、铁杉和云杉–铁杉–云杉的杂交种杂交、油杉属和铁杉属杂交。

铁杉的木材可用于建造房屋，制作梯子。树脂也有用，比较有名的商品就是加拿大树脂。树皮含有丹宁酸，提取出来可用于皮革业等。异叶铁杉大多栽培作为观赏树，也可用于造林——特别是硬木林。

知识档案

铁杉

种数 14

分布 北美洲和东亚。

经济用途 观赏、木料和药用。

↗ 异叶铁杉的水平–下垂分枝习性是铁杉属的典型特征。树叶碾碎后有特别芳香的气味。

■ 铁杉属主要的种

树叶栉齿状，上表面平整，有凹槽；球果直径2~3厘米。

日本铁杉 在原产地日本，树高可达30米，在欧洲大约只有一半的高度，通常只是比大的灌木稍高一点。小枝秃头（无毛）；叶子锯齿状分布，具有完整的边缘；球果下垂、卵形，长2.3厘米，宽1.2厘米，有平顶鳞，成熟后变成深褐色；树皮粉灰色，起初光滑并有水平褶皱，然后开裂变成正方形，薄且容易脱落。

加拿大铁杉 分布于北美洲东北部。树高25~30米；小枝被细细的绒毛覆盖（有软毛）；叶子的边缘呈细锯齿状，下面有清晰的气孔线，有清晰的绿边；旁枝上长有大量的球果，卵形，长2厘米，宽1厘米，成熟后呈咖啡褐色；小树的树皮呈橙褐色，成熟后变成黑色，略带紫色、灰棕色。加拿大铁杉有许多栽培变种和形式。

西部铁杉 位于北美洲西海岸。高度为60米（200英尺），这种高大、优雅的大树拥有垂枝和下垂的叶片。但这些都是表象，实际上西部铁杉和其他的针叶树一样，有极强的生命力。自从1851年被引入到欧洲西部以后，就被作为木材树种而大量种植。这种树可以在其他树的遮蔽下存活，很有竞争力。

西部铁杉的树皮在生长初期时呈紫红色，随着年龄的增长则变成更深的紫褐色。它的树形为狭窄的圆锥形，树枝向上生长，顶端则弯曲成拱形。它的挚枝通常比较蓬松，它的针叶长为2厘米（3/4英寸），其上表面为深绿色，下表面为两条蓝白色的气孔组成的条带，但这些叶子在春季刚长出来时呈明亮的淡黄绿色。它的雄花和雌花都是红色的，在春末时能散布很多花粉。它的果实是下垂的蛋形球果，长为2.5厘米（1英寸），鳞状包被较少，刚开始时为灰绿色，成熟的时候则转变为深褐色。

喜马拉雅铁杉 原产于印度西北部、缅甸北部和中国，在这些地方其高度可超过50米（165英尺）。但是，在其他地方（包括欧洲）的人工

加拿大铁杉的树枝和球果

西部铁杉的小球果在夏末时节出现在枝头。

↖ 西部铁杉

种植林里，这种树几乎达不到20米（65英尺）。它的树皮为粉褐色，表面有鳞状皮块，和落叶松属的树种很像。它的针叶在铁杉中算是长的，为3厘米（1.25英寸），很硬，上表面为蓝绿色，下表面有2条银色气孔组成的条带。

山地铁杉 山地铁杉原产于北美洲的西海岸从阿拉斯加到加利福尼亚州的广大地区，树形为筒形，其灰白色枝叶呈下垂状。高度30米（100英尺），为常绿树。因为在小枝上缀满厚实的蓝灰色针叶，这种树有时候也会被误认为是大西洋雪松中的栽培变种“刚栎”（拉丁名为Cedrus atlantica“Glauca”）。

山地铁杉的树皮为深橙褐色，成熟之后会形成竖直的裂纹，并能以长方形薄片剥落。它的树枝微微下垂，小枝为有光泽的淡褐色。它的针叶类似于雪松，长为2厘米（3/4英寸），颜色为深灰绿色到蓝灰色，呈放射状缀满枝头。它的球果和云杉的类似，长为7厘米（2.75英寸），圆柱形，刚开始为浅黄粉色，成熟后则变成褐色。它的雄花为紫罗兰色，长在下垂的细枝上。它的雌花呈直立状态，并有深紫色和黄绿色的苞叶。它和西部铁杉虽然有很近的亲缘关系，但是由于其木质多节，很难制作，因此并不被当成木材树种而大量种植。这种树在1851年时引入到欧洲。

异叶铁杉 位于美洲西北靠近海岸的地区。树高30~60米；小枝有毛；叶子的边缘呈细锯齿状，下面有清晰的气孔线，但界限不是很明显；旁枝上结有大量的球果，球果钝、下垂、呈卵形，直径2~3厘米，未成熟时是绿色到略带紫色，然后变成浅棕色；小树的树皮呈灰绿色，且光滑，树木成熟后树皮呈赤褐色，上面有细细的裂缝。

日本异叶铁杉 分布在日本。在原产地树高可达25米，但在栽培过程中通常形成大的灌木丛。小枝上遍布软毛；叶子具有完整的边缘，长8~15毫米，顶端锯齿状；球果呈圆柱卵形，长2~2.8厘米，黑褐色，略发亮；树皮呈橙褐色，带有粉色的裂沟。

中国铁杉 分布在中国西部地区。树高可达50米；小枝上生有绒毛；叶子具有完整的边缘，长达2.5厘米，顶端锯齿状，有时候少数叶子边缘呈锯齿形；球果长卵形，长3厘米，宽1.3厘米，颜色从绿色变成赤褐色；树皮上有深灰绿色的鳞片状弯曲图样，渐渐变成深棕色和灰色的片状，有裂。

加罗林铁杉 分布在美国东南部的山区。树高15米，偶尔可达25米；小枝生有软毛；叶缘完整，长8~18毫米，顶端很少或者根本不会呈锯齿状，下面有明显的白色气孔带；球果长卵形，长2.5厘米，宽1.5厘米，呈橙褐色；树皮深红棕色，带有黄色的小孔，渐渐生出裂，变成紫灰色。

长苞铁杉属 长苞铁杉是一个原产于中国的单一种，通常认为它属于铁杉属。树高10米；叶子平滑、线形，呈浅绿色，两面具有气孔。长苞铁杉不广泛栽培。

大果铁杉属 该属只有1种，分布在北美洲西部地区。山铁杉通常被归于铁杉属，但是现在把它区分开来，是因为它的叶子呈蓝绿色，而且呈放射状排列。通常树高约30米，但在原产地可达50米；球果像云杉那样聚集在枝端，长7厘米，宽3.5厘米,未成熟时呈绿色，成熟后变成深红棕色；树皮棕色，略带橙色，上面有细细的竖直的裂。

异叶铁杉的树枝和树皮

黄杉属

道格拉斯冷杉

知识档案

道格拉斯冷杉

种数 4

分布 亚洲东部到北美洲西部。

经济用途 主要的木料树，也可用于制作纸浆和夹板。

道格拉斯冷杉发现了 20 种类型，但只有 4 个被认为是优良树种，它们原产于北美西部、中国大陆、中国台湾和日本，可成功生长于不同的土壤中，但在潮湿、排水良好的土壤以及潮湿的气候中生长得更好。

道格拉斯冷杉是常绿树，在生长早期通常呈锥形，最后伸展开来。冬芽形状奇特，呈锭子形，这一点与山毛榉树不同。小枝上有略突起的卵形叶痕，树叶针状，上面有凹槽，螺旋形排列；树叶下表面有 2 条白色的气孔线，由于叶基扭曲，看起来像位于同一平面上（日本黄杉除外）；每片叶的边缘有 2 个树脂道和 1 个维管丛。雄球花和雌球花同株异体：雄球花短，大量的花粉囊组成柔荑花序状；雌球花生在顶端，由大量的球果鳞片组成，每片鳞下面有 2 粒胚珠。成熟的球果下垂，苞鳞突出，顶端裂成 3 瓣；种子有翅。

↗ 花旗松是道格拉斯冷杉的一个种，在北美西部森林里人们采伐花旗松用作木料。低处枝条会影响其美学价值，因此在作观赏树的时候要除掉下面的枝条。道格拉斯冷杉的命名是为了纪念苏格兰植物学家大卫・道格拉斯（1798～1834）。

黄杉属（英文字面上看是“伪铁杉”）这个名称说明了它与铁杉属的关系，但是黄杉属很容易鉴别：成熟球果的苞鳞裂成 3 瓣，肉眼可见，而且叶基不下延或者很少下延。人们曾经把道格拉斯冷杉归在冷杉属里面，但冷杉属里直立的成熟球果鳞片会从一根轴上脱落，而且冷杉属里的种类没有 3 裂的苞鳞，叶痕圆形、扁平，与小枝的表面平行。

花旗松的木材需求量很大，而且是北美洲最好的木材。尽管花旗松占西方木材产量的一半，但问题是人们只顾开发而没有新植，现在这个问题越来越受到社会的关注。一棵花旗松就可以提供大量的木材，但木材的强度和木纹不尽相同，因此需要仔细分段以保证均匀性。花旗松的木材可用于各种各样的建筑工程——房屋、桥梁和船，用于木工作业、制作滚木以及多种杆和柱，包括纪念旗杆。成熟的道格拉斯冷杉也是优良的观赏树，而且除去下面的枝条及死枝之后看起来更漂亮。道格拉斯冷杉单棵广泛种植于乡村地区和公园，而在造林地区也形成密集的树林。

■ 黄杉属主要的种

第一组：树叶顶端特别尖，或者是即使顶端略钝，也非圆形或者锯齿形；球果长5~18厘米。

花旗松　分布在北美洲西部地区直到墨西哥北部地区。树高可达100米；小枝有软毛，无毛的情形罕见；树叶长2~3厘米，或尖或钝，树叶上表面深绿色或蓝绿色，碾碎的树叶会散发出独特的、令人愉快的香茅的气味；球果长5~10厘米，三裂苞鳞通常是竖立的，少数下弯。

粉绿花旗松　花旗松的变种，分布于美国蒙大拿州到墨西哥的落基山脉东部。树高约40米；树叶短且厚、顶端钝，呈蓝绿色，碾碎后有松节油的气味；球果长6~7.5厘米，苞叶尖通常下弯。典型的粉绿花旗松很有特色，比较出名的有科罗拉多花旗松，但在不同的种之间有连续的媒介链。由于它没有什么经济价值，人们常常栽种它作为观赏树。

大果黄杉　分布在美国加利福尼亚州西南部地区。树高12~16（25）米；树叶长2.5~3.5厘米，呈现浅绿色；球果长10~18厘米，苞鳞突出程度不如花旗松；球果的尺寸很特别，可根据这个特点立即将它与所有其他的树种分开。

第二组：叶顶端宽圆形或锯齿状，球果长3~6厘米。

日本黄杉　分布于日本东南部地区。树高15~30米；小枝光洁无毛；树叶锯齿状，向前伸，但向各个方向铺展，不是很明显地分布在一个平面上，树叶呈灰绿色；球果长3~5厘米，少数有鳞（15~20片）。

中国黄杉　分布在中国西部地区。树高大约20米；小枝多毛，呈红褐色；树叶长2.5~3厘米，分布在一个平面上；球果长5~6厘米。

日本黄杉的叶子和球果

花旗松的叶子和球果

大果黄杉的叶子和球果

花旗松的叶子与雄球花

大果黄杉及其树皮

落叶松属

落叶松

落叶松属由 9 种生长迅速的落叶树组成，原产于北半球寒冷的山谷地区。

落叶松是金字塔树形，枝条轮生且不规则伸展，长枝上的树叶螺旋形生长，但同短枝上的树叶一样郁郁葱葱聚簇在一起。雌球果最后呈竖立状，在还没有成熟的时候深红色的苞鳞看起来非常具有吸引力。球果在 1 年内成熟，变成棕灰色，但里面的种子散落之后球果仍不掉落；每片珠鳞下生有 2 粒种子，每粒种子都有薄薄的、发育良好的翅。成熟的球果是鉴别落叶松种类的必要因素。年幼的球果在授粉时节苞鳞远远大于珠鳞，但球果成熟之后可能被珠鳞掩蔽，也可能不被珠鳞掩蔽。

落叶松在排水良好、光照充足的地方或者含有沙石的肥沃土壤中生长特别好，它不喜欢低洼的地区，因为水可能积聚，容易使落叶松遭受霜冻的侵袭。它的木材坚硬、耐用，可用来制作柱子、驳船等等。大多数落叶松生长迅速，这对于投资者来说无疑是个优点，因为这样可以迅速收回投资，但是人工栽培落叶松的一个缺点是容易生多种病。

落叶松的树皮已经用于制革和印染，它还具有药效（主要是兽医，例如使用落叶松节油）。在夏季，树叶渗出一种白色的甜物质，也就是落叶松甘露聚糖，曾经用于临床医学。落叶松含有少见的松三糖。

知识档案

落叶松

种数 9

分布 中欧、北欧、北美洲和亚洲的山区（喜马拉雅山到西伯利亚和日本）。

经济用途 用途广泛，包括做篱笆、观赏树，也可以提取树脂和丹宁酸。

欧洲落叶松　　日本落叶松

■ 落叶松属主要的种

除非特别指明，下面所有的种都有几乎隐匿的苞鳞，苞鳞尺寸不大于珠鳞。

第一组：树叶下面有2条特别的白色或绿白色带。

日本落叶松　分布在日本。树高可达30米；树叶长2~3.5厘米，下表面5行气孔形成1条白色带；球果长可达3.5厘米，尖端苞鳞弯曲，呈红褐色，鳞片有时候会脱落。日本落叶松生长速度很快，因此被广泛种植。

锡金红杉　位于尼泊尔东部、锡金和中国西藏。树高20米；树叶长3~4厘米，下表面有绿白色带；球果直立、呈圆柱形，球果数量多、呈紫褐色，长6~11厘米；苞鳞突出形成细细的尖端，略下压；树皮呈红棕色，有鳞片。锡金红杉在温和的气候条件下生长最佳。

第二组：树叶下表面没有白色气孔带。

北美落叶松　位于北美洲。树高20米；树叶长3厘米；小枝无毛（光洁）；球果长1.5厘米，

↗ 所有的落叶松种类在针叶林里面都是别具特色的，它们每年落叶，在松针掉落之前产生亮丽的秋日美景。

宽1厘米，上面有12~15（16）片鳞，外表光滑、发亮，尖端直或者稍稍弯曲；树皮呈暗粉色，有薄片但没有裂沟。北美落叶松能在潮湿、多泥煤的土壤中生长。

兴安落叶松 分布在亚洲东北部地区。树高可达30米；树叶长3厘米；小枝表面通常被细细的绒毛；球果直径2~2.5厘米，上面有20~40（50）片鳞，外表光滑、发亮，尖端直或者稍稍弯曲；树皮呈红褐色，有鳞片。

欧洲落叶松 分布在欧洲北部和中部以及西伯利亚。树高可达35米；树叶长2~3厘米；球果鳞共40~50片，顶端直而不弯，外表多绒毛；苞鳞长度约为球果鳞的一半；树皮呈灰褐色，泛绿色，早期光滑，后来有竖直的裂。

西伯利亚落叶松 位于俄罗斯东部和西伯利亚。树高可到30米；树叶长1.5~3厘米；球果鳞顶端稍稍内弯，外表多毛；苞鳞长度约为球果鳞的1/3。

高代落叶松 它是欧洲落叶松和日本落叶松的天然杂交种，由前者传授花粉，我们或许可以称它为母种之间的媒介，但杂交种的树苗与母种有很多差异。高代落叶松的树皮呈红褐色，它比其他物种更能抵御昆虫和真菌有害物质的侵袭。

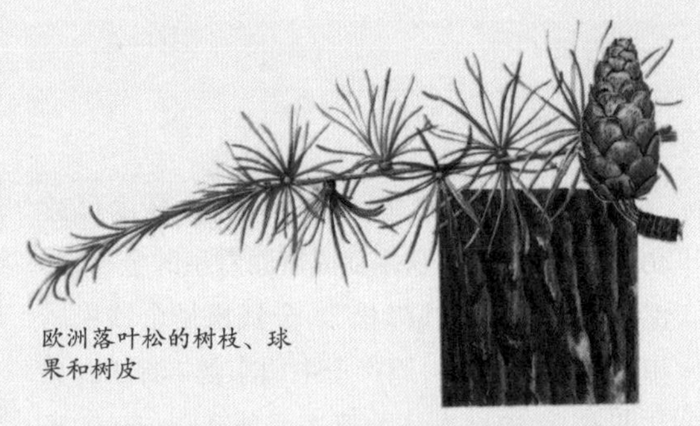

欧洲落叶松的树枝、球果和树皮

日本落叶松的树枝和球果

北美落叶松的树枝和球果

兴安落叶松的树枝和球果

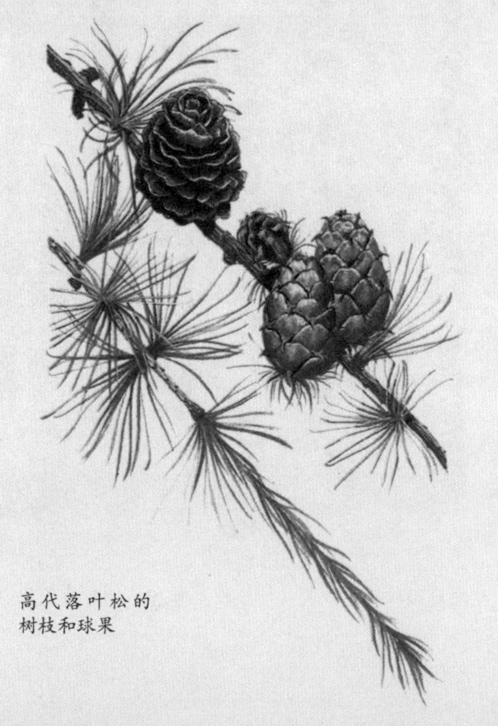

高代落叶松的树枝和球果

美国西部落叶松 分布在北美洲（加拿大不列颠哥伦比亚省，美国俄勒冈州、华盛顿及爱达荷州）。树高43~55米；树叶长3~5厘米；球果卵形，长3~5厘米，成熟时呈紫褐色；苞鳞突出，延伸或者顶点下弯；树皮紫灰色，边缘多薄片，裂沟深且宽。

金钱松属

金钱松

金钱松是非常华美的落叶树，高度可达40米，它的树叶在秋季变成富丽堂皇的金黄色，据此汉语叫作“钱隆松”。金钱松是金钱松属里唯一确认的种，原产于中国东部（浙江省和江苏省）。曾有人认为第2个种 P.pourieli（来自中国中部）也是金钱松属成员，但只有部分书面资料，而且数量上也与金钱松相差甚远。

金钱松的树叶针状，长4～6.5厘米，宽2～3毫米；沿长枝散生，呈螺旋形排列，长枝粗糙，有落叶的持久性基部；或者树叶在短枝上伞状簇生在一起，鳞片牢固、弯曲。它的球果与落叶松并非没有相似之处，雄球花以柔荑花序状簇生，约宽2.5厘米，雌雄同株，雌球花约长5厘米，宽1厘米，由厚厚的、尖形的木质鳞片组成，成熟时裂开并释放出种子。

↗ 金钱松背对阳光的那一侧生有大量的短枝，它具有清晰的年轮。树叶轮生表明季节性色彩的结束。

↗ 落叶松有2种类型的下垂小枝：细长的小枝上树叶单生，呈螺旋形排列；短刺状的小枝上有20～40片叶子丛生。冬天，落叶松变成光秃秃的。

金钱松与落叶松（原先人们将金钱松归于落叶松属）的不同点在于：金钱松具有更结实的树叶，短枝弯曲，球果鳞略尖锐（非钝圆），球果在成熟时裂开（而落叶松的球果是完整的）。金钱松在温带地区比较温暖的地方相当耐寒，但生长缓慢。它需要优良的、深厚的、排水好的土壤，但是不能在石灰质土壤中生长。

雪松属

雪松

雪松属由 4 种常绿树组成，即北非雪松、短叶雪松、喜马拉雅雪松和黎巴嫩雪松。有些学者认为它们是相同的物种，只是地理分布不同而已，事实也许的确如此，但在长期的园艺实践过程中人们为了方便将它们区分开来。在旧大陆雪松属分布广泛但不连续。

所有的雪松种类都生有长枝和短枝，短枝上的树叶针状、簇生，长 0.5 ~ 5 厘米，不同的种类树叶尺寸也不同。雄球果直立，呈卵形或圆锥形，长达 5 厘米，在 9 ~ 11 月间张开；雌球果直立，长 1 厘米，生在短枝末端。结果实的球果需要 2 ~ 3 年才能成熟，呈卵形椭圆形，顶端圆，长 5 ~ 10 厘米；有大量扁平鳞片，最后从一根中轴脱落。平均来说，雪松到 40 或 50 岁之后不再结球果。

知识档案

雪松

种数 4

分布 非洲北部到亚洲。

经济用途 一般栽种作观赏性标本树，也可出产木材，制香精油。

雪松在排水良好的肥土或沙土中长势最好。雪松利用种子进行繁殖。在春季，成熟的球果必须聚集在一起，位于温暖的地方。球果鳞裂开，释放出种子，种子发芽，然后在下一个春季栽种树苗。短叶雪松少数栽培，其他的种类有许多变种。最著名的可能就是蓝雪松，也许是因为它具有所有针叶树中最美的蓝色，因此成为栽培种类里的流行样本。

雪松木材比较软，但是经久耐用，广泛用于房屋建造和家具制造。树脂可用作防腐剂。

↗ 蓝雪松上未成熟的雄球果呈桶形，竖立在浅银蓝色树针之上。

北非雪松由于具有大量的铺展树枝而成为美丽的景观树。

大西洋雪松的叶子和球果

■ 雪松属主要的种

北非雪松　分布在非洲北部（阿尔及利亚）。金字塔树形，高达40米，主枝笔直，侧枝向上，但不水平；树针长2.5厘米；球果长5~7厘米，宽4厘米，顶端平或者压扁状；蓝雪松树叶呈淡蓝色或为蜡质叶。

短叶雪松　位于塞浦路斯(地中海东部一岛)山谷中。树形呈宽圆顶状，树高可达12米，主枝伸展或弯曲；树针长5~6毫米；球果长7厘米，宽4厘米，顶端压扁状，壳嘴短。

喜马拉雅雪松或印度雪松　分布在喜马拉雅山西部。幼时呈金字塔树形，成熟之后可长到60米高，主枝下垂，下垂的尖端轻轻搭在侧枝上；树针长2.5~5厘米，顶端有刺；球果长7~10厘米，宽5~6厘米，呈桶形，顶端较圆。

黎巴嫩雪松　分布在黎巴嫩、托罗斯山脉以及叙利亚共和国。黎巴嫩雪松呈圆顶树形，高达40米，主枝笔直、侧枝重叠，向上生长几英尺之后变成水平；树针长2.5~3厘米；球果长8~10厘米，宽4.6厘米，顶端扁平或者压扁状。

黎巴嫩雪松

黎巴嫩雪松的叶子和球果

通用名里带“雪松（cedar）”一词的植物

通用名（俗名）	种
非洲雪松	非洲圆柏
阿拉斯加雪松	黄扁柏
大西洋雪松	大西洋雪松
澳大利亚红松	澳大利亚红松
香肖楠	麻楝
百慕大雪松	百慕大圆柏
黑雪松	黑松
蓝雪松	银雪松
硬叶榆	硬叶榆
果阿雪松	墨西哥柏
黎巴嫩雪松	黎巴嫩雪松
塞浦路斯雪松	塞浦路斯雪松
东方红松	北美圆柏
喜马拉雅黑雪松	赤杨
喜马拉雅或印度雪松	喜马拉雅雪松
喜马拉雅铅笔柏	杜松木
香松	北美翠柏
日本雪松	日本柳杉
桃花心木	非洲楝
木兰吉雪松	木兰吉雪松
俄勒冈雪松	美国扁柏
铅笔柏	北美圆柏
刺柏	刺柏
红柏	北美圆柏
尖柏	杜松木
西伯利亚雪松	阿罗拉松
南方白松	美国尖叶扁柏
臭松	加州榧树
美国侧柏	美国乔柏
西印度雪松	西印度雪松
白松	苦楝
黄松	美国尖叶扁柏

油杉属

油杉

油杉属包括约 4 个优良种，但有些专家将它们分开变成了 9 种。油杉与冷杉的相似之处在于它们的球果都是竖立的（而不是下垂的或者弯折的），不同点主要是油杉的球果片状脱落，而冷杉的球果鳞每年从轴上脱落；油杉的树叶上下表面都有棱脊（大多数在下面），而冷杉下表面没有白色的气孔带。

油杉是常绿树，原产于中国东南部、中部和西部，延伸到印度支那和中国台湾。油杉起初是金字塔形，最后枝条舒展开来，轮生，形成圆屋顶树形；生线形、针状树叶，尖端逐渐变细，树叶单生或螺旋嵌入，但大多数扭曲，因此位于同一平面上（栉齿状）。第 1 年较大的竖立球果会成熟，每个球果是由无数牢固的木质鳞片组成的，每片鳞都生在叉状苞鳞的叶腋里，其长度大约是球果鳞的一半；种子有翅，与冷杉相似——每片球果鳞生 2 粒种子。

↗ 铁坚油杉顶部的树叶基部扭曲，这样看起来树叶位于同一平面上。

油杉只在温带边缘地区能够耐寒，因此很少种植，但还是有 2 个物种值得推荐：铁坚油杉（中国中部和西部地区，中国台湾）和油杉（中国东部地区），前者是“不耐寒”的油杉属里“最耐寒的”物种，后者在意大利已经栽培成功。

杉科 > 水杉属、巨杉属、红杉属

红杉

红杉是由现存的 3 类针叶树组成的：水杉（现存种，活化石）、红杉和巨杉（现存一种）。尽管水杉归于水杉科里面，但有些中国学者建议将水杉属里所有的种分离出来作为一个单独科——介水杉科。介水杉的特点是每年落叶。

1941 年发现的水杉化石表明水杉曾经广泛分布于北半球，时间可追溯到白垩纪（1.36 亿年前），并延伸至第三纪早期和中期（大约 2600 万年前）。1945 年在中国湖北省和四川省发现有存活的水杉。1948 年，美国波士顿阿诺德植物园引进种子进行栽培，现在在温带地区大量繁殖生长，事实证明水杉的耐寒能力比较强。在英国曾生长到 20 米，尽管该树有雌性球果，但却没有种子，可能是因为雄球果不能产生繁殖花粉。水杉作为造林树种的优势在于生长速度相对较快——在前 10 年每年生长 1 米，但后来会慢下来。栽种时，水杉喜欢排水良好的

↗ 巨杉

海岸红杉庞大的树干使周围的树相形见绌。

斜坡地，但是在湖边潮湿的土地或者普通的公园土壤一样生长得很好。

在总体外观，特别是落叶习性方面，水杉与湿地柏很像，但是水杉的叶子和芽对生，而非互生；水杉不容易遭受病虫害。

巨杉的原产地位于美国加利福尼亚州内华达山脉的西部山坡。以前巨杉和北美红杉一起被归入红杉属，后者的树皮特别厚实且柔软。有时候人们会将巨杉和日本柳杉混淆，但是后者叶子长 1~1.5 厘米，尖内弯，而巨杉的树叶长度小于 1 厘米，呈锥形，尖较直。

巨杉最好引进种子进行繁殖，但是在夏末剪枝也可以，最好用主枝，如果选用侧枝，则应当在生根之后、休眠芽受到刺激生出新枝的时候剪枝，然后将剪枝植于沙土中，春季生根。

巨杉木材的供应很有限，但由于木头经久耐用，特别是在土壤中不易腐烂，因此人们主要用它修建农场，制作柱杆和航标。尽管这种木材直、轻且软，但是它特别不容易加工。

巨杉是生机勃勃的长寿树种，可作为标本树或者观赏树，大多生长在公园、花园、公路和城镇街道两旁。黄巨杉是一种生长比较缓慢的栽培植物，具有浓密的树冠和浅黄色的嫩叶；垂枝巨杉具有下垂的树枝。成熟的巨杉以及某些样本树激发了美国人的想象力，因此用私人的名字为之命名，例如，国家红杉公园里的谢尔曼树据说已经存活 3000 多年了，重达 2000 吨，是世界上最重的树（但不是最高的树）。

海岸红杉是红杉属唯一现存的成员，有许多地方种。这种树看起来非常壮观，略呈柱形，四季常青，野生种只分布在北美洲从美国俄勒冈州西南部穿过加利福尼亚州北部和中部直到蒙特雷南部的太平洋海滨窄窄的海岸“雾带”。

↖ 巨杉是美国加利福尼亚州国家红杉公园里的巨型树种，树高84米，它不是世界上最高的树，但可能是世界上最重的树。

知识档案

红杉

种数 3（3 个属分别只有 1 种）

分布 中国中部和北美洲西北部地区。

经济用途 有些可做木料（例如扎篱笆），有时候栽培作为观赏树。

海岸红杉很少延伸到超过 40 千米的内陆地区，而且在海拔超过 1000 米的地方不能生长。该树种或许是世界上最高的，最大高度可达 120 米；地面树干直径可达到 10 米。海岸红杉可能生存了近千年，平均寿命为 400~800 年。

海岸红杉最适宜在优良、潮湿但通风良好的土壤中以及大气潮湿的条件下生存。海岸红杉在美国加利福尼亚州海岸成功存活，巨大的树干彼此靠近在一起形成纯海岸红杉林。红杉也可以生长在岩石斜坡上薄薄的土壤里（但长势要差些），同其他针叶树不同的是它可以自由吸收养分，因此可在倒伏的树基上萌发新芽，这个特点对海岸红杉来说很重要，因为尽管种子已经形成，但是发芽成功率比较低，而且树苗不喜阴。

红杉木需求量很大，其木质软、均匀，容易加工，可以达到很高的抛光程度；木材宽度最大可到 2 米而没有任何缺陷。它可用于建筑、木工作业，也可用于制作平板、铁轨枕木、电线杆、路障、栅栏柱等等。红杉木的需求量太大，因此许多原始森林变成不毛之地，但有些森林由于环保主义者的保护而得以存在。

巨杉和海岸红杉都是特别显眼的树种，可栽种在公园和大花园里。小叶巨杉是小叶栽培变种，具有乳白色的幼叶。

在美国俄勒冈州到蒙特雷的太平洋海岸的“雾带”，红杉欣欣向荣地生长着。

■ 红杉属主要的种

红杉属的种类均为单性针叶树，有木质球果，上面的复合鳞片呈螺旋形排列（苞鳞没有什么特别之处，但与珠鳞融合在一起）。树叶单生或者对生，四季常青，呈针状或者锥形；或互生（螺旋形排列）或每年落叶，落叶种的树叶呈针形、对生（矮叶枝也对生）且位于同一平面上。

水杉　分布在中国湖北省和四川省。在原产地树高约40米，但引进栽培时高度不到20米。树冠锥形；幼树皮通常呈橙褐色，片状；老树皮为深褐色，且有槽痕。水杉每年落叶，树叶黄绿色，沿枝条在一个平面上对生（栉齿状）分布，扁平、呈线形，树叶长2~4毫米，宽2毫米。雄球果卵形、在叶基处2~5个簇聚雌球果略呈圆柱形，长2.5~5厘米，每个球果大约由12片绿色的鳞片组成，尖端略膨胀，种子有翅。

巨杉或巨红杉　分布在美国加利福尼亚州。树高可达100米；树冠呈圆锥形；树皮浅褐色、厚且软，纤维质，有深槽；树叶常绿，卵形到矛尖形交替出现，长3~7毫米，有时候可达12毫米。雄球果无柄，尺寸4~8毫米，春季成熟时呈黄色；雌球果椭圆体，长5~8厘米，宽4~5.5厘米，木质、下垂，鳞片扁平、菱形，每片鳞有3~9粒种子，未成熟时鳞片上有细的刺；第2年成熟；种子长3~6毫米，灰褐色，有翅。

海岸红杉　分布在美国加利福尼亚州南部地区。树高可达120米；树冠呈圆锥形；树皮棕色，厚且软，纤维质，有槽。树叶常青、深绿色，2种（二态）互生：主枝上的树叶呈螺旋形排列，呈卵形椭圆形，长6毫米，顶端内弯；而侧枝的树叶约两层、针形，一般呈钩状，长6~18毫米。雄球果小，直径1.5毫米；雌球果卵形，直径2.5厘米，最后球果下垂，鳞片略倾斜，有脊突，一般每年脱落，每片鳞上可生2~5粒种子，有翅。

↗ 红杉可通过树叶和球果进行鉴别。水杉和巨杉都是常绿树种，不同之处在于巨杉的树叶针状，而红杉有2种类型的树叶——侧枝上的树叶针形，主枝上的树叶鳞片状。水杉每年落叶，树叶严格对生。红杉的球果在第1年成熟，巨杉需要2年。

↖ 巨杉的树皮呈浅褐色，厚实且柔软，上有深槽。

落羽杉属

落羽杉

落羽杉属是由 2 种亲缘相近的落叶树或常绿树组成的，最出名的就是落羽杉，它们原产于美国和墨西哥东南部地区。落羽杉的小枝或从不掉落，在每年的生长末期生腋芽；或落叶但没有芽，并在当年里脱落，或在不规则间隔时间内脱落。它的树叶呈灰绿色，扁平，或呈锥形分布于落叶小枝的一个平面上或呈放射状分布在永久性小枝上。雄球果和雌球果同株异体：雄球果下垂，呈圆锥花序；雌球花在 1 年内成熟，成熟时呈球状，直径 2.5 厘米，由大量的盾鳞组成，这些鳞 4 片一组不规则分布，每片鳞上生 2 粒三翅种子。

知识档案

落羽杉

种数 2

分布 美国东南部、西部和墨西哥。

经济用途 广泛栽培作为观赏树和木料树。

地杉的树枝

池杉的树皮

湿地松柏的树枝和幼果

墨西哥落羽杉的树枝

落羽杉属最常见的栽培种是落羽松，树很高也很漂亮，树叶灰绿色，看起来好似美丽的羽毛。落羽杉喜欢生活在沼泽和溪流，但在排水良好的土壤中一样生长得很好。在沼泽地里，树根产生向上的结节，或者说“膝根”，在水面之上帮助树根通风，这些“膝根”与红树以及其他热带沼泽植物的根有些相似。

墨西哥落羽杉（蒙得珠马或墨西哥松柏）的适应能力不如落羽杉，因此栽培比较少。墨西哥在它的原产地墨西哥是常绿树种，但是在更寒冷的气候下变成每年落叶的树种。在墨西哥瓦哈卡市附近圣玛利亚图厘的山村里，有一棵叫作 El Gigante 的墨西哥落羽杉已经成为具有历史意义的标志，西班牙征服者赫尔南·科尔特斯曾经在 16 世纪 20 年代描写过这棵树。曾经很长一段时间里人们相信这棵树具有世界上最粗的树干，实际上，它庞大的尺寸是由 3 棵树长在一起而形成的。

↙ 落羽杉的显著特征是具有羽状树叶和开裂的树皮。落羽杉的树桩上生有“膝根”，在美国卡罗来纳州南部，落羽杉繁茂生长着。

落羽杉出产大多数可用的木材，木质软、不收缩，可以防蛀，而且很少受到湿气的影响，这些品质使得它可用于制作很好的包装材料，也可用于管道系统、通风系统、篱笆以及公园设施。

■ 落羽杉属主要的种

落羽杉 分布在美国东南部地区和亚利桑那州，西至美国伊利诺伊州和密苏里州。树高30~50米。树枝略水平，起初是圆锥形，成熟时变成圆顶形。树叶伸展，颜色特别，呈灰绿色，长8~18毫米，螺旋形排列，基部扭曲，因此树叶最终位于一个平面上；在季节末呈红褐色，单独掉落或者与落叶小枝一起掉落。

墨西哥落羽杉 分布在墨西哥。树的尺寸和落羽杉差不多，但是在它的原产地墨西哥之外不太出名。墨西哥落羽杉与落羽杉的不同之处在于雄球果更长，部分或全部常绿，花粉囊在秋季张开，而不像其他物种那样在春季张开。

沼泽柏 又叫落羽杉，分布在美国东南部，从特拉华州到德克萨斯州和密苏里州。树高度40米（130英尺）。

沼泽柏是一种落叶树，因此又被称为落羽杉。这种树自然生长在比较潮湿的环境中，它的根可以在水中浸泡好几个月而不会死亡。在这样的环境里，沼泽柏能生出气生根，又被称为“树的膝盖”或“呼吸根”，为根部提供氧气。这种树的颜色很好看，在秋季早期到中期的时节里，它的叶子将从金黄色变为红棕色。

沼泽柏的树皮为暗红褐色，其表面一般有凹槽。它的树形为圆锥形，不过也有些树在成熟的时候更接近于球形，它的树枝很重，比较低，且向上弯曲。它的小枝为灰绿色，长10厘米（4英寸），上面缀满柔软、平展的叶片，叶片长为2厘米（0.75英尺），在小枝上交替排列，一般抽芽较晚。它的雄蕊长为5~6厘米（2~2.5英寸），为柔荑花状，在每个枝头上都缀上3、4朵，成为冬季里一道亮丽的风景。等到了早春，这些雄蕊长到10~30厘米（4~12英寸），就能开始散播花粉。沼泽柏的雌花为球果状，长在短柄上，在成熟之前为亮色。

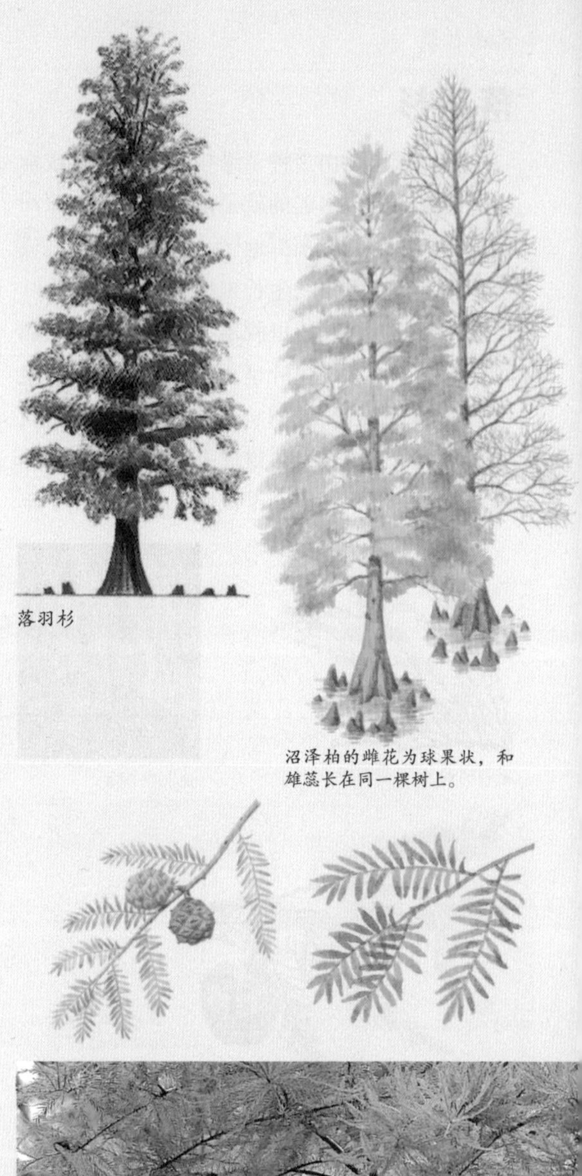

落羽杉

沼泽柏的雌花为球果状，和雄蕊长在同一棵树上。

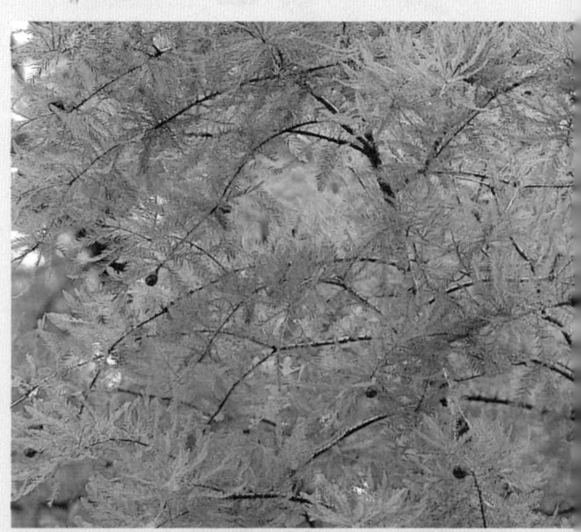

↗ 秋季的针叶

↗ 峦大杉树叶与福杉广叶杉的区别是它的树叶更小、更窄，据说可保留在树枝上8年，而福杉广叶杉是5年。

杉木属

杉木

杉木属（中国杉）是由两三个种类组成的，原产于中国。杉木不常栽培，但在它的原产地中国是非常重要的木料树。杉木属树种四季常青、树枝伸展；树叶硬，下延生长，呈线形披针形，边缘有细锯齿，下表面有白色带，两层展开但呈现出螺旋形。雄球果椭圆形，簇生于顶端；雌球果与雄球果同株，呈球状，由薄薄的、坚韧的、重叠的、锯齿状的尖角鳞片组成，没有明显的苞鳞。每片鳞上嵌生 3 个胚珠，每个胚珠成熟之后变成 1 粒窄翅种子。

杉木在温带温暖的地区之外很难生存，因此很少看见栽培杉木，只在土壤肥沃、避风的地方可以看见它们的踪影。它们可从砍倒的树桩上重新生长；最好用种子繁殖，但是也可以使用直枝上的剪枝繁殖。

杉木属有 2 种已经得到确认：一种是福杉广叶杉（中国南部和西部），树高可到 25 米，树叶长 3 ~ 6 厘米，宽 2 ~ 6 毫米，树叶下面有 2 条宽宽的白色气孔线，球果成熟后长 2.5 ~ 5 厘米，它的木材大多用于制作棺材；峦大杉（分布于中国台湾）可达到与福杉广叶杉同样的高度，甚至更高，与福杉广叶杉的区别是它的树叶更小、更窄，树叶长 1.8 ~ 2.8 厘米，宽 2 毫米，不生气孔带或者气孔带不太明显，成熟的球果长达 2.5 厘米。另一个不确定的种叫作格氏楮，也来自中国台湾，它介于前两种之间，可能是峦大杉的变种。

密叶杉属

塔斯马尼亚雪松

密叶杉属由 3 种常绿树或灌木组成，均产自塔斯马尼亚的山区。树叶鳞片状或锥状，呈螺旋形排列；球果单性，雌球果木质，1 年内成熟，略呈球形，由 5 ~ 20（25）片螺旋形排列的鳞片组成，每个球果都生有苞叶，除顶点之外与它的鳞片融合在一起，鳞片自由端（外端）胀大，向着其附着点的方向变尖；种子有翅。

光塔斯马尼亚雪松在其原产地塔斯马尼亚

↗ 尽管密叶杉属里有诸如塔斯马尼亚雪松和肯威廉松这样的俗名，但它们却既不是雪松也不是松树。

中部和西部的山区高度可达 6 ~ 12 米，生长的海拔超过 1000 米。然而人工栽培的树高度还不到它的一半。光塔斯马尼亚雪松的小枝呈圆形，掩蔽在密集、交叉的鳞片状树叶之中，树叶大约长 3 毫米，菱形，边缘半透明、锯齿状；叶基重叠，较大树枝上的树叶较大。成熟的雌球果宽约 12 毫米，由五六片鳞组成，每个苞鳞的自由端突出形成一个短刺状的尖。光塔斯马尼亚雪松与其他 2 个种的区别是：它的鳞片状树叶沿整个小枝紧密排列，而且“腹部”表面没有气孔带。

肯威廉松在其原产地塔斯马尼亚西部树高可到 33 米以上，树叶长 7 ~ 12 毫米，披针形到锥形都有，向着小枝的方向弯曲，但尚未接触，而且向前指向约 30° 的角；树叶排列的紧密程度不如前述的种类，而且肯威廉松的另一个特点是树叶腹面上有 2 条气孔带，没有半透明的边缘。

↗ 中国杉中的福杉广叶杉外观不太整齐，因此很少作为观赏树，但在中国它的木材很有价值。

顶极雪杉是介于前述种类之间的中间种，在塔斯马尼亚西部山区可长到 10 米高。它的树叶微微展开，长 4 ~ 6 毫米，边缘半透明且完整，在上表面（腹部）有两条气孔带。

塔斯马尼亚雪松的木材可用于制作家具和木工作业。密叶杉属 3 种都位于北温带边缘地区，能耐寒。

柳杉属

日本柳杉

日本柳杉是柳杉属里唯一的成员，但却有 2 个不同的地理孤立区域变种。最常见的一种栽培种是日本产日本柳杉，来自日本，而中国产日本柳杉的原产地是中国。柳杉是常绿树，树皮红褐色，裂开成长片；树叶以五层螺旋形排列，略呈锥形，长 6 ~ 12 毫米，基部下延生长；雄球果和雌球果同枝，雄球果短穗状簇生，每个都有无数的花粉囊，雌球果单生，1 年内成熟，长成木质的、竖直的有柄球果（2 ~ 3 厘米），由 20 ~ 30 片楔形的复合鳞片组成。每片复合鳞（球果鳞）外缘像盘，中间的棱脊略弯，上表面的边缘有 3 ~ 5 个硬皱褶。

日本产的柳杉外观更紧致，树枝更舒展，树叶更结实。雌球果由近 30 片鳞组成，每片能繁殖的鳞成熟之后可生 5 粒种子。

日本柳杉可用作观赏树种，它有着亮绿色的窄圆锥形树冠，顶端圆。日本柳杉耐寒，最适合生长在寒冷潮湿的地区，土壤最好是肥沃深厚的淤积土。通过种子或剪枝繁殖。它有很多栽培变种，其中扁叶柳杉比较常见，但是它的外观有时给人一种混乱的印象。扁叶柳杉树叶长 2 ~ 3 厘米，幼态，在夏季呈现美丽的绿色，冬季来临时变成红青铜色。这种栽培变种很少生球果。

在日本，大约 1/3 的造林地区被日本柳杉

↗ 日本柳杉的红色树皮看起来非常醒目，这样弥补了它看似凌乱的缺点。

所覆盖，该树常常出现在寺庙里以及许多礼仪道路旁，这样更使得它们声名远扬。日本柳杉的木材经久耐用，容易加工，而且能够抵御蛀虫的侵袭，常常用于建造房屋和制作家具，树皮是很有价值的屋顶材料。

水松属

中国水松

中国水松是小型落叶树，原产于中国南部地区，在那里它是主要的栽培树种，可能是因为人们相信栽种它可以为家庭带来幸运以及好的收成。中国水松在温带地区不耐寒，因此在中国之外很少看到有人工栽培。水松的天然栖息地是潮湿的地方，这个特点与落羽松一样。

水松属与落羽杉属为近亲，不同之处在于前者的雌球果有柄、呈梨形，由薄薄的、细长的非盾状鳞片组成，顶端锯齿状。水松的种子卵形椭圆形、单翅，而落羽松的种子三角形，看起来像长了3个厚厚的翅膀。水松的枝上无毛，有2种类型的芽，即持久枝和脱落枝，前者腋生芽呈螺旋形排列，后者与树叶一起掉落，而且没有腋生芽。

水松持久枝上的树叶片状，长2 ~ 3毫米，螺旋形排列，重叠；脱落枝上的树叶略呈针状，长8 ~ 12毫米，宽约1毫米，而且排列在同一平面上，枝每侧各排一行（梳状），秋季随枝一同脱落。雌雄异体同株，雄球果悬挂簇生，雌球果最后约长18毫米，叶柄长12 ~ 18毫米。

↗ 水松与落羽松是近亲，但是前者没有竖立的隆突，而后者的特点就是具有竖立的隆突。

台湾杉属

台湾杉

台湾杉属由 3 种近亲常绿树组成，它们本质上可能是某单种的地理学亚种——台湾杉，原产于缅甸北部、中国西南部地区、中国台湾以及中国东北地区。

台湾杉树高约 60 米，但人工栽培很少超过 15 ~ 16 米。树叶有 2 种类型：幼年的和不可育枝上的树叶锥形，长 12 ~ 18 毫米，卷曲，与柳杉叶很相像，上下表面都有宽的蓝绿色气孔带；成熟的和可育枝上的树叶呈鳞片状，大约 6 毫米长，三角形，上下表面上都有气孔带。雌球果近圆形，长 10 ~ 11（15）毫米，由无数圆形尖刺鳞片组成，每片鳞片上生有 2 个胚珠，成熟之后变成有翅种子。（台湾杉属与杉木属是近亲，但后者每片鳞有 3 粒种子。）

在温带台湾杉耐寒能力不强，但仍然能够安度冬天。

↗ 台湾杉比许多人工栽培的针叶树要高。

金松科 > 金松属

日本金松

日本金松是常绿的金字塔形树，在它的原产地日本中部地区可达到 40 米高，在海拔近 1 000 米的地方有时也可形成森林。

日本金松的树皮比较光滑，但有裂。树叶有 2 种类型，大部分为 10 ~ 30 片成对的树叶轮生，树叶长 8 ~ 12 毫米，宽 2 ~ 3 毫米，每对树叶自始至终分布在两侧且联结在一起；只在树叶下表面凹槽上较小的区域内有气孔。每个轮生体看起来很像一把张开的伞的柄，轮生体节间生三角形的、重叠的、鳞片状树叶，起初绿色，在第 2 年变成棕色。

雄球果顶端簇生，每个球果上有螺旋形分布的花粉囊；雌球果单生，与雄球果同株，每个雌球果是由无数（具胚珠的）的鳞片组成，鳞片在幼时尺寸远远小于外包的苞鳞，但成熟后要远远超过苞鳞的尺寸，变成木质，近楔形或扇形。每片鳞在次年生出 7 ~ 9 粒种子，球果变成卵形，长 8 ~ 12 厘米，宽 3.5 ~ 5 厘米，每片鳞的上边缘略弯曲；种子较扁，呈卵形，长 12 毫米，生窄翅。

日本金松生长缓慢，在温带能耐寒，产生可繁殖的种子，但是人工栽培并不常见，人们栽种日本金松只是因为它的外形与其他的针叶树不同。它的木材经久耐用，可防水，因此可用于造船。

南洋杉科 > 南洋杉属

智利南洋杉

南洋杉属成员是常绿针叶树，所有树种局限于南半球，特别是南美洲、澳大拉西亚（一般指澳大利亚、新西兰及附近南太平洋诸岛，有时也泛指大洋洲和太平洋岛屿）以及南太平洋中的岛屿。南洋杉属中比较有名的树种有：

智利南洋杉或智利松、异叶南洋杉以及巴拉那松或新喀里多尼亚树。南洋杉属与贝壳杉属是近亲，不同之处在于贝壳杉属里的种子与球果鳞离生，而南洋杉的种子与球果鳞联生。

南洋杉属里的树都非常高，树枝规则地轮生；老树的树皮上可能有老叶基的残体，或者粗糙、皮剥落；树叶可保持许多年不脱落，扁平、宽，或呈锥形、弯曲，有些树种有锥形的嫩叶。一般情况下，雄球果和雌球果异株，但有时可能分布在同一株树的不同枝条上；雌球果在 2 ~ 3 年内成熟，通常是非常大的球形或卵形，由木质叠鳞组成，种子成熟时鳞片裂开。每片鳞上生 1 粒种子，二者联生，大多数树种的所有边缘上都有翅。

南洋杉属的种类的木质含有树脂，木纹直，而且容易加工。智利南洋杉、大叶南洋杉和肯氏南洋杉是最重要的木材树，它们的木材主要用于室内木工作业，制作箱子和桅杆，还可加工成纸浆用于造纸业。在许多实际应用方面南洋杉可替代苏格兰松。

智利南洋杉由于其独特的外观而成为公园和花园里的热门栽培树种。在 19 世纪末期，智利南洋杉非常受欢迎，现在倒不常种植了。1795 年，阿奇博尔德·蒙泽将智利南洋杉引进英国，他在与智利总督共餐时获得一些可食用的种子；当 1844 年威廉·劳布带回大量种子时，智利南洋杉就更受欢迎了。它具有独特的生长习性，不能种植在条件不适宜的地方，特别是郊区花园，在那里它们一般都长不好，通常在早期掉落低处的枝条，最后枯萎掉——这是对贫瘠土壤和大气污染做出的反应；它在潮湿且排水良好的土壤以及潮湿干净的大气环境下生长特别好。智利南洋杉似乎在植物园和公园里长势最好，特别是单独种植更好，而不可随意安插在其他树种中。

智利南洋杉

知识档案

智利南洋杉

种数 18

分布 太平洋西南部到巴西和智利。

经济用途 在当地是重要的木料用树，也可做合板。南洋杉属包含许多重要的观赏树。

除了智利南洋杉之外，大叶南洋杉的种子在土著居民的饮食中也占据重要的位置，正是由于这个原因，在某些地区政府限制砍伐大叶南洋杉。

异叶南洋杉通常在室内种植，在浴盆里装上纤维肥土——腐叶土壤和沙的混合土壤，种植效果最好。但在著名的特雷斯科岛亚热带花园里，该植物的其中一个栽培样本就生长在室外，长势很好。这里需要说明的是：特雷斯科岛是锡利群岛其中的一个岛屿，位于英格兰康沃尔郡陆地尽头西部约 50 千米处。

↘ 智利南洋杉独特的枝状大烛台树形是智利南部火山湖植被的一个显著特征。

■ 南洋杉属主要的种

第一组： 树叶宽阔且扁平，约长1.8厘米；球果鳞无翅或者只有退化的翅。

智利南洋杉 分布于智利和阿根廷西部地区。树高30~50米，树枝伸展，枝繁叶茂且向上弯曲，形成独特的外观；树叶长2.5~5厘米，宽2.5厘米，密集重叠成瓦状，卵形披针形，叶基宽，牢固，顶端尖锐。雄球果以柔荑花序状簇生，圆柱形，长8~12厘米；成熟的球果近球形，直径15（20）厘米；种子微扁，长2.5~3.5厘米，与鳞片联生，顶点处的附器弯曲。

异叶南洋杉的叶子

智利南洋杉的球果和树皮

大叶南洋杉 分布于澳大利亚昆士兰州海岸和澳大利亚。树高可达50米，生长迅速。主枝水平，幼枝下垂；不育枝上的叶子长18~25毫米，宽4~11毫米，披针形，叶基窄，顶端逐渐变细成一长长的刚尖；繁育枝上的叶子（以及上面的树枝）比较刚硬，向内弯曲，长1.5~2.5厘米。一般雌雄异株，雄球果簇生，长15~18厘米，宽1.3厘米，圆柱形，柔荑花序状；成熟的球果呈椭圆形，长达30厘米，宽23厘米，重达5千克；鳞片较大，上面有长长的、内弯的尖；种子大、梨形，长度可达6.5厘米，宽2.5厘米，生退化的翅。

巴拉那松 分布于巴西和阿根廷。树高可达35米，树冠较平，树枝4~8枝一组轮生；树叶

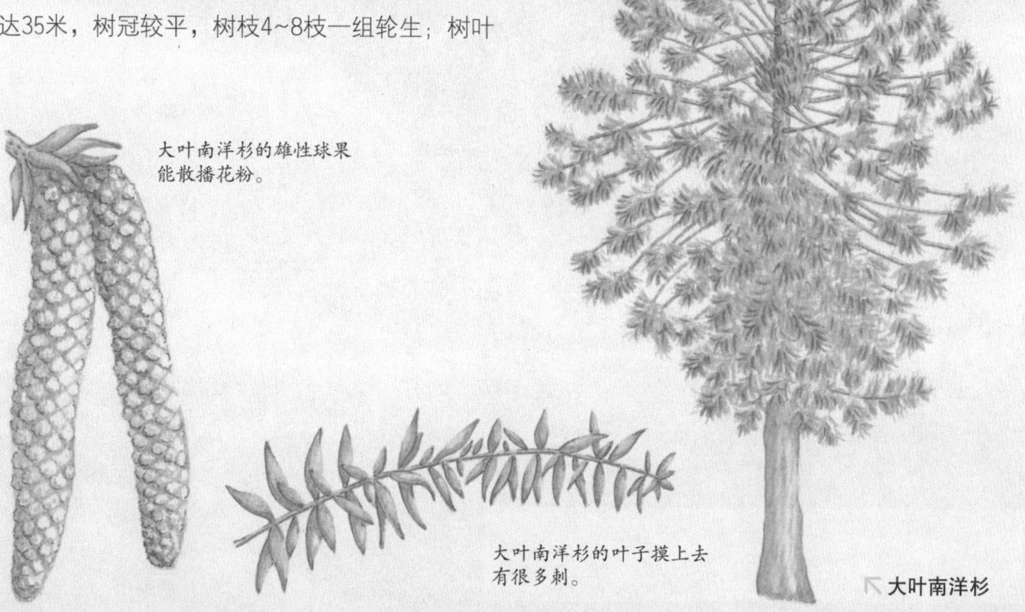

大叶南洋杉的雄性球果能散播花粉。

大叶南洋杉的叶子摸上去有很多刺。

↖大叶南洋杉

南洋杉叶子的轮生排列看起来富有观赏性，因此在气候温暖的地区被作为观赏植物。

具有长长的尖端，质地坚硬，呈羽毛状，下表面有气孔；不育枝上的树叶长3~6厘米，宽0.5厘米，对生，而繁育枝上的树叶较短，且呈螺旋形排列。巴拉那松的球果宽17厘米，12厘米高，每片鳞上都有向内弯曲的、坚硬的附器；种子长5厘米，宽2厘米，呈浅褐色。巴拉那松与智利南洋杉是近亲，但区别在于它的树叶更柔软，而且不够密集。巴拉那松木质软，具有经济价值。

第二组：树叶锥形到卵形，尺寸小于1厘米；球果鳞明显有翅。

异叶南洋杉　分布范围只限于南太平洋诺福克岛。树形挺拔，高达70米；主枝水平，侧枝有时下垂。幼小的侧枝以及不育枝上的树叶长8~13（15）毫米，伸展且不密集；老的树枝以及繁育枝上的树叶具有弯曲的角状尖端。雄球果簇生，长3.5~5厘米，柔荑花序状；成熟的球果近圆形，长约10~12厘米；种子具有发育良好的翅，每片鳞片上联生一个三角形的、内弯的刺。异叶南洋杉在地中海地区以及类似的气候区大多栽培作观赏树，它有许多栽培变种。

肯氏南洋杉　主要分布于澳大利亚新南威尔士以及昆士兰州，还有新几内亚。树高60~70米；树皮很特别，裂开成水平的箍状或带状，皮剥落。树枝水平，小枝大多集中在末端。不育侧枝以及幼树上的树叶一般为披针状，长8~15（19）毫米，平直伸展，顶端尖；在老树及繁育枝上的树叶更密集、更短，顶端内弯且短小。雄球果簇生，长5~7.5厘米，柔荑花序状；成熟的球果呈宽椭圆形，长约10厘米，宽7.5厘米，球果鳞上面伸出坚硬的、内弯的尖；种子具有窄窄的膜状翼。

柱状南洋杉　分布在新喀里多尼亚和玻利尼西亚(中太平洋群岛,意为“多岛群岛”,包括夏威夷群岛、萨摩亚群岛、汤加群岛和社会群岛等)。该树种与异叶南洋杉亲缘关系很近，经常可看到这2个名称一起出现。繁育枝和较老的小枝的树叶重叠、内弯，每片树叶上都有清晰的中脉，这样看起来很有特色，像鞭绳；不育枝和嫩小枝上的树叶呈三角形或者披针状。

新喀里多尼亚杉　树高12~18米，树枝略呈水平状，末端下垂；树叶密集分布，宽锥形，约3毫米，内表面有气孔；成熟的球果位于短枝的尖端，呈卵形，长6~7.5厘米，宽5~6.5厘米，每片鳞上有一根坚硬的刚毛（8毫米）。新喀里多尼亚杉与柱状南洋杉是近亲，但树叶更大，它的经济价值不高或者根本没有经济价值。

异叶南洋杉

◎相关链接——

最高的热带树是长在新几内亚岛的亮叶南洋杉（拉丁名为Araucaria hunsteinii），这是一种智利南洋杉的亲缘植物，最后一次测量得其高度为89米。大卫·利文斯敦博士（David Livingstone, 1813—1873）曾经在非洲的一棵猴面包树（拉丁名为Adansonia digitata）下露营，据说那棵树的周长达到了26米，但是这棵树现在已经死了，如今存活的最大的猴面包树的周长为13.7米。

印度加尔各答植物园（Calcutta Botanic Garden）里有一棵世界上最大的榕树（拉丁名为Ficus benghalensis），这棵树栽种于1782年。仅仅过了不到200年时间，这棵树就长到了令人吃惊的程度。它覆盖了大约1.2公顷的土地，能为20,000个人提供荫凉。它有1,775个“树干”（实际上是气生根），平均直径为131米。

贝壳杉属

贝壳杉

贝壳杉是所有针叶树中最靠近热带的树种，已经描述了约 20 种，但可能还有 5 个亚种或更多。具有代表性的贝壳杉出现在马来西亚群岛、苏门答腊岛、菲律宾以及斐济最潮湿的热带雨林里，还有澳大利亚昆士兰州和新西兰最北面的亚热带雨林里。

贝壳杉是非常壮观的常绿树，圆柱形树干很粗，树冠伸展得很开；雌雄球果异株。贝壳杉与南洋杉的区别在于：贝壳杉的种子与珠鳞离生，而非联生；树叶更大、又宽又平滑，而非锥形或披针状；贝壳杉的种子的翅不对称，而南洋杉的种子或无翅，或者种子的翅对称。

知识档案

贝壳杉

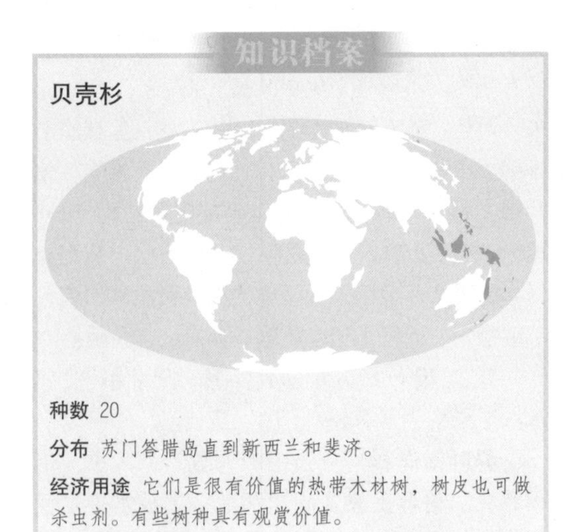

种数 20

分布 苏门答腊岛直到新西兰和斐济。

经济用途 它们是很有价值的热带木材树，树皮也可做杀虫剂。有些树种具有观赏价值。

贝壳杉的木材是世界上最有价值的软木之一，是造船的最佳材料，可做船上的装饰薄板，也可做容器和画板。大多数种类的贝壳杉木质坚硬、经久耐用，而且由于幼树上低处枝条脱落，因此木材上没有节疤。

贝壳杉通身都含有一种树脂（贝壳杉树脂），有些种类可能会自然渗出或从伤口处渗出来，积聚在树枝、树干和树基上。贝壳杉广泛用于制造清漆、油毡油和油漆，也以芳香树脂闻名，还有柯巴脂（一种坚硬透明的树脂，用做制漆的原料）、硬树胶或达马（树）脂，最后 2 种树脂出自菲律宾贝壳杉。其他树脂源于大果贝壳杉、具有重要价值的澳大利亚贝壳杉以及新西兰北岛的贝壳杉。除了渗出来的新鲜树脂之外，还有大量的化石树脂，它们留存于泥炭沼中，那里已经不再生长贝壳

↗ 贝壳杉是热带针叶树，由于出产高质量的木材和树脂，因此具有重要的经济价值。

杉。人们很重视化石树脂，正在寻找并开发它们做经济产品，储存的泥煤还可蒸馏提取出汽油和松节油。

贝壳杉已经遭到过度开发，因此政府要采取必要措施保护它们。现在，大多数贝壳杉的木材产自小树林或者原始森林里分散的树木，但是爪哇的人工栽培树林有望在原始雨林消失之后成为主要的木材源。

沃莱米杉属

沃莱米杉

沃莱米杉属只有1种——沃莱米杉，直到20世纪90年代人们才在澳大利亚新南威尔斯州发现了它。沃莱米杉的特点是树叶三态，树皮很软，与贝壳杉是近亲。从2005年开始人工栽种沃莱米杉。

柏科 > 柏木属

柏树

目前认为柏木属——真柏木——是由13个种组成的。柏树广泛分布于新大陆和旧大陆，从美国俄勒冈州到墨西哥，还有地中海区域、西亚、喜马拉雅山西部以及中国。

柏树是常绿树，罕见灌木；小枝上密密麻麻地布满重叠的小鳞片状树叶，树叶边缘呈小锯齿状；老树枝上的树叶呈锥形，更大、更伸展。雄球果和雌球果同株，分别生在不同的树枝末端；成熟的雌球果呈圆形到宽椭圆形，大多数直径大于1厘米，具有6 ~ 12个木质盾鳞，每片鳞上生6 ~ 12粒（有时候多至20粒）有翅种子，平滑或者被少量树脂瘤所包围；球果需要18个月才能成熟。

在现代，将大量种类嫁接到扁柏属（也就是伪柏树）而扩大了柏木属的种数。这2个属里面几乎所有的树木和灌木都很容易辨别：扁柏上终端小枝通常位于同一平面上，这些扁平的叶状物（变形叶）通常是水平分布的（尽管有时候是垂直分布的）；柏树终端小枝不太扁平，但是沿不同的方向分叉，因此没有明显的变形叶。扁柏属树种比柏木属的更耐寒，在北欧被认为是“半柔弱种”。毫无疑问这2个属是近亲，存在属间杂交种。

在适宜的气候条件（其中包括干净的空气）下，柏树对土壤类型不太挑剔，只要保持合适的湿度，它可以在轻质黏土、重质黏土，甚至高度沙化的土壤中生存。对蒙特雷柏来说的确如此，它是不列颠群岛上最常见的栽培树种，在西南海边长势良好，那里相对较高的湿度大大减少蒸腾作用，因此平衡了对水的需求量。蒙特雷柏主要靠种子繁殖和剪枝栽种，有时候嫁接在合适的树干上栽种。

尽管柏树很容易感染细菌和真菌疾病，许多树种的木质还是很有经济价值的，经久耐用，而且容易加工，可用于建筑、木工作业，制作柱和杆，但由于柏木的辛辣气味可能污染敏感的包装物，因此不适用于制作包装箱。其中最常用的木材是大果柏木和丝柏，这两种也广泛种植作观赏树，但是由于具有“半柔弱性”，因此只局限分布在最温和的地区，而且一次严重的霜冻就可能损害它们。在世界上的亚热带地区已经成功栽培了大果柏树，它作为避风树和篱笆树也很受欢迎。

知识档案

柏树

种数 13

分布 北半球。

经济用途 广泛栽培作观赏树。也可做木材树，木材气味芳香。

↗ 丝柏是地中海区域的典型柏树，延伸至伊朗北部山谷。柏树以混合常青林或标本树形式出现，现在以半柔弱种的姿态广泛分布在整个北半球。

■ 柏木属主要的种

第一组：树叶明显含有树脂，背面有腺体，末端小枝向所有角度分叉，不像变形叶那样位于同一平面上。

马氏柏　主要产于美国加利福尼亚北部地区。马氏柏是灌木或小树，树高约12米；小枝背腹扁平；树叶绿色或蓝绿色，约长1毫米，密集分布，叶端扩大、钝形；成熟的球果直径12~19毫米，有6~8片鳞。

粗皮亚利桑那州柏　分布在亚利桑那州、墨西哥和新墨西哥州。粗皮亚利桑那州柏高15~25米；树皮粗糙，呈红褐色且泛灰色，不脱落；小枝非扁平状；树叶尖锐，呈深绿色到灰绿色，约长2毫米，边缘呈细齿状；成熟的球果直径12~25毫米，生6~8片鳞。

光皮亚利桑那州柏　分布在亚利桑那州中部。光皮亚利桑那州柏高7~18米；树皮呈樱桃红色，表面光滑，每年脱落；小枝非扁平状；树叶长1.5~2毫米，有白色斑点，含树脂，顶端尖锐，边缘细齿状，颜色从灰色到灰绿色都有，树叶生棱脊；成熟的球果直径2~2.5厘米，通常生5~10片鳞，每片鳞上都有突出的壳嘴。光皮亚利桑那州柏可耐受石灰性土壤、耐干旱。

第二组：树叶不含树脂，或者在背面没有腺体，但有时会生微小的不含树脂的“裂缝”或“凹槽”，终端小枝平伸在同

大果柏的树皮

大果柏的叶子和球果

杂交柏的叶子

↗柏树的小鳞片状树叶平伸至小枝。大果柏树的球果在鳞片中央有脊状突起。丝柏球果上的鳞片通常在中部有突起，但也可能平齐。

丝柏的叶子和球果

亚利桑那柏的叶子不规则地排列在小枝上。

亚利桑那柏的鳞叶互相交叠，颜色从灰到灰绿色，顶端很尖。

↖亚利桑那柏

一平面上。

A终端小枝平伸在同一平面上，略呈水平分布；球果近圆形，直径8~16毫米。

墨西哥杉或果阿雪松 分布在墨西哥。墨西哥柏的高度可达33米；树叶发亮、深绿色，中间棱脊凹陷，顶端尖利；成熟的球果直径约12~15毫米，生6~8片鳞，每片鳞上都有突出的壳嘴，不下弯或稍下弯；种子表面光滑。

喜马拉雅柏 分布在喜马拉雅山西部和中国四川省。喜马拉雅柏高可达50米；终端小枝略平伸、弯曲，很像鞭子；树叶长约1.5毫米，顶端略钝，通常在中间棱脊有凹槽；成熟的球果直径约11毫米，生8~10片鳞；种子比较少，每片鳞6~8粒，有小瘤。

AA终端小枝并非平伸在同一平面上，但向着所有的角度均有分叉；球果长度或宽度为1~4厘米。

蒙特雷柏 分布在美国加利福尼亚州。蒙特雷柏高约25米，起初呈金字塔树形，最后树冠变得宽阔。树叶长1~2.5毫米，密集分布，顶端联结；树叶碾碎后具有香茅的气味。成熟的球果近圆形，长2.5~4厘米，宽1.75~2.5厘米，生8~12（14）片鳞，每片鳞上有一个短短的、结实的、钝圆的壳嘴；种子长有小瘤。除了丝柏之外，蒙特雷柏与其他常见的栽培树种的区别是球果更大、树叶更小、种子表面光滑。在海岸线上组成非常有用的防风林。

意大利柏或地中海柏 这是“典型的”古柏，分布在地中海区域，其中包括克里特岛(位于地中海东部,属希腊)、塞浦路斯（地中海东部一岛）以及西西里岛，瑞士以及伊朗北部山区。意大利柏高通常为20~30米，但在地中海地区可达50米；树枝或伸展，或呈扫帚状。树叶墨绿色，长1毫米，呈菱形，但顶点钝；树叶碾碎后没有气味或气味很淡。成熟的球果近圆形或椭圆形，长2.5~3厘米，宽2厘米，生8~14片鳞，中部壳嘴不明显；种子光滑。它的枝条直立，呈扫帚状，看起来非常有特点，整体看树呈矛尖形或金字塔形，该种也就是出名的“Stricta”。

↗ 亚利桑那柏的球果直径为2.5厘米（1英寸），每个球果上有6片大的鳞状包被叶和1个短的柄茎。

葛温柏 分布在美国加利福尼亚州。葛温柏是灌木或小树，高度可到20米。树叶长1~2毫米，有时生“凹点”，灰色到墨绿色；树叶碾碎后具有独特的、令人愉快的树脂香味；树枝紫褐色。成熟的球果圆形，直径1~1.5厘米，生6~10片鳞，每片鳞上生1个短短的钝壳嘴；种子光滑。

墨西哥柏或果阿雪松 分布在墨西哥，延伸至危地马拉(位于拉丁美洲)的山区。树高可达30米，但也有变化。树枝通常伸展开来，末端下垂；终端小枝并非伸展在同一平面上，但是向着所有的角度分叉（与前面的墨西哥杉进行对比）。树叶尖利，呈绿灰色，顶端展开，长1.5~2毫米；树叶碾碎后没有气味或气味微弱；小枝粉褐色。成熟的球果近圆形，直径12~16毫米，生6~8片鳞，壳嘴尖，钩状；种子光滑，种翅有时发育不完全。

杂交柏属

杂交柏

杂交柏属是一种天然的属间杂交种。杂交金柏是美国加利福尼亚州的蒙特雷柏和美国西北部太平洋海岸的黄扁柏的杂交种。

↗杂交柏

杂交柏于1888年出现在英国雷彤厅和萨罗普，是一个栽培变种，在那里黄扁柏树苗和蒙特雷柏生长在同一个花园里。1911年，人们将蒙特雷柏种子长成的树苗栽培在此，正是这些初始树苗产生了无性繁殖，生长习性、颜色和木材纹理都有差别，包括绿尖顶、海格斯顿灰种（可能是最普遍的）、雷彤绿种、内勒蓝种以及斯德普山；也出现了其他2种杂交种：亚利桑那州柏（即黄扁柏和蓝冰柏的杂交种）和耐火柏（即黄扁柏和墨西哥柏的杂交种）。

杂交柏可以快速生长成为防护林带和树篱，因此在20世纪50年代受到广泛关注，到了60年代已经供不应求。今天，杂交金柏作为一种生长迅速、耐寒、适应性强的针叶树得到广泛的种植。它在外观上与黄扁柏更接近，与蒙特雷柏相似性更少，通常是柱状，直立生长，但杂交柏的树叶和树枝不像黄扁柏那样平伸，而是更像蒙特雷柏的丝状外形。杂交柏的球果出现在比较成熟的树上，球果结构介于母树球果结构之间，球果鳞上有小瘤。

杂交柏可以修剪，因此可作树篱，高度2米，但不适合作矮树篱。

杂交金柏的木材质量好，该树可在人工种植的条件下生长。

扁柏属

扁柏

扁柏属位于北半球，主要分布在北美西部和东南部海岸，还有日本和中国台湾。扁柏能耐寒，四季常绿，大多数具有金字塔树形，习性与真正的柏树（柏木属）相似，但是幼枝或变形叶平伸在一个平面上，这个特点与崖柏属（崖柏）相似。扁柏的树叶鳞片状，交叉对生，但幼叶有时呈锥形。雌雄同株，分布于不同的枝条；雌球果圆形，很小——直径1厘米。除了黄扁桧柏需要约18个月才能成熟之外，其他扁柏的球果在1年内成熟；种子略扁，每粒生1片薄薄的宽翅。扁柏在潮湿（但不积水）的土壤中长势很好，但土壤中不能含太多的石灰质。

大多数扁柏木材的质量都很好，一般质地较轻，经久耐用，容易加工，而且可以抵御病虫害的侵袭。大多数扁柏属种类都有特别的令人愉快的气味和颜色。最有价值的一个种类是台湾红桧，它没有特别的气味。有的扁柏可能达到50米高，而且有些可能已经存活了3000多年。劳森柏木材的用途很多，可用于建筑，做地板、家具、栅栏柱、铁路枕木及造船；黄扁柏的木材质量也很好，用途类似，在贸易中

知识档案

扁柏

种数 8

分布 北美洲西部和东南沿海、日本和中国台湾。

经济用途 木材具有重要的经济价值，也可栽培作为观赏植物。

它被称为“黄柏”，落羽杉柏有时也使用这一名称，容易造成混淆。日本扁柏的木材在它的原产地日本备受推崇，最适用于精品加工制作，可能是其他扁柏无法超越的，其木材很直、木纹均匀，非常漂亮；另一个日本种叫作日本花柏，它可能是开发最少的扁柏种，但是广泛用于要求不高的木工作业。

扁柏属的栽培变种适宜种在假山庭园和小花园里。劳森柏是广受欢迎的矮灌木。

扁柏属的种类及其栽培变种在它们的原产地之外是公园和大花园里流行的风景树，其中包括日本花柏、日本扁柏以及黄扁柏。该属最著名的栽培种是劳森柏，产于美国俄勒冈州西南部和加利福尼亚州西北部。扁柏属有 200 多个栽培变种，既有假山花园里的矮灌木，也有高大的、不同颜色的柱形树。扁柏也可用作优良的树篱或屏风树，其适应环境条件的能力强，在阴暗或刮风的地方都可以生存。

杂交金柏

杂交金柏拉丁名为 x Cupressocyparis leylandii 这种生长速度很快的针叶树是大果柏木（拉丁名为 Cupressus macrocarpa）和阿拉斯加扁柏（拉丁名为 Chamaecyparis nootkatensis）的杂交变种。但这种杂交过程并不是自然发生的，因为大果柏木和阿拉斯加雪松的原产地并不交叠。它最早出现于 1888 年，在威尔士波厄斯郡（Powys）的礼顿霍尔（Leighton Hall），这里的一个花园里同时种着这两种树。自此，杂交金柏成了最常见的用作树篱和屏障的树种之一。它的生长速度极快，一年大概就能长 2 米多高。不过如果想把它当成树篱种在房屋旁边，最好定期进行修剪。如今在同英国和欧洲都有大量分布。

杂交金柏的树皮为红褐色，成熟的时候会出现较浅的裂纹。它的叶子很小，很尖，上表面为深绿色，下表面为亮绿色，缀满舒展开来的小枝。这种树的雌花和雄花同体，雄花为黄色，雌花为绿色，都在早春时节开放。它的果实为褐色的木质球果，其直径大约为 2 厘米。

杂交金柏

杂交金柏的小枝和果实

■ 扁柏属主要的种

第一组： 变形叶下表面部分白色或者至少在树叶的边缘为蓝绿色；侧叶比表叶大许多（前者是后者长度的2倍），而且紧贴在一起（日本花柏除外）；树叶顶端舒展、尖利。

台湾红桧　分布在中国台湾。在原产地树高可达65米，周长24米。台湾红桧的侧叶和表叶长度相等，约1.5毫米，生有棱脊或腺凹点，呈暗绿色、淡青铜色，树叶下表面白色，树叶碾碎后闻起来有腐烂海草的气味。成熟的球果直径8~9毫米，椭圆体，生10~11片鳞，外表面略皱；每片鳞生2粒卵形种子，种子有窄翅和明显的树脂瘤。台湾红桧与日本花柏是近亲，但是颜色、形状和树叶的气味不同。台湾红桧和日本扁柏在中国台湾海拔2 300~3 300米的莫里森山上形成纯森林，它在原产地是很有价值的木料树，防蛀防腐，但是由于过度砍伐已经接近灭绝的边缘。

劳森柏　分布在美国最西部。劳森柏树高25~50米，枝条舒展，顶端下垂。终端小枝上的侧叶长2.5~3毫米，表叶长度约为其一半，所有的树叶都是尖形的，有腺点，对着光呈半透明。雄球果深红色，成熟后的球果直径约8毫米，一般生8片鳞，每片生2~4粒种子。劳森柏广泛栽培，有200多个有名字的栽培变种。

日本扁柏　分布于日本和中国台湾。日本扁柏树高40米，金字塔树形；树叶钝圆，不生腺体，下表面生有白色的Y形标识；侧叶长度是表叶长度的2倍；成熟的球果直径8~10毫米，生8~10片鳞，每片鳞生5粒种子。日本扁柏有很多栽培变种；能耐受石灰质土壤和干燥性气候。

日本花柏　分布在日本。日本花柏树高可达50米；树叶尖利伸展，表叶和侧叶具有大略相等的尺寸，生有少许腺体；成熟的球果直径6（8）毫米，生10（12）片鳞，每片鳞上有1~2粒种子。日本花柏的栽培变种很多。

第二组： 变形叶下表面的颜色和上表面的颜色相同或者略白，没有白色或蓝绿色标记；侧叶尺寸与表叶的尺寸大约相等，或者略长。

美国尖叶扁柏（白柏）　分布在北美洲东部地区。美国尖叶扁柏树高25米；小枝扁平，变形叶不太均匀地分布在同一平面上；树叶两面蓝绿色，有明显腺体；成熟的球果直径约6毫米。

黄扁柏　分布在北美洲西部地区。阿拉斯加柏树高30~40米，略呈锥形，树枝伸展，顶端下垂；变形叶水平，两侧下垂，看起来像短短的圆形片段；小枝并非明显的扁平状；树叶上表面绿色，下表面略灰，不生腺体；成熟的球果直径10~12毫米，生4~6片鳞，每片鳞可生2~4粒种子。

劳森柏的树枝和球果

劳森柏的树皮

阿拉斯加柏的树枝、球果和树皮

↙ 劳森柏的树皮有裂纹，呈红棕色，树叶鳞片状，向着嫩枝紧压排列；球果直径约8毫米，生8片鳞，成熟时变成棕色。黄扁柏可通过树叶进行辨别，树叶下表面不泛白，碾碎后散发出强烈的刺激性气味；球果鳞尖突出，树皮薄，裂不深。

劳森柏由于具有独特的柱状树形，因此可有效防风。它的栽培变种广泛种植在花园边。

崖柏属

崖柏

崖柏属里的种类（某些种有大量栽培变种）以崖柏最为出名，它们是常绿树和灌木，产于北美和东亚，树形一般为金字塔形，幼枝（变形叶）在一个平面内平伸开来，树叶片状、交叉分布。雌雄球果同株：雄球果小，生在幼枝的末端；雌球果直立、单生，球果鳞为叠瓦状。只有中间两三对鳞片可繁育——每个鳞片下表面生 2 粒种子。

崖柏经常种植作为观赏树，在排水良好的黏土、稍湿润的沙土以及泥煤中长势良好。大型栽培变种例如北美香柏和西部红雪松可种在大型花园里作为极好的标本树，也可作树篱，特别是西部红雪松，它可以修剪。而北美香柏在寒冷的气候下长得更好。崖柏属有大量生长缓慢的矮栽培种特别适合种在一些花园和假山庭园里。

崖柏的木质轻软，容易加工，没有树脂道，用于建筑和制作家具、电线杆等；树皮内层含有较多的纤维，可做室内装潢材料的原料。在美国，西部红松的木材可做屋顶。在苏格兰，西部红雪松也是非常好的木料树，但是在气候温和的英格兰南部生长的不行，主要是因为季节的变化会导致树木大幅收缩，因此在年轮之间形成较大的裂缝。北美本土居民常常用它的树干做图腾柱。

知识档案

扁柏

种数 5

分布 北美洲、中国和日本。

经济用途 用作木材树，可做树篱，可栽培作为观赏树，也是精油的来源。

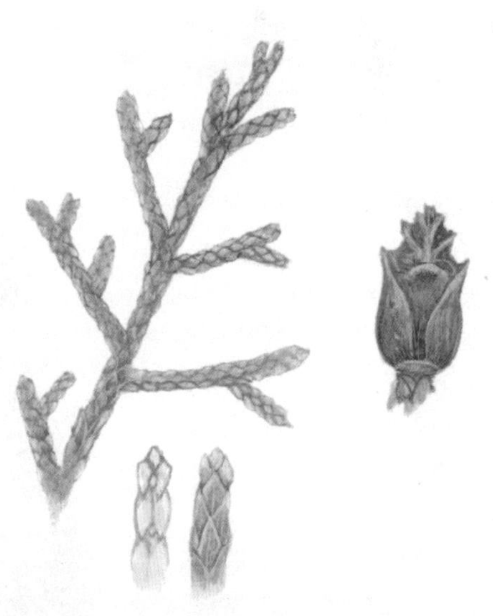

↖ 日本崖柏的叶子为黄绿色，形成下垂的喷射状，很漂亮。春季时，日本崖柏的雄花和雌花长在同一棵树的小枝顶端。

崖柏属主要的种

北美香柏 分布于北美洲东部地区。北美香柏树高20米；变形叶下表面没有白色的条纹或标记，通常呈黄色或蓝绿色，主轴上的每片叶背后都有明显的腺体点；球果直径8~12毫米，生8~10片鳞，只有半数能够繁殖。北美香柏有大量栽培变种。

西部红雪松 分布在北美洲西部地区。西部红雪松树高30~60米；树叶下面有略成X形的白色条纹，腺体不明显，碾碎的树叶具有强烈的芳香气味；成熟的球果直径约12毫米，生10~12片鳞，每片鳞上都有1个小小的棱脊，大约半数的球果能够繁殖。西部红雪松的栽培变种很多。

日本崖柏 分布在日本。日本崖柏树高18米；变形叶并非明显扁平，树叶没有腺体，树叶下面有略呈三角形的白色标记，碾碎的树叶没有芳香气味；成熟的球果上有8~10片鳞，只有中间的4片可繁殖。

朝鲜崖柏 分布在朝鲜半岛。朝鲜崖柏一般是不规则的灌木，但有时候会长成细锥形树，高达9米；它的变形叶平伸；树叶有腺体，变形叶上表面深绿色，与下表面的白色形成鲜明的对比；成熟的球果直径8~12毫米，生4对鳞片，中间2对能够繁殖。

四川崖柏 位于中国四川省东北部地区，由于新近才发现，人们对它知之甚少，还没有进行人工栽培。

西部红雪松的树枝和叶子

北美香柏的树枝和叶子

日本香柏的树枝、叶子和树皮

北美香柏

↖所有崖柏的树皮都比较薄，容易剥落，因此成为合适的屋顶材料。西部红雪松的树叶表面光滑，上表面黑色，下表面略灰且具有白色的标记，散发出水果香味。北美香柏的树叶上表面墨绿色，下表面黄色，闻起来有苹果味。日本香柏的树叶上表面呈暗黄绿色，叶基下面有白色的斑纹，小枝碾碎后闻起来有柠檬气味。

胡柏属

胡柏

胡柏属 1923 年被人们发现，它与崖柏属是近亲，分布范围局限于西伯利亚东部地区。胡柏属只有 1 种，即胡柏，较少栽种。

侧柏属

侧柏

侧柏属只有 1 种，即侧柏，现在将它与崖柏属区分开来。以前之所以把它归入崖柏属是因为它的雌球果鳞肉质，且种子无翅。

侧柏产于中国北部和西部地区，也叫中国崖柏或东方崖柏，树高 5 ~ 10 米，有时候是灌木；树叶背面和芽（变形叶）生有小小的腺体，主要呈垂直分布，两面皆绿色；球果鳞厚，顶端内弯，成熟的球果长 1.5 ~ 2.5 厘米，一般 6 片鳞。侧柏属的亚属特征很容易辨认。侧柏有大量的栽培变种。

罗汉柏属

罗汉柏

罗汉柏属只有 1 种，即罗汉柏（日本），将它与崖柏属区分开来是因为它的小枝平伸分布，而且每片可繁育的球果鳞成熟之后生 3 ~ 5 粒种子，而崖柏属的球果鳞成熟之后只生 2 粒种子。

罗汉柏金字塔形，树高可达 15 米，栽培时通常变成灌木；鳞片状树叶交叉分布，长 4 ~ 6 毫米，侧叶略伸展、尖锐，表叶钝，侧叶和表叶下面除了薄薄的边缘为绿色，其他部分都是白色的；雌球果卵形，长 15 毫米，每个球果是由 6 ~ 8 片鳞组成的，接近顶点的地方有突起，外表有刺，上面 1 对鳞片不可繁殖，生翅种。

↗ 罗汉柏具有明显平伸的变形叶（幼枝），正是这一特征将它与崖柏属里的5个种区分开来。

罗汉柏在温带地区可耐寒，在排水良好的土壤上长势良好。由于罗汉柏峭直挺拔的外形惹人喜爱，所以被种植得越来越多。由于罗汉柏的小枝更宽，越往基部越密，球果更圆，球果鳞更厚，因此我们可借此立即将罗汉柏与崖柏区别开来。人们已经开发出几种罗汉柏栽培变种，包括具有金黄色树叶的黄罗汉柏、杂色的花叶罗汉柏以及树形矮小的罗汉柏。

罗汉柏木质软，经久耐用，日本有些地方大量使用该木材做建筑材料，树皮加工后可做填隙板。

肖柏属

肖柏

现在认为肖柏属由 5 种组成：2 个新西兰本地种和 3 个新喀里多尼亚本地种。它们是常

知识档案

肖柏

种数 5

分布 新喀里多尼亚和新西兰。

经济用途 在当地是重要的木料树。

绿树和灌木，小枝呈放射状平伸，成为变形叶；幼叶短、针状，成熟的叶子鳞片状，成对交叉排列，大部分树叶二态。肖柏雌雄球果同株，成熟的球果由 2 对交叉的木质镊合鳞片组成，但只有上面的鳞片可以繁殖，每片鳞背面都有刺，可繁殖的鳞片产生一两粒不对称的有翅种子。

肖柏属只有 2 种用于栽培，而且数量稀少。新西兰肖柏产于新西兰，它生长在海拔 2000 米的地方，树高可达 25 米。它的终端小枝平伸，幼叶二态——表叶约 1 毫米长，侧叶约 3 毫米；成熟的叶子鳞片状，彼此紧贴，呈三角形，所有的树叶约长 2 毫米。雌球果卵形，约长 10 毫米，生 4 片鳞，每片鳞都有刺状角，其中 2 片可繁殖，每片鳞成熟之后可生 1 粒种子。柏雪松也产于新西兰，高度可达 33 米。它的小枝平伸，幼叶有两态——侧叶长 5 毫米，表叶长 1 毫米；成熟的鳞片叶重叠在一起，彼此紧贴，尺寸几乎相等，侧叶约 3 毫米长，表叶长度大于 1 毫米。雌球果卵形，最终长 10 ~ 15 毫米，生 4 片鳞，每片鳞上都有 1 个弯曲的背鳍鳍棘，每片可繁殖的鳞片上只生 1 粒种子。这 2 种树种只在温带地区耐寒。它们的木材具有一定的经济价值，气味芳香且经久耐用。

翠柏属

北美翠柏

翠柏属共 3 种，分布于北美太平洋沿岸、

↗ 这是在原产地生长的北美翠柏。尽管它的木材比较耐用，但并未被广泛栽培。

中国大陆和中国台湾。它们都是常绿树，终端小枝（或变形叶）扁平，树叶鳞片状、扁平、交错排列，侧叶边缘重叠，长度与表叶相等；2套树叶彼此之间紧贴,但尖端稍稍弯曲。球果单性，分布于同一株树的不同枝条上，很少出现在不同的树上。雄球果呈椭圆形，由6～16个交错的花粉囊组成；雌球果椭圆形，由3对叠瓦状的木质鳞片组成，每片鳞靠近顶点的地方内弯，刺状。只有中间成对的鳞片能繁殖，每片鳞生2个胚珠，最里面的成对鳞片融合在一起，最外面的1对鳞片更短，且弯曲。翠柏的球果在1年内成熟，每粒种子上有2个极不相同的翅。

翠柏属3种以前归在肖柏属，现在将它们分离出来是因为它们的表叶和侧叶长度几乎相等。北美翠柏在它的原产地可达到45米高，在野生状态下树冠呈现细长的锥形。北美翠柏的树皮有深深的裂纹，呈现红褐色；树叶下延生长，终端侧枝上的树叶约长3毫米，但是主枝上树叶长达12毫米，上面的幼叶甚至更长；雄球果长6毫米，雌球果卵形，长18~25毫米，下垂，起初肉质，最后变成木质。北美翠柏原产于美国俄勒冈州、内华达州西部到下加利福尼亚，生长在海拔1000~2750米的地方。

知识档案

北美翠柏

种数 3

分布 亚洲东南部和北美洲西部地区。

经济用途 可作木料树，可供观赏。有许多形态，有些只见于栽培。

翠柏是最著名的物种之一，耐寒能力非常强，广泛种植在温带地区，至少有6种栽培变种，但是柱形翠柏由于树冠呈窄柱状而成为最普遍的栽培树种。它对土壤并不挑剔，但在潮湿、排水良好的黏土中以及远离污染的大气环境下生长良好。最好用种子繁殖，也可用剪枝繁殖。它的木质轻，不易腐烂，而且具有芳香的气味。翠柏木可用于制作铅笔、一般性木工作业，制作盒子和栅栏柱等等。

翠柏的高度可达35米，与北美翠柏的区别在于它终端侧小枝上的叶更大，长6~8毫米，而且1片可繁殖的鳞片上只生1粒种子。翠柏在它的原产地中国南部直到缅甸边界数量稀少，栽培时不能耐寒,但可以在温带比较暖和的地方生长。

台湾肖柏外形上与翠柏非常接近，但它的树叶只有2毫米长，侧叶上有2条气孔线，翠柏则有4条。台湾肖柏原产于中国台湾的阔叶林里，可在海拔高至2000米的地方生长，人工栽培的很少。

↖ 北美翠柏的成熟种以前被人们称为北美肖楠，在原产地它是非常壮观的树种，在温带它是广受欢迎的耐寒观赏树。

南美柏属

智利雪松

南美柏属只有 1 种，即智利雪松，它的原产地是智利和阿根廷。以前把它归在肖柏属里面。智利雪松与肖柏属的区别是它生有鳞片树叶，二态，表叶的长度是侧叶的 1/4（或者更短）（而肖柏属是 1/2），树叶不如后者尖利，叶呈菱形到卵形，而不是后者的三角形。而且智利雪松的球果是由 4 片瓣状鳞片组成的，只有其中 2 片能够繁殖，每片鳞可生一两粒不相等的有翅种子。

智利雪松是常绿树，在原产地高度可达 25 米，但是在温带地区栽培时高度不超过 15 米。它的芽扁平，叶子交叉成对分布，侧叶长 2~4.5 毫米，表叶长度很少超过侧叶的 1/4。雄球果长约 3 毫米，包含无数的花粉囊；雌球果生，最后长成木质球果，生 4 瓣鳞片，每片鳞在接近末端的地方都生有背瘤。只有上面 2 片鳞能够繁殖，每片鳞长 8~12 毫米，比下面 2 片不能繁殖的鳞片长出许多。

在温带地区，智利雪松耐寒，它喜欢潮湿但排水良好的土壤。尽管它没有多少吸引人的特点，但还是在室外种植以用于植物学研究。智利雪松的繁殖通常是靠剪枝的办法，但也可用种子繁殖。它的木材有香味，经久耐用，已经被人们用于木工作业。

皮尔格柏属

皮尔格柏

皮尔格柏属只有皮尔格柏 1 种，以前归在肖柏属里面，二者的区别在于叶子的形态、排列和球果的结构。皮尔格柏的分布范围局限于智利和阿根廷南部的安第斯山脉，包括（南美洲南端的）火地岛。皮尔格柏四季常青，树高可到 25 米，灌木罕见；小枝轮廓呈四边形；它的树叶呈鳞片状、船形，长 3~8 毫米，交叉对生，所有树叶的尺寸相近且彼此重叠，尖端

↗ 智利雪松的树叶是典型的鳞片状，成对排列。

皮尔格柏原产于安第斯山脉，在当地是珍贵的木料用树。

展开、略向内弯、逐渐变细。

皮尔格柏的球果长8~12毫米，呈卵形，由2对木质的瓣状鳞片组成，每片鳞靠近顶点的地方生有弯曲的背棘。只有上面的鳞片对能够繁殖，每片鳞一般生1粒胚珠，罕见2粒；下面的不育鳞片对更小。种子的翅不对称。皮尔格柏有时候会被人们误认为是智利柏，但后者的树叶更宽，向着下延基部方向逐渐变窄，而且球果上生有3对鳞片。

皮尔格柏很少人工栽培，但在原产地其木材被广泛使用。

巴布亚柏属

巴布亚柏

巴布亚柏属只有巴布亚柏1种，是常绿树，分布在摩鹿加群岛和新几内亚。原先它被分成3种，而且归在肖柏属里面（广义），但是巴布亚柏属与肖柏属的区别（狭义）在于其叶的形态、解剖学和球果结构。巴布亚柏的雄球果是由许多轮生苞叶组成的，并非交叉排列；雌球果生4瓣鳞，每片鳞的背面都有短刺，只有上面较大的1对鳞片可以繁殖，成熟后生4粒完全相同的有翅种子。

巴布亚柏生长在新几内亚海拔1 000米的阿福克山脉，树高可达到35米，树形略成金字塔形。巴布亚柏的树皮呈红色，上面有鳞片。幼叶长达2厘米，几乎接近草本植物，尖端细且伸展；表叶对和侧叶对几乎重叠在一起，它们都向下变尖，最大宽度约10毫米，位于扩展点下方。成熟的树叶更小，呈墨绿色，向上变宽，顶端直且钝。雌球果和雄球果同株但不同枝，上面（里面）2片可繁殖的鳞片呈窄卵形，长约12毫米，宽8毫米。巴布亚柏很少栽培。

柏松属

柏松

柏松属由14种组成，原产于澳大利亚，特别是在干旱、贫瘠的地方。它们是常绿树或灌木，雌雄同株。柏松的成年叶呈鳞片状，3片交替轮生，除了顶端之外都紧贴在一起；幼叶长6~12毫米，4片轮生。雄球果单生或簇生、个小，从圆柱形到椭圆形的都有；雌球果大多数长2~3厘米，球形到细锥形都有，单生或簇生，它由6~8片厚厚的、木质的、尖利的、不对称的瓣状鳞片组成，背后有瘤、脉纹或者

知识档案

柏松

种数 14

分布 澳大利亚。

经济用途 优质木材的来源。树脂可做清漆。

光滑。每片鳞产生 2~9 粒种子，每粒种子有 1~3 翅。

四鳞柏属和非洲柏松属是近亲（球果上的鳞片通常不超过 4 片）：四鳞柏属的树叶 4 片一组，而非洲柏松属的树叶呈交替对生分布。

在北温带，例如欧洲，除非在最温暖的地方，柏松通常都需要凉爽的温室。柏松属最常见的栽培树种是穆莱河松（白柏松），它源自新南威尔士州和昆士兰南部海岸，是灌木或生长缓慢的乔木，高度可达 25 米。白柏松的木材具有浓郁的芳香气味，可防蛀，多用于制作面板和家具；黑柏松（红柏松）产自新南威尔士州、维多利亚东北部以及昆士兰州，也可达到 25 米的高度，它的木材有漂亮的纹理，多用于做砧板；若特尼斯特岛松（细柏松）产于澳大利亚南部和西部地区，它是低灌木或者高达 30 米的树；奥斯特海湾松（杰克逊港松）树高 10~15 米，大量分布于澳大利亚，但只有某些地方密度比较大，在新西兰也有它们的踪影；塔斯马尼亚柏松产于塔斯马尼亚，是矮树丛或者高至 8 米的树。

柏松的木质纹理细密、坚硬、芳香，而且可以高度抛光，纹理图样很漂亮。人们设立自然保护区增加了它对害虫和细菌的抵抗力。柏松用于木工作业和建筑，制作家具和车削产品；树皮切开可获得树脂，也含有丹宁酸；由于柏松的球果、树叶和芽气味芳香，因此可蒸馏提取香液。

西澳柏属

西澳柏

西澳柏属共 3 种，雄雌同株，原产于澳大利亚西部地区。西澳柏的树叶比较厚，3 片一组呈螺旋形分布，并紧紧贴在茎部。雌球果圆形、木质，种子有翅。西澳柏属之所以与柏松属区分开来，是因为西澳柏的基部存在不能繁殖的苞叶。西澳柏人工栽培用于观赏。

↗ 若特尼斯特岛松的树枝离散，老叶鳞片状。

刺柏属

刺柏

刺柏属约含50种常绿树和灌木，一般人们熟知的是刺柏，它们广泛分布于北半球，南至赤道，北至北极圈。欧洲刺柏在温带分布范围特别广，在白垩、石灰石和板岩上形成灌木丛。

刺柏有2种形式的树叶：一般成年叶较小、鳞片状，且交叉密生在小枝上，拥挤、重叠；幼叶更大、锥形（针尖状），在一个结节上三三两两簇生在一起。在大量的种类中，刺柏是唯一幼叶呈锥形者。刺柏的树叶并非总是与茎联结（有些种类是下延的），但是有时候在与茎部联结时略收缩，比如欧洲刺柏的叶基膨胀，膨胀组织与茎部事实上是分离的，因此膨胀的叶基和茎部之间收缩，这样实际上二者之间距离变得更窄，这类树叶称作“组合叶”。

某些刺柏种的鳞片状树叶边缘有小齿状突，其他一些种类则是完全光滑的。球果单性，异株或同株：雄球果单生，或者略成柔荑花序分布；雌球果由3~8片肉质的尖鳞片组成，它们彼此之间接合在一起最后形成球状体或“浆果”，这种所谓的浆果表面通常覆霜，生苞鳞；球果需两三年成熟。不同的树种产生的种子数目也不相同，从1~12粒不等。

刺柏的种子可以繁殖，但是大约1年后才会发芽。从当年生树上剪下5个小枝或者嫁接在合适的树干上也可以繁殖，能增加刺柏栽培变种和变种的数目。

刺柏的木材一般比较耐用，容易加工。可能是因为刺柏有油，所以能够抵御许多害虫的侵袭。它的木材可用于建筑、做屋顶大梁、家具、柱子以及篱笆。在缅甸，小果垂枝刺柏是很好的棺木。铅笔柏广泛用于制作铅笔。刺柏木油是通过蒸馏锯屑和刨花得来的，近年来用

知识档案

刺柏

种数 50

分布 北半球到热带非洲的高山以及西印度群岛。

经济用途 广泛栽培作为木料树和观赏树。果实可制成调味品。有许多栽培变种。

北美圆柏也就是红松或铅笔柏，它是人工栽培的最大的观赏性针叶树。北美圆柏喜欢排水良好的土壤，特别是白垩质土壤。

做高功率光学显微镜上主要的"浸入油"。刺柏的木头经过蒸馏可提取出杜松油或柏油，杜松油以前广泛用于处理皮肤病——特别是牛皮癣，但现在已经被煤焦油替代——被证明很有效。刺柏也用于香料工业。刺柏油是从发育完全但还没有成熟的刺柏浆果中提取出来的，散发出独特的杜松子酒的气味。将柏油加入到谷物糖化醪混合发酵获得的精馏酒精中，或者精馏酒精与刺柏浆果一起再蒸馏，可得到杜松子酒。杜松子酒（gin）这个词来自法文单词"genevrier"，意思是刺柏，与同名的瑞士城市日内瓦没有什么关系。萨毗桧的新鲜树叶和小枝蒸馏之后可得到毗桧油，是很好的利尿剂，一直用作堕胎药。

刺柏生长缓慢，耐寒，且许多树种常常被栽培在公园、大花园和墓地作为风景树，其中最有名的是中国刺柏和铅笔柏。平卧刺柏、铺地柏，还有刺柏的矮型栽培变种紧密欧洲刺柏和海绿柔叶刺柏适合作覆地植物和假山公园里矮小的卧俯树种。

刺柏属主要的种

第一组：刺柏亚属，树叶锥形（针尖状）、伸展，3片一组在基部接合，在小枝上下延生长；上表面有白色带（气孔）。球果腋生，雌雄异株；种子通常为3粒。

叙利亚刺柏　产于希腊、小亚细亚和叙利亚。叙利亚刺柏树高10~12米，一般呈窄金字塔树形；树叶在茎部下延生长，呈窄披针形，长15~25毫米，宽3~4毫米，上表面有2条白色气孔带，除了顶端之外被绿色的叶中脉分割；浆果球形或宽卵形，直径1.5~2.5厘米。

第二组：桧亚属，树叶锥形（针尖状）、伸展，3片一组在基部接合，但在小枝上非下延生长；上表面有白色带（气孔）。

刺柏　分布在世界各地。刺柏是灌木或者乔木，树高可达12米。树叶略呈锥形，尖端硬，表面有刺，长10~15毫米，宽1~2毫米，上表面有单条白色的带，它比绿色的边要宽，但在最基部被中脉分割。浆果球形或宽卵形，直径5~6毫米，呈蓝黑色。

爱尔兰刺柏　刺柏的栽培变种，树叶非常密集，短枝向外弯曲。山刺柏是卧俯的灌木，高约30厘米，树叶很少有刺。它暴露在多风地区——北极区的欧洲阿尔卑斯山。人们已经发现大量的刺柏近亲种类，但现在认为是地理变种。

针柏　分布在日本、朝鲜和中国东北地区。针柏树高13米，有时是灌木，枝条下垂；树叶细锥形，长13~25毫米，宽1毫米，尖端细，上表面有深槽，单条白色带比绿色边缘更窄，下表面有棱脊；浆果球形，直径6~8毫米，呈棕黑色。

杜松木　分布在西班牙、北非，从叙利亚到高加索山脉。杜松木是灌木或小树，树高10米。它的树叶呈线形披针形，长12~18毫米，宽1~1.5毫米，顶端尖利，上表面有2条白色带，被窄窄的绿色中脉分割，外边围着1条窄窄的绿色边缘带。浆果球形，直径6~12毫米，呈红棕色。

第三组：圆柏，树叶主要是鳞片状，特别在成年树上更是如此，但有时候全部为锥形（披针状），锥形树叶在小枝下延生长，对生或者3片一组；球果生于枝端。

垂枝刺柏　原产于缅甸、中国西南部和喜马拉雅山东部地区。垂枝刺柏是灌木或小树，树高可达10米，树枝伸展、下垂。它的树叶呈锥形，3片一组生于结节上，树叶密集、重叠，长3~6毫米，宽1毫米，尖端细，上表面有白色带，没有绿色的中脉；基部不接合。浆果卵形，直径8~10毫米，呈深紫褐色或黑色。

棺刺柏　此树很大，树叶大且不密集，约1厘米长，每片叶子的上表面有2条白色的带。有时候人们认为棺刺柏是独特的树种，但实际上可能是变种的极端形式。棺刺柏有中间种。

腓尼基刺柏　分布在地中海地区，其中包

犹他州刺柏是比较矮小的树，这棵刺柏可能已经存活了650年。在非常严酷的干旱条件下，这些刺柏树变得非常矮粗。

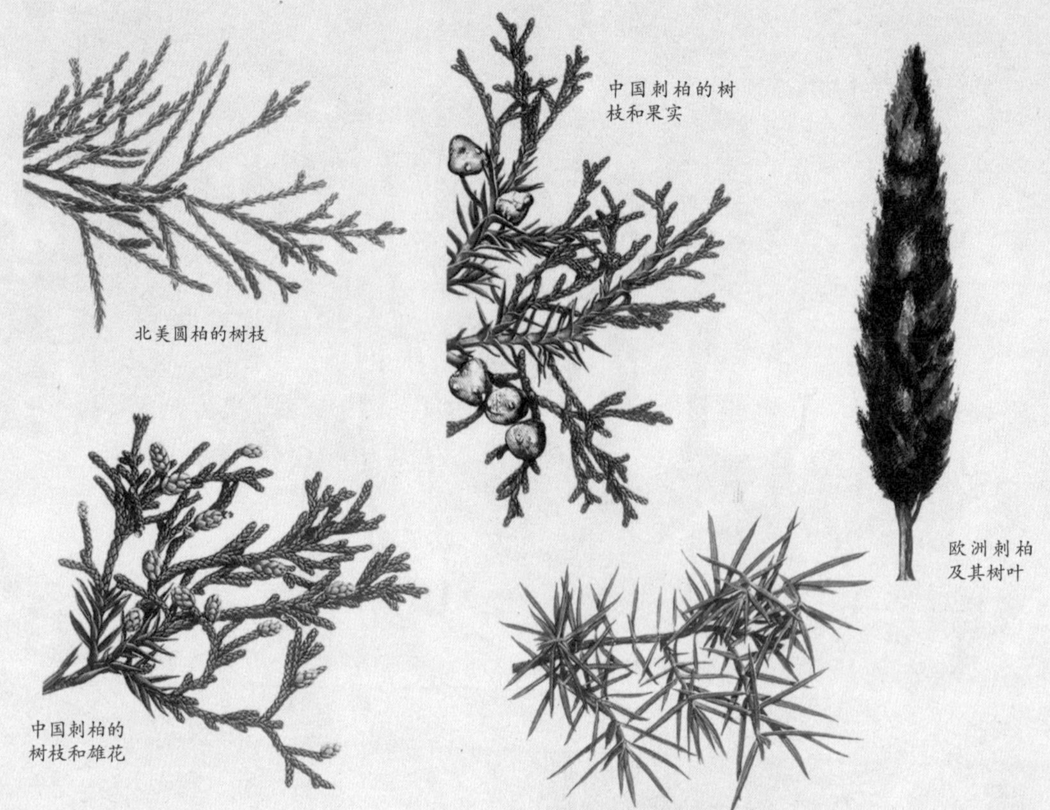

括阿尔及利亚和加那利群岛。腓尼基刺柏是灌木或乔木，树高可达6米。树叶主要为鳞片状，叠瓦形式，3片一组或成对紧贴对生在一起，长1毫米，顶端钝，边缘有小齿状突；锥形树叶（罕见）约6毫米长，3片一组生于结节上。浆果近球形，直径约8毫米，呈棕色或红棕色。加那利群岛上的腓尼基刺柏尺寸惊人，可能已经存活了1 000年，它们已经被归为一个单独的物种（加纳利刺柏），但还没有被广泛接受。

西班牙刺柏 分布在欧洲西南部、非洲北部、小亚细亚和高加索山脉。树高可达12米。鳞片叶近菱形，交叉对生，叠瓦形式，树叶扁平，有时候在主枝上3片一组；锥形树叶对生，长5~6毫米，每个上表面有2条白色的带；边缘有小齿状突。浆果球形，直径约8毫米，呈蓝色；种子约4粒。

中国刺柏 分布在喜马拉雅山、中国和日本。树高可达20米，有时是矮灌木。树叶或呈鳞片状、菱形、密集，叠瓦形式，树叶扁平状，长1.5毫米，顶端钝；或少量呈锥形，长8~12

↗ 杜松木（多刺刺柏）的特点是生刺状树叶，因此减少了树木在其原产地干旱条件下的蒸发量。

毫米，3片一组生于结节上（对生的少），上表面有2条白色的带，被绿色的中脉隔开；边缘完整，顶端多刺，外表有刺。浆果略成球形，直径6~8毫米，棕色。中国刺柏有大量栽培变种。

萨毗桧 分布在欧洲中部地区。萨毗桧是灌木，高5米，树叶碾碎后散发出令人不愉快的气味，味苦。树叶主要呈鳞片状、菱形，叠瓦形式，树叶紧贴，约长1毫米，背面有腺体；少数锥形树叶长5毫米，尖细，上表面覆有白粉，中脉绿色；叶缘完整。浆果呈球形到卵形，直径5~6毫米，颜色是棕色或蓝黑色，浆果下垂。萨毗桧的栽培变种较多。

北美圆柏或铅笔柏 分布在美国东部和中部地区。树高可达30米，树枝向上伸展，终端小枝厚度不超过1毫米。树叶主要为鳞片状，叠瓦形式，树叶紧贴，长1.5毫米，顶端尖利、分叉，含有少量腺体；锥形树叶尖细，对生或者3片一组联结在一起，5~6（8）毫米，上面覆有白粉；边缘完整。球果卵形或者近球形，约长6毫米，呈蓝色。北美圆柏具有许多栽培变种。

西部圆柏 又叫内华达山脉圆柏，拉丁名为Junipenrus occidentalis，分布在美国西部海岸，从华盛顿州到加利福尼亚州。高度为20米（70英尺），树形：宽阔的圆锥形，叶形：鳞叶。

这种树中等大小、生命力强的树种在美国西部很常见，一般分布在岩石较多、干燥的山坡上，和西部黄松（拉丁名为Pinus ponderosa）有亲缘关系。在内华达山脉，有一棵已经生活了2,000年的西部圆柏，它的树干很粗，是从基岩中生长出来的。这种树是在1829年由植物物种采集者大卫·道格拉斯（David Douglas）命名并引入到人工栽培的。

西部圆柏的树皮是红褐色的，很光滑，成熟的时候会出现裂纹，很薄并容易剥落。它的叶子为鳞叶，很小，呈银灰绿色，牢牢地长在小枝上。这些很硬、刺状的叶子通常会指向挚枝末端。它的雄花是黄色的，雌花是绿色的，在春季时，这两种花分别在不同的树体上开放。它的果实是蛋形的深蓝色球果，长为1厘米（0.5英尺），并覆有绿灰色的花片。

↑↗西部圆柏的叶子为银灰绿色的鳞叶。

智利柏属

智利柏

智利柏属只有智利柏 1 种，分布于智利和阿根廷，在那里它们可能已经存活了 3000 年。在野外智利柏可以长至 50 米高，树干直径达 9 米，树皮呈红色、凹凸不平。树叶伸展，3 片一组轮生（很少对生）；树叶三出，呈暗绿色，倒卵形，约长 3 毫米，下延至基部变窄，自由端略伸展，但是尖内弯。雌球果和雄球果同株或异株，但有些球果双性。雄球果单生，有多至 24 个花粉囊；雌球果 3 组交替轮生，每个轮生体有 3 瓣鳞片，低处最小的轮生体不能繁殖，最上面的一般能够繁殖，中间的部分有时能够繁殖。球果最后变成木质，呈球形，直径 6~8 毫米，能繁殖的鳞片生 2~6 粒种子，每粒种子上有 2~3 个翅；成熟的球果生有末端腺体，可分泌芳香树脂。

智利柏在温带地区人工栽培时可以耐寒，但是经常长成灌木。由于许多栽培种只有雌性树，因此不生种子，通常在夏末剪枝进行繁殖。智利柏木有一定的经济价值，与红杉有些相似，当地居民常常将它用于一般的建筑作业。

↗ 智利柏是智利柏属的唯一代表树种。

非洲柏松属

非洲柏松

非洲柏松属是由 3 种组成的，产于非洲南部及热带地区，它们大多数是常绿树，这一点与柏松属相似，但是非洲柏松成年的树叶更小，交叉分布（柏松属三生），而且狭长扁平的鳞片叶基顶端突然扩大成钝的、内弯的、宽阔的棘状。非洲柏松幼年的树叶呈针状，螺旋形排列。雌球果和雄球果异株；成熟的球果木质，略成球形，大多数是由 4 片相似的球果鳞组成的，每片鳞上生 5 粒以上的胚珠；种子生 2 翅。

柏松在温带地区一般不耐寒，但博格柏松和杜松在温带比较温暖的地方耐寒：博格柏松产于南非泰伯山到德拉肯斯堡山脉，它是灌木，高 3~4 米；主枝直径 10~20 厘米，幼叶长 12 毫米，宽 1 毫米，成熟的叶子鳞片状；球果是由光滑的鳞片组成的，长 12~18 毫米，每个球果可产生 20~30 粒种子。

第 2 种即杜松产自南非斯德博格山海拔 1300 米的地方，树高可达 20 米，但在人工栽培时较小，更像灌木；幼叶长 15~18 毫米，宽 1 毫米，成年的树叶鳞片状；成熟的球果单生，由 4~6 片粗糙的鳞片组成，鳞片尖端有刺。杜松的木材有一定的经济价值，可制作家具和箱子，而且它具有很好的防虫害能力，因此适合做篱笆柱。

杉叶柏属

杉叶柏

杉叶柏属只有杉叶柏 1 种，来自新喀里多尼亚，与柏松属是近亲，但是习性与南洋杉相似。杉叶柏树高度可达 10 米，它的小枝上交织着 8 列坚硬的、内弯的树叶，因此每个小枝呈圆柱形；树叶约长 6 毫米，宽 5 毫米，下表面有棱脊，顶端尖利，边缘呈细锯齿状。杉叶

非洲柏松是南非德拉肯斯堡山脉常见的灌木。

柏的雄球果卵形，长 12 毫米，宽 6 毫米，由约 8 行苞叶组成，生无柄的花粉囊；雌球果生于短侧枝末端，每个球果是由 4 片尖苞叶两两交替轮生形成的，每片苞叶成熟后生 1 粒种子。（柏松属是由一组 6 片或 8 片长短不一的鳞片互生形成的。）

杉叶柏很少用于栽培。

香漆柏属

香漆柏

香漆柏是香漆柏属唯一的种，原产于西班牙南部、北非和马耳他（地中海的岛国）。香漆柏属与柏松属、非洲柏松属是近亲，但是它与这些属的区别在于它的小枝（变形叶）扁平，而且鳞片叶交叉对生。香漆柏是常绿树，可生长到 50 米高，树枝直立，彼此铰接；有些侧鳞片叶的长度会超过表叶的长度，但是它们都有长长的下延基，上面自由的部分略呈船形，尖端细。雌球果单生于枝端，呈球形，直径 8~12 毫米，由 2 对木质的非盾状鳞片组成，鳞片呈三角形，顶端或圆或尖；所有的鳞片分

塔斯曼柏看起来有些凌乱，树叶离散。

离后外表面都有凹槽，在靠近顶端的地方生有小刺；只有上面成对的鳞片能够繁殖，每片鳞产生 2~9 粒宽翅种子。

香漆柏能够忍受高温和干旱季节，因此从原产地对它进行移植。人工栽培的香漆柏只在北温带最温暖的地方能够耐寒。

从罗马时代以来，香漆柏的木材备受推崇，它质地坚硬，闻起来有甜甜的气味，通常具有非常漂亮的纹理，大量用于制作橱柜和高级家具。香漆柏的树干也产生树脂（即市场上比较有名的山达脂），广泛用于制作清漆。

塔斯曼柏属

塔斯曼柏

塔斯曼柏属只有 1 种，即塔斯曼柏，原先将它归于智利柏属。塔斯曼柏原产于塔斯马尼亚西部和圣克莱尔湖，在那里它们生长在海拔 1000 多米的地方。塔斯曼柏树高可达 8 米，树叶微小，交叉或轮生，彼此紧贴且呈鳞片状，非常有特点，树叶钝，长约 1 毫米，呈梨形。雌球果和雄球果异株：雌球果近球形，直径约 2 毫米，由 4 片鳞组成，只有上面（里面）的鳞片对能够繁殖。每片可繁殖鳞能够产生 2 粒三翅种子。塔斯曼柏经济价值不高，人工栽培非常罕见。

福建柏属

福建柏

福建柏属可能只含有福建柏 1 种，产于中国，向西延伸至印度支那。福建柏是常绿树，树高可达 13 米，小枝平铺在一个平面上（变形叶）。树叶鳞片状，长 3~8 毫米，二态——老树上的树叶较短。福建柏的树叶顶端或尖或钝，以四级排列，每组由 4 片树叶组成，长度相等，但是表面的一对树叶比侧面的更窄。雌

↗ 福建柏的树叶四阶排列，平伸聚合，随树龄的增长而变短，开花嫩枝上的树叶非常钝。

球果呈球形，直径约 2.5 厘米，由 12~16 片盾状鳞组成，每片鳞外边都有小小的乳头状突起，中间凹陷。它们在第 2 年成熟，每片可繁殖的鳞片上生 2 粒种子。福建柏罕见栽培。

罗汉松科 > 罗汉松属

罗汉松和黄木

罗汉松属是一个由常绿树和灌木组成的较大的属，通常被称为罗汉松或黄木。之所以被称为黄木是因为罗汉松的木材颜色特别。以前，罗汉松属里的某些种类由于生有与红豆杉相似的种子而被归在红豆杉属里面，它们的种子可生吃，上面覆有假种皮。划分罗汉松属不是一件容易的事，而且某些种类的结构解释起来也很困难。

罗汉松属大约有 115 种，其中 94 种被认为是优良种。它们的原产地是新大陆和旧大陆的热带、亚热带和温带地区，主要在南半球。

罗汉松的树叶大多互生，形态各异，小的树叶鳞片状，大的树叶长 35 厘米、宽 5 厘米，通过解剖树叶的结构可划分罗汉松属。罗汉松大多雌雄异株，很少同株。雄球果或单生或簇生。雌“球果”一般退化成矮胖的茎，生 2~4 片“苞叶”，其中只有 1 片可繁殖，生 1 粒胚珠，有时候可生 2 粒，它们与鳞片状苞叶融合在一起。“苞叶”或者很小，或者扩展成假种皮样的结构——肉质鳞被。在许多种类中，不能繁殖的“苞叶”与短茎上面的部分融合在一起形成具有鲜明颜色的肉质花托，种子在花托上成熟。而且某些种类的花托是可以吃的。种子一般呈卵形或球形，与核果或坚果相似，外层皮状或者肉质，里面有一个坚硬的内核或“果仁”。这种“球果”的结构尚不清楚：“苞叶”被认为是苞鳞，而肉质鳞被是珠鳞。

罗汉松在其原产地是重要的木料用树，南非的镰叶罗汉松和蓝刺头罗汉松、澳大利亚的刺参罗汉松和苦竹罗汉松，以及新西兰图塔拉罗汉松可出产优良的木材，图塔拉罗汉松在它的原产地就是闻名的“桃拓罗汉松”——它已深深植根于(新西兰的)毛利人的文化和风俗习惯中。

知识档案

罗汉松和黄木

种数 94

分布 南温带地区到热带山区，北至西印度群岛和日本。

经济用途 有一定的观赏价值，但更重要的是出产木料，尤其是在非洲、亚洲、新西兰和西印度群岛。

大多数罗汉松在温带地区不能耐寒，但也有例外，例如梅果紫杉，它可长成灌木树丛，作树篱，通常可替代红豆杉，在肥沃的白垩土壤中生长良好。其他耐寒物种包括：柳叶罗汉松、图塔拉罗汉松、高山罗汉松和雪腐罗汉松。阿尔卑斯山上的图塔拉罗汉松是生长缓慢的灌木丛，俯卧的茎积聚一起。

↖↗**桃拓罗汉松**

桃拓罗汉松的果实类似于樱桃，里面有两颗圆圆的种子。暗绿色的针叶很坚韧，顶端有锋利的尖角。

罗汗松巨木是东非和南非森林里的树种，它的木材质量好。在黄木的原产地，成熟的标本树（图中这棵位于南非斯特斯卡玛国家公园）高度可达45米。

■ 罗汉松属主要的种

树叶有下皮、下皮纤维或发育完好的传输组织。花托发育完全，肉质或革质。

A树叶线形或披针状，尺寸很少达到25毫米×12毫米，与红豆杉相似。

B 典型的灌木。树叶从圆形的到棘状的都有，尖端不细，非穗状。

高山罗汉松 分布在澳大利亚新南威尔士州和新西兰。它形成茂密的灌木丛，树高很少达到4~5米；树叶长6~12毫米，顶端钝，以两层排列；种子卵形，长5~6毫米，单生或对生，呈红色，生在肉质的花托上。

雪腐罗汉松 分布在新西兰的山区。它形成茂密的灌木丛，树高只有2米；树叶不规则排列，长6~18毫米，棘状；种子是小坚果，生在红色的肉质基上。

BB 树叶硬，尖端特别细。

图塔拉罗汉松 分布在新西兰。树高可达30米；树叶不规则排列或以两层排列，成年树上的叶子长10~20毫米，宽度可达4毫米，近无柄；种子大多单生，略呈球形，直径约12毫米，生在红色的肥厚花托上。

AA树叶披针形、卵形，长度大于25毫米，不像红豆杉。

罗汉松 分布在中国和日本。为小灌木或树，树高可到20米；树叶密集不规则排列，长10厘米，偶见15厘米，宽0.5厘米，上面有突出的中脉；雄球果簇生，雌“球果”单生；种子椭圆形或卵形，约长1厘米，生在紫色的肉质花托上。该树有几个变种。

大叶罗汉松 分布：日本和中国。在洛杉矶、菲尼克斯、亚利桑那州和加利福尼亚州的南部也有大量种植。高度为20米（70英尺），树形为宽阔的圆锥形，外形很齐整，耐寒性极强，能长时间忍受严重的霜冻。它是日本寺庙内的主要树种，如今在京都植物园门口就有一株大叶罗汉松。在美国，从萨克拉曼多到加利福尼亚，也能看到大叶罗汉松的身影，它们大部分靠墙种植，有时候被修剪成树篱或屏障，适合生长在潮湿的酸性土壤中。

大叶罗汉松的树皮在小的时候呈光滑的红褐色，等到成熟后则会出现裂纹，最后纵向剥落。叶子的叶形直线形，表层呈光滑的深绿色，内侧则为浅豆绿色，绕着发芽端呈螺旋簇状。它的果实在夏季末期结出，为紫绿色，长度大约为1厘米（0.5英寸），外面包着一层果肉，看上去就像橡子的外壳。

阿尔贝亲王紫杉 阿尔贝亲王紫杉是单型种，也就是说该属中只有一个树种。阿尔贝亲王紫杉是位于智利南部和阿根廷的温带雨林中的一种常绿树。它常和其他的树种种在一起，比如董贝南方假山毛榉、冬木和百日青，这些树都能制成高质量的木材。阿尔贝亲王紫杉也被当作观赏性树种而大量栽种于北半球的温暖地区。它的名字是为了纪念大不列颠联合王国的维多利亚女王的丈夫。

阿尔贝亲王紫杉能长到15多米（50多英尺）高，在原产地一般呈苗条的圆锥形。但是如果是人工栽培树种，则要更浓密些。它的叶子和紫杉属很像，呈直线形。果实很厚，呈球形，由肉质的鳞状包被组成。

↗阿尔贝亲王紫杉

梅果紫杉 这种树的叶子和普通的紫杉很像。它的果实长为2厘米（0.75英寸），呈黄色，类似于梅子，外面包覆了一层可食用的果肉。它的种子因为没有树脂味而闻名。这种树在较

雪白罗汉松是该属的灌木之一，果实为红色，树叶小且呈线形，与紫杉相似。

温暖的温带地区被作为观赏性树种而大量种植。从它的树干中抽取的被称为卡内罗的硬木质常被用来制成家具。

曼尼奥紫杉 这种树原产于智利，因为它的叶子呈直线形镰刀状，看上去就像是柳树的叶子，也常被称为柳叶落叶松。它的高度能达到20米（60英尺），下垂的枝条加上美丽的叶片，使其极具欣赏价值。

柳叶罗汉松 分布在智利。树高约20米；树叶长5~10（12）厘米，宽0.4~0.6厘米，上面有突出的中脉，通常呈镰状。雄球果单生或少数簇生，但是不呈穗状；雌“球果”单生；种子椭圆形，约长8毫米，宽3毫米，红色，生在细杆肉质花托上。它是很有价值的木料树。

簇叶竹罗汉松 分布在智利和阿根廷。树高约25米，栽培时有时变成灌木丛，枝条密集；树叶呈不规则排列，但有时以两层排列，长2.5~3.5厘米，宽0.3~0.4厘米，尖端有刺，或直，或呈钩状，下表面蓝绿色。雄球果簇生；种子卵形到椭圆形，长约8毫米，生在一个肥厚的肉质花托上。

知识档案

异罗汉松

种数 8

分布 哥斯达黎加、委内瑞拉、智利南部、新西兰和新喀里多尼亚。

经济用途 在智利和新西兰用作木料。种子可食用，树木也出产医用树胶。

罗汉松科其他的属

非洲罗汉松属

该属包括3种，原产于热带和南非，曾被归在罗汉松属里，但现在认为它是独立的属。树叶互生，略呈螺旋形排列，树叶上下表面都有气孔。

大威非洲罗汉松 分布在乌干达。树高可达33米；树叶革质，长1.2~4.75厘米，宽0.34~0.4厘米；种子棕色到紫色、张开、近球形，长约2厘米。这是一种重要的木料用树。

鸡毛松属

鸡毛松属共9种，以前归入罗汉松属，现在认为它是独立的属，分布范围从东南亚到新西兰。鸡毛松的树叶呈锥形、扁平，或锥形扁平；苞叶与外面的种皮融合，花托肉质。

白松 分布于新西兰。树高超过50米；幼树的叶子柔软、扁平，长8毫米，在芽两侧单行分布（而成熟树上的树叶鳞片状，呈螺旋形排列。也可能同时出现2种类型）；种子是黑色的坚果，直径6毫米，生于红色的肉质柄上。它是重要的木料用树。

镰叶罗汉松属

这是一个最近被提出的属，根据报道它含有5个独立的种，分布于马来西亚到新喀里多尼亚。

哈罗果松属

本属3种，原产于新西兰。幼叶线形，随着时间的推移变成鳞片状，密密地簇生在一起；种子含有白色的假种皮，或者完全被遮盖。其中一种卷柏哈罗果松来自新西兰山区，可长到10米高，是重要的木料用树。

泪柏属

该属只有1种，即泪柏，以前归入鸡毛松属，原产于塔斯马尼亚和新西兰。它的树叶鳞片状、上表面有分散的白色气孔，球果很小，生长在下垂的枝端。该树的木材呈红色，有芳香气味，用于建筑、家具和木工作业。

黄银松属

该属3种，以前归入鸡毛松属，原产于新西兰和智利南部。它更像灌木，特别是Lepidothamnus laxifolius，它倾向于匍匐生长，因此可以减少土壤侵蚀。树叶薄，沿着丝状树枝伸展，随着年龄的增长变短、变厚；种子上覆盖明显的红色假种皮。

竹柏属

该属最近才创立，包括5种，以前它们被归入罗汉松属。树高可到40米；树叶对生排列，许多树叶弯曲，长5厘米，宽2.5厘米，宽度是长度的一半。竹柏属原产于东南亚，有些栽培作为观赏树，特别是肉托竹柏，它是目前为止人们所知道的印度唯一的针叶树。

竹柏　分布在中国和日本。树高约25米，但在栽培时大多变成灌木；树叶革质、卵形，长5厘米、宽2.5厘米；种子象梅子，直径约1.25厘米，生于较厚的柄上。

寄生罗汉松属

该属只有1种，即寄生罗汉松，原产于新喀里多尼亚，直到最近才将它归入罗汉松属。它是整个裸子植物中已知的唯一的寄生针叶树种，寄生在异罗汉松上。树叶呈铜红色，鳞片状重叠，树的高度可到1米。

异罗汉松属

该属含有8种，原产于美国中部和南部、新西兰和新喀里多尼亚，现在认为它是个独立的属。它的树叶缺少下皮，尺寸不超过0.5~3.5厘米，两阶排列；缺乏传输组织；花托发育不全，非肉质。

安第斯异罗汉松　原产于智利南部的安第斯山脉。树高约17米，但在栽培时大多数变成多枝的灌木；树叶线形，长2~3厘米，宽0.5~0.7厘米，一般为两阶排列，下面有2条白色的气孔带。雌“球果”出现在鳞状茎的上叶轴上；种子黄绿色，肉质层上有白色的斑点，近球形，直径约2厘米。

P. spicatus　原产于新西兰。树高20~25米，树枝密集、挺立；树叶鳞片状，长6~12毫米，中脉每侧下方都覆有白粉。雄球果无柄，直径约4毫米，大约20个聚生在短枝（2.5厘米）上；种子球形，直径约8毫米，呈黑色，没有肉质基。该树适于普通用途。

P.ferrugineus　分布在新西兰（主要是南部岛屿），树高17~30米。它的树叶类似于红豆杉的叶子，长18~30毫米，宽2毫米(但老树上的树叶只有一半大小)，树叶边缘略向外卷。雄球果直径6~18毫米，单生；雌“球果”有柄，也是单生，直径大约18毫米，尖端较短，呈亮红色。该树木质坚硬，但用于室外时需要做防腐处理。

转叶罗汉松属

该属含5种，树叶交叉对生，但是大多数是两阶生在同一平面上；树叶2面都有气孔。该属所含的种来自差异较大的不同地区：南美洲、南太平洋群岛、新喀里多尼亚以及斐济。它们的经济价值不高，很少用于栽培。

苦味罗汉松属

该属只有1种,即苦味罗汉松。它的树叶缺乏下皮，尺寸至少为5厘米×0.6厘米，略呈螺旋形分布在小枝周围；有传输组织；花托发育不全，非肉质。该树原产于澳大利亚东北部、新爱尔兰、菲律宾和印度尼西亚。它没有什么观赏价值，但可做木材使用。

安第斯异罗汉松的树皮

安第斯异罗汉松的树叶

安第斯异罗汉松

陆均松属

赤松

陆均松属包括20~25种针叶树，全部是常绿树，少数为灌木，原产于新西兰、塔斯马尼亚、澳大利亚、新喀里多尼亚、新几内亚、马来西亚、菲律宾、斐济和智利。赤松生有2种类型的树叶——幼叶柔软、锥形（针状）；成年树叶小、密集、重叠、革质，呈鳞片状。2种类型的树叶经常同时出现在同一棵树上。雌雄异株。雄球果生在上叶腋处，柔荑花序；而雌“球果”生在小枝顶端或近顶端处。赤松的种子有假种皮。

陆均松属包括许多重要的观赏树种，例如赤松，也包括一些较小的种，例如大叶陆均松，它生在新西兰高山上，是直立或卧俯的灌木，高度0.6~3米，树枝伸展得很开；此外还有疏叶陆均松，它是新西兰另一种卧俯的灌木，高度只有几英寸。

陆均松属里有些种类的木材经济价值较高，其中包括新西兰的赤松。赤松呈现金字塔树形，高度可达18~34米，小枝分布紧凑。赤松的木材可用于建筑，做铁路枕木、家具以及木工。新西兰柯伦氏松的木材也有一定的经济价值。

知识档案

赤松

种数 25

分布 澳大利亚东南部、新西兰、东南亚和智利。

经济用途 重要的木料用树。

智利杉属

智利杉

智利杉属只有1种，即智利杉，原产于智利。智利杉是常绿树，树形接近锥形，树高可达13米，树叶与红豆杉类似。智利杉的小枝下垂，对生或者三四个轮生；树叶两层，螺旋形嵌入，呈线形，长12~25毫米，每片树叶都有一个尖利的角状尖端。雌雄球果同株：雄球果大约长1毫米，位置靠近枝顶端；雌“球果”单生于枝端，由重叠的、尖刺肉质鳞片组成，成熟后呈圆锥体，但是变成肉质，近球形，直径12~20毫米。雌球果上为蓝灰色鳞片，上面的鳞片生有2粒倒置的胚珠，成熟后变成宽卵形种子，大约长4毫米，有一个小小的假种皮边。

智利杉在北温带比较温暖的地方可耐寒，但是应采取遮蔽措施。智利杉可通过剪枝进行

↗ 智利杉具有典型的圆锥树形，它的树叶浓密、常绿。智利杉在19世纪中期被欧洲人确认。

赤松的小枝下垂，这是陆均松属的特点之一。

繁殖，但生长缓慢。它的木材经久耐用，容易加工，因此在当地普遍用作木工材料。

小果罗汉松属

小果罗汉松

小果罗汉松属由2种常绿灌木组成，生长在塔斯马尼亚和澳大利亚东南部潮湿的地方。它们的树叶呈鳞片状，重叠，四五行螺旋形排列；雌球果非常小，包含4~8片颖苞一样的鳞。

这2个种很少用于栽培，其中新南威尔士的小果罗汉松在温带是最耐寒的物种，因此最常见，它是茂密的灌木，高度可达2.2米，含有无数细长的芽。树叶长2~3毫米，从茎部分叉，叶上面有棱脊，尖端内弯。雌“球果”长2~3毫米，种子的长度与延伸的苞叶几乎相等。

第2个种来自塔斯马尼亚山区，是高2米的灌木，它密集分布、叶子较小，具有灌木习性，簇生。

铁门杉属

铁门杉

铁门杉属包括3种常绿树，树叶与红豆杉叶子相似，原产于新喀里多尼亚和斐济，它们在温带地区不耐寒。新喀里多尼亚的铁门杉有时候被种在温室里，高达16米，树枝挺立。树叶线形披针状，长8~20毫米，宽2~3毫米，顶端钝，两层排列；树叶上表面有继续的白色气孔线，下表面具有银色光泽。雄球果长3~4厘米，1~3个簇生在枝端；雌球果也生于枝端，每个球果由9片不能繁殖的鳞片以及顶端1片能繁殖的苞叶组成，它们融合在一起形成肉质的、有疣的花托；可繁殖的苞叶生1粒球形种子，比花托要长。虽然有些专家将该属归在红豆杉科，实际上它与智利杉属和罗汉松属是近亲，区别主要在于球果特征的不同。

匍匐松属

匍匐松

匍匐松属只有1种，即匍匐松，它分布在塔斯马尼亚的山区。这是一种离散的灌木，具有卧俯的生长习性，小枝修长，四角形；鳞片状，边缘多毛，树叶彼此重叠，长1~2毫米，四层排列。单棵树可能是单性的，也可能是双性的。雄球果卵形，生于枝端，大约长3毫米；雌“球果”长6~8毫米，由许多苞叶组成。成熟的球果肉质，呈半透明的红色——每片苞叶生1粒倒置种子，种子有肉质的猩红色假种皮（肉质鳞被）。

该种在温带耐寒，但不常栽培。它的果实非常有特点，产生能够繁育的种子。

↗ 匍匐松的树叶和球果

芹松科 > 芹松属

芹松

芹松属包括 5 种常绿树和灌木，原产于菲律宾、婆罗洲、摩鹿加群岛和澳大拉西亚（一般指澳大利亚、新西兰及附近南太平洋诸岛，有时也泛指大洋洲和太平洋岛屿）。它们的特点是短枝扁平、扩展，小枝的外形和功能与树叶相同（这是一种叶状枝，与假叶树亚属的花竹柏相似），而真正的树叶鳞片状，生于长枝上。

高山芹松和三枝芹松在温带最温暖的地方具备一定的耐寒能力，但只是局部地区，因此限制了它们的栽培（叶状枝尺寸变小，通常会阻碍其生长）。高山芹松产于新西兰南北岛的山区，为灌木或高达 10 米的树木；叶状枝圆锯齿状，浅裂，近菱形，长 6~38 毫米，宽 3~18 毫米；每个雌“球果”生 3~4 粒胚珠，成熟后变成球形的红色水果。三枝芹松来自新西兰，可生长在海拔 800 米的地方，树高 20 米，树干直径可达 3 米；树枝轮生，叶状枝年幼时呈红褐色，长度可达 25 毫米，呈卵形到椭圆形、浅裂；雌雄同株，雌“球果”大约 7 个一组，大部分靠近叶状枝的顶端；果实由坚果状种子和肥厚的肉质杯形鳞片组成。芹松的木材质地优良，经久耐用，树皮富含丹宁酸，可制取一种红色的染料。

三尖杉科 > 三尖杉属

三尖杉

三尖杉属由 6 种常绿树和灌木组成，原产于中国、日本和印度。三尖杉属与榧树属相似，但是树叶无刺；树枝对生或者轮生，小枝有凹槽，上面有气孔形成小小的点；三尖杉的树叶像紫杉叶子一样呈螺旋形嵌入排列，但至少在侧枝上大部分树叶以两层形式出现，树叶上表面中脉突出，下表面有 2 条宽气孔带。雌雄异株，有时同株。雄球果球形，朝向叶腋；雌“球果”生于小枝基部，每个球果是由几对鳞片组成的，每片鳞上生 2 个胚珠。一般在整个“球果”上只有 1 粒胚珠能够繁殖，它在第 2 个季节里成熟，形成核果状的种子，种子突出，呈绿色到紫色，为椭圆体，长度可达 25 毫米，外层肉质，里面包含一个木质“仁”。

粗榧来自中国中部地区，在野外树高可到 13 米，但是栽培时形成凌乱的灌木。它的树叶常绿，树皮剥离，呈红褐色；树叶长 5~8 厘米，水平两阶状逐渐变细，聚合成顶点。日本粗榧与粗榧相似，栽培时也变成灌木；它的树叶突然变尖，长 2~5 厘米，在小枝上以 V 字形排列。日本粗榧是最广泛栽培的树种，只有 2 种用于

↗ 芹松的改良茎显示出树叶的外形和功能。

栽培，有的栽培变种能够形成有用的地被植物。

三尖杉种在温带耐寒，生长所需要的条件与紫杉相同（红豆杉亚属），但是不耐受白垩质土。可用种子或剪枝繁殖。三尖杉可进行修剪，可作树篱。它的木材有一定的价值，但是产量不高。

穗花杉属

穗花杉

穗花杉属由1~4种组成，以前归入红豆杉科。它们是常绿灌木或小树，原产于印度（印度东北部的阿萨姆邦）和中国。穗花杉的小枝对生，树叶交叉、针状，下表面有明显棱脊，在棱脊两侧有单条白色的气孔带。雌球果和雄球果异株，雄球果无柄，2~4个一组（1个或5个罕见），雌球果有柄，单生于苞叶的叶腋里，成熟后形成核果状结构（种子），外边一层橙色的假种皮，在基部固定的鳞片上张开。

穗花杉属典型的种类是阿根廷穗花杉，为高度可达4米的灌木，树叶长4~7厘米，宽6毫米。可能未被人工栽培。其他记录在册的穗花杉属种有云南穗花杉（中国大陆）和台湾穗花杉（中国大陆和台湾）。

红豆杉科 > 红豆杉属

红豆杉

红豆杉这个词是红豆杉属7个种的通用名称（有些人认为是一个种的变种），它们是常绿树、灌木和小灌木（用做地被植物）。红豆杉广泛分布在新大陆和旧大陆北温带地区，其中一种即中国红豆杉（南方红豆杉）位于苏拉威西岛（位于印度尼西亚中部）的赤道上。尽管红豆杉科被归入针叶树目，但该科红豆杉属及其他属缺乏典型的生种球果的结构，而且木质和树叶里面没有树脂道。正是由于这些原因

↗ 所有的红豆杉种都有毒，但历史上西欧的居民将其修剪后用于装饰乡间庭园——还有墓地。欧洲紫杉是一种栽培变种，树叶边缘尖利或生有金线边。

及其他某些原因，包括化石证据，有时候人们将红豆杉科从针叶树目里剔除，而将之归入一个单独的目——红豆杉目。

红豆杉的树叶线形，略呈螺旋形排列于竖直的小枝上，但是大多数以两层形式出现在水平的小枝上。雄球果和雌球果通常生在不同树上，球果个小、单生。球果成熟之后，里面的种子坚果状，外边覆盖一层肉质的杯状假种皮，通常为猩红色，这样看起来非常显眼，一般认为是“浆果”（严格意义上说来，只有被子植物有浆果）。红豆杉还没有生出种子的时候，人们经常会将红豆杉属与冷杉属和铁杉属混淆，实际上通过观察树叶下表面立即就可进行鉴别：红豆杉树叶下表面呈现均匀的黄绿色，没有明显的白色气孔线，而冷杉和铁杉的叶子

知识档案

红豆杉

种数 7

分布 北半球地区到马来西亚中部和印度尼西亚。

经济用途 广泛栽培作为观赏树，有许多栽培变种。有些木料可用。也可提取药物。

↗ 爱尔兰红豆杉直立的树枝给人留下深刻的印象。

有明显的白色气孔线。红豆杉通身除了猩红色的假种皮之外，都具有高毒性，里面的种子或假种皮“石细胞”也含有毒，因此应当注意不让儿童接触那诱人的红色果实，以免他们吞下去。红豆杉中的致毒物是植物碱基的混合物，统称为紫杉碱，可能导致肠胃炎、心脏病和呼吸困难，毒性极大，有不少导致人类和动物死亡的报道。在温带许多国家，兽医认为红豆杉是所有天然乔木和灌木中毒性最大的树种。

红豆杉最严重的毒性特点是可能导致动物突然死亡，主要症状是抽搐，5分钟之后就会死亡。因此中毒后治疗起来非常困难，而且治疗家畜的方法也是很危险的：需要打开瘤胃，除去里面的东西，然后填以正常的食料。最好的办法是预防。在植物干枯的部分也能发现毒性物质，因此必须清除和焚烧。

红豆杉几乎在任何土壤中都能生存，不管是泥煤土壤还是石灰质土壤，只要不易水涝即可，水涝的土壤可能导致红豆杉死亡。红豆杉用种子繁殖，人工栽培时可采取剪枝、嫁接（在欧洲紫杉上）或压条法。

红豆杉木质纹理细密、经久耐用、坚硬且有弹性。在英国，它是传统的制弓材料，现在仍和山胡桃木一起用于制作弓箭，山胡桃木用于面对“弦”的那一侧，红豆杉木用于背对“弦”的那一侧。尽管红豆杉木材质量高，但现在并不像以前那么流行，主要用于制作地板、砧板、柱子、棒槌等等，也用于制作细木工里面的薄板。

红豆杉属约有5种用于栽培，最常见的就是欧洲紫杉。在英国，欧洲紫杉总是栽在墓地里，其中不乏许多古树，通常寿命都在1000年左右。不管是什么原因导致这种关联（可能是宗教、制弓等），但有一点：这些地方很少有家畜和无人陪伴的孩子成为红豆杉毒性的受害者。

在西欧，人们也栽种红豆杉作为观赏树，而且有些栽培变种可作树篱。另外它也是艺术修剪的好材料。

注：红豆杉属有2个杂交种也可栽培，它们分别是T. × hunnewelliana（日本红豆杉 × 加拿大红豆杉）和曼地亚红豆杉（日本红豆杉 × 欧洲红豆杉）。

■ 红豆杉属主要的种

第一组：树叶尖端逐渐变细，而不是突然变细（但中国红豆杉例外）；冬芽鳞片上没有棱脊。

欧洲红豆杉 分布在欧洲、非洲北部和亚洲西部。树高12~20米，圆形树顶，有时候从基部和主茎生出一些竖立的茎；树叶长1~2.5厘米，通常分布于茎干的两侧，位于同一平面上，突然收缩成很短的叶柄；种子外是明显的猩红色假种皮，可食用，但是种子有毒，呈橄榄色或棕色，长6毫米。欧洲红豆杉有许多栽培变种。

爱尔兰红豆杉 枝条直立生长，这是一种柱状栽培变种。

第二组：树叶突然变尖；冬芽鳞片上有棱脊。

日本红豆杉 分布在日本。日本红豆杉的高度为16~20米；树叶长1.5~2.5厘米，宽2~3毫米，几乎处于同一平面，但在茎的两侧升起，呈V形；种子与欧洲红豆杉相似。日本红豆杉有几个栽培变种。

加拿大红豆杉 产于加拿大和美国东北部地区，大约1米高，是伸展型灌木；它的树叶长1.3~2厘米，宽1~2毫米，两层水平分布；种子与欧洲红豆杉相似。

太平洋红豆杉 分布在北美洲西部地区（英属哥伦比亚省，美国华盛顿州、俄勒冈州和加利福尼亚州）。树高5~15（25）米，罕见灌木；树叶长1~2.5厘米，宽2毫米，两层水平分布；种子与欧洲红豆杉相似。

中国红豆杉 广泛分布于中国大陆，延伸至中国台湾、菲律宾和苏拉威西岛（在印度尼西亚中部）等国家和地区。它们是灌木或者乔木，高度约12米；树叶长1.5~4厘米，宽2.4厘米，树叶直或者稍稍弯曲，向着顶端方向逐渐变细或者突然变细，下表面密密地覆盖着小小的乳头状突起；种子类似于欧洲红豆杉。

日本红豆杉的树叶

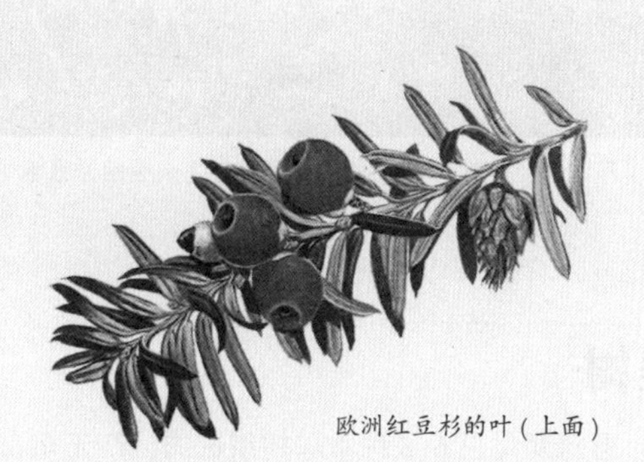

欧洲红豆杉的叶（上面）

欧洲红豆杉及其树皮

欧洲红豆杉的叶（下面）

欧洲红豆杉上亮红色的假种皮吸引鸟儿来吞咽并散播它们的种子。假种皮是红豆杉身上唯一没有毒性的部位。

榧树

榧树属是由 6~8 种常绿树组成的，产于东亚和美国，它们与红豆杉是近亲，但是榧树的树枝和小枝对生或者几乎对生，树叶辛辣，顶端非常尖利，下表面有 1 条树脂道，露出 2 条窄窄的但非常清晰的白色气孔带。榧树大多数是雌雄异株，但并非全部如此。榧树的种子呈核果状，完全被一层薄薄的肉质层包围，需要 2 年才能成熟。而红豆杉的种子生有假种皮，针状叶下表面为均匀的灰黄绿色，而且没有树脂道。除了在温带最温暖的地方，榧树几乎不能耐寒。

加州榧树在它的原产地加利福尼亚州海岸高度可达 20 米，在内华达山脉（美国加利福尼亚州东部的花岗岩块状山脉）海拔 2000 米的地方也能生长。它的次年生小枝呈红褐色；

知识档案

榧树

种数 8

分布 亚洲东部和美国南部。

经济用途 可栽培作为观赏树，果实可食，还可提取油或做木料，现在野生榧树濒临灭绝。

↗ 日本榧树的细节图，显现线形的多刺树叶以及雄球果上的线，这些正是榧树属的特征。

碾碎的树叶气味芳香，树叶长 3~6 厘米，宽 3 毫米；种子卵形，长 3.5 厘米，具有紫色斑纹。

佛罗里达榧树是美国另一个主要的榧树种，树高 13 米，很少到达 18 米，产自佛罗里达州西南部地区。它的次年生小枝呈黄绿色；树叶长 2.5~3 厘米，宽 3 毫米，树叶碾碎后具有难闻的辛辣气味；凹槽里的气孔带不明显；种子卵形，长 2.5~3 厘米，具有同样的气味。佛罗里达榧树是耐寒能力最差的榧树种。

中国榧树高 25 米，产于中国东部和中部地区，但栽培时大多变成灌木。次年生小枝呈现黄绿色；树叶碾碎后没有气味，凹槽里有气孔带；种子椭圆形。

榧树属里最耐寒的种是日本榧树，它的树高可达 25 米，但是如同前面的树种那样，栽培时通常都是灌木。次年生芽红褐色；树叶碾碎后闻起来非常芳香，凹槽里生有气孔带；种子近卵形，呈淡绿色或紫红色，可食用。但是，榧树属不出产香料的原料。

澳洲红豆杉属

澳洲红豆杉

澳洲红豆杉属只有 1 种，为常绿树，产于新喀里多尼亚，树叶像罗汉松，但是种子像红豆杉。澳洲红豆杉的雄球果有穗，与罗汉松属的某些种相像，但是与红豆杉属不同，红豆杉属的雄球果生于小小的柄上，生 6~14 个花粉囊。

澳洲红豆杉树高 25 米，具有浓密的树冠，生长在海拔 400~1000 米潮湿的斜坡森林中。它的树叶线形，螺旋形排列分布，长 8~12 毫米，宽 4 毫米，边缘外卷，下表面有棱脊，上表面有凹槽，顶端尖利。雄球果腋生于密集的穗中，长度可达 15 毫米；雌球果单生，产生单个石头一样的椭圆形种子，长 12~16 厘米，具有肉质、黄色、假种皮一样的外壳。澳洲红豆杉可能没被人工栽培。

白豆杉属

白豆杉

白豆杉属只有白豆杉 1 种，产自中国，与红豆杉属的不同点在于白豆杉树叶的表皮结构，在气孔口周围没有乳头状突起，另外，雄球果上生有不能繁殖的鳞片，种子周围有白色而非红色的假种皮。白豆杉是常绿灌木，高度 2~4 米，雌雄异株。雌球果有短柄，约生有 15 片十字交叉状排列的鳞片状苞叶，最高最长的一片长 4~5 毫米，掩蔽幼小的胚珠。

榆树天性喜欢生活在河边，但由于人工种植，它们的分布范围已经扩大。

阔叶树

“阔叶树”是那些属于被子植物（开花植物）的树的习惯性叫法，用以和属于松柏纲（针叶树）的树方便地区分开。在开花植物中，阔叶树是唯一属于双子叶植物的树。除了阔叶树之外，开花植物的一些亚纲（如单子叶植物亚纲）也有类似树的形态的植物，单子叶植物（种子只有 1 片种叶）与“真正的”阔叶树的区别在于：前者长有扇形的叶子，而且“木质部”产生的过程截然不同，其现存的最主要的代表树种就是棕榈。

大多数阔叶树的树叶是扁平的，而且它们的繁殖结构位于花里面，而针叶树的树叶为典型的针状，繁殖结构位于球果里面。另一个主要的差异是：所有的开花植物的胚珠封闭在子房里，但是包括针叶树在内所有的裸子植物的胚珠不是封闭在子房里，而是裸露在球果鳞上。二者木质部结构也不相同。

开花植物是现代植物群中的主导植物，也是进化最成功的植物。在进化过程中，被子植物和裸子植物从一个共同的祖先分化出来，但是被子植物分化出来的时间比裸子植物晚很多，然而化石记录很少，也不完整。关于最早的被子植物的证据出现在侏罗纪中期（1.9 亿 ~1.36 亿年前），而且主要以树的形态在热带产生了最重要的进化。热带森林里开花植物物种最丰富，而且含有世界上品种最多的阔叶树。许多物种已经从这个进化中心迁移到温带地区，该地区的天气有季节性变化，包括降雨量减少、时断时续，冷热期交替出现等。许多阔叶树通过进化出落叶习性已经适应了环境里的这些变化，它们可以在寒冷的冬季休眠，在温暖的春天再开始生长。

阔叶树除了具有环保功能和美学价值，还对大多数国家的经济产生重要影响，例如作为食物源、燃料、建筑材料、造纸、纸浆以及相关产品、药物、丹宁酸、橡胶、染色物质和香料的来源，而且可作为风景树显示其园艺价值。数个世纪以来，开发这些产品对文明的进程产生了积极影响，但由此对原始森林，特别是热带雨林的破坏（伐木、焚烧以及放牧区的扩展）现代也引起了人们广泛的关注。我们必须采取全球性保护措施和种植计划以控制富裕国家对阔叶树产品不断增加的需求（阔叶树天然地比软木针叶树成熟得更慢），而且要大力发展替代产品以维持现存的天然森林，而不是破坏它们。

阔叶树分类学

阔叶树的植物分类学比针叶树的更复杂，开花植物有三四百个科，但是只有少数（大约 80 科）是纯粹的树木。许多被子植物的科既含有草也含有树，而所有的针叶树的科都是树或者树状灌木。从进化角度来看，树比草更早出现，因此最原始的木兰科只含有树木或树状灌木。我们也可通过其他所谓的原始特点进行辨别，包括（括号里显示更高级的情形）：花朵大、形状规则、具有许多自由生长的花部（花朵小、形状不规则，具有少且融合的花部）；自由心皮上有高级子房（融合心皮上有低级子房）；裂果（闭果）。在进化过程中产生的一个重要分支就是发展出风授粉的树木，它们或者没有花瓣和萼片，或者花瓣和萼片的数目减少，而且花以下垂的柔荑花序排列分布。这些“风媒”树产生无数的花粉，而针叶树即使由风传播，数目也不多。有些学者曾经认为这些风授粉的物种是原始物种，但现在认为它们是从具有典型的昆虫授粉花朵的被子植物进化而来的。

木兰科 > 木兰属

木兰

木兰属约有 100 种，分布在东南亚和美洲，有许多是广受欢迎的观赏树和灌木。“木兰”这一名称是为了纪念皮埃尔·蒙格勒（1637~1715 年）而取的，皮埃尔·蒙格勒是植物学和医学教授，曾是法国蒙彼利埃植物园的园长。木兰属植物的地理分布与同一科的美国鹅掌楸一样具有不连续的特征。在亚洲，木兰属植物分布在一个三角形区域里——向西延伸到喜马拉雅山，东至日本，向南穿过马来西亚群岛直到爪哇。在北美，它们分布在美国东部、加拿大安大略省东南部，向南分布至西印度群岛、墨西哥和中美洲，直到南美洲北部。也有 55 种以上位于亚洲，大多数都在山区，但是也有少数位于海拔较低的地方，而且超过半数的种类分布在热带地区。在偏北纬度上，只有温带品种可在室外栽培。

木兰的树叶较大、互生，花芽封闭在单个鳞片内；花朵大且色彩艳丽，单生于枝端；整个花被呈花瓣状，6~9“片”（9 片以上的除外）轮生排列，这些“片”既不是花萼也不是花瓣，而是所谓的（瓣状）“被片”，但某些情况下，外层轮生体可能会减少，像萼片；结锥形果。

欧洲室外栽培木兰已有几个世纪，首次栽培是在 1688 年，引种的是美国弗吉尼亚木兰。1786 年，更多的美洲木兰品种被引入欧洲，其中之一是荷花玉兰，这是一个常绿品种，现在在热带和温带地区广泛种植。第一个引入欧洲的亚洲品种是夜香木兰（1786 年），来自爪哇，这是一种不耐寒的常绿灌木，约 1 米高，花朵夜晚芳香，一般生长在东南亚。后来很快又有 2 个品种引入欧洲，即早开花的玉兰（中国玉兰）和半早开花的紫玉兰，这 2 个品种在中国和日本已经有很长的栽培历史。在 19 世纪末期，又有另外其他 7 个品种从北美和日本引入欧洲，其中包括非常华丽的喜马拉雅滇藏木兰。但是直到 20 世纪，在中国西部和中部发现的木兰品种才大体完成了较细致的编排，现在这些木兰已经种植在温带植物园里。目前，在欧洲和北美洲大约有 28 个木兰种在室外进行人工栽培。

木兰作为观赏植物之所以广受欢迎主要是因为有些品种开的花非常漂亮，例如下列开花早的落叶品种：滇藏木兰、凹叶木兰、康定木兰、武当木兰、玉兰、柳叶

知识档案

木兰

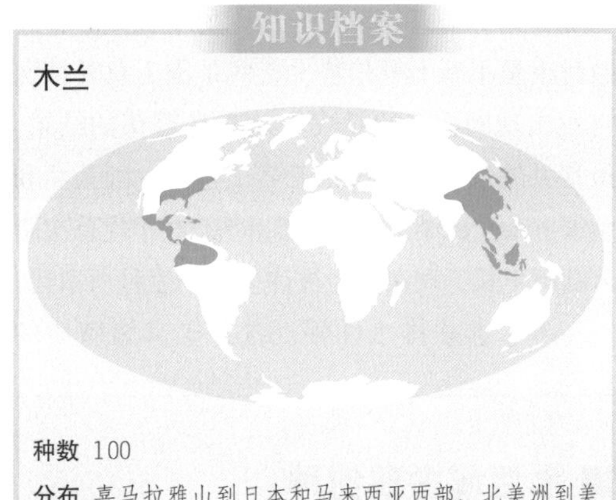

种数 100

分布 喜马拉雅山到日本和马来西亚西部、北美洲到美洲热带地区。

经济用途 木材用途有限。树皮有时可入药。大多数广泛种植用于观赏。有许多栽培变种和杂交种。

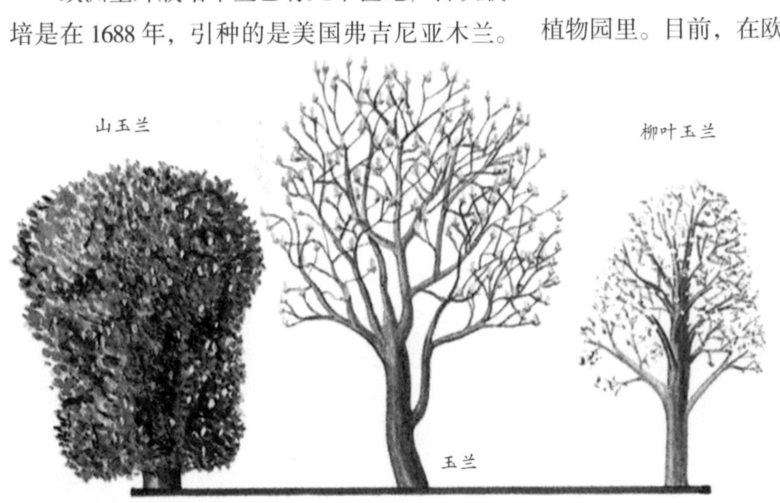

玉兰、日本辛夷和星花木兰。现在杂交品种的数目也呈不断上升趋势，有些是因为意外情况自发出现的，有的是人为地交叉繁育的结果。最常见的杂交种是二乔玉兰（它是中国玉兰和紫玉兰杂交的结果），在 19 世纪 20 年代首次引入欧洲生长，现在已经被许多栽培变种所取代。

木兰喜欢排水性好、含有丰富腐殖质的土壤。有些可以在石灰质土壤中生长，其他的则不能。有一些种可出产有用的经济木料，其中有来自美国东部的荷花玉兰、日本的日本厚朴——经常被误称为卵叶木兰（非正式名），还有来自喜马拉雅东部的滇藏木兰。许多品种的树叶生有“梗骨”以“衬托”花束。树皮可用作滋补剂和普通的刺激物。

■ 木兰属主要的种

木兰亚属

木兰亚属包括8组温带和热带开花树种，有花药，可散落钩状的花粉。树叶长出之后开花；被片轮生。树叶常绿或者落叶，果实形状各异。

常绿木兰组

常绿木兰组包括18个常绿种，托叶连接叶柄和心皮上短且非扁平的喙。

山玉兰 分布于中国云南省。这是一种大型灌木，树高12米；树叶卵形到椭圆形，非常坚韧，长达30厘米，宽15厘米；花朵有6片绿白色的被片；花药淡黄色。

夜香木兰 分布于中国东南部地区。夜香木兰是直立灌木，高2~4米；树叶长圆形，长9~15厘米，革质，上表面发亮；下垂的花有3片绿色的外被片和6片白色的肉质外被片。

大叶玉兰 分布在中国云南省和泰国北部地区。树高6~8米；树叶楔形，长20~65厘米，宽7~22厘米，革质；花呈白色，有8~9片被片。

香港木兰 分布于中国香港。为灌木或小乔木，树高可达4米；树叶椭圆形，长7~15厘米，宽2.5~5厘米，革质；花球形，呈米色，气味芳香，有10片被片。

翅喙组

M.pterocarpa 分布于印度和缅甸。树形类似于大叶玉兰，但不同点在于其心皮上有很长的平伸尖嘴。

厚朴组

该组包括9个落叶种，树叶在枝端轮生。

大叶玉兰 分布在美国东南部地区。大叶玉兰是高10~15米的乔木或大型灌木；树叶很大、椭圆形，长30~100厘米，生耳状、近心脏形叶基；花朵直径达35厘米，基部生6片白色的被片，上面有紫色的斑点。

阿西娅木兰 拉丁名为Magnolia ashei。这种木兰树很小，甚至可以看成是大的灌木。它是一种森林植物，适合长在有遮蔽的地方。它原产于佛罗里达州靠近溪流的林地中，那里的土壤含沙量比较高。这种树是由美国植物学家阿西娅（Ashe）于1928年发现的，和大叶木兰（拉丁名为Magnolia macrophylla）有很近的亲缘关系。野生的阿西娅木兰并不多见，但人工栽培的数量在不断增加。特性介绍：和大部分木兰树一样，阿西娅木兰的树皮即使在成熟后也是很光滑的，树皮颜色为浅灰色。它的叶子在春末才长出来，呈宽阔的椭圆形，长度为30厘米（12英寸）。宽度为20厘米（8英寸），上表面为亮绿色，下表面为蓝绿色。它的花很香，长在小枝末端，花色为白色，底部缀有紫色的斑点，花形为杯形。

三瓣木兰 分布在美国东部地区。三瓣木兰是小型树种，高12米；树叶倒卵形，长30~60厘米，宽18~30厘米；花朵大、白色，具有比较难闻的气味；果实呈淡玫瑰色。三瓣木兰的近亲物种有艾氏大叶木兰(美国)、福来氏木兰（美国南部）等。

日本厚朴 分布在日本。日本厚朴是大型树木，树高可达30米；树叶倒卵形，长45厘米，宽20厘米；花上有2片轮生的被片——外边的呈红褐色，略带淡绿色，里面的被片大且芳香，呈乳黄色且泛灰色。

厚朴 分布在中国东部地区。它是大型树种，树高可达22米；树叶呈椭圆形到倒卵形，长35厘米，宽18厘米；花大、芳香，具有乳白色的肉质被片。

长喙木兰 分布在中国西藏和缅甸。长喙木兰树高可达24米；树叶呈倒卵形到长圆形，长50厘米，宽20厘米；花朵具有绿色的肉质被片，外边的被片轮生，里面的被片呈白色。

木兰亚科组

弗吉尼亚木兰 分布在美国东部地区。这是一种半常绿树，高度可达20米；树叶呈倒卵形到长圆形，长5~10厘米，上表面亮绿色，下表面蓝白色；花朵球形，乳白色，非常芳香，果实亮红色。

天女花组

天女花 分布在日本、朝鲜和中国。天女花是细长的落叶乔木，高度可达7米；树叶倒卵形或椭圆倒卵形，长9~15厘米；花朵生在长柄上，呈杯状、纯白色，雄蕊有深红色的圆花饰。

圆叶玉兰 分布在中国西部地区。这是一种大型的伸展灌木，一般高4~6米；树叶稀疏，呈椭圆形到长圆形，长8~12厘米，宽3~5厘米；花朵杯状、气味芳香、白色，有12片被片；花药有红色的细丝和红色的心皮。

西康玉兰 分布在中国。西康玉兰是铺展型灌木或者小树，高度可达8米；树叶和花与圆叶玉兰相似。

毛叶玉兰 分布于印度锡金邦和中国云南。毛叶玉兰是小乔木，高度可达8米；树叶膜状，长10~25厘米，呈卵形，顶端尖利或有刺，叶基心脏形；花朵白色，有9片被片和紫色的苞叶。

荷花玉兰组

荷花玉兰组包括15个热带常绿树种，分布范围大多局限于加勒比海，它们的花上生无柄的心皮。

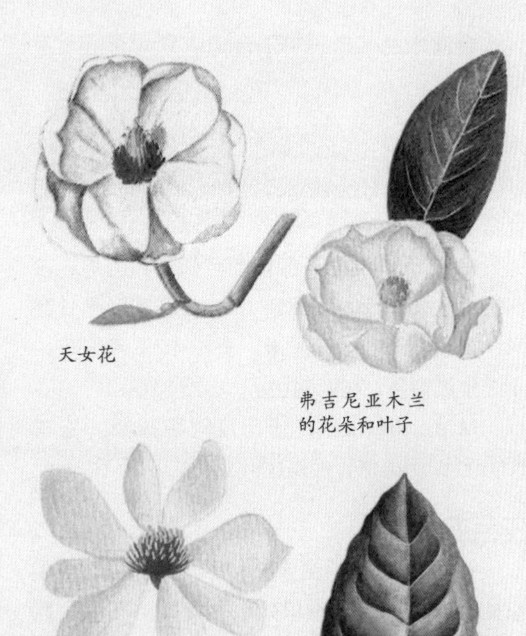

天女花

弗吉尼亚木兰的花朵和叶子

日本厚朴的花朵

山玉兰的花朵和叶子

古巴木兰 产于古巴。古巴木兰树高可达20米；树叶呈窄卵形，长6~8厘米，宽2.5~4厘米，革质；花小，生白色的被片。

多明哥玉兰 产于海地。树高3.3~4米，树枝伸展；树叶倒卵形，厚实、革质，长7~11厘米，宽4~7厘米；花的特点不清楚。

荷花玉兰 分布在美国东南部。荷花玉兰是金字塔树形，高30米；树叶卵形到椭圆形，长12~25厘米，宽6~20厘米；花非常大，直径可达30厘米，生厚厚的乳白色被片和紫色的雄蕊，果实呈红褐色。荷花玉兰有许多栽培变种，近亲物种包括波多黎各玉兰(波多黎各西部)以及虎纹玉兰(波多黎各东部)等。

拟单性木兰组

光叶玉兰 产于中国云南省西北部、西藏东南部和缅甸东北部。光叶玉兰是灌木或乔木，树高6~15米；树叶呈卵形到椭圆形，长10厘米，宽2.5~5厘米，四季常青，表面非常光滑；花朵呈乳白色或黄色，果实短柄，生亮金红色种子。

台湾木兰 产于中国台湾。它与光叶玉兰非常相似。

木兰组

该组包括10个热带亚洲种，树叶短、有柄，生自由的托叶。

M.griffithii 产于印度阿萨姆邦和缅甸。该树较大（具体尺寸不清楚）；树叶椭圆形到长圆形、尖锐，长18~30厘米，宽8~12厘米；花朵小，呈浅黄色，树叶对生。

M.pealiana 产于印度阿萨姆邦。它与M.griffithii类似，但是树叶更小，且无毛。

玉兰亚属

该亚属包括3组温带树种，从花药的侧面裂口处或靠近侧面的裂口处散落花粉。花朵可能早熟，在树叶长出之前开放；也可能花朵被片外层花萼状的轮生体萎缩，然后与树叶一同出现。树叶每年凋落。果实椭圆形或卵形，通常呈扭曲状。

玉兰组

玉兰组共5种，生9片几乎相等的被片，先开花后长叶。

玉兰 分布在中国云南省和中国中部。树高可达18米，枝条铺展得很开，树干的周长可达2.5米；树叶呈倒卵形到椭圆形，长8~18厘米，宽8~12厘米；它的花非常出名，花比较大、纯白色、钟状，生6片肉质瓣状被片。木兰是木兰属最早的栽培植物，在中国唐朝就已经开始栽培，它与中国的其他木兰种是近亲，其中包括武当木兰、康定木兰和凹叶木兰。

望春玉兰组

望春玉兰组包括5个温带树种，被片轮生；先开花后长叶。

日本辛夷 产于日本北部。日本辛夷是大型落叶乔木，树顶略呈圆形，树高20~35米；树上细长的枝条和幼嫩的树叶揉碎之后闻起来具有芳香的气味；树叶倒卵形，长8~12厘米；开白色的花，生6片被片。

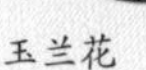
玉兰花

柳叶望春玉兰的花朵

星花木兰的花朵

紫玉兰的花朵

柳叶望春玉兰 产于日本哈考达山区。树形苗条、金字塔形，高5~7米；树叶窄卵形到披针状，长达10厘米；花与日本辛夷相似。

星花木兰 产于日本。这是一种多枝灌木，高5米，宽度与之相等；年幼时树皮具有芬芳的气味；树叶窄倒卵形，长达9厘米；花朵纯白色，生12~18片被片。星花木兰的近亲种包括望春木兰（中国东部）和黄山木兰（中国北部和中部）。

紫玉兰组

黄瓜树 产于美国东部地区。黄瓜树是大型乔木，具有金字塔树形，高20~30米；树叶卵形，呈亮绿色，长12~25厘米，下表面被毛；花朵呈黄绿色、杯形、直立，略有香味；果实像黄瓜。

心叶玉兰 产于美国东部地区。灌木或乔木，高度可达10米；树叶宽卵形，长8~15厘米；花朵杯形、黄色，里面的被片上有红色的线。

紫玉兰 产于中国。大型灌木丛，高2~4米；树叶呈椭圆形到卵形，长9~20厘米，向尖端逐渐变细，上表面黑亮绿色，下表面有绒毛；花朵的被片呈现葡萄酒一样的紫色和白色。

鹅掌楸属

北美鹅掌楸

鹅掌楸属只包括2种落叶乔木，即产自北美洲的鹅掌楸和产自中国中部地区的鹅掌楸，它们在温带气候环境里耐寒，但是后者很少进行人工栽培，在20世纪初才首次引进欧洲。北美鹅掌楸是一种生长迅速、富丽堂皇的树种，在原产地树高可到50~60米，它是17世纪从美国引入的首批物种之一，一些漂亮的标本树在大花园里作观赏树。北美鹅掌楸‘fastigiatum’是一种栽培变种，树干更直。

鹅掌楸的树叶互生、顶端平截。类似郁金香的花单生于短小枝的枝端，花朵黄绿色，有橙色的大斑点，生3片花萼和6片花瓣。雄蕊数目庞大，外边围绕着密密堆积的尖端变细的心皮柱。一些成熟的鹅掌楸（20~30年）通常在5~7月间开花。

鹅掌楸在肥厚的土壤中长势最好，应当在早期给予它永久性种植地，不要移植。在公用场地和礼仪区可种植鹅掌楸形成漂亮的风景林。树叶整个夏季都呈现新鲜的亮绿色，在秋季变成金黄色和柠檬色。

鹅掌楸的木材具有重要的价值，木质轻软、纹理细密，呈黄色，大量用于细木工作业、做家具和制船。木材不易裂开，容易加工。鹅掌楸的内树皮据说有药用价值。

知识档案

北美鹅掌楸

种数 2

分布 北美东部和中国。

经济用途 北美鹅掌楸在北美洲是重要的木材树，鹅掌楸属的2种都广泛种植用于观赏。

↗ 北美鹅掌楸（拉丁名为Liriodendron tulipifera）是1650年由约翰 特拉德斯凯特引入欧洲的。

↖ 北美鹅掌楸在夏季大部分时间里都会绽放类似郁金香的花。在野外树高可达45~60米，具有庞大的树干。鹅掌楸和北美鹅掌楸的树叶形状相同，但是前者“腰部”更明显，裂片之间的凹槽更深，而且中脉更长。

鹅掌楸属主要的种

郁金香树　分布于北美洲东部，从安大略湖到北部的纽约，再到南部的佛罗里达州。又叫北美鹅掌楸。树高为50米（165英尺），树形为宽阔的筒形。

郁金香树是北美洲最大、生长速度最快的落叶树之一。它的树形大小、花朵、叶形和忍受大气污染的能力使它格外引人注目。它能适应极端的气候，无论是加拿大严寒的冬天，还是佛罗里达州炎热的夏季，都吓不退它。

郁金香树的树皮为浅褐色，很光滑，随着年龄的增大树皮上逐渐会出现裂缝。在成熟的时候，郁金香树上能明显看到笔直的主干和宽阔的树冠。它的叶子为深绿色，长度可达15厘米（6英寸），叶片两侧均有一条浅裂纹，顶端叶像被剪了一刀。叶片的下表面几乎为蓝白色。在秋季落叶前，这些叶子会转变成黄褐色。当郁金香树达到12~15年时，花朵就会在夏季盛开。这些花朵直立，长为6厘米（2.5英寸），形状和郁金香相似，每朵花有九片花瓣，花朵底部为绿色或亮绿色到橙黄色。每朵花里面都有一簇橙黄色的雄性花蕊。不过可惜的是，这种树在年老之后，树枝就会变得很少，而花朵通常又只长在树体的顶端，所以一般很难欣赏到。

鹅掌楸　分布于中国局部地区，1875年首次在庐山发现。它比北美鹅掌楸的树小，枝叶长得更浓密，高度可达20米；二者的叶形略相似，但鹅掌楸的树叶下表面覆有细细的绒毛，用手持放大镜可以看见；鹅掌楸的花朵更小，颜色更绿。

花朵谢了以后，郁金香树的树叶开始变色，又是另一番美景。

北美鹅掌楸的叶子、花朵、果实和树皮

北美鹅掌楸

鹅掌楸的叶子

樟科 > 月桂属

月桂

月桂属只包括 2 种，即月桂和加纳利月桂，二者均为常绿灌木或乔木。它们的小枝无毛，树叶也无毛，叶缘完整，揉碎后具有芬芳的香气；花朵单性，簇生在小叶腋上，萼片 4 片一组轮生，雄花通常有 12 个（8~14）雄蕊，花药张开，雌花有 4 个退化的雄蕊；果实为浆果，外边的花被不凋落。

月桂与阿波罗神紧密联系在一起，它是胜利的象征，人们用月桂扎成的花冠和花环表示荣誉。在中世纪，只有高贵的人物才能被授予月桂花冠，这就是“桂冠诗人”这个词的由来。大学生又被称为 Bachelor（文理学士，单身汉），这个词就来源于拉丁文“baccalaureus”，它的意思是桂樱。大学生曾被禁止结婚，因为这样可能导致学业上分神，现在这个词的延伸意指所有的未婚男士。

↖ 月桂树是公园和庭院里非常受欢迎的观赏树。它可以进行修剪，常常出现在房屋、宾馆和饭店的门口。

通用名里带“月桂 (laurel)”一词的植物		
通用名（俗名）	种（学名）	科
琼崖海棠	Calophyllum inophyllum	藤黄科
月桂	Laurus nobilis	樟科
苔地月桂	Kalmia polifolia	杜鹃花科
加州桂树	Umbellularia californica	樟科
香樟树	Cinnamomum camphora	樟科
加纳利群岛月桂树	Laurus azorica	樟科
桂樱	Prunus laurocerasus	蔷薇科
智利月桂树	Laurelia semperivens	Monispermaceae
厄瓜多尔月桂	Cordia alliodora	紫草科
杜鹃花	Rhododendron maximum	杜鹃花科
印度月桂树	Terminalia alata	使君子科
日本月桂树	Aucuba japonica	桃叶珊瑚科
山月桂	Kalmia latifolia	杜鹃花科
葡萄牙月桂树	Prunus lusitanica	蔷薇科
狭叶山月桂	Kalmia angustifolia	杜鹃花科
斑点月桂树	Aucuba japonica	桃叶珊瑚科
桂叶芫花	Daphne laureola	瑞香科
沼泽月桂	Magnolia virginiana	木兰科
塔斯马尼亚月桂树	Anopterus spp	醋栗科

月桂在它的原产地地中海以外被广泛种植，月桂树芳香的叶子可做烹饪调料。月桂在大多数温带地区一般都耐寒，而且对土壤不是很挑剔，但还是要求排水良好、能够接受阳光。许多月桂被种植在盆子里，并进行修剪。它们特别适合种在靠近海岸的地方。月桂

的树叶曾用于医学上，它含有大约 2% 的桉树脑油——一种萜烯，气味有点像樟脑。这种油分布很广，人们发现桉树和白千层（白千层油）上也含有这种油，桉树和白千层都属于桃金娘科，另外菊科蒿属（菊科）许多种类含有土荆芥油。

野生的加纳利月桂树高近 20 米，它与月桂的区别是它的树叶更大，长 6~12 厘米，小枝有绒毛。加纳利月桂树是加纳利群岛和亚述尔群岛（在北大西洋，属葡萄牙）的本地种，耐寒能力不如月桂，人工栽培很少见。

“Laurel（月桂树）”这个词根常常与 Cherry Laurel（桂樱）和葡萄牙月桂树联系在一起，它们都属于蔷薇科，还有山茱萸科的斑点月桂树或日本月桂树（桃叶珊瑚）。桂樱和葡萄牙月桂树的树叶深绿色、革质，呈椭圆形，且叶缘完整。一片完整的桃叶珊瑚的树叶也是如此，树叶上之所以有斑点是因为叶绿素色素被病毒感染局部破坏所致，但不影响类胡萝卜素的色素。如果将月桂的树叶对着光看，就可以看到它半透明的边缘，根据这一特点可将它与以上所有的种区分开。

伞桂属

加州桂树

常绿加州桂树也叫加利福尼亚桂树、加利福尼亚檫木、俄勒冈桃金娘以及头疼树，它是伞桂属里唯一的种，分布在美国加利福尼亚州和俄勒冈州太平洋海岸地区。加州桂树高 20~40 米，香气四溢，但有时候在栽培时变成灌木。

加州桂树的树叶互生、表面平滑，近卵形到椭圆形，长 6~12 厘米，顶端变细。花朵很小，呈黄绿色，双性，腋生，伞状花序，直径 15~18 毫米（总状花序与檫木非常相似），在

↗ 桂樱的树叶革质、光滑，呈绿色，微小的绿色花芽穗在早春开放。桂樱之所以得此名是因为它的树叶很像桂树，但是它与真正的桂树（月桂亚属）没有关系。

↗ 加州桂树在美国加利福尼亚州的思克尤原始森林里高度可达40米，但是由于具有灌木习性和刺激性气味，因此在花园里极其罕见。

冬末早春开放。每朵花都有一片花萼，由6裂片组成，没有花瓣，雄蕊以四级轮生排列，最里面的轮生体不能繁殖（退化雄蕊）；花药有4个小室（月桂属是2个）。胚珠单生，果实是李子状的卵形、核果，长2~2.5厘米。

加州桂树的树叶揉碎后闻起来具有辛辣的气味，刺激性很强，使得鼻子和喉咙很不舒服，感到头疼（甚至仅仅坐在树下也会如此），这就是它另一个俗名“头疼树”的由来。它的树叶也可能导致某些人皮肤过敏、眼睛流泪，可能正是由于这个原因，加州桂树很少栽种供人们欣赏。它对土壤不挑剔，只要土壤比较肥沃，而且没有白垩就可以了。加州桂树的木材坚硬、笨重，用于制作装饰物。

檫木属

檫木

檫木属包括3种落叶乔木，分别位于北美洲和中国。最有名的是美国檫木，在它的原产地美国东部地区树高可达30~35米。

檫木属3种的树叶顶端完整或者裂成1~3片，年龄不同叶形也不同；树叶在长出之前会开出黄绿色的花，呈短总状花序。花单性（雌雄异株），有时双性，没有花瓣，但有6片萼片状裂片：雄花有9个雄蕊，四细胞花药；雌花只有1个胚珠，1个花柱，偶尔生有花蕊。果实是蓝黑色的卵形核果。

美国檫木的树皮呈灰色，沿垂直方向有裂缝，间或出现规律的横向裂口。树叶从基部生3条叶脉，形状多变：幼年期呈楔形，成熟时树叶的顶端三裂。树叶揉碎后闻起来具有强烈的橘子、柠檬和香草的气味，成熟的树上只有少数圆裂的树叶。它的果实长1厘米，呈蓝黑色，生在亮红色的叶柄上。美国檫木在温带地区耐寒，由于它的落叶起初是黄色，最后变成橙色到猩红色，非常漂亮，因此人们对它进行广泛栽种以供观赏。

檫木全身都有芳香气味，已经被用于制作香烟和根啤（注：这是一种以黄樟油、冬青油为香料的无醇饮料）。从根部干燥的内树皮提取出来的檫木油含有约80%的酚类化合物黄樟油精，已经被用于对付虱子，处理蚊虫叮咬。美国檫木的原名（S.officinale）会使人们想起它在医学上的用途（officinale意为成药）——

↗ 檫木的树叶形状多样，通常在树叶的一侧或两侧有明显的瓣，其间有圆裂。树叶长8~18厘米，上表面具光泽，为深绿色，下表面为浅蓝绿色。揉碎的树叶有浓烈的橘子和香草气味。

檫木油可做祛风剂（治疗胃肠气胀）和刺激剂，前提条件是二者不冲突。现在檫木油只局限用于香水和化妆品。英国政府在 1965 年建议禁止檫木油用作香味剂，因为一篇报道说 0.5% ~1.0%的檫木油加入老鼠饮食中都可能导致它患上肝癌。

檫木的木材经久耐用，可用作篱笆柱和柴火；美国土著居民用它中空的树干制作轻舟，可长久使用。

林仙科 > 林仙属

林仙树

知识档案

林仙树

种数 11

分布 中美洲和南美洲，马来西亚中部，澳大利亚和塔希提岛（位于南太平洋，法属波利尼西亚的经济活动中心）。

经济用途 干果可食用，也可做胡椒粉；树可做树篱。

林仙属（Drimys）约含 11 种常绿灌木和小乔木，它们的树皮及其他部分或芳香，或辛辣，或既芳香又辛辣——这就是该属名称的由来，希腊文 Drimus 就是“辛辣”的意思。林仙树原产于澳大利亚（包括塔斯马尼亚）、新喀里多尼亚、马来西亚、中美洲和南美洲，它们的树叶完整、无毛；花朵腋生、簇状，很少单生，直径通常小于 5 厘米。

林仙树只适合栽种在温带地区比较温暖的地方，能耐寒，但在冬季长期冰冻的气候条件下不能存活；在温暖地区之外，需要温室才能成功栽培。林仙树是有名的栽培物种，它在温带较温暖地区的植物园和公园里具有很重要的地位。

尽管林仙树有时候只能达到大型灌木的高度，但是更多时候人们还是把它当做树来看待，树高 8~16 米。树叶近椭圆形或倒披针形，长度可达 20 厘米；花朵白色、芳香，花的直径可达 4 厘米，花瓣窄，数目在 5~20 片之间；果实是肉质浆果。温氏辛果 (分布在安第斯山脉，范围从火地岛到墨西哥) 这个名称是为了纪念一位名叫温特的船长，温特与弗朗西 · 德雷克一同航行，在麦哲伦海峡附近收集一种树上具有强烈香气的树皮，并用它帮助全体船员预防坏血病。这种树天生比较矮小，高度只有 1 米，在生长早期开花。

↗ 林仙树在夏初开花，许多花朵松散地集在一起形成球状花序。每朵花生在2.5厘米长的花梗上，花瓣白色，花心黄色。

山椒有时也用于栽培。山椒是一种灌木或高达 5 米的乔木，原产于塔斯马尼亚和澳大利亚东部地区。它的小枝呈红色，树叶椭圆形或者倒披针形，长 1.5~7 厘米，叶柄短、红色。白色的花朵簇生，每朵花的直径大约为 13 毫米。山椒雌雄异株，雄花有 20~25 枚浅黄色的雄蕊，略带桃色，雌花只有 1 片心皮。果实具有辛辣的气味，为黑色浆果，晒干后可做调料。

连香树科 > 连香树属

连香树

连香树是一种颇受欢迎的风景树，每年落叶，原产于中国和日本。连香树属只有 2 种，一种来自日本，在那里它是最大的落叶树，高度可达 30 米；但在中国最有代表性的是它的一个变种毛叶连香树，树高可达 40 米，只有一个主树干，栽培时较小，而且一般除了主干之外还有其他的枝干。

连香树的树叶呈心脏形，类似于南欧紫荆，树叶对生，看起来像是层状分布。在秋季，树叶可能变成猩红色、深红色、橙色，最后是黄色，颜色多变，非常漂亮。花朵单生，不生花瓣，雌雄异株。雄花有小小的花萼和 15~20 枚雄蕊，而雌花有 4 片较大的绿色萼片，4~6 片（罕见 5 片）心皮，具有长的紫红色花柱。它的果实是蒴果，呈黄绿色，裂开后产生许多种子，种子有翅。

↗ 连香树的树叶颜色特别富于变化。一般说来，幼树在秋初是猩红色和深红色；老树的树叶浅黄色和粉红色，但随着时间的推移它们可能变成金色、粉红色、紫色、红色和橙色。然而，在干燥的年份里，树叶可能根本不会变色。

在温带地区连香树能够耐寒（但还是会被春天的霜冻冻伤），但它仍然喜欢生长在半荫凉或光照充足的环境里，是最受欢迎的荫凉观赏树。连香树喜欢潮湿、肥沃的土壤，是理想的森林底层植物。它的木质纹理细密，可用于制作家具、房屋和其他建筑物的内部装置。

连香树属的分类学归属尚未确定，很大一部分是因为对雌花的解释有争议：依据其花序里花朵的数目对应于心皮的数目，它应是单花还是聚集的花序？目前将连香树属归入金缕梅亚纲里的连香树科。

悬铃木科 > 悬铃木属

梧桐和风箱树

梧桐在美国也被称为小榕树或风箱树，它们是高大的落叶乔木，树皮一般为鳞片状，非常有特色。悬铃木属包括 9 种，除了英国梧桐（欧洲东南部到喜马拉雅山）和假海桐（局限于印度支那）之外，原产地都在美国。在温带并非所有的种都耐寒。

梧桐通身都覆盖着星形的绒毛。树叶单片互生、手掌状，3~9 裂（假海桐除外，它的树叶呈椭圆形到卵形，生羽状脉）。叶柄较长，基部较粗，在腋芽上形成一个兜帽。托叶大，包裹住芽，但是很快脱落。花朵单性，生在同一棵树分离长柄的球状头上，花朵有 3~8 枚小萼片，萼片离生且被绒毛。雄花有 3~8 枚雄蕊，花瓣的数目与之相同，汤勺状，而且雌花分离的胚珠数目也是 3~8 个，每粒胚珠的基部都有一簇长绒毛。梧桐树的果实是由一簇簇悬挂的小坚果组成的，每个坚果生 1 粒种子，种子随

知识档案

梧桐和风箱树

种数 9 或 8

分布 北半球。

经济用途 有些是用其木材，但更多的是作为观赏树，特别是二球悬铃木，由于它能够减轻城市污染而广受欢迎。

着基部的绒毛一起脱落。

人们之所以种植梧桐主要是因为它的观赏价值。梧桐树最好生长在深厚的沙土里。大部分栽培种类可能都是杂交种。梧桐树成熟之后树形高大，例如在巴尔干半岛，三球悬铃木自古以来一直种在广场上遮荫——“梧桐树荫遮天蔽日”（出自古罗马诗人维吉尔的田园诗）。风箱树也就是美国梧桐或者一球悬铃木，它是 2 种主要的观赏树种之一。风箱树生长迅速、美丽壮观，树高可达 40~50 米。它一般种植在北美洲，特别是美国东南部地区，既可以观赏也可以做木料，但在欧洲长势不太好。

英国梧桐（也就是二球悬铃木）以能够忍受烟尘而闻名，它可以生长在城市人行道的两旁，也可以种在水边。二球悬铃木是许多欧洲城市广场和人行道的常见风景树，在英国从 18 世纪以来都是城市里最受欢迎的树种，它可能是三球悬铃木和一球悬铃木杂交的结果，首先出现在牛津植物园，并很快风靡英国。英国梧桐像风箱树那样具有高高的树干，鳞状树皮非常吸引人，弓形的树枝以及悬挂的球果在冬天形成非常漂亮的景象。据说梧桐树及其他悬铃木幼树上的星状绒毛，特别是种子上的冠毛，不仅可能严重刺激上呼吸道，引起“鼻黏膜炎”、花粉热症状，而且可能影响肺部。梧桐树的木质坚硬，纹理漂亮，已用于制作花哨商品的缀饰，而且通常可用于装饰。做劈材还可以在开放的壁炉里旺盛地燃烧。

悬铃木属里的种类彼此之间非常相似，它们是如此相似以至于过去被认为是个单一但高度变化的种类。

◎**相关链接**——

法国梧桐树很高大。据说古希腊的“医药之父”希波克拉底曾在这种梧桐树下教授知识，这棵树目前还在科斯岛上屹立不倒。无独有偶，在布郁克迭热（Buyukdere）附近的博斯普鲁斯海峡（Bosphorus）也有一棵巨大的法国梧桐树，被称为“戈弗雷代布永（Godfrey de Bouillon）之树”，据说他和他的武士在1096年第一次十字军东侵时就是在这棵树下扎的营。法国梧桐树在17世纪时被引入到美国。

法国梧桐树是所有温带落叶树中最高大的树种之一，其高度可达30米（100英尺）。它的树冠很开阔，树干的周长可达6米（20英尺）。它的树皮为黄灰色，有翘起，翘起处呈现出奶油粉色的内皮。它的叶子呈手掌状，长为20厘米（8英寸），宽为25厘米（10英寸），由5片狭窄的浅裂叶组成，上表面为有光泽的绿色，下表面为浅绿色，在叶脉处有褐色的绒毛。这些叶子在小枝上交替排列。秋季时，它们先转变成淡黄色，最后转变成金黄色。它的果实为球形，类似于肉豆蔻，直径为2.5厘米（1英寸），以2~6颗成簇挂在下垂的叶柄上。

↗ 法国梧桐树的果实整个冬天都挂在树上。

二球悬铃木的生长高度大都在30米以上，树干平滑、挺直。树皮呈棕色或者深灰色，树皮脱落露出大块白色或黄色的斑纹，因此即便树叶脱落后仍然显得很迷人。

三球悬铃木的叶子和果实

二球悬铃木的叶子和果实

一球悬铃木的叶子

■ 悬铃木属主要的种

第一组：每个柄上生头状果3~7个，罕见2个；树叶深裂。

三球悬铃木 分布在欧洲（巴尔干半岛）、克利特岛(位于地中海东部,属希腊)、亚洲和喜马拉雅山区。三球悬铃木的树高约30米；树皮鳞片状，呈灰色或绿色；树叶宽20厘米，5~7裂，裂缝至少达到树叶的一半长度，一般呈现锯齿状，下表面光洁；头状果2~6个，每粒果实的直径可达2.5厘米。有些三球悬铃木的变种可能是杂交种。塞浦路斯梧桐有时候也被归入三球悬铃木，但现在认为它只是三球悬铃木的一个变种。

加利福尼亚梧桐 分布在美国加利福尼亚州。加利福尼亚梧桐的高度可达40米；树叶直径15~30厘米,5裂，少数3裂，下表面覆有绒毛，圆裂片完整或有少许齿；头状果2~7个，直径2.5厘米。该种在美国西南部之外非常罕见，而且枝叶不太茂盛。

P.wrightli 分布在墨西哥以及与美国南部相邻的地方。它的树高25米；树叶深裂成3~5片毛尖形裂，裂完整或几乎完整，起初在上下表面都被绒毛，后来下表面的毛脱落；头状果2~5个，大多有柄，且光滑，瘦果平头或者圆形，一般每年脱落。它与加利福尼亚梧桐是近亲，有时候会被认为是加利福尼亚梧桐的一个变种，但实际上它的树叶深裂至心脏形叶基，而且头状果不超过4个。

第二组：柄上生头状果1个或2个，少数有更多个；树叶大多浅裂。

一球悬铃木或风箱树、美国梧桐、美国小榕树 分布在美国东部和东南部地区。一球悬铃木的树高40~50米；树皮乳白色、鳞片状，基部颜色较深，老树尤其如此；树叶宽10~22厘米，长度与宽度相近，大多3裂，很少5裂，裂缝浅；头状果直径约3厘米，大多单生，双生的很少见。

二球悬铃木或英国梧桐 广泛种植于欧洲和北美洲。二球悬铃木的树高35米，树皮呈鳞片状；树叶宽12~25厘米，3~5裂，裂缝延伸长度大约为树叶长度的1/3，中间裂片的长度与树叶宽度相等；叶柄长3~10厘米。头状果一般为双生，簇生比较少见；有些种子能够繁殖，但是发芽率比较低，树苗可变，这正是杂交种的特点。二球悬铃木的起源尚不清楚，曾经认为它是三球悬铃木的一个变种，然后通过人工栽培稳定下来的，普遍认为是三球悬铃木和一球悬铃木的杂交种，但现在仍然有人认为它是三球悬铃木的一个变种。早期英国梧桐被称为杂交悬铃木和二球悬铃木，但是不存在可靠的标本以验证身份，然而，它是一个叫做奥古斯塔斯·亨利的人在1878年从比利时苗圃引种的。英国梧桐与二球悬铃木的生长习性和叶形差别很大，一般说来后者更大，而且树叶更轻，呈绿色，裂片边缘齿更多，整片树叶的边缘略微下垂。现在，它被单独归入悬铃木属的"奥古斯塔斯·亨利"种，可能是二球悬铃木同一个母种（一球悬铃木和三球悬铃木）的另一个变种。

二球悬铃木
及其树干

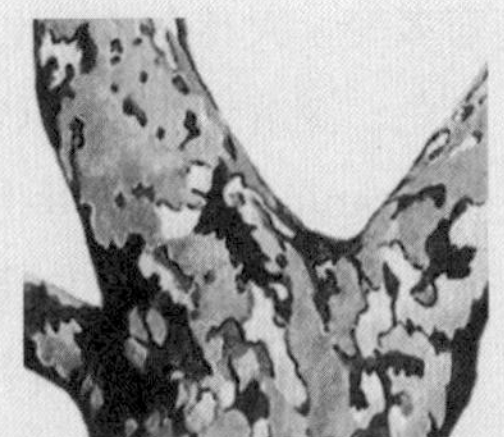

金缕梅科 > 金缕梅属

金缕梅

金缕梅属是由 4 种或 5 种（也可能是 6 种）落叶灌木或小乔木组成的，原产于东亚和北美洲东部，大多数种以及它们的杂交种和栽培变种都很受欢迎，这是因为它们在严寒的 12 月到次年 3 月开出蜘蛛状的黄色花或锈红色的花（北美金缕梅除外）。金缕梅的花瓣、萼片和雄蕊一般是四片，但有时候是五片；树叶与欧洲榛树相似，通常在秋季变成漂亮的黄色或红色。北美洲的早期居民正是利用这种相似性，使用嫩枝进行水占卜，它的俗名（Witch Hazel）来源于其树枝的顺从特性，这个俗名也适用于无毛榆树和鹅耳枥，"witch"这个英语单词在古代是指任何树枝特别顺溜的树。

北美金缕梅分布在美国东部和加拿大，它是一种大型伸展灌木或者高 7~10 米的乔木。秋天，树叶变成黄色，绽放出小黄花，特别能够抵御寒冷的天气。它的树皮、树叶和嫩枝可入药，广泛

↗ 金缕梅在整个冬季都绽放窄窄的、香香的黄色花，再加上树枝粗短、伸展，使整棵树看起来特别迷人。

用作收敛剂和散热剂，可用于治疗切伤和淤伤；萃取液含有能够使血管收缩的物质，能够止血。

日本金缕梅产于日本，是灌木或小型乔木，树高可达 10 米，花朵生波状花瓣，有淡淡的香味。树叶在秋季变成黄色。该树种形态多变：大花金缕梅比较高，芳香金缕梅花瓣红色，淡黄金缕梅花瓣有皱褶、呈灰黄色，而“Zuccariniana” 3 月开出的花朵呈柠檬色。

金缕梅分布在中国西部和中西部地区，是金缕梅属中最漂亮的树种。它是灌木或者小型乔木，树高可达 10 米。花朵香气浓郁，花瓣非波浪状。金缕梅最好的栽培变种是“Pallida”，在 1 月和 2 月开放较大的硫磺色的花。

杂交金缕梅是上述金缕梅和日本金缕梅的杂交种，具有许多栽培变种，最初出现在美国阿诺德植物园。春金缕梅是一种灌木，高度可达 2 米，在 1~2 月绽放芳香的小花，颜色从灰黄色到红色都有。

枫香属

枫香树

枫香属的树种都含有树脂，分布在南北半球，它们的树叶呈手掌状，柄长，3~7 裂，与枫树有些类似，不同在于枫香树树叶互生，而非对生。枫香树绽放黄绿色的花朵，不太显眼，单性、雌雄同株，雄花短、簇生，每朵雄花上只有 1 个雄蕊，雌花具有球状头，每朵花生有略扁的胚珠；生蒴果、翅种。

枫香树使秋天看起来十分美丽，大多数作为风景树，但只有美国枫香树随处可见。枫香树最好生长在肥厚但不太潮湿的土壤中，用种子繁殖，但是次年才发芽。枫香树的秋色非常迷人，树叶呈猩红色到深红色，但在质量和数量上差别很大。

枫香树的木材就是商业上有名的缎光胡桃木，可做家具、细木工以及薄板。它那芳香的树脂胶也就是美国苏合香和液态苏合香，分别来源于美国枫香树和东方枫香树，可用于制造香皂、咳嗽酊剂、除痰剂以及处理皮肤病的薰剂，例如疥疮。老式复方安息香酊里含有液态苏合香，用做支气管病变的吸入剂。苏合香这个词也是一个俗名，来源于安息香科的安息香属。

枫香树很少栽培，但在它的原产地，木材可用于制作茶叶箱，树叶可喂蚕。

◎相关链接——

天堂之树是快速生长的中国树种，它的叶子很大，类似于梣树，1751年的时候被引入到欧洲。它的适应性很强，可以在城镇里茁壮成长。但是，它会长呼吸根，导致街道上出现裂缝，这些裂缝出现的位置和树体的距离甚至能达到20米（65英尺）。和雌性树相比，雄性的天堂之树并不常见于人工种植，因为后者开出的花有一股难闻的气味，会引起恶心和头痛。

天堂之树的树皮和梣树很像，瓦灰色，刚开始的时候相对较光滑，随着年龄的增长其表面会出现浅显的竖直裂缝。它的羽状叶长为75厘米（30英寸），由15~20片小叶组成，每片小叶长为12.5厘米（5英寸），顶部收拢形成长的尖端。它的雄花和雌花均为黄绿色，在夏季时，以大的圆锥花序分别在不同的树体上开放。然后等到雌性树的花朵谢落，会结出很多大大的结荚串，其内包裹着类似于岑树的带薄翼的种子。这些结荚刚开始时为绿色，成熟后则变成红褐色。

■ 枫香属主要的种

美国枫香树 分布在美国东部、墨西哥和危地马拉。为落叶乔木，野生树高可达45米，但人工栽培的只有10~15米高；树叶宽10~18厘米，5~7裂，在秋季变成美丽的红色；头状果上有小小的盾鳞。

“Levis” 美国枫香树的栽培变种，树枝没有鳞状树皮，树叶在秋天非常漂亮。

“Variegata” 美国枫香树的栽培变种，树叶上有黄色的标记。

“Rotundiloba” 美国枫香树的栽培变种，树叶有3~5个短圆裂片。

垂枝风香树 美国枫香树的栽培变种，树枝向下弯曲，下垂，形成窄的树冠。

东方枫香树 分布在小亚细亚。它是落叶乔木，野生的树高30米，但是人工栽培的树高不足10米。它不如美国枫香树那么常见。树叶宽(4)5~7(9)厘米，通常5裂，生不显眼的锯齿。

枫香树 生在中国南部和中部地区以及印度支那。枫香树是落叶乔木，野外树高可达40米；树叶3裂（少数5裂），宽（8）10~15厘米；头状果上生有细的锥形刚毛。

光叶枫香树 枫香树的变种，树叶无毛，一般基部较平，只有小树叶呈心脏形，没展开的时候是青色的，后来变成青铜色到深红色，然后变成暗绿色，在秋季又变成深红色。

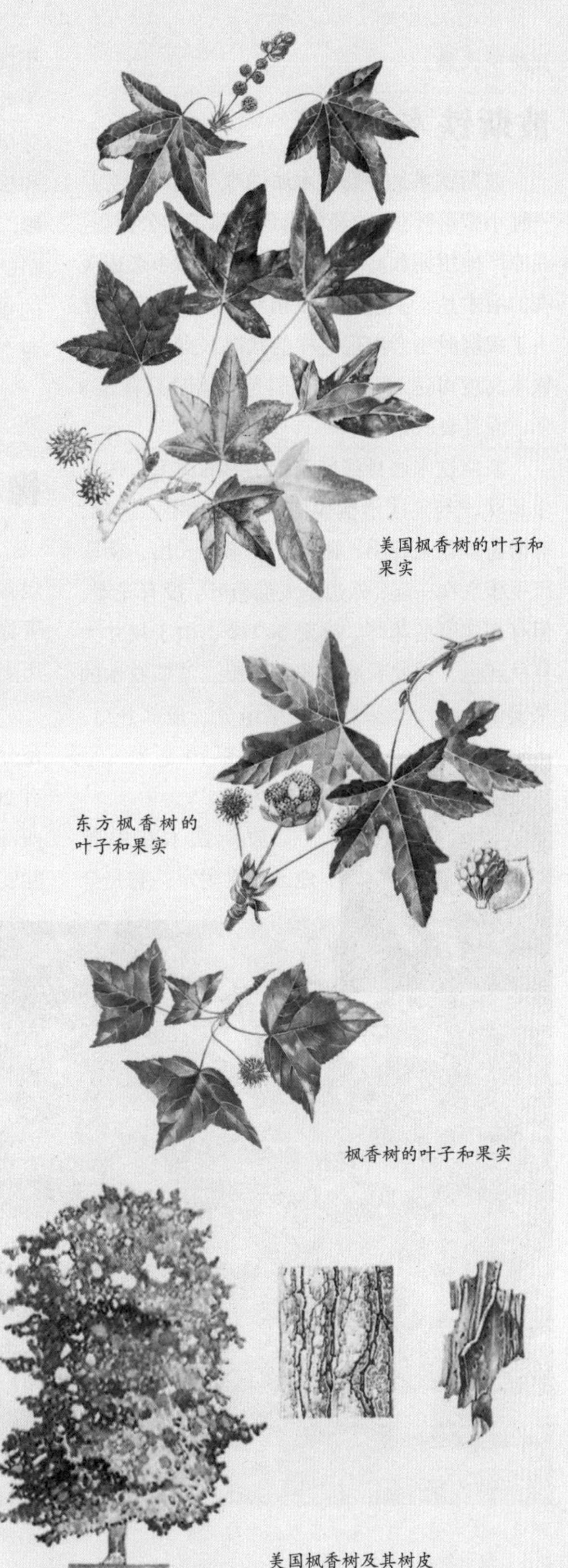

美国枫香树的叶子和果实

东方枫香树的叶子和果实

枫香树的叶子和果实

美国枫香树及其树皮

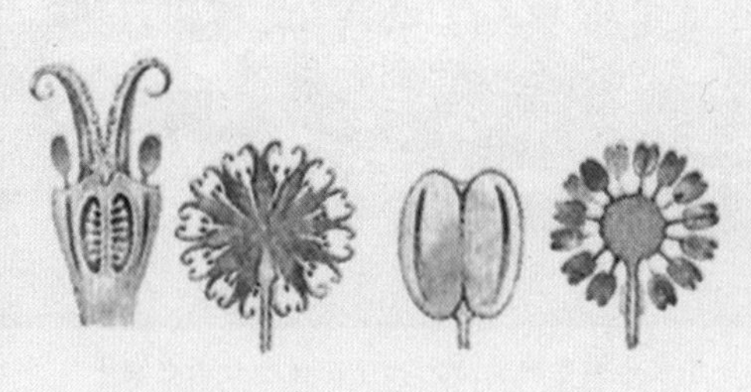

美国枫香树的雄花和雌花

波斯铁木属

波斯铁木

波斯铁木是波斯铁木属的唯一成员，它是一种小型落叶乔木，经常出现在温带的公园里。在原产地伊朗和高加索山脉，波斯铁木形成茂密的灌木丛，主茎和树枝相互缠绕在一起，在人工栽培时也会出现这样的状况。野生的波斯铁木高度可达 15~20 米，但是栽培时只有 5~8 米，而且有时是灌木。

波斯铁木通身都覆盖着星形的绒毛。树皮呈片状，与英国梧桐很像，树叶互生、蜿蜒，有锯齿。花朵较小、两性，在早春长出，密密匝匝簇生在一起，外边是大的苞叶，没有花瓣，但有 5~7 裂的花萼。雄蕊 5~7 个，由于尺寸大且呈红色，因此看起来非常显眼。波斯铁木的果实由 3~5 个坚果状的蒴果组成，顶部开口。种子长 8~10 毫米，呈亮褐色。

波斯铁木在温带地区非常耐寒，它是全年性观赏树：在早春绽放的花朵非常漂亮，先于叶子出现开放；春季树叶呈淡红色；夏季花芽呈深褐色，顶端下弯；秋季树叶变成金黄色和深红色，色彩缤纷，煞是好看；冬季树皮显眼。波斯铁木最适宜生长在阳光充足或稍微阴暗的地方，喜欢肥沃的、排水良好的土壤。它的栽培变种垂枝波斯铁木的枝条下垂，十分美丽奇特。

壳斗科 > 栎属

橡树

栎属是一个比较大且经济价值高的属，它包含的许多种类都以高贵的特性和美丽的外形著称。据记载，有些栎属的树已经有 700 年的历史。

从广义的角度看，栎属含 400 多种，主要是分布在北半球，而且绝大部分在北美洲，但有 20 种分布在欧洲、地中海以及亚洲东部和西部。在南美洲，橡树只出现在哥伦比亚境内的安第斯山脉。热带地区的分布范围相对较小，

↗ 波斯铁木是小型乔木或灌木，它的花朵上生许多亮红色的雄蕊，外面是褐色的苞叶，一般在树叶长出之前开花，呈现出特别美丽的早春景色。

主要局限于高山。在喜马拉雅山，橡树生长的海拔范围是从海平面到4000米。它们喜欢相对比较肥沃的土壤，不要太沙质，也不要太干燥。橡树最适宜生长在排水良好的土壤中，如果生长在阳光充足的开阔地里，橡树会形成更漂亮的树冠。

橡树主要是乔木，但有些是灌木；它们可能是常绿的、半常绿的（冬天有树叶，但是春天落叶）或者落叶的树种。橡树的树叶极少完整，边缘通常呈切割状或者有裂，形式各异；雄花和雌花同株，雄花呈下垂的柔荑花序，雌花单生或者2朵以上形成穗状；果实个大、单生，是坚果（橡子），基部向上由不同形状的鳞片形成杯形，边缘重叠成瓦状，少数天然生成同心环形，略封闭。

橡树靠风传播，种间杂交很常见，因此分辨起来比较复杂。

知识档案

橡树

种数 400

分布 北温带地区，南至喜马拉雅山，海拔最高在哥伦比亚。

经济用途 用途广泛，主要用作木材，也栽培作观赏树。

橡树的重要性

橡树的木材是极好的硬木，而且由于它的强度和柔韧性非常好，因此在所有木材中名列前茅。鉴别经济价值不同的橡木可不是一件容易的事情，但是白橡木和红橡木比较容易区分：白橡木更硬，而且更耐用，这2种木材的用途是一样的：制作家具、桥梁、船以及用于其他多种类型的建筑。橡木需要高度抛光，可沿放射线切开，木材的放射线形成漂亮的“银色木纹”，因此非常适合做砧板。一些重要的白橡木物种有：白橡、大果蒙古栎、夏栎以及绒毛栎。

槲树是弗吉尼亚橡树的俗名，据说是所有橡木中最耐用的，可用于制作货车、轮船和工具，但不幸的是现在供应短缺。

↘无梗花栎与夏栎的区别在于它的树枝更直，树干延伸至树冠，树叶非倒卵形。无梗花栎这个俗名来源于它的果实生在小枝上，而不是像夏栎那样生长在细长的柄上。

有些橡树的木材可用于镶嵌木工，例如“棕橡木”，它是橡木被檐状菌牛舌菌的菌丝体污染所致。同样，橡木也可能被杯状菌绿腐病菌的菌丝体污染成深祖母绿色，这种绿色的物质吸引了人们的关注，分离出来可制成一种少见的绿色色素。

橡树和制酒业

酒和橡树自古以来密不可分。罗马人了解橡木的品质，用它做木桶和木缸，在储藏和输运水或酒的时候不会渗漏。虽然其他木材也可以做椭圆形或卵形木桶用于发酵和熟化酒，但新鲜的橡木由于能够增加浓酒的香味而备受欢迎。

栎属里可用于制作木桶的主要种类是来自北美洲东部的白橡以及来自欧洲的夏栎和无梗花栎，不同产地的栎树产生的香味会有细微差别。气候、土壤、树间距和树龄可影响它们的生长速度——树的生长速度越慢，纹理越密，制成的木桶盛装的酒味越好，这是因为从生长缓慢的橡树上吸取的苯酚更多。

其他用途

栓皮是从栓皮栎外表的树皮上得来的，栓皮栎树龄约 20 年时第一次剥皮，然后间隔 9 年可剥皮一次。具体方法是将新剥落的树皮干燥，然后放入水中煮沸，除去里面的杂质并软化它，最后沿着与皮孔平行的方向切开得到渗透性栓皮，或者垂直方向切开获得不漏气的栓皮。栓皮栎经过这种“手术”后仍然可以存活 100~500 年。

橡木经久耐用，但橡树在生长过程中却不断遭受许多侵袭，特别是真菌和昆虫，这样看起来似乎非常矛盾。橡树上会出现大量的虫瘿，曾有的记录是 800 个，它们很少造成严重的后果，实际上有些虫瘿还具有重要的经济价值，例如，栎五倍子含有的丹宁酸就是由一种黄蜂虫瘿形成的。有些栎属种例如葡萄牙栎和柔毛栎是丹宁酸的主要来源，丹宁酸是从树皮和虫瘿提取出来的，具体操作方法是将材料切成小段，然后煮沸、蒸馏。丹宁酸除了用于制革业，它还可以制作自来水笔的“蓝黑”墨水。在中世纪人们就已经从胭脂虫中提取出一种美丽的猩红色染料，它生长在胭脂虫栎 (kermes oak 或 grain tree) 上（其中“kermes”这个词就是阿拉伯文里的昆虫，“grain”这个词是拉丁文里的昆虫）。

橡子的经济价值很小，但是许多鸟类喜食，还可做猪和家禽的食物。

橡树出现在神话中的历史非常悠远，它与雷神宙斯有关。人们原先认为橡树特别容易遭受雷击，莎士比亚在《李尔王》中还出现过表示这种意思的字眼。如果有植物在橡树上生长，人们就认为这种植物具有魔力，因此，出现在橡树上的半寄生虫槲寄生备受推崇，本身具有一定的神话含义。

在橡树的原产地之外，它们被栽种作为观赏树。大多数耐寒且寿命长的橡树通常在秋天产生迷人的色彩。橡树最适宜生长在排水良好的土壤中，如果阳光充足且空旷的地方就会形成更漂亮的树冠。栎属里一些知名的栽培种有红栎、土耳其栎、猩红栎和石栎：红栎的树叶在秋季变成深红色到红褐色；土耳其栎生长迅速；猩红栎的树叶在秋天变成猩红色；石栎的树叶四季常青。石栎也作屏风树、防风林和树篱，在沿海地区尤其如此。

夏季的红栎　　秋季的红栎

俄勒冈橡树的高度可达25米，蜿蜒的树枝形成宽大的树冠。它原产于北美西部，能够经受沿海的冷湿地，在干旱炎热的山地也可生存。

■栎属主要的种

第一组：树叶常绿，存活1年以上，成熟时下表面无毛。

胭脂虫栎 分布在地中海区域。胭脂虫栎通常是灌木，高达2米，少数是小乔木；树叶锯齿状，宽椭圆形，宽度可达5厘米，齿尖；鳞片杯状、伸展。

小叶青冈 产于中国和日本。小叶青冈的高度为18米，栽培种较小；树叶披针状，长5~12厘米，有锯齿；杯状鳞片形成同心环。

第二组：树叶常绿（西班牙栎半绿），可在树上存留1年以上，成熟时下表面呈白色或者灰色。

栓皮栎 产于欧洲南部和非洲北部。树高可达20米，树皮容易剥落；树叶呈卵形到长圆形，长度3~7厘米，尖锯齿，叶脉5~7对。

西班牙栎 天然分布在欧洲南部地区。树高30米，树皮厚，只是轻度剥落；从秋季到春季树叶都不会凋落，树叶呈卵形到长圆形，长4~10厘米，具有4~7对棘状的、三角形浅裂片。

西班牙栎的栽培变种卢康比栎属于杂交种，它的一个明显特征是：主枝与主干相连的地方膨胀，端芽被尖毛包围，侧芽无毛。（它与土耳其栎的区别是：土耳其栎所有的芽上都有尖毛。）

石栎或常青栎 产于地中海、西班牙北部和法国西部。树高20米；树叶卵形到披针形，顶端尖利，长3~7厘米，全部锯齿状或者部分锯齿状，生有7~10对叶脉；橡子苦，不好吃。

冬青栎 产于欧洲西南部。冬青栎与西班牙的石栎非常相似，但是冬青栎树叶的侧脉与中脉的夹角更大；橡子味道甜，可食用。

槲树 产于美国南部和墨西哥。槲树树高20米；树叶椭圆形，顶端圆，长4~13厘米，叶形完整，向外卷曲。它是最漂亮的常青橡树，木质非常好。

第三组：树叶每年落叶或者半常绿，树叶在树上存留时间不到1年；叶形完整。

柳栎 分布在北美洲。树高可达30米，树叶披针形，长5~10厘米，呈灰绿色到黄色。

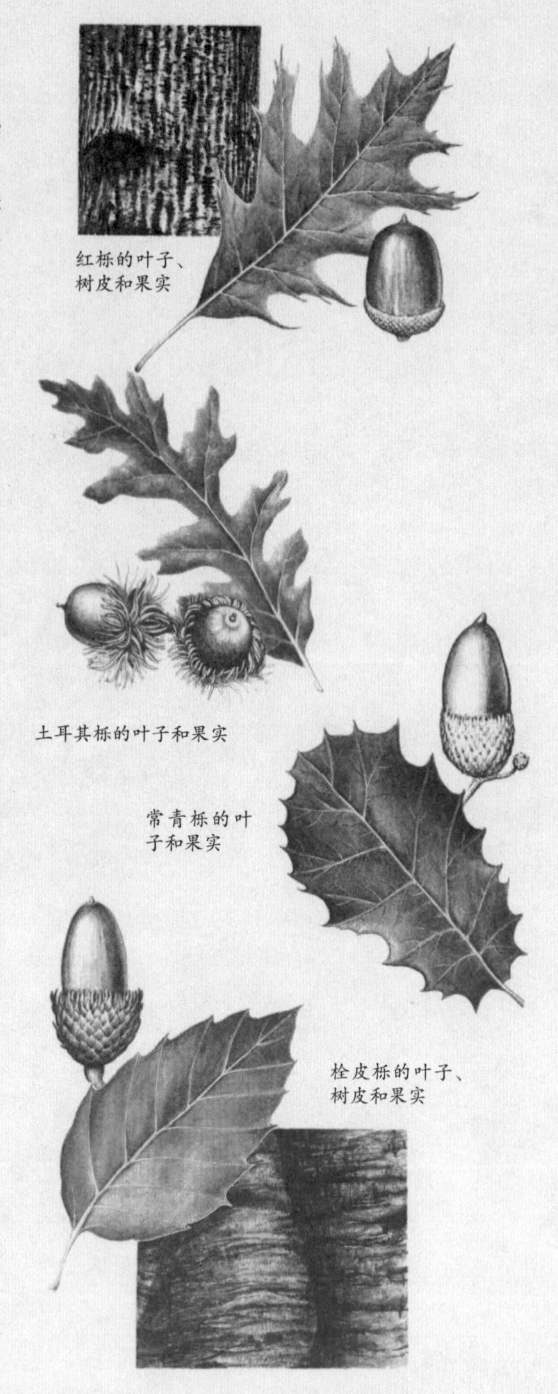
红栎的叶子、树皮和果实

土耳其栎的叶子和果实

常青栎的叶子和果实

栓皮栎的叶子、树皮和果实

第四组：树叶落叶，树叶有裂且裂尖。

马利兰德栎 分布在美国东南部地区。树高可达10米，树叶倒卵形，3~5裂，长10~20厘米，下表面粗糙、生软毛。

美洲黑栎　分布在北美洲。树高30~50米；树叶卵形到长圆形，长10~25厘米，7~9裂，有波浪形锯齿，下表面被毛；它的树皮和橡子可制黄色的染料“栎皮粉”。

红栎　分布在美国东部地区。树高25米；小枝暗红色；树叶椭圆形，长12~20厘米,7~11裂，裂片切点不到中脉的一半位置，下表面无毛，叶腋生毛。

针栎　分布在北美洲。树高30米；树叶椭圆形，长10~15厘米，5~7裂，裂片切点超过中脉的一半，下表面无毛，但叶腋生毛；针栎秋叶的颜色比猩红栎要暗。

猩红栎　分布在北美洲。树高25米；小枝猩红色；树叶椭圆形，长8~15厘米，7~9裂，裂片切点几乎至中脉，下表面无毛，叶腋生毛；秋叶呈猩红色，非常迷人。

夏栎的叶子和果实

第五组：树叶同前组一样脱落，但具有锯齿状尖端，不裂。

黎巴嫩栎　原产于叙利亚和小亚细亚。树高10米；树叶椭圆形到披针形，长5~10厘米；叶脉9~12对。

麻栎　分布在中国、日本、朝鲜和喜马拉雅山区。树高约15米；树叶椭圆形到倒卵形，长8~18厘米；叶脉12~16对。

第六组：树叶落叶，同前组，但锯齿无尖或裂片，可能为棘状。

土耳其栎　分布在欧洲南部和亚洲西部。树高约38米；树叶椭圆形、有齿；叶片没有基耳，长5~10厘米，有4~10对窄窄的裂，杯状鳞片明显较长、纤维状、伸展。

英国橡树　分布在欧洲、非洲北部和小亚细亚。树高45米；树叶倒卵形到椭圆形，裂开，基部有耳，长5~12厘米，3~7个圆裂，裂切口不到中脉的一半位置；果实柄长2~7厘米。

无柄栎的叶子和果实

无梗花栎　分布在欧洲和小亚细亚。树高可达40米；树叶倒卵形到椭圆形，长8~13厘米，有5~9个圆裂，裂切口不到中脉的一半位置，基部无耳；果实一般无柄。

白橡　分布于美国东部地区。树叶倒卵形到椭圆形，生5~9个圆裂，裂切口位置超过中脉的一半。

沼生白栎　分布在北美洲东部地区。树高约30米；小枝无毛；树叶倒卵形到椭圆形，长10~16厘米，弯曲，呈锯齿状，下表面有毛，6~8裂；壳斗比橡子短很多。

夏栎

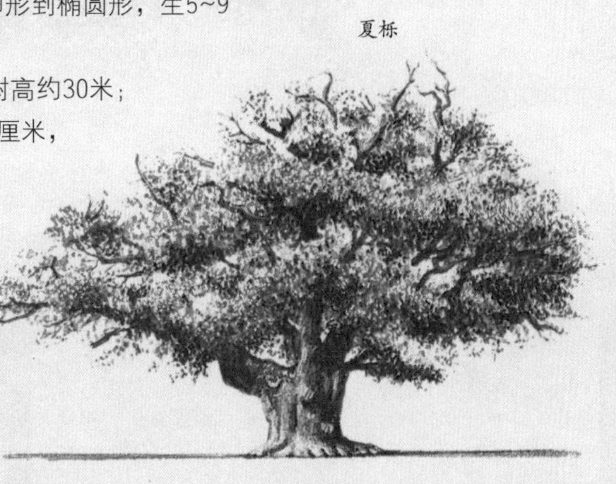

大果蒙古栎　分布在北美洲。树高一般为25米，有时可达到55米；小枝有毛（最初）；树叶略呈倒卵形，竖琴状到羽状半裂，长10~25厘米，下表面有毛，终端的裂大，圆锯齿状；壳斗的边缘纤维状。

栓皮栎原产于地中海西部地区，它的栓状树皮较厚，从而很容易与其他常绿栎树进行区分。树皮一旦剥落，露出里面鲜红色的树干。栓皮栎比较矮，树枝扭曲、伸展，树冠圆形。

水青冈属

山毛榉

山毛榉是由 8~10 种落叶乔木组成的群，彼此之间关系密切，它们的高度为 30~45 米，分布于整个北半球的三大洲，是温带森林的主要树种。第三纪山毛榉化石表明它最北到达过冰岛。在英国，尽管尤利斯·恺撒(古罗马的将军、政治家、历史学家，公元前 102~ 公元前 44 年)宣称没有山毛榉，但在英国的泥煤中已经发现欧洲山毛榉的花粉，我们揣测他所指的可能是甜栗。

南方的山毛榉属于另一个近亲属——南水青冈属（也就是假山毛榉属），原产于南半球。

山毛榉的树冠呈圆形、伸展，树皮光滑、灰色。树叶互生，略成卵形，尖锐，边缘锯齿状到波状，一般比较薄，亮绿色。冬芽细长，这是一个非常典型的特征。花朵单性，生在同一棵树上，开花之前先长叶；大量的雄花簇拥在细柄球头上，每朵花有 4~7 裂花被（花萼），包围着 8~16 个雄蕊；雌花序生 2 朵花，每朵花有 3 个花柱和 1 个 4 裂或 5 裂的花被。山毛榉的果实是卵形到三角形的坚果，一两个坚果全部或部分封闭在小苞片融合成的花被里面，最后变成木质、四瓣，也就是壳斗。壳斗生在花梗里，花梗或短（2.5 厘米）或长（8 厘米），壳斗上面覆盖着刺状刚毛鳞片或者短的三角形附属物。

山毛榉非常耐寒，耐石灰质，而且在介于轻质和重质之间的土壤中长势良好。山毛榉是许多石灰质土林地里的典型物种，由于浓密的树叶层挡住了阳光，这样的林地里一般没有地面植物层。但是在秋天，山毛榉的树干是许多伞菌的最佳栖息地，而且有些是可食的，例如蚝菇就是一种很好的食用菌，在有些国家人工栽培蚝菇以售卖。

知识档案

山毛榉

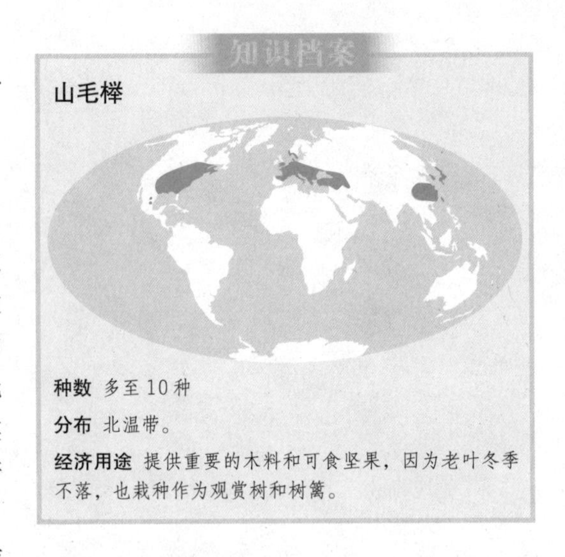

种数 多至 10 种

分布 北温带。

经济用途 提供重要的木料和可食坚果，因为老叶冬季不落，也栽种作为观赏树和树篱。

山毛榉的用途

山毛榉的木材质地非常坚硬，因此价值很高，例如欧洲山毛榉。正是由于这个特性，使得山毛榉木材具有非常重要的价值，例如可用来制作轮船的甲板、家具和地板，但是它暴露在空气中容易腐坏。山毛榉常常用作钢琴的弦轴板，而这要求它必须能够承受 225 根琴弦的绷力，每根的张力是 68 千克力。

总体说来，山毛榉木材的形状和纹理相当普通，但是长过菌类的木材切面上随机出现的黑线会产生奇特的效果，因此常常受到家具制造者的喜爱。

有些山毛榉的果实富含油，是包括猪在内的饲养动物的最佳食物。

有几种山毛榉由于树形和树叶漂亮而被人们广泛栽种。它们靠种子繁殖，但在栽种时不得不采用嫁接的方法。

山毛榉有许多变种和栽培变种：蕨叶山毛榉的树叶从窄带状、薄片状到深裂状的都有，有时候裂至中脉；多伊克山毛榉呈扫帚状，最初出现在 1860 年，栽在路旁和人行道上；异叶山毛榉有 2 种形态，裂叶山毛榉的树叶呈卵形到披针形，两端均尖，边缘都有 7~9 个深裂的锯齿，延伸至中脉 1/3 的位置；宽叶山毛榉

山毛榉的绿色树叶在秋季变成金黄色，形成壮丽的风景。

的树叶更大，幼树的树叶长 8 厘米，宽 14 厘米，老树的树叶较小；“垂枝”山毛榉具有不同的形态，有些是主枝水平、小枝下垂，有些是主枝也下垂；紫山毛榉的叶绿素被一种花青素色素覆盖，因此树叶呈现出来的颜色是紫色、紫黑色或者暗红色，大部分人喜欢它，但也有些人不喜欢；“Zlatia”山毛榉的幼叶呈金黄色，后来变成绿色。

美洲山毛榉的叶子

欧洲山毛榉的树皮

欧洲山毛榉的叶子、花、果实及种子

水青冈属（山毛榉属）主要的种

第一组：坚果比壳斗长出1/3~1/2；花梗的长度是壳斗的3~4倍；树叶下表面无毛。

日本山毛榉　分布在日本。日本山毛榉的树高21~25米；树叶椭圆形、卵形或尖形，长5~8厘米，下表面光滑，边缘几乎完整或者蜿蜒呈锯齿状；叶脉（9）10~14（15）对；壳斗呈小三角形。

第二组：坚果长度不超过壳斗；花梗结实、有短毛，长 5~25毫米；树叶下表面绿色。

美洲山毛榉　原产于北美洲东部地区。树高21~25米；树叶卵形到椭圆形，长6~12厘米，具有粗糙的锯齿；生（9)11~14（15)对叶脉；壳斗附属物锥形。

欧洲山毛榉　原产于欧洲中部和南部，包括不列颠群岛和克里米亚(半岛)。树高30（45）米；树叶卵形到椭圆形，长5~10厘米，边缘生有小齿状突，略成波浪形；叶脉5~9对；壳斗附属物刺状、锥形。

紫叶欧洲山毛榉　无论是原始树种还是园林作物，紫叶欧洲山毛榉都是自然界的“杰

↗ 紫叶欧洲山毛榉和欧洲山毛榉最大的不同在于叶色，前者为紫色，叶形也更接近卵形。

作”。17世纪时，这种树被首次发现于瑞士布克斯市（Buchs）和法国东部孚日（Vosges）山脉的达尼森林（Darney）里。事实上，每1 000棵的山毛榉幼苗中只有1棵能长出紫色的叶子。

紫叶欧洲山毛榉的外形和欧洲山毛榉类似。有报告认为它的生长速度比欧洲山毛榉慢，成熟后的舒展程度也不及后者，不过这主要取决于具体的生长环境，而不能说是这种树的特性。

东方山毛榉　产于小亚细亚、高加索山脉和伊朗北部。树高30米；树叶中部最宽，呈卵形到倒卵状椭圆形，长6~11（12）厘米，叶缘完整、略呈波浪形；叶脉7~12（14）对；壳斗附属物下表面苞片状，线形到汤匙形，上表面硬毛状，花梗长2~7.5厘米。

塔乌里水青冈　它是欧洲山毛榉和东方山毛榉的杂交种。

圆齿水青冈　分布在日本。树高30米；树叶最宽处不在正中间，略成卵形，长5~10厘米，边缘呈圆锯齿状；叶脉7~10（11）对；壳斗附属物线形，上面硬毛状，下面匙形，花梗长5~15毫米。

亮叶水青冈　分布在中国湖北省。亮叶水青冈树高6~10米；树叶椭圆形到卵形，长5~8厘米，两面均光滑，边缘略成波浪形；叶脉（8）10~12（14）对，在叶边缘突出小刺；壳斗有毛，附属物鳞片状，三角形，略扁。

第三组：坚果长度不超过壳斗，但是花梗更细，光滑，少数有软毛，长2.5~7厘米；树叶下表面呈蓝绿色或者光滑。

米心水青冈　分布在中国。树高6~15（23）米；树叶椭圆形到卵形，长（4）5~8（11）厘米，边缘波浪形，下表面生有丝状绒毛或者光滑；叶柄长1~2厘米；叶脉10~14对；壳斗附属物上苞片状，略成线形。

水青冈　分布在中国中部和西部地区。树高25米；树叶卵形到长圆形，长7~12厘米，边缘有少许锯齿，下表面明显有微细的绒毛；叶柄长1~2厘米；叶脉9~12（13）对，延伸至叶缘锯齿处；壳斗上具有细长的、卷曲的、硬毛状附属物。

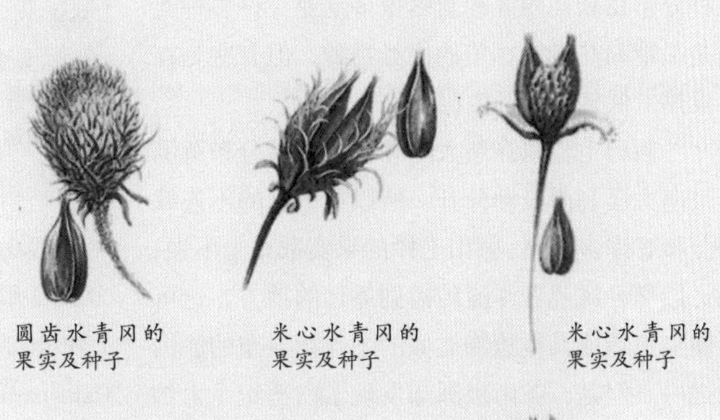

水青冈的叶子、果实及种子

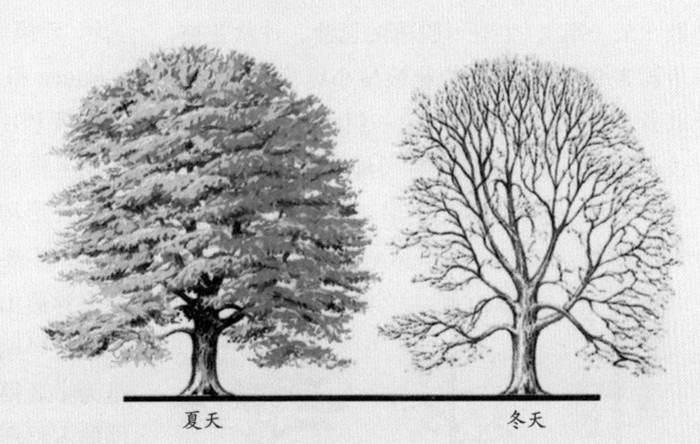

↗ 欧洲山毛榉在空旷的地方可以铺展得很开；当与其他植物靠得很近时，它会形成高高的、光滑的柱形树干。

假山毛榉属

南方假水青冈

假山毛榉属是南半球重要的属，既有灌木又有乔木，在新大陆和旧大陆呈不连续分布。假山毛榉属包括温带树种和热带树种，前者的分布范围从南美洲南纬 33° 到合恩角，从新西兰经过塔斯马尼亚到澳大利亚东部；热带树种分布在新几内亚和新喀里多尼亚。许多种类是温带和热带森林里的优势物种，但有些是在亚热带低地条件下生存。

假山毛榉属在新大陆和旧大陆的分布范围被南大洋和南极洲分开，所以关于它的不连续分布有许多推测。假山毛榉的果实散布力不强，通过鸟、风或者洋流传播到遥远的地方，这可能也是造成其他植物类似的不连续分布的原因之一。但是，在南极洲却发现了白垩纪（大约 1 亿年前）假山毛榉的化石，这说明在在大洋洲、南美洲和南极洲合并在一起形成超大陆冈瓦纳大陆的时代曾经存在假山毛榉。根据板块构造理论学说，超大陆随后分解形成如今的南半球，这样可以解释假山毛榉属以及其他古老植物的不连续分布。

南方假水青冈是落叶灌木或者常绿灌木，一般树高可达 50 米，托叶会脱落。分离的雌雄花同株。雄花单生，成对或者 3 朵一组（少数 5 朵一组），生有可脱落的苞叶、钟状花被，雄蕊 5~90 个；雌花的花被呈小锯齿状，单生或者 3 朵一组（少数 7 朵一组），外边是 2 裂或 4 裂的壳斗，从花梗有裂延伸演化来，在果实中变硬。它的果实是坚果，生 1 粒种。

歪叶假水青冈

智利假水青冈

新西兰假水青冈

知识档案

南方假水青冈

种数 35

分布 新喀里多尼亚、新几内亚、澳大利亚、新西兰和南美洲温带地区。

经济用途 南半球重要的木材源，也有一些栽种作观赏植物。

假山毛榉属与北半球的山毛榉属是近亲，分成 2 组：Calucechinus 组是落叶树种，除了 1 种分布在塔斯马尼亚之外全都位于南美洲；Calusparassus 组是常绿树种，除了旧大陆的 3 种之外，大部分都分布在新几内亚和新喀里多尼亚。

假山毛榉属的温带种上面生有“槲寄生”——它是新西兰桑寄生科大苞鞘花属的成员之一，而桑寄生科另外仅有的 1 属 Misodendendrun 只生在南美山毛榉上。

假山毛榉属中有几个温带种特别是南美洲的假山毛榉出产硬木材，尽管它的木材比山毛榉木材软，但用途很广泛，可用于制造家具、篱笆、建筑等等。多脉假山毛榉、歪叶假水青冈、N.glauca 和 N.alessandri 的木材质量最好（后 2 种在智利用于造船），而南方假山毛榉和多脉假山毛榉的质量稍差。有些温带种由于具有美丽的外形和壮丽的秋色而被种在公园里供人们观赏，主要包括南极假山毛榉、歪叶假水青冈和多脉假山毛榉。但是自从英国 20 世纪 30 年代进行早期森林规划，人们栽种假山毛榉更多是为了获得木材。歪叶假水青冈和多脉假山毛榉的木材产量要远远超过其他本地硬木，它们能够适应多种土壤和降雨条件。

常绿的新西兰假水青冈树叶呈卵形，没有锯齿，上表面光滑，下表面有毛，但幼树的叶子两面都光滑。

■ 假山毛榉属主要的种

Calucechinus组

该组为落叶树，树叶折叠成扇状。

南极洲亚组

该亚组的壳斗4裂，雌花3朵一组出现（少数7朵一组的）。

N.alessandri'Ruil' 分布在智利中部地区。树高40米；树叶长55~135毫米，宽80~90毫米，呈卵形到椭圆形，细锯齿状，表面光滑；雄花3朵一组，生10~20枚雄蕊；坚果直径6.5~7.5毫米，有3个尖角和3个凹面（三角形的），有翅、光滑。

南极假山毛榉 分布在智利南部和阿根廷南部。南极假山毛榉是乔木或者灌木，树高18米；树叶长13~45毫米，宽5~22毫米，呈椭圆形到卵形近圆形，微裂、圆锯齿状，一般比较光滑，但下表面的叶脉上被微细的软毛；雄花单生，两三朵一组，生8~13个雄蕊；坚果直径大约6毫米，呈三角形，外表光滑。

N.glauca 分布在智利中部地区。树高40米；树叶长45~80毫米，宽30~50毫米，呈卵状椭圆形，边缘双锯齿，外表光滑，但下表面叶脉上有细细的绒毛；雄花单生，有40~90个雄蕊；侧枝坚果长15~16毫米，三角形、无翅。

歪叶假山毛榉 分布在智利中部和南部，以及阿根廷中部和南部地区。树高35米；树叶长20~75毫米，宽12~35毫米，呈椭圆形到长圆形，双锯齿缘，比较光滑；雄花单生，有20~40个雄蕊；坚果5~6（10）毫米，明显有翅。

多脉假山毛榉 分布在智利中部和南部，阿根廷中部和南部。树高35米；树叶长40~120毫米，宽20~40毫米，呈椭圆形到窄卵形，有小齿状突；雄花单生，有20~30个雄蕊；坚果直径约6毫米，被软毛或外表光滑，侧面三翅、中间两翅。

N.gunnii 分布在塔斯马尼亚。该树是乔木或灌木，树高1.5~2.5米；树叶长10~15毫米，宽10~15毫米，呈圆形到卵形，生圆锯齿，下表面的叶脉上被长毛；雄花单生，两三朵一组，雄蕊6~12个；坚果直径大约8毫米，侧面三翅，

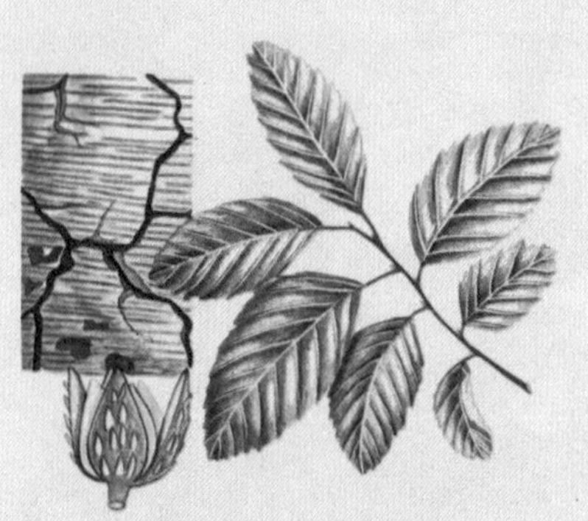
歪叶假水青冈的叶子、树皮和果实

南极假山毛榉的树枝和果实

澳大利亚山毛榉的果实

高大假山毛榉的叶子

矮假山毛榉的叶子

高大假山毛榉的果实

中间扁平，生两翅。

矮树亚组

壳斗2裂，雌花单生。

矮假山毛榉 分布在智利南部和阿根廷南部地区。该树为乔木或小灌木，树高25米，灌木长于较高的海拔位置；树叶长20~35毫米，宽10~25毫米，呈卵形到宽椭圆形，双锯齿缘，外表比较光滑；雄花单生，有20~30个雄蕊；坚果约7毫米，呈角形，上面覆有微细的绒毛。

Calusparassus组

该组为常绿树种，树叶非折叠扇状。

Quadripartitae亚组

壳斗4裂；雌花3朵一组，侧面的花3朵一组，中间的花2朵一组；树叶叶缘完整，或者圆裂、深裂。

桦叶假山毛榉 分布在智利南部和阿根廷南部。树高30米；树叶长12~25毫米，宽6~19毫米，呈卵状椭圆形，生锯齿、外表光滑；雄花单生，10~16个雄蕊；坚果尺寸约6毫米，呈三角形且外表光滑。

南方假山毛榉 分布在智利中部和南部，阿根廷中部和南部。树高50米；树叶长20~30毫米，宽7.5~15毫米，呈卵形、长圆形到披针形，有小齿状突，外表光滑；雄花3朵一组，生8~15个雄蕊；坚果直径大约为6~7毫米，被软毛，侧面三翅、中间两翅。

光叶山毛榉 分布在智利中部和阿根廷中部。树高30米；树叶长22~35毫米，宽12~20毫米，呈卵形椭圆形到三角形，有锯齿，外表光滑；雄花3朵一组，生5~8个雄蕊；坚果尺寸约6毫米，三角形，有翅、生软毛。

坎宁安山毛榉 分布在澳大利亚东南部地区。树高50米；树叶长6~20毫米，宽6~20毫米，近圆形，圆锯齿彼此之间间隔较远，外表光滑；雄花单生,3朵一组罕见，有8~12个雄蕊；坚果直径大约为6毫米，光洁，侧面三翅、中间两翅。

澳大利亚山毛榉 分布在澳大利亚东部地

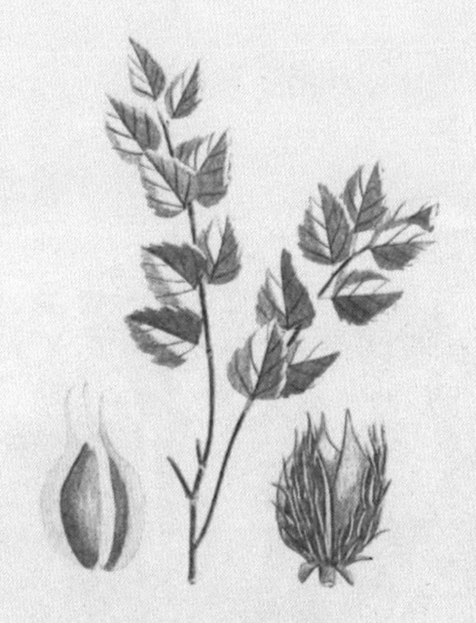

银山毛榉的树枝和果实

区。树高50米；树叶长15~115毫米，宽8~60毫米，呈卵形长圆形，有锯齿，外表光滑，但在上表面中脉上被毛；雄花单生，15~20个雄蕊；坚果尺寸大约6毫米，侧面三角形、三翅，中间扁平、两翅。

银山毛榉 分布在新西兰。树高30米；树叶长6~15毫米，宽5~15毫米，呈宽卵形到近圆形，除了下表面的叶脉之外外表光滑；雄花单生，有30~36个雄蕊；坚果尺寸约5毫米，被覆微细的绒毛，侧面三角形、三翅，中间平、两翅。

红山毛榉树 分布在新西兰。树高30米；树叶长25~35毫米，宽20毫米，呈宽卵形到卵形椭圆形，有锯齿，除了下表面的叶脉之外外表光滑；雄花单生，2朵或3朵一组，少数5朵一组，8~11个雄蕊；坚果尺寸大约8毫米，外表光滑，三角形或者扁平、有翅。

硬山毛榉 分布在新西兰。树高30米；树叶长25~35毫米，宽20毫米，宽卵形到椭圆长圆形或者近圆形，树叶薄、有圆锯齿，外表光滑或比较光滑；雄花单生，2朵或3朵一组，生10~13个雄蕊；坚果尺寸约8毫米，被微细的绒毛。

Tripartitae亚组

壳斗3裂；雌花3朵一组，侧面的花3朵一组，中间的花2朵一组；树叶叶缘完整。

↗ 假山毛榉属在安第斯山脉南部形成林木线。它们生命力旺盛，高度可达15米，但是在高山地带可能比较凌乱。

山地山毛榉 分布在新西兰。山地山毛榉为乔木或灌木，树高15米；树叶长10~15毫米，宽7~10毫米，呈卵形到卵形长圆形，上表面光滑、下表面被密毛，白色或褐色；雄花两三朵单生，有8~14枚雄蕊；坚果直径6~8毫米，外表光滑或被微细的柔毛，有翅，顶端尖利。

黑山毛榉 分布在新西兰。黑山毛榉的树高25米；树叶长10~15毫米，宽5~10毫米，窄椭圆形到长圆形，上表面光滑或几近光滑，下表面被密密的灰色绒毛；雄花单生或者对生，有8~17个雄蕊；坚果直径8毫米，基部的翅宽。

Bipartitae亚组

壳斗2裂；雌花单生或者3朵一组。

Triflorae系

壳斗生3粒坚果。

N.perryi 分布在新几内亚。树高14~40米；树叶长30~80毫米，宽12~35毫米，呈卵形到长圆形，稍高的部分有圆锯齿，外表光滑；雄花3朵一组，生13~15个雄蕊；坚果直径5~8毫米，卵形，近端有翅。

N.nuda 分布在新几内亚。树高20米；树叶椭圆形，长80~100毫米，宽30~40毫米，近顶端有浅浅的圆锯齿，外表光滑。

N.balansae 分布在新喀里多尼亚。它是乔木，树叶长47~80毫米，宽20~30毫米，呈倒卵形到椭圆形，无毛；雄花3朵一组，有12~30枚雄蕊；坚果圆形，直径13~15毫米，具窄翅。

N.discoidea 分布在新喀里多尼亚。树高40米；树叶长约80毫米，宽25~40毫米，披针形，外表光滑；雄花3朵一组，有12~30个雄蕊；坚果直径16~19毫米，近圆形，具窄翅。

N.starkenborghi 分布在新几内亚。树高16~45米；树叶长30~80毫米，宽12~35毫米，

大多呈椭圆形，少数倒卵形，外表光滑；雄花3朵一组，有12~14个雄蕊；坚果卵形，直径约6毫米，有翅。

N.aequilateralis　分布在新喀里多尼亚。树高30米；树叶长85~100毫米，宽30~40毫米，呈椭圆形，外表光洁；雄花3朵一组，有12~30个雄蕊；坚果圆形，具窄翅。

N.brassii　分布在新几内亚。树高25~45米；树叶长25~90毫米，宽15~40毫米，呈椭圆形到卵形椭圆形，外表光滑；雄花3朵一组，有15个雄蕊；坚果卵形到近圆形，直径6~10毫米，靠近顶端有翅。

N. baumanniae　分布在新喀里多尼亚。树叶长6~12厘米，宽2.5~5.5厘米，近圆形，外表光洁；雄花3朵一组，有12~30个雄蕊；坚果近圆形，直径20~30毫米，具窄翅。

N.codonandra　分布在新喀里多尼亚。该树高度可达30米；树叶长9~12厘米，宽2.8~5.5厘米，近圆形，外表光洁；雄花3朵一组，有12~30个雄蕊；坚果圆形，直径17~20毫米，具窄翅。

Uniflorae系

壳斗只有1粒坚果。

N.pullei　分布在新几内亚。它是高2~4米的灌木或者高20~50米的乔木；树叶长10~45毫米，宽7~28毫米，呈宽椭圆形到椭圆长圆形，上表面光滑，下表面中脉上被稀疏毛；雄花单生，有10~15个雄蕊；坚果圆形到椭圆形，直径5~6毫米。

N.crenata　分布在新几内亚。该树高度40米；树叶呈卵形到长圆形，长25~50毫米，宽12~20毫米，近顶端有锯齿，外表光滑；雄花单生；坚果近圆形，直径大约5毫米，具窄翅。

N.resinosa　分布在新几内亚。该树高度15~50米；树叶椭圆形，长40~100毫米，宽25~50毫米，近顶端有小锯齿，外表光滑；雄花单生，有13~15个雄蕊；坚果呈宽椭圆形，长9~10毫米，有翅、被毛。

N.pseudoresinosa　分布在新几内亚。树高30~45米；树叶椭圆形到长圆形，长25~55毫米，宽12~25毫米，外表光滑；雄花单生；卵形坚果直径7~8毫米。

N.carrii　分布在新几内亚。树高20~45米；树叶倒卵形，椭圆形的树叶比较少，叶长20~60毫米，宽10~30毫米，外表光滑；雄花3朵一组，大约有10枚雄蕊；坚果呈椭圆形到卵形长圆形，长7~11毫米。

N.flaviramen　分布在新几内亚。树高15~45米；树叶呈卵形到长圆形，长50~120毫米，宽25~50毫米，外表光滑；雄花3朵一组；坚果倒卵形，直径8~10毫米。

N.grandis　分布在新几内亚。树高（12）25~48米；树叶宽椭圆形到椭圆长圆形，长45~100毫米，宽20~50毫米，外表光滑；雄花3朵一组，有10~17个雄蕊；坚果长7~10毫米，偏菱形、具窄翅。

N.rubra　分布在新几内亚。树高17~45米；树叶呈卵形椭圆形到椭圆形，长25~100毫米，宽15~45毫米，外表光滑；雄花3朵一组；坚果呈圆形到宽卵形，直径4~6毫米。

N.womersleyi　分布在新几内亚。树高20米；树叶长50~90毫米，宽25~40毫米，卵形长圆形，外表光滑；坚果尺寸7~10毫米，卵形长圆形，扁平，近顶端有翅。

N.codonandra 的叶子

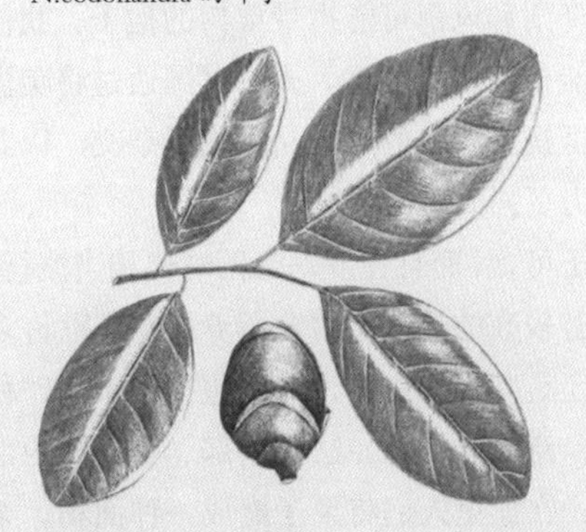

N.grandis 的叶子和果实

栗属

栗树

栗属包括 10 种，分布在北半球。甜栗原产于地中海东部，但现在向北延伸，从罗马时代起英国就有甜栗。

栗树是生长迅速、寿命长的落叶乔木，通常可以生长到较大的尺寸，树枝低、水平伸展；树干上的树皮皱褶呈螺旋形分布；树叶椭圆形，有锯齿，树叶表面像抛光过似的，因此即便栗树处于茂密的混合林地里从远处都可以分辨出来；花朵小，生在叶腋处，柔荑花序，柔荑花序上面的部分是雄花，下面是雌花，3 朵一组，生成 3 个坚果（严格地说它们是种子），外面包裹刺状壳，成熟时会裂开。栗树的改良型栽培变种生有单粒较大的坚果。

栗树及其果实很容易生病，最严重的就是栗枯萎病，它是由子囊菌寄生隐丛壳菌（球壳目）引起的，曾经造成美国东部的美洲栗林大批死亡。最初注意到这种现象是在 1904 年，当时认为是由当地的一种寄生虫造成的，现在人们知道这种菌是从中国和日本引入的，而在当地对其他的地方性栗种造成的危害较小。1938 年这种寄生虫在欧洲出现过，对意大利和土耳其的栗树造成严重的危害，它们侵袭的方式是通过创伤毁坏树皮和边材，而且栗树一般会在几年后死亡。栗树的果实本身也会因此遭到传染，而且可能造成疾病的传播。由于鸟类、昆虫、降雨和风都可能携带栗树的孢子，我们几乎不能控制疾病传播。人们试图通过将美洲品种和抵抗力较强的亚洲品种进行杂交，以获得抗病力更强的杂交种。

栗子可食，而且在罗马帝国时代相当流行。栗子含有较高的热能，富含营养，在东欧许多国家里还是基本的食物，其中包括撒丁岛，科西嘉岛，意大利北部，法国南部、中部和西部的高地，在那里人们将栗子磨成一种面粉。栗子可以做成不同的美食，例如栗子冻（煮熟之后保存在香草风味的糖浆中）和栗蓉，还可做土耳其的一种填料或许多甜点心的主要成分。冬季采摘下新鲜的栗子也可以连壳烤熟之后剥皮食用。

栗树幼树的木材可用于制作跳杆和桶圈，但是老树的木材不耐用。栗木做燃料不太理想，因此欧洲一些产酒的国家常常用它作标识，放在院子里不太可能被人偷走做柴火。栗木在有些欧洲国家里用于制桶，但用途很有限。栗树的树皮可用于制革。

栗属的其他种类也可出产木材，一般用做铁路枕木。许多种的果实也可食用，最有名的就是北美洲东部的美洲栗、日本栗以及中国的 2 个种：锥栗和板栗。

有些栗种是很受欢迎的观赏树种，它们都耐寒，但是更喜欢温暖的环境，而且能够耐干旱。尽管栗树的基本结构与甜栗很相似，还是可以通过叶子的特点进行区分。锥栗和美洲矮生栗可能具有最本质的差异，它们的坚果单生，而不是像其他种那样三生或者更多。

↗ 欧洲栗的果实在1个季节里成熟，长成可食的红棕色坚果，坚果一般是2个一组：1个球状、1个较小。而且果实顶端变细，上面仍然有花柱的残骸；果实外边包裹有球形、刺状附属物。

■ 栗属主要的种

第一组：树叶无毛，或者在下面的叶脉处生少许毛。

美洲栗 分布在北美洲东部地区。树高30米；树叶下表面无毛；柔荑花序长15~20厘米。

锥栗 分布在中国。树高20~25米；树叶下面的叶脉上生少许毛；柔荑花序约长10厘米；果实是单生的坚果。

第二组：树叶下表面有毛；果实一般为单生的坚果。

美洲矮生栗 分布在美国东部地区。美洲矮生栗是灌木或乔木；树高可达20米；树叶上生白色的绒毛。

丛生栗 分布在美国东南部地区。丛生栗是灌木，高度不足1米；树叶上生褐色的绒毛。

第三组：树叶下表面有毛；果实是两三个一组的坚果。

板栗 分布在中国。树高20米；嫩枝上有毛；树叶下表面没有鳞状腺，边缘为三角形锯齿。

西班牙栗 分布在欧洲南部、非洲北部和小亚细亚。树高约30~40米；幼枝上的软毛很快脱落；树叶有鳞状腺，下表面被毛，边缘生小且尖的锯齿。

日本栗 分布在日本。树高10米；幼枝很快脱掉软毛；树叶有鳞状腺，下表面被毛，边缘生小且尖的锯齿。

茅栗 分布在中国，为灌木或乔木，树高10米；树叶上有鳞状腺，只在叶脉上有毛，边缘生粗糙的锯齿。

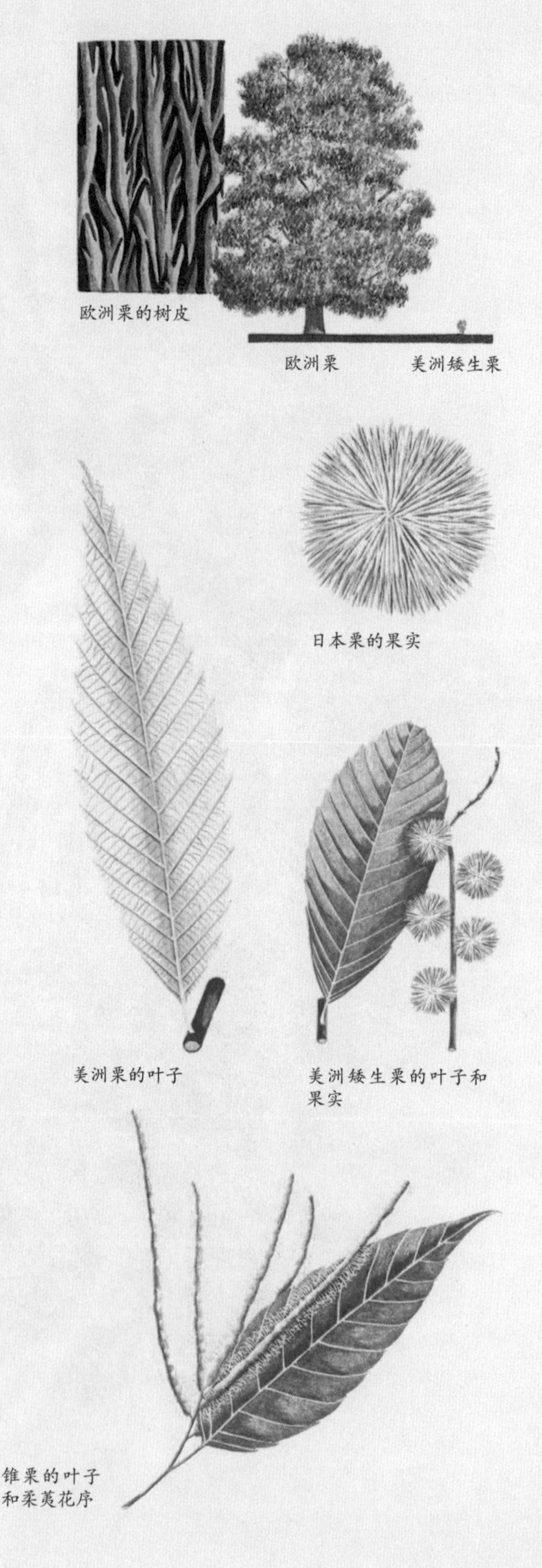

欧洲栗的树皮

欧洲栗　美洲矮生栗

日本栗的果实

美洲栗的叶子

美洲矮生栗的叶子和果实

锥栗的叶子和柔荑花序

金鳞果属 / 栲属

金栗树、栲树

这组常绿树的分类一直备受争议，金鳞果属、栲属和 lithocarpus 属被认为是橡树（栎属）和栗树（栗属）间的连接属。具体说来，金鳞果属有 2 种，原产于美国西海岸，原先将它归入栗属，后来转移到栲属，然后又再转到金鳞果属。栲属约 110 种，无一例外都分布在亚洲的亚热带和热带地区。属间区别主要如下：栗属是落叶树，果实在 1 年内成熟。金鳞果属和栲属是常绿树，金鳞果属的果实需要 2 年才能成熟。栲属生有单性花穗，而金鳞果属 1 个花穗里有两性。而美洲矮生栗还有一个流行名称叫作栲树，这样更增加了它们之间关系的混淆性。

巨型栲或者说金栗树的树叶呈亮绿色，下面覆盖一层金黄色鳞片，不脱落。巨型栲在寒冷的气候下不耐寒，在野生状态下可以长到 35 米，但是栽培时只有 10 米，而且有时候变成灌木。它不能耐受石灰质土壤。矮栲是一种灌木植物，总体宽 4 米，但在人工栽培时可伸展到 6 米。

栲属里最有名的亚洲种就是日本栲，树叶的下表面呈灰色。在日本，它的木材以及可食坚果都有一定的价值，因此被广泛种植在公园里。日本栲的原木也用于培养食用菌。在北温带，日本栲可以耐寒，但是长势不佳。栲属其他物种广泛分布在热带森林里，木材和可食坚果都有价值——大叶栲的木材质量很高，在东方用于细木工作业。

↗ 金栗树的树叶四季常绿，下表面生有不脱落的金黄色绒毛。它在夏末开花，产生簇生的灰褐色可食坚果。

◎相关链接——

金色七叶树又叫金色栗，分布于俄勒冈州和加利福尼亚州，高度为30米（100英尺）。树形为宽阔的圆锥形。金色七叶树是一种常绿树，也被称为金色栗，它的植物学名Chrysolepsis chrysophylla实际上并不确切，因为Chrysolepsis（栲树属）的雄花和雌花为分簇的柔荑花，而金色七叶树则是雌雄同花的。它的叶子的下表面有亮丽的金色软毛，使其在其他的壳斗科树种中脱颖而出。金色七叶树的树皮为灰白色，生长初期很光滑，随着年龄的增大会逐渐出现裂缝。它的叶子是常绿的，矛尖形到长圆形，中间宽两端尖，长度为10厘米（4英寸），宽度为2.5厘米（1英寸）。叶子的上表面为有光泽的深绿色，下表面覆盖有金黄色的软毛，从长度为1厘米（0.5英寸）的绿色叶柄上抽出。它的雄花和雌花很香，为奶油黄色，长在同一朵长为4厘米（1.5英寸）的直立的柔荑花上。

桦木科 > 桦属

桦树

桦属是由 30~40 种乔木和灌木组成的，原产于北温带和北极地区，它们的形态美丽，用途广泛。大多数种类耐寒能力特别强，在北半球矮桦已经达到树的生长极限。

桦树是靠风授粉的落叶乔木或灌木。它们的树皮非常漂亮，特别是白桦、银桦（垂枝桦）和纸桦，纸桦会剥落纸状层。有些桦属种的树干很有特点，呈黄色、橙色、红褐色或者黑影状。皮孔水平分布，树叶互生，呈锯齿状。花朵和树叶同时出现，花朵单性、同株，为“柔荑花序”，每个柔荑花苞叶上开 3 朵花：雄花的花被由 4 片小花萼裂片和 2 个雄蕊组成，秋天开柔荑花序，并越冬；雌花生单个胚珠，有 2 个花柱和 1 片 3 裂苞叶。桦树的果实是两翅的小坚果，每侧生有膜状翅，以利于风传播。桦属与桤木属的区别是桦属的结果柔荑花序成熟后会分裂。

桦树喜欢排水良好的沙土，而银桦却喜欢比较贫瘠的沙土。白桦在酸性土质的荒野长势良好，通过风传播无数的种子，散播速度很快。矮桦和河桦一般生长在湿地里。

黑桦、糙皮桦、银桦以及白桦可出产有用的木材，木质软，不太适用于建筑行业，但是由于具有漂亮的纹理，因此可以制作家具。桦木容易弯曲和加工，可用于制作椅子、制桶、木底鞋和汤匙。在俄罗斯部分地区，桦树可制成大量的木柴和木炭。桦木打湿后特别耐用，因此可在某些地方用作支柱，但是如果冷热交替，其很快会腐坏。冬天砍下柔韧的树枝可做长扫帚，现在园丁仍然大量使用这种扫帚。它的树皮不渗水，因此可做屋顶、家用器具以及多种容器。北美洲的土著居民拿纸桦的树皮制作轻舟，他们用白冷杉的根部纤维将树皮连接在一起，然后涂上香冷杉的树脂。桦树的嫩枝和树皮也含有油，可做防腐剂，在俄罗斯人们拿它为皮革增添香味。

知识档案

桦树

种数 40

分布 北半球。

经济用途 木质好，价值高，也用于园艺；树皮里提取的油用途广泛。

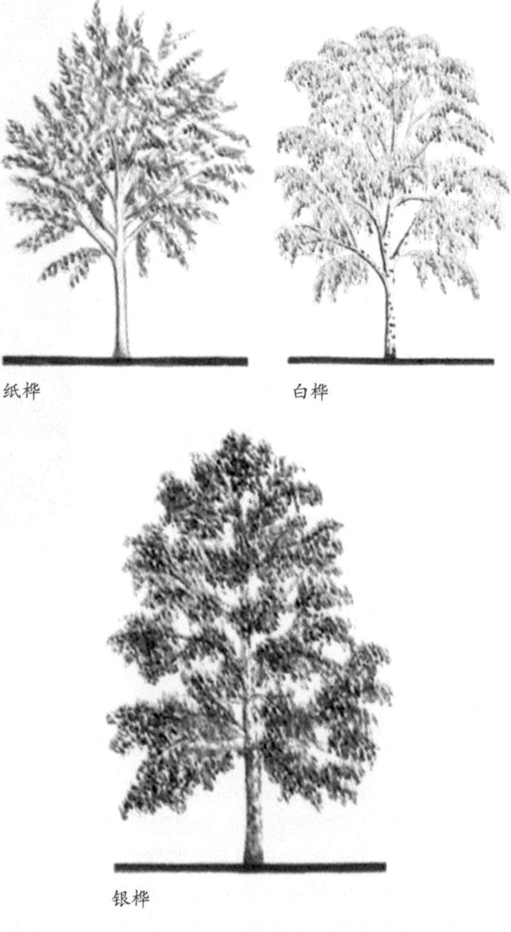

↗ 银桦树枝优美、下垂，是广受欢迎的观赏树，与纸桦相比，它的枝头更单薄。白桦的观赏价值不高。

◎相关链接——

山桦，又叫甜桦，这种树在北美洲的中部和东部很常见。将它的小枝和叶子捣碎，会散发出很香甜的味道，因此也被称为甜桦。冬青油就是从这种树的木质里提取出来的。它的树皮为暗红色，其上有紫色的薄片翘起。在秋季，它的叶子会迅速转变为亮丽的金黄色。

山桦的高度25米（80英尺），树形为宽阔的舒展形，叶子为卵形，长为13厘米（5英寸），宽为6厘米（2.5英寸）。叶边有锋利的小锯齿，叶脉很明显。叶子的上表面为有光泽的深绿色，下表面为浅绿色，并有细微的绒毛，生长初期时更明显。它的树皮略带红色，其上有一条条气孔组成的白色条带。

桦树是拓殖荒地的首选树种，在光照充足、土质不好的地方也可迅速生长。

桦属主要的种

桦木组

结果的花近球形、卵形或短柱形，单生；小坚果的翅全部或部分隐藏在结果苞叶中。

矮桦亚组

该组为灌木，高2米，但常常是卧俯；树叶小，长0.5~4.5厘米，2~6个叶脉形成网状；雄花生在无叶的短小枝上,结果的雌花小、直立。

矮桦 分布在北温带山区潮湿的地方。矮桦是灌木，高50~100厘米，枝条竖直，被毛，没有瘤；树叶圆形，直径0.5~1.5厘米，生圆形锯齿，上表面墨绿色，成熟时表面光滑，叶脉2~4对；结果的柔荑花序5~10毫米，鳞片和裂片的长度相等。

硕桦亚组

该组为乔木或大型灌木。树叶大，长25~100毫米，叶脉7对以上，非网状或为不太明显的网状。雄花生在伸长的小枝枝端，侧枝上稀少；结果的雌花竖立或者下垂，苞叶长。

河桦 分布在美国中部和东部地区。河桦是漂亮的金字塔形树种，高15~30米，树皮黑色、卷曲、表面粗糙；小枝上生瘤、被绒毛；树叶偏菱形状卵形，叶基楔形，树叶长4~9厘米，宽2~6厘米，双锯齿缘，下表面覆有白粉，下表面的叶脉共6~9对、被毛；雌柔荑花序长2.5~4厘米，鳞片上被绒毛，中间的裂片最小。

喜马拉雅桦 分布在喜马拉雅山和中国。树高20米，树皮乳白色、卷曲；幼枝上被绒毛，变成红褐色；树叶卵形，直径5~7.5厘米，锯齿不规则，叶脉9~12对；结果的柔荑花序呈圆柱形，长3.5厘米，宽1厘米；鳞片上有纤毛，中间裂片更长，呈圆形。

黑桦或樱桦、甜桦 分布在北美洲东部地区。树高20~25米，树皮很黑、不卷曲；幼枝被软毛，很快脱落；树叶卵形到椭圆形，长7~15厘米，宽3~9厘米，叶基心脏形，有锯齿，叶脉10~12对，下表面生有丝状绒毛；叶柄长1~2.5厘米；雌柔荑花序长约2.5厘米，宽1厘米，鳞片光滑。黑桦的幼树皮割开后具有甜甜的香味，在秋季树叶变成黄色时看起来非常漂亮。

黄桦 分布在北美洲东部地区。树高30米，树皮光滑、发亮，呈黄褐色、卷曲；树叶在秋季变成深黄色；幼枝被绒毛，树皮闻起来是苦苦的香味；树叶长6~12厘米，宽3~6厘米，顶端尖利，叶基心脏形，双锯齿缘，被纤毛，叶脉9~12对，下表面被绒毛；结果的柔荑花序长2.5~4厘米，宽2厘米，竖立；鳞片外表和边缘有毛。

白桦亚组

树叶大，2.5~10厘米，一般生有5~7（8）对叶脉，非网状或者只是不太明显的网状；雄花一般生在伸长的小枝枝端；结果的雌花一般是圆柱形，苞叶短。

银桦 分布在欧洲、亚洲北部和非洲北部。树高25米，树皮银白色、卷曲，树枝略下垂；幼枝光滑，生有灰色的瘤；树叶长2~6厘米，宽2~4厘米，卵状三角形，尖锐，叶基楔形，双锯齿缘尖利；结果的柔荑花序长1.5~3.5厘米，宽1厘米；苞叶光滑，中间的裂片最小。银桦有许多变种和栽培变种：'Purpurea'的树叶呈紫色。

白桦 分布在欧洲和亚洲北部。树高20米，树皮白色、卷曲，叶基黑色、有皱褶；嫩枝上被绒毛；树叶卵形，长3.5~5厘米，叶基圆、生绒毛，叶脉5~7对；结果的柔荑花序长2.5厘米；鳞片上有纤毛，中间的一片大且尖，侧面的鳞片圆。白桦和银桦有杂交种，但是比较罕见。白桦有许多栽培变种。

纸桦 分布在北美洲。树高15~30米，看起来比较纤细；树皮白色，是所有桦树中最白的，纸状层卷曲；嫩枝上有瘤、被毛；树叶长4~9厘米，宽2.5~7厘米，呈卵形，叶基心脏形，双锯齿缘，上表面和下表面均有毛，叶脉6~10对，下表面生有小小的黑色腺体；结果的柔荑花序会凋零，长4厘米，宽1厘米；鳞片表面光滑，侧面的裂片比中间的更宽。纸桦是美国分布最广的桦树，可做燃料，做屋顶和轻舟。纸桦有许多变种和栽培变种。

西桦组

结果的雌花呈圆柱形，生在细长的总状花序顶部，或者部分夭折后变成单生；小坚果的翅明显比结果的苞叶要宽。

大叶桦 分布在日本。在原产地树高可达30米；树皮橙褐色，后来变成灰色；树叶心形、尖利，长7.5~15厘米（是桦属中最大的），在秋季变成可爱的黄油色。

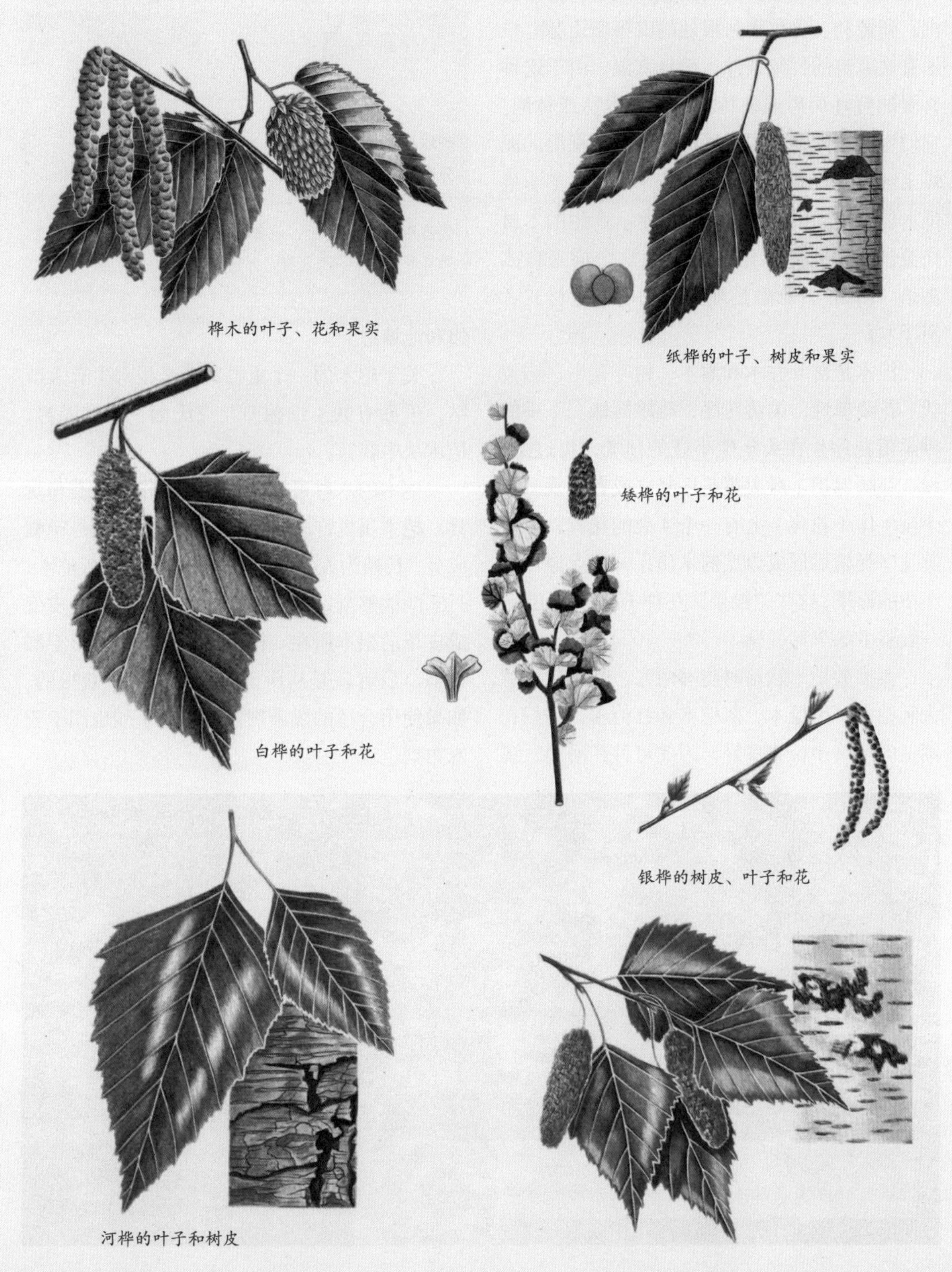

桦木的叶子、花和果实

纸桦的叶子、树皮和果实

矮桦的叶子和花

白桦的叶子和花

银桦的树皮、叶子和花

河桦的叶子和树皮

桤木属

桤木

桤木属共 25 种，在它们的原产地北温带是优势树种，有一两种的分布范围延伸至南美洲，到智利、秘鲁和阿根廷的安第斯山脉。桤木喜欢凉爽的气候条件，而且喜湿，由于这种喜湿的特性而形成独特的桤木灌木丛或林地。它们生长在碱性（或微酸性）且有些潮湿的泥煤土壤里，也就是沼泽地。桤木生长在冬季最低水位以上，因此并不接触滞水。产生的木材在英国有些地方称作“carrs”，这个词来自冰岛语“Kjarr”，意思是埋在地底下的木材或者沼泽木。

桤木是落叶乔木和灌木，树叶互生，锯齿状。花朵单性，柔荑花序，雌雄同株。下垂的雄柔荑花序生在头年生小枝的顶端，可过冬，没有芽鳞保护；雌柔荑花序竖立或者下垂，一个轮生体（花萼）上有一个 4 裂的花被，雌柔荑花序受精后形成典型的木质果，有点像一个小小的松果，这些“松果”在种子脱落后还在，一般整个冬季都可见。

大多数桤木栽培时能够耐寒，其中包括意大利桤木、黑桤木、灰桤木和红桤木，它们在潮湿的土壤中长势良好，因此可种在河边、溪边和池塘边。

知识档案

桤木

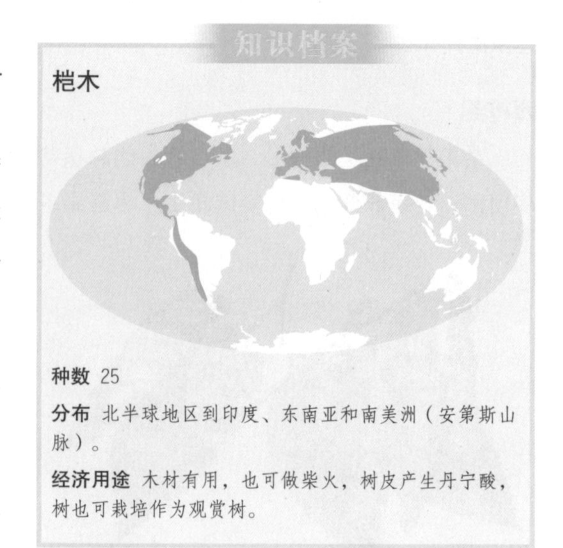

种数 25

分布 北半球地区到印度、东南亚和南美洲（安第斯山脉）。

经济用途 木材有用，也可做柴火，树皮产生丹宁酸，树也可栽培作为观赏树。

关于桤木的一个重要特征是根部生有大节结，里面有共生细菌弗兰克氏菌，能够固氮，桤木从中获益。

桤木的木材可用于装饰，制作木底鞋和玩具。桤木属里许多树种的树皮因为含有丹宁酸成分，长期为人类所用，例如黑桤木和灰桤木。丹宁酸能够凝结蛋白质，这是它能够将兽皮变成皮革的根本所在。桤木丹宁酸与橡树丹宁酸相似，后者就是从所谓的栎五倍子中获得的。如果使用合适的媒染剂，桤木丹宁酸也用于亚麻布染色。

↗ 山桤木喜欢潮湿、营养丰富的地方——图中是在美国俄勒冈州的若歌河，树高可达10米。

桤木属主要的种

Alnaster亚属

冬芽无柄；雌柔荑花序生于短枝的枝端，春天与树叶一同出现；果实有翅。

垂枝桤木 分布在日本。垂枝桤木是小型乔木，高8~13米；树叶不裂，呈卵形到披针形，顶端尖，长5~12厘米，叶基楔形到圆形，边缘尖锯齿状，叶脉12~18对；生2~5个下垂的“球果”，直径为8~15毫米，花梗长3~6厘米。

欧洲绿桤木 分布在欧洲，特别是山区。该树是灌木，高1~3米，小枝有黏性；树叶不裂，呈圆形到卵形，长2.5~6厘米，顶端尖，叶基楔形，边缘呈细锯齿状，叶脉5~10对；“球果”直径1厘米，总状花序。欧洲绿桤木的耐寒能力很强，在寒冷的重质土壤里长势好。

美洲绿桤木 分布在北美洲东部（拉布拉多到卡罗莱纳州北部）的山区。美洲绿桤木为灌木，高3米；幼叶黏，散发出令人愉快的香味；树叶长3~8厘米，不裂，近圆形到卵形，叶基比欧洲绿桤木的圆、近似心脏形，边缘锯齿状，叶脉5~10对；3~6个“球果”，总状花序，每个长1~1.5厘米。

西特喀桤木 分布在美国西部（阿拉斯加到加利福尼亚州北部）。该树是灌木或小乔木，树高可达13米；树叶生5~10对叶脉，略裂；有3~6个“球果”，每个约长1厘米，花梗长2厘米。

（美洲绿桤木和西特喀桤木的部分特征可参考欧洲绿桤木。）

Cremastogyne亚属

冬芽具柄；雌雄柔荑花序单生于叶腋，花梗比柔荑花长2~3倍；雌花裸露；春天开花。

桤木 分布在中国。桤木树高26~30米；树叶白色，下表面有软毛，很快脱落，树叶呈椭圆形到倒卵形，长7~14厘米，顶端尖，叶基圆形到楔形，边缘锯齿状；叶脉8~9对。“球果”直径1.5~2厘米，下垂，花梗长2~6厘米；果实有宽翅。杞木很少人工栽培。

毛桤木 与桤木类似；树叶下面生红色的绒毛。

Clethropsis亚属

冬芽无柄；雌柔荑花序单生或呈总状花序生在叶腋里，“球果”大多数比花梗长；雄柔荑花序细长，花被裂片不到叶基处，如果生在叶基，裂片数目小于4；秋季开花。

光叶桤木 分布在喜马拉雅山西部。在原产地树高可达30米；树叶近椭圆形到卵形，长8~14厘米；叶脉9~10对，交织在细锯齿边缘；雄柔荑花序长15厘米；“球果”直径2~3厘米，单生于叶腋；种子有厚厚的革质翅。

尼泊尔桤木 分布在喜马拉雅山、尼泊尔到中国西部。尼泊尔桤木的树皮呈现银色，树高15~20米；树叶呈卵形到披针形，长8~12（17）厘米，生锯齿，叶脉12~14（16）对；种子生有薄薄的膜状翅。

Alnus（Gymnothyrsus）亚属

冬芽无柄；树叶呈明显的锯齿状；“球果”比花梗要长，单个或以总状花序的形式出现在叶腋；雄花基部有4裂花被，雌柔荑花序，生在前一年枝上，安度冬季，在春季开花。

黑桤木 分布在欧洲，非洲极北部、小亚细亚、高加索山脉到西伯利亚，原产于北美洲东部地区。黑桤木树高25~35米；树芽有褶，下表面绿色，略呈卵形到宽倒卵形，长4~9（10）厘米，树叶表面粗糙，边缘双锯齿，顶端圆、

欧洲绿桤木的叶子、柔荑花序和果实

黑桤木的果实

有凹口，侧面的叶脉5~7（8）对；柔荑花序3~5朵，“球果”直径1.5~2厘米。黑桤木有许多变种。

红桤木 分布在北美洲西部地区。树高20~25米；小枝亮红色；树叶近卵形椭圆形，生小枝上，叶芽有皱褶，长7~12厘米，树叶顶端尖利，叶基平、略裂，下表面覆有白粉，叶脉12~15对；橙色“球果”直径为1.5~2.5厘米，有梗。

白桤木 原产于落基山脉峡谷里的河流和水道边上，从爱达荷州到蒙大纳州，向南一直到加利福尼亚州南部。早期的殖民者曾依靠这种树来找水源。它的学名（rhombifolia在拉丁语中意为菱形）指的是其叶子的形状，不过一般情况下，以卵形或椭圆形为主。人工栽培的白桤木并不常见。树的高度为30米（100英尺），树形为宽阔的圆锥形。

白桤木的树皮在生长初期很光滑，呈浅灰色，成熟后会出现暗褐色的深裂缝和鳞状皮块。它的叶子长度可达10厘米（4英寸），宽度可达7.5厘米（3英寸）。叶边有不均匀的锯齿，上表面为有光泽的暗绿色，下表面为浅黄色，并覆有细微的绒毛。它的雄花和雌花均为柔荑花，早春时节分簇长在同一棵树上，比叶子抽芽的时间要早。其中雄花为红黄色，长为12.5厘米（5英寸）。

灰桤木 分布在欧洲（不包括不列颠群岛）、高加索山脉和北美洲。树高20米，有时形成灌木，树皮灰色；叶芽有皱褶，树叶下面覆有少许白粉，树叶呈宽椭圆形到卵形，长4~10（12）厘米，顶端尖，叶脉9~12对；生4~8个“球果”，每个直径大约1.5厘米，脱落或者几乎脱落。var vulgaris是欧洲知名的标本树。灰桤木有许多变种：var acuminata的树叶裂至一半位置。

↗ 当白桤木的叶子从叶芽中抽出来时，其表面覆盖有很浓密的白色绒毛。白桤木的种子包裹在卵形的木质球果中。

意大利桤木 分布于科西嘉(岛)和意大利南部。该树呈金字塔树形，外形漂亮，树高15米；枝条和树叶均光滑；叶芽没有皱褶，呈圆形到宽卵形，直径5~10厘米，顶端尖利，叶基心脏形，叶脉6~10对；“球果”直径1.5~2.5厘米。

注：桤木有许多杂交种，例如黑桤木和灰桤木杂交得到杂交桤木，意大利桤木和黑桤木杂交得到椭圆桤木。

意大利桤木的叶子、柔荑花序和果实　　黑桤木的树皮、叶子和柔荑花序　　灰桤木的叶子、柔荑花序和果实

鹅耳枥属

鹅耳枥

鹅耳枥属的树种是非常有特色的，分布在北半球整个温带地区。它们是落叶树种，靠风授粉，尺寸适中，树叶有棱纹、互生，树枝向上，略成20~30度角。花朵下垂、单性，柔荑花序，雌雄同株。雄花生在老木上；雌花纤细，稀疏地分布于幼枝顶端，圆锥形。在每朵花的基部生一片小小的3裂小苞片，表面被毛。小胚珠受精之后变成木质，形成有棱的坚果，而且衣领状的小苞叶充当散播的翅膀。

鹅耳枥特别能耐寒，而且树形美观，开花和结果的时候更加漂亮，因此有一半的种类已被栽培，有几种鹅耳枥在美洲和亚洲分布比较广泛，其中有26种被认为是优良种。

欧洲鹅耳枥春季开花，常见于栽培，成熟时树高1.5~25米。欧洲鹅耳枥与山毛榉树非常相似，因此经常很容易混淆，但是欧洲鹅耳枥的树叶比山毛榉树的树叶更尖，具双锯齿缘，而且从叶中脉出现明显的平行叶脉。它的冬芽很短、树干平伸，上面有皱褶，而且有凹槽。欧洲鹅耳枥是欧洲和西南亚的本地生种，木材非常硬，角质纹理，很难加工。但是，它的这一特点用

知识档案

鹅耳枥

种数 26

分布 北温带到中美洲和东亚。

经济用途 广泛栽培作标本树，有时也作树篱。木材质量好，可制作工具和乐器。

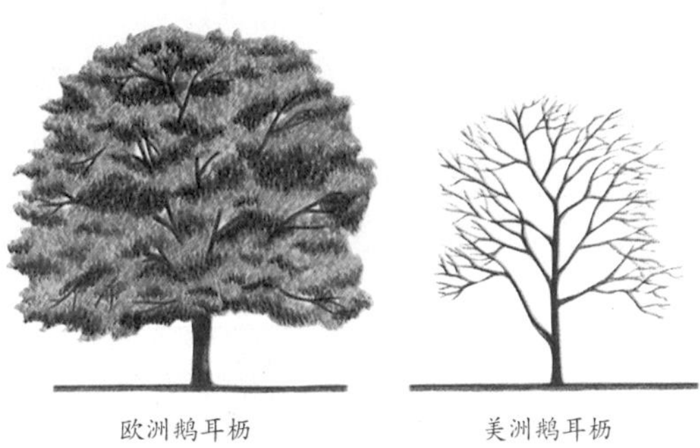

欧洲鹅耳枥　　美洲鹅耳枥

在北美洲，鹅耳枥栽培在公园里、街道上，而且可作树篱。夏季果实成串挂在枝头，看起来特别迷人。

于制作钢琴键、木轴和扶梯是非常好的。欧洲鹅耳枥木材燃烧时火焰旺盛，可制作优质木炭，用于燃烧和制火药。在中世纪，鹅耳枥就用作柴火和木炭。鹅耳枥修剪之后保留树叶，由于枝繁叶茂，因此可做很好的篱笆。在欧洲有 7 种有名的栽培树种，它们的颜色、叶形、树形和分枝各不相同。

美洲鹅耳枥原产于美国东部地区，类似于欧洲鹅耳枥，但是一般更小，树叶白色，生绒毛，在秋季变成橙黄色或者猩红色。日本鹅耳枥被广泛栽培，呈金字塔树形，生长高度 12~15 米。它的树叶较大，漂亮，而且在下垂的雌性柔荑花序上生有大的苞叶，因此惹人喜爱。鹅耳枥属里也有些树种虽然较少栽培，但是非常漂亮，它们是：东方鹅耳枥、耐寒的川鄂鹅耳枥和千金榆。

鹅耳枥属主要的种

Carpinus亚属

雄花鳞片卵形，花梗少见；结果的柔荑花序苞叶松散地堆在一起，很少包住，露出坚果；叶脉10~17对，对称或者几乎对称。该亚属共54种。

欧洲鹅耳枥　分布在欧亚大陆。该树树高15~25米；树叶卵形，长4~9厘米，宽2.5~5厘米，叶基圆形或者心脏形，两侧不等长，顶端尖且短，锯齿不对称，呈双锯齿，树叶上表面墨绿色，最初有绒毛，下表面特别是中脉绒毛更多，但是在秋季来临之前两面都变得光滑；叶脉10~13对，叶柄长0.5~1厘米。结果柔荑花序长3~8厘米，上面有较大的3裂苞叶，中间的裂片2~4厘米，一般有锯齿，迎面对生，每个基部都有卵形的棱纹坚果。

美洲鹅耳枥　分布在北美洲东部地区。美洲鹅耳枥与欧洲鹅耳枥有些相似，但是生长更缓慢，而且达不到欧洲鹅耳枥的尺寸。树叶在秋季颜色变深。在冬季，最明显的特征就是它的芽：欧洲鹅耳枥的芽更纤细，呈纺锤形，大约长7厘米；美洲鹅耳枥的芽卵形，只有0.5厘米长。

美洲鹅耳枥的近亲树种有（都来自中国）：天台鹅耳枥、海南鹅耳枥、短穗鹅耳枥、C.acrostachya、C.davidii、C.kempukwan、C.viminea、C.kweichowensis、C.poitanei和C.tropicalis 等。

大果鹅耳枥　分布在伊朗。大果鹅耳枥树高20米，成熟时呈圆形树顶；树叶窄，呈长圆形到尖形或者圆圆的尖形，长6~11厘米，宽3~5厘米，叶脉上被密密的绒毛，叶腋也有毛；叶脉10~15对，叶柄长1~1.6厘米。结果柔荑花序成熟之后约长8厘米，宽4.5厘米，花柄长6厘米；苞叶半卵形，长3~3.5厘米，宽2厘米，尖端锯齿状，基部未裂，边缘折合状。成熟的坚果卵形，上面被毛，顶部有个毛盖。

与大果鹅耳枥形态相似的树种有：C.schuschaensis（亚洲西南部）、C.geokczaica（俄罗斯）、C.grosseserrata（伊朗）和杂交鹅耳枥（高加索）。

东方鹅耳枥　分布在欧洲东南部地区。该树一般为小乔木或大型灌木，但有时候是灌木丛。东方鹅耳枥的树叶呈卵形，长2.5~5厘米，宽1~2.5厘米，叶基圆形到略成楔形，顶端尖，生规则的双锯齿，上表面墨绿色，两面中脉丝状；叶脉12~15对，叶柄长5~7毫米。结果柔荑花序成熟时长3~6厘米，有短梗，苞叶略成卵形，一边稍长，生不规则的粗糙锯齿，锯齿未裂，每片苞叶里包裹着1个小小的坚果，坚果长0.5厘米。东方鹅耳枥的树叶小，而且苞叶未裂，这2点与欧洲鹅耳枥和美洲鹅耳枥有区别。

形态上与东方鹅耳枥相近的物种有：C.turczaninowii、C.paxii、C.cowii（中国）和朝鲜鹅耳枥（朝鲜）。

昌化鹅耳枥　分布在日本和亚洲东北部地区。这是一种小型落叶树种，树高10米；树叶卵形，长4~8厘米，宽2~4厘米，顶端渐细，厚锯齿缘、不对称，基部圆，上表面墨绿色，中脉上的毛平伸分布；叶脉9~15对，叶柄细长，生绒毛，长10毫米。成熟的柔荑花序生在细长的花梗上，长5~6厘米，苞叶呈窄窄的卵形，长1~2厘米，一边有锯齿，叶脉和叶基上生有丝状绒毛，后来变成船形，在其中中空的地方生出卵形的坚果。

昌化鹅耳枥的近亲物种有：C.tsiangiana、C.chuniana、C.polyneura、C.henryana、C.seemeniana、C.fangiana、C.rupestris、C.kweitingensis、C.austrosinensis、C.bandelii、C.tungtzeensis、C.tschonoskii（C.yedoensis）、C.fargesiana、C.sungpanensis、C.huana、C.putoensis、C.pubescens和C.monbeigiana（以上均产自中国）；C.fauriei和C.tanakeana（日本）；C.eximea和C.coreana（朝鲜）；C.multiserrata、C.kawakamii、C.hogoensis、C.sekii 和C.hebestroma（中国台湾）。

Distegocarpus亚属

雄花的鳞片呈窄椭圆形，有花梗；结果柔荑花序的苞叶紧紧堆积在一起，因此彼此重叠，基部折成扇形将坚果封闭在里面；叶脉15~25对，明显对称。该亚属共5种。

日本鹅耳枥　分布在日本。日本鹅耳枥树高18米；树叶卵形或椭圆形，长5~10厘米，宽2~5厘米，叶基大多呈心脏形，但有时候是圆形或楔形，双锯齿缘尖利，通常是大齿和小齿交替出现。

千金榆和毛叶千金榆　分布在中国。千金榆与日本鹅耳枥的区别是：千金榆的树叶大，呈心脏形，冬芽数目庞大。坚果都被基部折叠的苞叶所包裹，这种奇特的习性两者却是相似的。

兰邯千金榆和C.matsudai　分布在中国台湾。兰邯千金榆和C.matsudai都是落叶乔木，树高20米。树叶卵状椭圆形，长8~10厘米，宽3~4厘米，膜状，像纸，叶基有尾状附属物，边缘呈不规则锯齿状，向着尖端锯齿逐渐变细；叶脉20~24对。

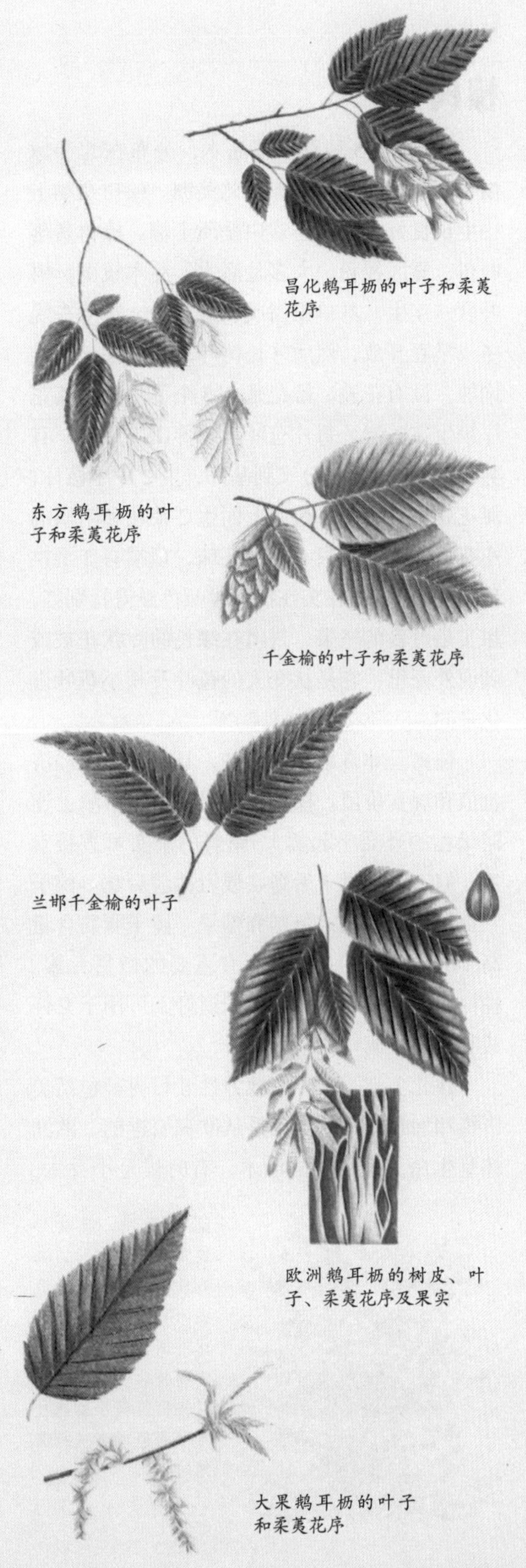

昌化鹅耳枥的叶子和柔荑花序

东方鹅耳枥的叶子和柔荑花序

千金榆的叶子和柔荑花序

兰邯千金榆的叶子

欧洲鹅耳枥的树皮、叶子、柔荑花序及果实

大果鹅耳枥的叶子和柔荑花序

榛属

榛树

榛属含 15 种乔木或灌木，分布在北半球温带，包括欧洲、亚洲和北美洲。榛树在黏土中生长良好，特别喜欢白垩质土壤。榛树是落叶树，靠风授粉，大多是灌木，乔木较少。树叶软、互生，具单锯齿或双锯齿缘。花朵在晚冬或早春开放，然后才长树叶。花单性，雌雄同株，没有花被。雄花是 2~5 个下垂的柔荑花序簇生在一起，每片苞叶上延伸出 1 朵花，有 4~8 个雄蕊，几乎分叉到基部，生 2 片小苞片；雌花簇像芽，每片苞叶上面生 2 朵花和附属的小苞片，每朵花只有 1 个胚珠，顶端有 2 个拱形花柱，它们的柱头在授粉时颜色显得特别红。果实是可食的坚果，封闭在绿色的叶状花被或者说外壳里，它是从变大的苞叶及其小苞叶进化来的。

榛树是非常耐寒的物种，具有一定的经济价值和观赏价值。榛树的坚果可吃（市场上连同绿色的外壳一起卖），新鲜的果实可直接食用，但一般是烘干后烤熟或者盐渍后吃。榛子常常用于制作法式蛋糕和糖果。榛子脂肪含量高（大约 60%），而且含有重要的微量元素。榛树的坚果也可以榨油，味道好，可用于烹饪或制作沙拉调料。

在北美洲，主要的地方性栽培树种包括美洲榛和加州榛，欧洲榛是从欧洲引进的。欧洲榛是生命力很顽强的灌木，有时候是小乔木，高度可达 7 米，它形成枝繁叶茂的灌木丛，茎直立、分支多。欧洲榛曾经是重要的经济作物，木材可做燃料，直茎可做栅栏和拐杖，而且果实（榛子、大榛子）可食。现在人们栽种欧洲榛仍然由于它具有较高的经济价值。但是，真正的榛子是从欧洲东南部和小亚细亚的大果榛树上得来的，大果榛不仅在原产地广为栽培，而且在其他地方也很多，例如英国东南部地区栽培榛树就是为了获取榛子，主要的经济变种是“肯特榛”。全世界每年榛子产量超过 80 万吨。

华榛、土耳其榛和藏刺榛不仅出产榛子，而且可观赏。榛属里的观赏性栽培变种有：生柔软黄叶的黄叶欧洲榛、树枝扭曲的螺旋欧洲榛和生紫色树叶的紫色大果榛。

知识档案

榛树

种数 15

分布 北温带。

经济用途 有一定的观赏价值，种子可食。也广泛栽培做柴火。

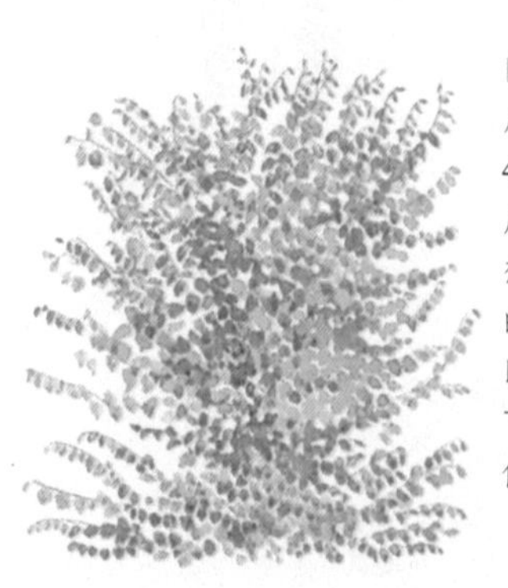

↙ 在野外，榛树形成茂密的灌木丛，高 4~6 米，有时候发育成小乔木，它们是理想的树篱材料。榛树的树枝非常柔软，可以修剪，剪下的树枝可做篱笆或者扶持其他植物。

↗ 该图显示欧洲榛的果实。坚果在10月成熟，可食。图中的果实生在绿色的外壳或者说花被里，花被长度和坚果相等，有锯齿状裂片，根据这种外壳可将不同的榛树种区分开来。

■ 榛属主要的种

第一组： 总苞无裂片，或者裂片在叶基部分结合，不是形成管状，而是形成深裂的、广泛伸展的钟状外壳。前3种是近亲，可认为是“大型”树种的代表。

榛树到底是树种还是灌木，一直以来都有争议。根据定义，树干在长枝条或分叉之前达到1米（3英尺），整体的高度能超过6米（20英尺）才能被称为树。榛树满足第二个条件，但是它的树干在很低处就开始分叉。而且，很多个世纪以来，欧洲的园艺工作者们往往通过矮林作业，使其保持低矮的状态。榛树这种容易修剪成活的特点也使其成为农田里常见的树篱树种。

欧洲榛树　树皮为银灰色到浅褐色，即使成熟后仍然很光滑。分布：欧洲、亚洲西部和北非，高度为6米（20英尺），树形为宽阔的舒展形。它的树干直径几乎达到了20厘米（8英寸）。它的叶子直径为10厘米（4英寸），叶边有双锯齿，很厚实，摸上去很粗糙。叶子、叶芽和小枝上有浓厚的绒毛。它的雄花为黄色的柔荑花，长为10厘米（4英寸），早春时节开放，能随风散播出大量的花粉。它的雌花为很小的红色花朵，长在看上去像叶芽的小苞末端，这个小苞最后会长成果实，圆形到卵形，亮褐色，是一种可食用的坚果，其中有一半蹲伏在绿色的花萼中。

螺旋榛的茎部扭曲，生长缓慢，是欧洲榛的一个变种；‘Aurea’是栽培变种。

美洲榛　分布在加拿大和美国东部地区。美洲榛与欧洲榛相似，是灌木，高2~3米；树叶长5~13厘米；坚果直径大约为1.5厘米，封闭在有不规则裂的花被里，生于基部，大约长3厘米。

榛树　分布在中国和日本。榛树是灌木或小乔木，树高大约7米；树叶形状各异，大多数都是中间部位最宽，树叶长5~10厘米；花被呈钟状，长18~25毫米，比坚果略长，深裂成6~9片三角形锯齿，边缘光滑，约深4~6毫米。

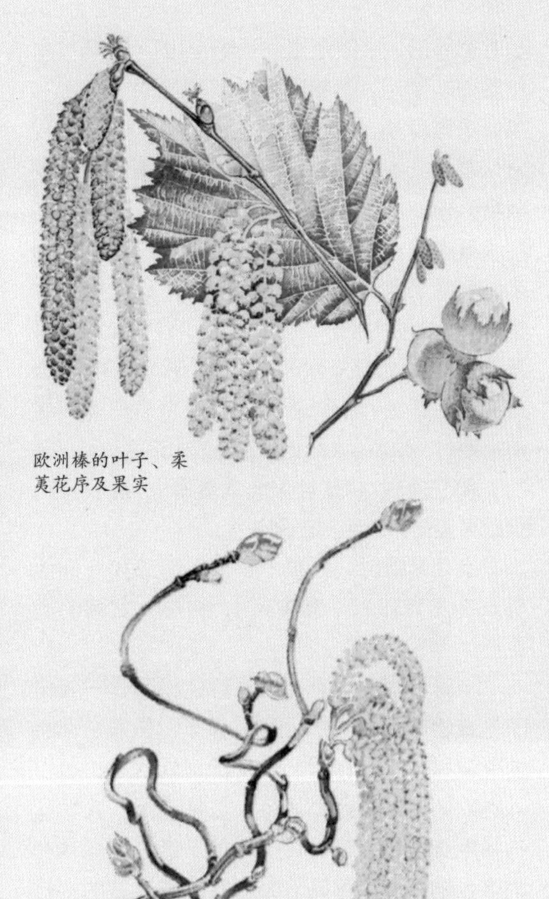

欧洲榛的叶子、柔荑花序及果实

螺旋欧洲榛的柔荑花序和扭曲的茎

第二组： 花被像一个小小的圆底瓶（大果榛的花被更尖），“鳞茎”包裹坚果，“颈部”有凹槽，大多数比鳞茎长2~3倍，上面略成锯齿形。

加州榛　分布在美国东部和中部。加州榛是灌木，高3米；树叶近卵形到倒卵形，长4~11厘米，不规则锯齿浅裂，叶柄长度小于1厘米；花被生有“鳞茎”，刚毛状。据说加州榛的果实不可食。它的亚种加利福尼亚榛产自美国西部地区，总苞的“颈部”长度和“鳞茎”的长度比较接近。

大果榛　分布在欧洲南部（不包括不列颠群岛）。大果榛是灌木或乔木，树高可达7米；

树叶宽卵形，中间最宽，长5~13厘米；花被生绒毛而非刚毛，呈锥形，没有明显的“鳞茎”，尖端深锯齿形。大果榛被广泛栽培以收获坚果，它是栽培变种英国榛的母树，大果榛还有许多栽培变种。

日本榛 分布在日本。日本榛是灌木，高5米；树叶呈椭圆形到倒卵形，长5~10厘米，叶柄长1.5~2.5厘米；花被生刚毛，有明显的“鳞茎”，它的“颈部”只比“鳞茎”长出1.5倍。它的亚种毛榛树叶长15厘米，花被上有更多伸展的刚毛，“颈部”大约比“鳞茎”长2倍。

第三组：树皮或果实均具有非凡的特征，但是果实与第二组的差别较大。

土耳其榛树 分布于欧洲东南部和亚洲西部，高度为25米（80英尺），树形：宽阔的圆锥形。

土耳其榛树拥有非常对称的树形，一般树干笔直但较短，树体为金字塔形，是非常理想的街道树种。在16世纪中期的时候这种树被引入到欧洲中部和西部地区，包括英国，此后便在当地被大量种植。在德国的汉诺威和奥地利的维也纳都有很漂亮的土耳其榛树。它的木材为粉褐色，是制造家具的好材料。

土耳其榛树的树皮为亮灰褐色，成熟的时候其表面有明显的软木皮。它的叶子为暗绿色，呈宽阔的卵形，底部为心形，叶边有锯齿，长为15厘米（6英寸），宽为10厘米（4英寸）。它的雄花和雌花为不同的柔荑花，长在同一棵树上。其中雄花为黄色，下垂，长为7.5厘米（3英寸），雌花为红色，相对较小。

华榛 分布在中国。华榛与土耳其榛比较相似，曾经一度被认为是一个变种。野生华榛高30米，栽培时只能达到一半的高度；树叶长（10）15~18厘米，锯齿状，不裂；花被里面包着坚果，上面呈细管状，有时是开叉的裂片。

藏刺榛 产于中国西藏。藏刺榛是乔木，有时候是灌木，树高约7米；树叶近卵形，长5~13厘米，叶柄长2.5厘米；果实是3~6枚一组的坚果，花被上有细长的、光滑的棱脊，整个看起来像毛刺，通常会让人们联想到甜栗的果实。

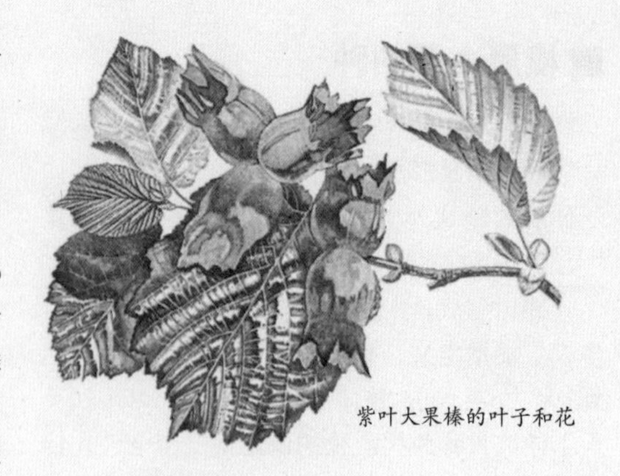

紫叶大果榛的叶子和花

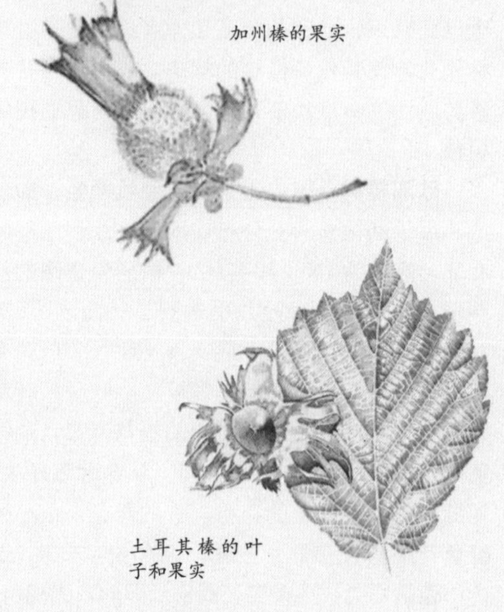

加州榛的果实

土耳其榛的叶子和果实

藏刺榛的叶子和果实

铁木属

铁木

铁木属是由 5 种中型落叶乔木组成的，它们的枝条广泛水平伸展。整个北半球的温带都有铁木的分布，在中美洲向南延伸至危地马拉和哥斯达黎加。

铁木的树叶互生，略呈卵形，叶脉平行，边缘有锯齿。铁木在春天开花，与树叶一同长出。雄花呈下垂的柔荑花序，整个冬天都开放，有 3~14 个雄蕊，没有花被。雌花呈直立的柔荑花序，有苞，每片苞叶开 2 朵花。花萼紧贴胚珠，封闭在开放的花被（外壳）里；受精之后花被封闭，然后膨胀，在小坚果周围形成膀胱状的外套，整个结果柔荑花序看起来非常像啤酒花"球果"。铁木与榛树很相似，但是榛树里环绕小坚果的花被张开，雄柔荑花序冬天不开放。

知识档案

铁木

种数 5

分布 北温带到中美洲。

经济用途 重要的木料。

铁木属有 3 种偶尔栽培作为观赏树，而且在温带相当耐寒。最常见的是欧洲铁木，它原产于欧洲南部和小亚细亚，而美洲铁木来自美国东部地区。它们都对土壤不挑剔。

欧洲铁木树高可达 20 米，树皮灰色；树叶尖锐，长 4~12 厘米，生 11~15 对叶脉；卵形坚果长 4~5 毫米。美洲铁木也以硬木闻名，树高 20 米，树皮黑褐色，树叶与欧洲铁木类似；小坚果呈纺锤形，长 6~8 毫米。铁木的木材特别硬，这正是其名称的由来，广泛用做工具把手和篱笆桩。美洲铁木与日本铁木非常相似，后者原产于东南亚，可做珍贵的地板和家具。

↗ 日本铁木的结果柔荑花序。

胡桃科 > 胡桃属

胡桃

胡桃属共 21 种，分布范围从地中海延伸至东亚和印度支那、北美洲和中美洲，还有安第斯山脉。它们是落叶乔木（灌木罕见），树叶羽毛状，揉碎后闻起来有香味；雄花为柔荑花序，不分枝，雌雄花同株，雌花很少；果实为核果，外层肉质，内部的"坚果"包含单粒种子，含有丰富的油脂。胡桃与山核桃是近亲，

欧洲铁木的雄柔荑花序非常漂亮。

区别在于后者的柔荑花序分 3 枝。

波斯胡桃或者说英国胡桃产自欧洲东南部到中国的广大区域，它可能是最独特的种类，因为只有它的坚果一分为二。胡桃属里其他种类的生长习性很特别，有的是果实细节不同。它们与波斯胡桃的区别在于小叶生有绒毛，边缘不完整。

胡桃属以其木材漂亮、坚硬、耐用而闻名，胡桃木可用于制作家具、枪托、薄板和铰合叶。最有名的树种是热带核桃木（厄瓜多尔）、墨西哥胡桃（墨西哥）、黑核桃（北美洲）、台湾胡桃（中国和日本）以及英国胡桃。英国胡桃也广泛栽种用作食物来源，它的油也可用来制造肥皂和油漆。在美国(特别是加利福尼亚州)、法国、意大利、中国和印度，栽种胡桃用于产生一定的经济效益。黑胡桃和白胡桃产自北美，它们的坚果也具有经济价值。白胡桃和墨西哥胡桃的果皮可提供一种染料。胡桃属里有几个种类具有很高的观赏价值，特别是英国胡桃。

知识档案

胡桃

种数 21

分布 地中海到东亚，以及北美洲向南直到安第斯山脉。

经济用途 种子可供食用，木材质量高，也广泛栽培作观赏树。

在法国，胡桃树被广泛栽培作为观赏树，果实也可食用。

■ 胡桃属主要的种

第一组： 小叶叶缘比较完整；坚果上雕纹浅，成熟后裂开。

英国胡桃或波斯胡桃 分布在欧洲东南部到喜马拉雅山和中国。树高20~30米；小叶一般7~9片，无毛；果实平滑，长3.7~5厘米；坚果雕纹多变。

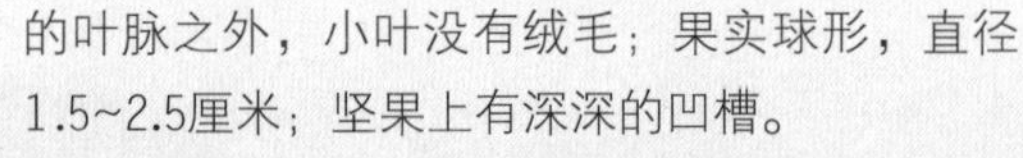

↗ 英国胡桃的树叶通常有5~7枚小叶，树叶厚、革质，叶缘完整。它也是唯一的坚果可一分为二的胡桃属种类。其雄柔荑花序短，呈暗黄色，在初夏开放。

第二组： 叶疤上缘没有毛；小叶9~25片，生有绒毛；果实无毛或者有细细的绒毛；坚果上雕纹深厚，不裂，基部四细胞。

加利福尼亚胡桃 分布在美国加利福尼亚州。加利福尼亚胡桃是大型灌木或者小型乔木；小叶11~15枚，无毛；坚果上有深深的凹槽；果实球形，直径1~2厘米。

北加州黑核桃 分布在美国加利福尼亚州。树高12~20米；小叶15~19枚，下面的叶脉上生有绒毛；坚果凹槽比较浅；果实接近球形，直径2.5~3.5厘米。北加州黑核桃一般种植在加利福尼亚的街道上。

小果胡桃 分布在美国西南部地区到墨西哥。小果胡桃是小型乔木，树高10米（它的近亲种大果胡桃高度可达15米）；除了下表面的叶脉之外，小叶没有绒毛；果实球形，直径1.5~2.5厘米；坚果上有深深的凹槽。

黑胡桃 分布在美国东部和中部地区。黑胡桃树高25~35米；小叶下表面生有绒毛；果实呈扁球形，直径2.5~3.5厘米；坚果上有不规则的棱脊。

第三组： 叶疤上缘有一行毛；小叶7~19片，有锯齿；果实上有黏毛；坚果雕纹深厚，不裂，基部二细胞。

日本胡桃 分布在日本。日本胡桃树高20米；小叶两面都有毛；果实生在下垂的长总状

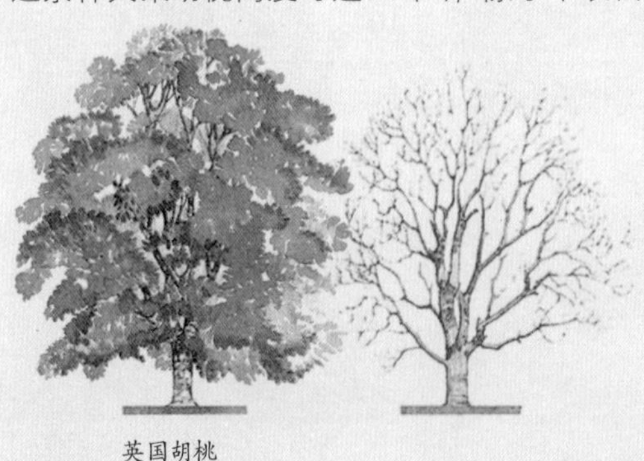

英国胡桃

小果胡桃的叶子和果实

花序里，呈卵形，长约5厘米，下表面黏；坚果既没有棱，也没有角。

白胡桃 分布在北美洲东部地区。树高15~20米，或者更高；小叶有毛，锯齿铺展；成熟的苞叶呈红色或紫色；果实生在下垂的长总状花序里，3~5个，近卵形，长4~6.5厘米，有黏性；坚果有棱，质地坚硬。

野核桃 分布在中国。树高20米；小叶有毛，边缘锯齿形；成熟的苞叶呈灰色或者黄褐色；果实卵形，生在下垂的总状花序里，每个果实长3~4.5厘米；坚果上有6~8个刺状齿形角。

胡桃楸 分布在中国北方。树高15~20米；小叶上表面无毛，边缘锯齿形；成熟的苞叶灰色或黄褐色；果实生在短总状花序里；坚果上有深深的凹痕。

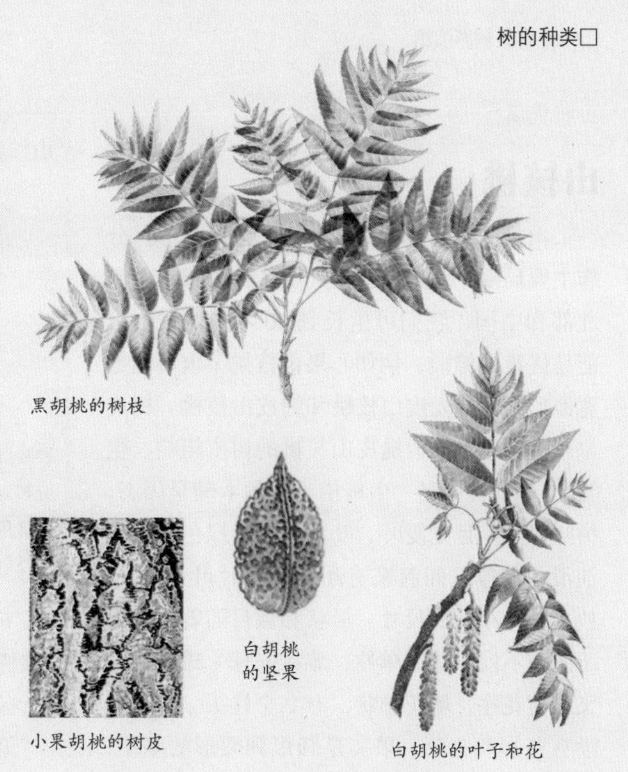

黑胡桃的树枝

小果胡桃的树皮

白胡桃的坚果

白胡桃的叶子和花

枫杨属

枫杨

枫杨属是落叶乔木，生长高度可达 25~30 米，木髓层状，树叶较大，羽状、互生。胡桃也有层状的木髓，但是区别在于它的核果肉质，核仁皱褶状，无翅；而山核桃的木髓是连续的，没有花萼或几乎不生花萼。枫杨花朵单性，雌雄同株，柔荑花序，有 1~4 片萼片，没有花瓣。雄花有 6~18 个雄蕊；雌花只有 1 个单细胞胚珠，花柱短，柱头呈亮粉红色，2 裂。枫杨的果实是小小的坚果，只生 1 粒种子，具 2 翅，生在 20~50 厘米长的柔荑花序上。温带有几个种类可作为观赏树。枫杨喜欢潮湿的地方，最好栽在湖边和河边的黏土里。

枫杨属里最常见的栽培种是来自伊朗北方的高加索枫杨，它的裸露芽几个迭生在一起。高加索枫杨喜欢潮湿的环境，形成灌木丛。树叶上有 11~25 枚小叶和 1 个叶轴，秋季变成亮黄色；果实有翅。

知识档案

枫杨

种数 6

分布 高加索山脉到东亚地区。

经济用途 栽培作为观赏树。在日本，枫杨的木材可制作木鞋和火柴。

中国枫杨生有裸露的芽，有 5~9 枚小叶，结果的柔荑花序长 20~30 厘米。杂交枫杨（高加索枫杨和中国枫杨的杂交种）比它的母树更耐寒，而且生命力更旺盛，有根出条；树叶具 21 枚小叶，叶轴或凸或凹；结果的柔荑花序长 45 厘米。日本枫杨起初有芽，芽上生两三片黑褐色的鳞片以及 11~21 枚小叶；果实有翅，悬挂在长 20~30 厘米的柔荑花序里。

山核桃属

山核桃

山核桃是生长迅速的大型落叶乔木，分布主要局限于北美地区，其中 2 种分布在越南北部和中国。它们可生长到 30 米高，树形可能是优雅的锥形，例如心果山核桃；也可能是宽锥形，例如光皮山核桃和糙皮山核桃。树皮呈灰色、光滑，但糙皮山核桃的树皮粗糙、生皱纹，因此而得名。山核桃小枝的木髓是固态。树叶对生，且是复叶，叶大，呈黄绿色，外表油滑，较厚，闻起来有甜味，每片叶生 3~17 枚小叶。小叶的尺寸、形状和数目随着树种的不同而不同。花朵单性，雌雄同株；雄花为三叉柔荑花序，雌花穗状，有 2 个柱头；花朵上没有花冠和花萼。果实是圆形到梨形的坚果，有外壳。

人们栽培山核桃是因为它的木材坚韧、有弹性，具有观赏价值，而且果实可食。其中最重要的是美国山核桃，该种原产于美国东南部、墨西哥和中美洲的其他地区。野生山核桃树的果实（干果）可食用，含有脂肪。尽管单棵山核桃树可存活 1000 年，但在果园里它们的寿命只有 100 年。

美洲山核桃树有 300 多个变种，它们的果实价值很高：坚果含有的脂肪比任何其他植物都高——高出 70%。山核桃大多用于制作糖果、冰激凌、新鲜的和盐渍的坚果，榨出的油可用于烹饪、制作化妆品。现在出现一种薄壳的山核桃，叫作“纸皮核桃”，用手指就可以剥开。

知识档案

山核桃

种数 18

分布 美国东北部到美国中部，东亚。

经济用途 坚果可食，著名的就有几百种。有些种类也可做木材。

◎相关链接

猪核桃树的树型中等大小，是一种原产于北美洲的山胡桃树。它的树皮光滑，呈灰白色，随着年龄的增大会慢慢出现竖直的裂缝。它的羽状叶由5~7枚小叶组成，小叶很光滑，边缘有锋利的锯齿，两端尖。这种树结成的坚果常被用来喂猪，这也是它名字的由来。

山核桃树

山核桃树叶，果实外有一层外壳，果实长为 5 厘米（2 英寸），在秋季时成熟。

■ 山核桃属主要的种

第一组：小叶5~17枚；冬芽鳞片成对出现、宽镊合状，共4~6片。

美国山核桃　分布在密西西比盆地。该树生长迅速，高45米；树干柱状；树皮上有深深的裂；小叶有9~17枚；冬芽鳞片上长有亮黄色的绒毛；果仁甜。

水山核桃或苦山核桃　分布在北美洲，一般生在沼泽地或稻田里。树高可达15米；小叶7~13枚，窄到宽披针形；鳞片上没有黄色的毛，但有红褐色的芽和黄色的腺体；果仁苦。

心果山核桃　分布在北美洲的林地和山区。树高27米；小叶5~9枚；越冬芽的鳞片不是黄色，但有持久的黄色表皮，鳞片弯曲。

第二组：小叶3~9枚；越冬芽的鳞片重叠成窄瓦状，共6~12片。

糙皮山核桃　分布在北美洲。糙皮山核桃树高可达36米；树皮呈窄片状剥落；幼枝上有皮屑，呈红褐色，后来变成灰色；小叶5~7枚，锯齿状，有纤毛，叶齿顶端有一簇毛；坚果白色，果仁甜。

美国山核桃　分布在北美洲。它与糙皮山核桃相似，但是外形更矮更胖，而且芽没那么尖。小枝橙色，上面有皮屑；小叶年幼时有纤毛，但非簇生；坚果呈黄褐色。

毡毛山核桃　分布在北美洲。树高18米；树皮黑色，上面有深深的裂；叶柄、树枝等部位覆有浓密且卷曲的绒毛，灰色端芽上的绒毛厚度是它后面的茎的2倍；小叶很大，通常为7枚，5~9枚变化的情况很少见，小叶下垂、有甜味，生在黄色到粉色的叶轴上，最大的小叶位于枝端；果实有非常厚的硬外壳，里面几乎是空的。

光皮山核桃　分布在北美洲的沼泽地。树高24米；树皮呈灰色到紫色、光滑，但是上面有铁锈色和黑色的皱褶；芽、树叶等一般比较小；坚果光滑、灰褐色。

甜山核桃　分布在北美洲。甜山核桃类似于光皮山核桃，但是它的老树皮更粗糙。树枝、树叶等上面有皮屑；果仁甜。

灰山核桃　分布在北美洲。树皮灰白色，有裂。

黑山核桃　分布在北美洲。坚果有粗糙的棱脊，网状脉。

中国山核桃　分布在中国东部地区。树高25米；小叶5~7枚，上表面绿色，下表面呈铁锈色到褐色；果实是四棱坚果。

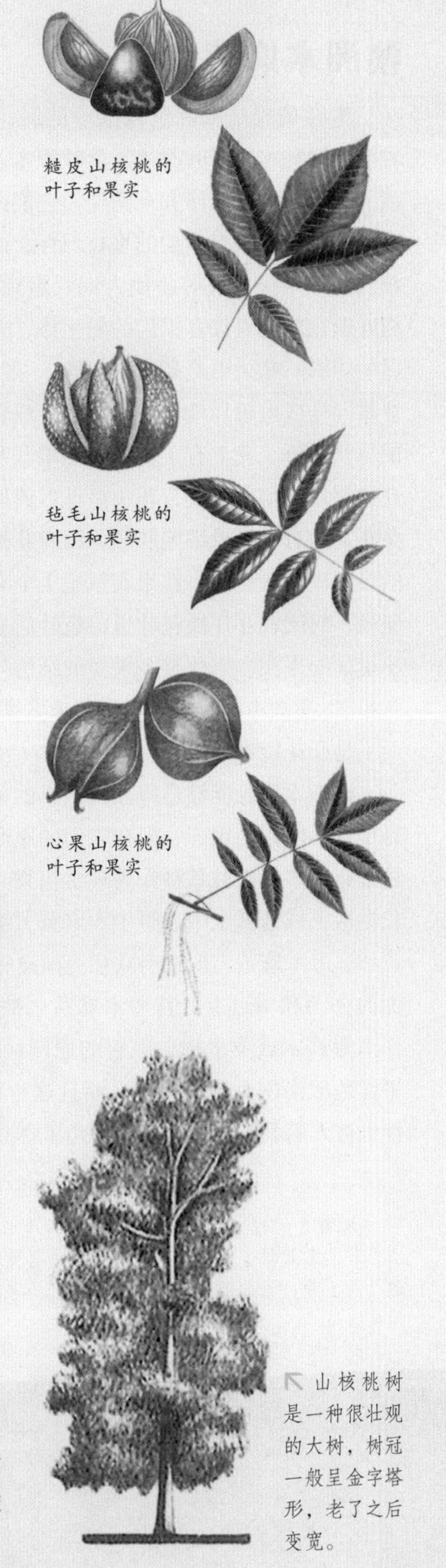

糙皮山核桃的叶子和果实

毡毛山核桃的叶子和果实

心果山核桃的叶子和果实

↖ 山核桃树是一种很壮观的大树，树冠一般呈金字塔形，老了之后变宽。

木麻黄科 > 木麻黄属

澳洲木麻黄

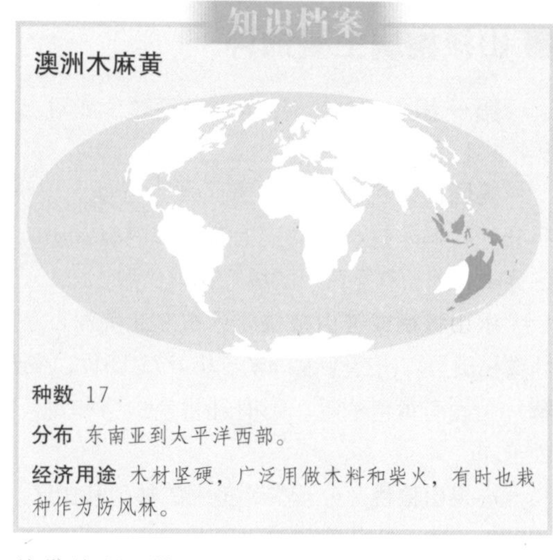

知识档案

澳洲木麻黄

种数 17

分布 东南亚到太平洋西部。

经济用途 木材坚硬，广泛用做木料和柴火，有时也栽种作为防风林。

木麻黄属是木麻黄科唯一的属，包括 17 种半常绿乔木或落叶乔木、落叶灌木，原产于澳大利亚东北部地区和东南亚。它们大多数是高大的树种，具有典型的垂枝习性，而且小枝细长、顶端尖，很容易使人们联想到马尾松。树叶退化成具有许多锯齿的轮生体，并环绕在茎的周围。花朵也是高度退化的，一般为单性，雌雄同株或雌雄异株。雄花单生，或者呈分枝的穗状，每朵花上有 1 个明显的雄蕊和一两片花被裂片；雌花密集，花头呈球形或卵形，每朵花上面有 1 个单细胞胚珠，没有花被。它们的果实球状簇生，每粒果实就是 1 个有翅的小坚果，封闭在 2 片硬苞叶里，苞叶后来张开露出里面的果实，因此整个果实的结构与松果非常相似。澳洲木麻黄整棵树看起来更像针叶树，而不是开花植物。

澳洲木麻黄能够适应非常干旱的条件，而且尽管不能耐受霜冻，但在它们的原产地之外还是有许多种类被栽种作为观赏植物。它们生长在沙土或盐碱土中。野生木麻黄、细枝木麻黄和滨海木麻黄出现在南欧和美国没有霜冻的公园和街道上。普通木麻黄也被称作南海铁木或英里树，在它的原产地太平洋地区沿岸是拓殖树种，而且这种特性也被人们利用作树篱和海边防风林。在热带美洲、佛罗里达和非洲东部地区，普通木麻黄被人们广泛栽培和移植。

木麻黄属里较大的种类出产的木材质地坚硬，而且有清晰的纹理，可用于建筑，制作装饰性家具。它的俗称牛肉木来源于它的红色木头。

↗ 木麻黄变化的小鳞片状树叶呈环形分布在结节周围，可人工栽培。由于澳洲木麻黄能够忍受强风和海边气候条件，因此可作漂亮的标本树、防风林或者屏风植物。

黄杨科 > 黄杨属

黄杨

黄杨属以作篱笆和修剪灌木而知名，它约含 55 个常绿灌木和小乔木，原产于西欧、地中海区域、东亚、西印度群岛、中美洲和非洲。黄杨的树叶叶缘完整，对生、卵形，大多数是革质，呈墨绿色，上表面光滑，通常边缘内卷，顶端有凹口。花朵单性，没有花瓣，花朵簇生，顶端有单朵雌花，下面绕几朵雄花。雄花有 4 片萼片和 4 个突出的雄蕊，雌花有 4~6 片萼片和一个三细胞胚珠，3 个花柱。果实是蒴果，一分为三，每瓣含有 2 粒闪亮的黑色种子。

知识档案

黄杨

种数 50

分布 西欧、地中海、南非、东亚、西印度群岛和中美洲。

经济用途 有许多栽培变种，广泛用于艺术修剪或树篱，木材致密。

在温带地区，黄杨属有 6 种常见的栽培种，除了锦熟黄杨之外都能耐寒。它们能适应普通的土壤，耐石灰质。其中最广泛栽培的树种是锦熟黄杨，特别是在城镇广泛用作树篱，可修剪。锦熟黄杨是茂密的灌木或乔木，树高可达 6 米，很少达到 9 米；幼芽四角形，有小翅，生细毛；树叶容易脱落，树叶卵形到椭圆形，树叶中部或者中部以下最宽，叶长 1.5~3(4) 厘米，边缘略内卷；果实的角的长度大约是蒴果长度的一半。锦熟黄杨原产于欧洲（可能包括不列颠群岛）、非洲北部和亚洲西部，有大量的栽培变种，其中包括下列 7 种：阿根廷锦熟黄杨是浓密的灌木丛，树叶边缘略成白色；长叶锦熟黄杨的树叶长达 3.8 厘米；边盒子树长期种在地边，可长到 1.5 米高，但在修剪时高度通常都保持在 10~12 厘米；Suffruticosa 的树叶卵形到倒卵形，长 1~2 厘米；Arborescens 是一种优秀的栽培变种，可作屏风树；金顶锦熟黄杨枝端上面的树叶是黄色的；垂枝锦熟黄杨的枝条下垂。

小叶黄杨产自中国、朝鲜和日本，是一种小型栽培灌木，高度可达 1 米，小枝光滑，树叶纸状，呈卵形到倒卵形，长 12~20 毫米，宽 4~8 毫米，顶端有时呈锯齿状，一般叶中部更宽。小叶黄杨是地域性变种，例如：日本盒子树的树叶更圆；朝鲜盒子树的树叶呈倒卵

↖ 锦熟黄杨是伸展型灌木或小乔木，它的宽度通常比高度要大。它是一种特别有用的耐寒常绿树，常常被种植在公园里。盒子树可提供遮蔽处或者防风，经常以正规的设计方式进行栽种。它们适合被修剪，可作为园艺灌木或树篱。

形到椭圆形或长圆形，长 6~15 毫米；中国盒子树是灌木，高 5.5 米，小枝上有毛，树叶卵形到倒卵形，长 8~35 毫米。朝鲜盒子树非常耐寒，在美国备受欢迎。巴利阿里盒子树产自巴利阿里群岛、撒丁岛和西班牙西南部地区，树叶比锦熟黄杨的树叶更大，颜色更暗，在欧洲南部已经成为栽培植物。巴利阿里盒子树可以形成灌木或者乔木，树高可达 9 米；芽方形，起初上面有毛；它的树叶近椭圆形到长圆形，长 2.5~4 厘米，耐寒；果实的花柱扭曲，花柱长度约等于蒴果的长度。

盒子树的木材坚硬，有骨质纹理。该木材曾经用于雕刻，现在仍然用于装饰、雕刻，而且可制作乐器、尺子和家具。

柳科 > 柳属

垂柳、黄花柳和紫皮柳

柳属是一个比较大的属，通常人们所知道的有垂柳、黄华柳、紫皮柳。该属的大部分种类分布在北半球凉爽的温带地区或更寒冷的地方，在大部分热带地区和南半球罕见，而澳大利亚根本就不见它们的踪影。

柳属里既有几英寸高的匍匐灌木，也有高达 18 米以上的乔木，但是很少成为森林树种。它们大多数生长在相对比较开放的地方，较大的种类一般生在沼泽地或者溪边和河边，小一些的种通常生在荒野里沼泽多的地方或者是山区潮湿、多石的地方。有些种类将许多小根伸入水中，然后在水边生长。白柳的小根是白色的，而爆竹柳的小根为红色。它们的种子很小，每粒种子上面都生一簇绒毛，很容易随风飘散，而且柳属的许多种是荒地或开垦耕地的开拓树种，有时候它们可以迅速长成茂密的灌木丛。

柳树的花朵为柔荑花序，雌雄异株，每朵花都生在每个鳞片的个腋里，雌花含单个子房和 2 个柱头，雄花生 2~12 枚雄蕊，还有一两个小的棒状腺体，能够分泌蜜汁，因此有人认为其是退化的花被。根据以上这些特征，我们可以将柳属划分成 3 个主要的组群或者亚属，在大多数北温带地区都有代表性种类：柳亚属包含乔木或高灌木，树叶窄、尖（垂柳）；Caprisalix 亚属是由或高或矮的灌木组成的，树叶或既窄且尖，或又宽又圆（紫皮柳和黄花柳）；皱纹柳亚属是低矮的匍匐山灌木或北极灌木，树叶小、宽、圆或钝（矮柳）。

柳属不同种之间的杂交是非常普遍的现象，而且已经出现许多人工杂交种，成为天然植物家族中的一部分。至少已发现有 180 个杂交种，大约有 40 个具有三倍或四倍染色体。由于大多数杂交种完全能够繁殖，因此可以同它们的母种或其他种包括杂交种进行杂交，许多种之间的界限变得很模糊，因此鉴别起来非常困难。任何一种都能够与其他许多种成功杂交，但是，一般说来柳亚属（真正的柳）不与其他 2 个亚属里的种杂交，但后者的确可以杂种繁殖。三蕊柳是个特例，尽管它属于真正的柳树，却能与紫皮柳和黄华柳里的某些种进行杂交。过去瑞典的分类学者和遗传学者已经对

知识档案

垂柳、黄华柳和紫皮柳

种数 400

分布 极地附近的地区和北温带地区。

经济用途 做木材、柴火和编制篮筐。广泛栽种作园艺树，有许多杂交种和变种。树皮曾经用于制作阿司匹林。

↗ 金杨柳是一个杂交种，具有宽圆顶树冠，树枝大、蜿蜒、曲折，小枝长、纤细、下垂。树叶窄，上下表面均被银色的毛，春季浅黄色，在夏季变成亮黄色。

柳树杂交做了大量的工作，同一目录下 13 个种可生成一种新的植物。

通过无叶切枝和种子能够进行有效的繁殖，但是由于杂交很容易，因此只在出身明确的情况下才用种子繁殖。“垂枝”类型可嫁接在高茎上。供水充足的一般性土壤都适合柳树生长——例如水边的厚黏土。

柳树的茎，不管是树苗还是老树干，都显示出惊人的再生能力，尤其是在树叶长出之前的冬季和早春，它们能够很快地在地面上生根，这个特性连同生长迅速的特点使得柳树具有较高的开发价值。

柳树的木材轻软，但却坚韧、有弹性，而且扭曲之后不会断裂，因此柳木可用于制作箱子、船桨、工具把手，而且由于它不易燃烧，还可做火车轨道上的刹车木块。白柳木可做板球拍，白柳种植之后大约 12 年成材；紫皮柳和垂柳的幼枝（大约一年的）可做篮子和其他枝编工艺品（其中包括诱捕龙虾的笼）。以上这些树种老树干上细长、柔韧的嫩枝可修剪，因此每年都可收获嫩枝。

柳树灌木丛的树皮、树叶和树枝哺乳动物可食，而花和芽是许多鸟类的食物。柳属里很多种类都含有聚糖水杨甙，这种物质具有温和的止痛作用，它是从诸如红皮柳以及它和紫皮柳的杂交种红柳的树皮中提取出来的。现在水杨甙实际上已经被乙酰水杨酸（也就是阿司匹林）和其他人工合成的止痛剂所取代。

由于柳树生长迅速（根据测量，白柳 15 年可长 20 米）、生长在河边非常漂亮，因此被人们广泛种植。“垂枝”类型特别受欢迎，但因为过大而不适于种在小花园里，它们大多数是杂交种，垂枝习性源自垂柳，据说原产于中东或中国。

垂柳与白柳和爆竹柳的杂交种生长范围很广。在欧洲最常见的垂柳是白柳和垂柳的杂交种，它的嫩枝呈浅黄到亮黄色，下垂的枝条非常漂亮，该杂交种拥有许多名称，例如垂枝白柳，但从植物学上来看就是基生柳。大多数栽培的垂柳就来自上面 2 种的杂交种——基生柳和垂柳，但是美国栽种的垂柳是垂枝红皮柳。垂柳本身在欧洲长得不好，它的嫩枝呈褐色，《旧约圣经》上 137 圣歌上有垂柳的描述（“我们将竖琴挂在垂柳上……”），但问题是现在人们认为此处指的是胡杨。

柳属里其他的观赏树种包括粉枝柳、白柳“狸红”、黄枝白柳和黑穗垂柳：粉枝柳的嫩枝呈紫色，上面覆白色的粉；白柳“狸红”的嫩枝起初呈暗红色，最后变成亮橙红色；黄枝白柳的嫩枝呈黄色；黑穗垂柳的柔荑花序呈黑色和猩红色。低矮的假山花园植物有毛柳、矮柳和龙须柳：毛柳的柔荑花序长，被丝状的毛，呈金色；矮柳在地面上形成地毯的模样；龙须柳是一种非常罕见的奇特栽培物种，它的枝条扭曲向上，树叶弯曲，长 5~8 厘米，呈又窄又长的矛尖形。

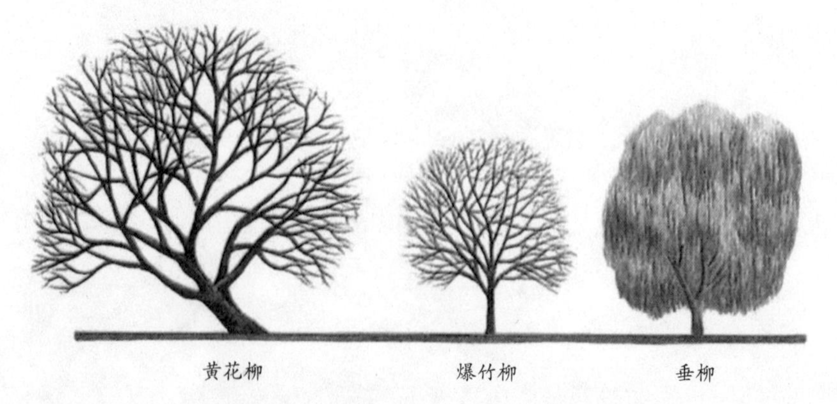

↗ 柳树的树冠可以非常大：黄花柳是浓密的灌木，树干低矮、蜿蜒；爆竹柳的树冠呈宽圆锥形，树枝细长，向上攀爬；垂柳的树干粗糙，支撑一个庞大的铺展型树顶。

柳属主要的种

柳亚属

柳亚属是真正的柳树。雄花有2~12个雄蕊和2个蜜管；柔荑花序既窄且长，生在前一年生侧芽上，与树叶一同出现，或者在树叶长出之后绽放。

垂柳的叶子

白柳 分布在欧洲西部到亚洲中部的低地。树高25米，主枝向上挺直生长，形成窄树形，嫩枝下垂；树叶长、窄，两表面均被白色的丝状毛；雄花有2个雄蕊。

蓝灰叶白柳 白柳的变种，具有树形更挺直的生长习性，树叶呈蓝灰色，在夏季丝状毛脱落；大多数蓝灰叶白柳是雌性，可能属于单个无性系。

金白柳 白柳的变种，具有亮黄色或橙色的第一年生小枝，树叶在夏季脱毛。

爆竹柳的叶子和树皮

白柳"狸红" 是一种比较普遍的栽培树种，它的小枝呈亮红色；该种的垂枝变种是大多数栽培垂柳的母体，也就是尾叶基生柳，其他被公认的母体是垂柳。

垂柳 可能原产于伊朗。它是所谓的"垂枝柳"中的一种，在欧洲不常见，耐寒能力不强；树高15米，主枝广泛伸展，嫩枝长且下垂；树叶既长且窄，表面光滑；雄花有2个雄蕊。

爆竹柳 分布在欧洲和亚洲西部。树高27米，主枝伸展形成宽树冠，嫩枝在联结处脆弱；树叶又长又窄，呈绿色，比白柳的树叶颜色更深，在幼时脱毛；雄花有2个雄蕊，但是大多数树为雌性。和白柳的杂交种很常见。

五蕊柳的叶子

五蕊柳 分布在欧洲和亚洲西部地区。五蕊柳树高18米；树叶长且尖，但是比本组的其他物种要宽（宽度达5厘米）；雄花通常有5（12）个雄蕊。树形漂亮，可与白柳和爆竹柳杂交。

三蕊柳 分布在欧洲和亚洲。三蕊柳是高灌木或小乔木，树高9米；树叶既长且尖，比该组的其他种要小，呈暗绿色，表面光滑；雄花有3个雄蕊。它是很漂亮的灌木，不仅可以与本组的种杂交，也可与紫皮柳和Caprisalix亚属里的其他种杂交。

黑柳 分布在北美洲。黑柳树高30米；树叶长且窄，邻近主脉的地方生稀疏的毛；雄花有3~7个雄蕊。在欧洲，黑柳常见于栽培，通常高度只有9~12米，有点像一棵小型的、枝条浓密的白柳。在美国南部和非洲南部有黑柳的近亲，但在柳属里罕见。

Caprisalix亚属

该亚属包括紫皮柳和黄华柳。雄花有2个雄蕊和1个蜜管；短柔荑花序，长在前一年生侧芽上，先于叶开放或者与叶一起开放。

伪蒿柳的叶子和柔荑花序

伪蒿柳 分布在欧洲和亚洲。高灌木或小乔木，树高6米，嫩枝非常长，呈灰色到黄色，直、幼时被毛；树叶很长且窄，上表面光滑，但下表面被浓密的丝状毛；雄蕊离生。伪蒿柳可与许多种杂交，尤其是三蕊柳、红皮柳以及黄华柳，有几个杂交种是由3个种杂交形成的。

灰白柳 分布在欧洲中部和南部地区、亚洲西部地区。灰白柳是灌木，高5米，与一棵纤细的伪蒿柳比较相像，但是它的嫩枝上毛少一些，而且雄蕊部分融合。灰白柳是欧洲中部山谷溪流边的典型物种。

红皮柳 分布在欧洲和亚洲。红皮柳是灌木，高5米，嫩枝纤细、光滑，呈黄色到红色；树叶窄，表面光滑，下表面颜色很浅，在柳属里它的特别之处在于有些树叶对生，而不是互生；雄蕊融合，看起来是1个花药，实际上是2个。红皮柳可与不同的黄华柳和细柱柳杂交。在与细柱柳杂交时，母树的雄蕊是媒介，它们的基部融合。

粉枝柳 分布在欧洲（但不包括英国）到亚洲中部，以及喜马拉雅山。粉枝柳是高灌木或乔木，树高9米，它的嫩枝长、直，呈紫色，上表面覆有白色的蜡质粉；树叶长，比较窄，很快变得光滑；雄蕊离生。它的幼枝很漂亮，可以修剪，因此被广泛栽培。

黄花柳 分布在欧洲和亚洲西部地区。黄花柳是灌木或小乔木，树高9米，幼枝坚韧，起初被毛，后来很快变得光滑；树叶宽，顶端钝，下表面被细密的软毛；雄蕊离生；黄花柳在欧洲西北部地区很常见，它的嫩枝和雄柔荑花序在春天看起来很漂亮，因此具有观赏价值，尤其是在圣枝主日(复活节前的星期日)更是如此。黄花柳2种比较常见的近亲种是灰柳和翼柳，它们彼此杂交并可与黄花柳杂交，灰柳与翼柳的区别在于：灰柳的树叶毛更稀，嫩枝上的毛不

↗ 匍匐柳在欧洲广泛栽培，它生长迅速，但是需要充足的水分，因此可能会掠夺其他植物的生存资源。

脱落，而且两年生小枝树皮下有条痕，而翼柳树形更小，与灰柳相比它的树叶有皱褶，而且嫩枝伸展得很开。

粉枝柳的叶子和柔荑花序

黑叶柳 分布在欧洲北部和中部地区、亚洲。黑叶柳是灌木，高4米，嫩枝有毛、色暗；树叶宽，顶端钝，下表面被毛，干枯之后变成黑色。黑叶柳是典型的高地物种，只分布在它所在范围南部的山谷。

茶叶柳 分布在欧洲北部和中部地区。茶叶柳是灌木，高4米，嫩枝光滑；树叶卵形、尖利，成熟时无毛。茶叶柳的生长习性与黑叶柳相似，它们通常彼此杂交，形成许多中间种类。

匍匐柳 分布在欧洲和亚洲。匍匐柳是灌木，高约1.2米，主茎匍匐（通常在地面）、向上，嫩枝略被毛；树叶小，形状和被毛情况各异，通常呈卵形，至少被薄薄一层毛。匍匐柳的生长范围很宽，最具有代表性的种类有细叶沼柳和银柳：细叶沼柳产自欧洲中部，树叶非常窄，短柔荑花序；银柳产自欧洲大西洋海岸潮湿的沙丘，嫩枝毛多，树叶上被浓密的银色软毛。细叶沼柳和银柳很受园丁的喜爱。

黄花柳的叶子和柔荑花序

毛柳 分布在北极以及欧亚靠近北极的地区。毛柳是小型灌木，高1.2米，嫩枝短，被浓密的软毛；树叶卵形、尖利，上下表面均被浓密的白色软毛；生柱状柔荑花序，被金黄色毛，因此雌性植物在开花时分外漂亮。毛柳是备受园艺工作者欢迎的植物。

皱纹柳亚属

皱纹柳亚属都是矮柳。雄花上有2个雄蕊和一两个蜜管；柔荑花序短，生在前一年生小枝的枝端，与树叶一起出现或在树叶之后出现。

矮柳 分布在北极圈低地，欧洲和美洲北部的温带山区。它是真正的矮灌木，高度很少超过5厘米；树叶长约13毫米，一般呈圆形，叶面光滑,叶脉突出、发亮；柔荑花序非常短，很少开花。矮柳是温带欧洲山顶的典型植物，地下茎匍匐形成大的块。柳属里虽然有许多矮小的灌木，但矮柳被认为是最小的灌木，它与许多矮柳杂交形成杂交种。

北极柳的树枝和柱形柔荑花序

北极柳 分布在中部北极地区。北极柳是矮小的灌木，只有几英寸高，树叶小、宽且尖，树叶比较光滑，叶脉稍稍突出；柱形柔荑花序。北极柳与矮柳的区别是：前者的茎在地表匍匐形成大的块。

水曲柳 分布在中部欧洲山区。水曲柳与北极柳类似，但是树叶通常为圆形，或者顶端有凹槽，而且柔荑花序更短。在温带地区的山谷，水曲柳和某些相关种可能替代北极柳。

网叶柳 分布在北极圈低地和欧洲、亚洲及北美洲的温带山区。它是高度只有几英寸的矮灌木，树叶宽圆形，有纤毛，下表面的叶脉突出，但上表面的叶脉略凹陷；柔荑花序短，生在长梗上。网叶柳是另一种茎匍匐在地面上形成大块的矮柳，非常有特点，受到园艺师的推崇。

网页柳的叶子和柔荑花序

垂柳外形优雅，具有独特的视觉效果，因此经常被种植在公园和植物园里，或者道路两旁。尽管垂柳总是与水相伴，实际上只要土层深厚，在一般的干旱土地它也能生长。

杨属

白杨、山杨和棉白杨

杨属物种的分布从阿拉斯加到墨西哥、非洲北部直到欧洲、小亚细亚、喜马拉雅山、中国和日本。杨属里几乎都是生长迅速的树种，而且可以长到非常大的尺寸。所有白杨的芽都含树脂，树叶互生，叶柄长，而且许多叶柄侧向扁平；花朵呈下垂的柔荑花序，先开花后长叶，基部有一个杯形的盘。除了部分大叶杨（不是全部）之外，都是雌雄异株——大叶杨是由英国园艺学家威尔逊引种的。有些种类的柔荑花序下面是雄花，上面是双性和雌性花。

白杨靠风授粉，果实是蒴果，里面含有无数的种子，基部周围有长长的丝状绒毛，因此在美国人们叫它棉白杨。在仲夏种子脱落的时候，结果树的周围形成一张棉毛毯，因此在公共场所雄树更受欢迎。

白杨分成 4 组，即杨属、胡杨组、青杨组和黑杨组。其中杨属包括银色的白杨和山杨，胡杨组包括大叶杨，青杨组即美洲香胶白杨，黑杨即黑色的白杨。白杨组内杂交，美洲香胶白杨和黑杨二者杂交产生重要的杂交种。许多杂交种比它们的母种生存能力更好，而且能在非常寒冷的地方生长迅速，而这样的地方并不适合生长桉树。从木材来看，大多数地方杂交种的木材比母树的更好，因此有取而代之的趋势。这些杂交种大多是从本组的树种上剪枝进行繁殖的。

山杨是通过种子或其根系进行繁殖的，剪枝很难存活。欧洲山杨是一种优美的小型树种，在整个欧洲都很常见。它的树叶在夏季呈灰绿色，秋季变成黄色；叶柄长、平伸，因此树叶在微风吹过的时候会“颤抖”，这有点像美洲山杨。银白杨具有中等尺寸的圆形树顶，很少竖直，在夏季，树叶下表面和小枝上生有密密的白色绒毛，尤为显眼。银白杨生有浓密的须根，可以帮助稳固流沙，它还能经受住狂暴的海风。银灰杨是山杨组的大型树种，它是银白杨和欧洲山杨的杂交种，可迅速长到 30~35 米。它与银白杨的区别主要在于其高度，树叶也有细微的差别，树叶下表面比银白杨的亮白色略灰一些。

大叶杨是小型乔木，枝稀，树皮呈黑灰色，表面粗糙，最出名的是它的树叶：树叶非常大，呈鲜绿色，中脉、叶脉和叶柄（通常）呈红色。大叶杨比较罕见。

美洲香胶白杨原产于北美洲、西伯利亚和东亚，它的芽比较大、有黏性，通常生大的树叶、无毛，下表面呈白色。许多树种在抽芽的时候散发出好闻的香气，在雨后更是如此。美洲黑杨在它的原产地北美洲太平洋沿岸高度可达 60 米，在英国每年可长 2.5 米；树叶结实、厚实，呈长三角形，长度可达 25 厘米，秋季变成黄色。英国最近引种的观赏白杨长叶白杨有香气，而且是唯一具有斑纹的白杨，它的树叶呈暗绿色，大部分叶面经常变成白色、乳白色或粉色。

黑杨原产于英国，即毛黑杨。现在野生的黑杨非常罕见，但在工业区被大量种植。钻天杨是窄柱形树，广泛分布在欧洲北部和美洲北部。1750 年以前，东部白杨在整个美国东部非

知识档案

白杨、山杨和棉白杨

种数 35

分布 北半球。

经济用途 木材可用于制造火柴和木浆，有时也可砍伐做柴火。广泛栽种在公共场所，有几个栽培变种可作为防护带。

↘ 钻天杨树高可达30米，由于它外形细长，常常种在路旁用于观赏和遮阴。

常普遍，它有着很漂亮的大三角形树叶，东部白杨在法国与黑杨杂交产生了加拿大杨组群。黑杨组最古老而且最常见的是意大利黑杨，雄树生命力非常旺盛，树冠开阔，树叶张开得很迟，起初为橙褐色，后来变成灰绿色。英国最近引种了一种与意大利黑杨相似的杂交种叫作“Robusta”，该树呈锥形，树叶更大，而且张开的时间要早几周，呈橙红色，只保持几天时间。它的雄柔荑花序呈亮红色，在 4 月初数量极其丰富。柏林杨在德国随处可见，它是苦杨和钻天杨的杂交种，树叶、树冠浓密，树叶基部逐渐变细，下表面白色。

白杨一般不用种子进行繁殖。杂交种大叶杨可用种子繁殖，其他的主要靠剪切无叶的木质部进行繁殖。为了产生新的杂交种，从 2 种母树上剪下的木头可在水中生长，在温室中开花，如果花期相同就会影响交叉授粉，几周内就可以获得种子，应当立即进行播种。

白杨同柳树一样，容易招致许多疾病，控制的办法主要是靠预防：种植抗病能力强的栽培变种，立即移走已经感染的树。换句话说，就是要好好管理。

白杨一般生长迅速，但是在避风良好的地方长势最好，在那里夏天比较温暖，而且土壤肥沃，水分充足但不至于水涝。钻天杨通常可起遮蔽作用，例如可隐藏不愿意暴露的地方，比如工厂，美洲香胶白杨的杂交种也具有同样的作用。白杨不适宜种在城镇这样局促的地方。另外，在黏质土中白杨庞大的根系和高蒸腾作用率可能导致土壤收缩，从而对道路和建筑物的地基造成危害。白杨的其他缺点有：生命周期相对比较短，雌柔荑花序和种子会脱落，因此造成凌乱的感觉；而且它会大量吸收许多物种的营养，不能彼此竞争，要想大规模种植，间隔应当保持 8 米以上。尽管有上述限制，栽培白杨的人还是很多，而且努力产生更好的栽培变种用于特殊用途。

白杨的木质软，呈灰色，不容易开裂，而且没有气味，因此白杨木特别适合做盛装食物的容器。由于白杨木相对不容易燃烧，因此大量用于制作室内地板以及铁路刹闸。白杨木的相对不可燃性与浸渍的固体石蜡正好平衡，因此广泛用于制作火柴。如果在室外使用白杨木，应当首先进行防腐处理。

↗ 美洲山杨在野外高可达30米，但栽培时一般只能达到15米的高度；树干细长，年幼时比欧洲山杨颜色更灰、更黄；树叶在年幼的时候有水平的黑色印记，春天长叶，叶柄平伸，因此树叶在风中哗哗作响。

■ 杨属主要的种

白杨亚属

白杨亚属包含白色和灰色的白杨和山杨。幼树干和老树幼枝光滑，呈灰色，上面有黑色的菱形皮孔；树叶锯齿状或有裂片，叶柄圆，四边形或侧面扁平。

A白色和灰色白杨。叶柄呈圆形或四边形，很少扁平；长枝芽上的树叶下面生有绒毛；其他树叶看起来比较光滑，形状不同。

银白杨 分布在欧洲（不列颠群岛除外）。银白杨是中等尺寸的乔木，高度很少达到18米，树干通常倾斜；老树树皮上有白色斑点和黑色凹坑；小枝、叶柄和树叶的下表面呈亮白色。幼枝的树叶上生有角状裂片；老枝上的树叶近圆形，锯齿浅。银白杨在欧洲常常被人工栽培，在美国北部地区少见。

锥形银白杨 大型乔木，枝条竖立，有点像钻天杨，但是更宽。栽培变种‘Richardii’是不太茂密的树种，树叶金黄色，下表面白色。

杂交灰杨 分布在欧洲（不列颠群岛除外）。杂交灰杨非常大，生命力旺盛，树高可达38米，树冠圆顶，随着年龄的增加有些下垂；树叶像银白杨的叶子，但下表面呈灰白色，而且较少裂片。在美国靠近海湾的各州，杂交灰杨常被栽种，美国东北部地区到加拿大蒙特利尔较少栽培。该种原产于英国和爱尔兰，在白垩和石灰质山谷长成大树。

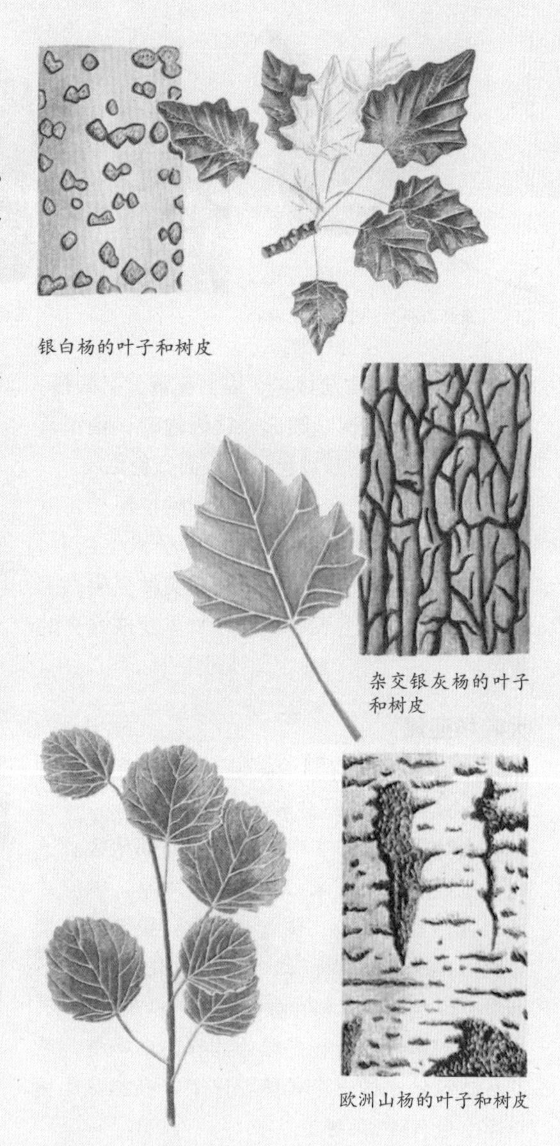
银白杨的叶子和树皮

杂交银灰杨的叶子和树皮

欧洲山杨的叶子和树皮

AA山杨。叶柄大多侧面扁平；树叶下表面光滑或几乎光滑，边缘非半透明状，尺寸和形状均衡，而且特别圆。

大齿杨 分布在美国东北部地区和加拿大东南部地区。大齿杨树形苗条，树皮光滑，呈灰绿色；树叶摸起来比较硬，每边有10个弯曲的齿，叶圆形，呈鲜绿色，长10厘米，宽8厘米，叶柄灰黄色，长9厘米。大齿杨在欧洲很少栽培。

欧洲山杨 分布在欧洲。该树呈锥形，轻度分枝，一般呈倾斜

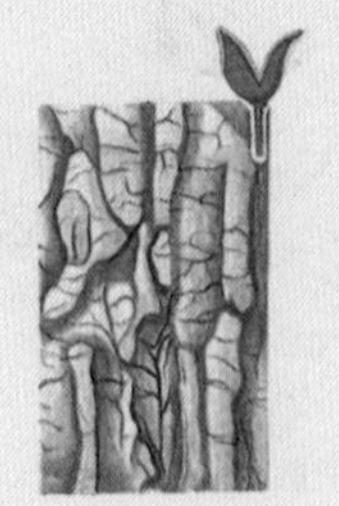

东部白杨的叶子、树皮和花

黑杨的叶子和树皮

黑杨的芽

毛果杨的柔荑花序

状，高20米，树皮灰绿色，表面光滑但有凹槽；根出条系庞大；树叶圆形，锯齿内弯，稍稍有些尖利，上表面呈灰绿色，下表面颜色更灰。

美洲山杨　分布在墨西哥到阿拉斯加，以及纽芬兰(加拿大一省)。美洲山杨树小且窄，树皮呈灰绿色到白色；树叶钝齿突然变尖，上表面呈鲜绿色，下表面白色，秋季变成鲜亮的黄色。

大叶杨亚属

大叶杨亚属包括4种。树皮表面粗糙，鳞片状；叶柄呈圆形或四边形。

大叶杨　分布在中国中部和西部地区。该树呈宽锥形，高22米；少数树枝水平，树皮片状剥落，呈灰绿色；树叶长20~35厘米，叶基心脏形，树叶呈宽卵形，具有微细的锯齿，下表面有绒毛，中脉和叶脉红色，叶柄长20厘米、平伸、粉色。大叶杨是雌雄同株的白杨种，雌花和雄花处于同一个柔荑花序上，在雄花柔荑花序上生有5~6朵雌花。

青杨亚属

青杨亚属包括美洲香胶白杨。树干上的树皮有皱褶；树叶伸展，含有树胶，下表面灰色或白色，不生软毛，边缘半透明，叶基心脏形到近似心脏形；叶柄圆形或四边形，上面通常有凹槽；冬芽非常黏，开放的时候有香气。

美洲香胶白杨（香脂杨）　分布在阿拉斯加、加拿大和美国北部地区。美洲香胶白杨树形窄，向上挺拔生长，高30米；春芽较长、含有树脂，呈褐色，散发出香味；树叶长15厘米，下表面生有厚厚的白色物质，但是野生的树叶

香脂杨的叶子和柔荑花序

毛果杨的树皮

更小，而且颜色不够白；该树生有根出条。

白亮杨（香脂杨）　它是香胶白杨的杂交种，来源不详，生长在美国东北部和加拿大东南部的荒野。

杂色杨　它是近年出现的栽培变种，树叶墨绿色，长10厘米，宽8厘米，上表面有大量的乳白色、白色和粉红色的斑点，叶柄呈红色或白色。

毛果杨或黑棉杨　分布在北美洲西部地区。枝繁叶茂，但不够整齐，树形相对比较挺拔，高度可达37米（在美国可达60米），有些树的基部有少量根出条；树叶尺寸变化很大，10~30厘米，摸起来比较厚实，下表面白色，像油漆；雄花的柔荑花序呈深绿色和暗深红色，雌花亮绿色，果实上有白色的绒毛。毛果杨的栽培变种‘TT32’是毛果杨和香脂杨的杂交种，有着窄窄的竖立的树冠，而且表现出惊人的生命力。

↗ 真正的黑杨并不常见，因为它已经被黑杨和东部白杨的杂交种所取代。但是黑杨比杂交种更枝繁叶茂，它的树冠比较漂亮，而且分枝习性好。图中显示的是春天里的一棵雌黑杨树。

黑杨亚属

黑杨亚属包括黑杨和三叶杨。树干上的树皮有皱褶（钻天杨树皮光滑）；树叶略呈三角形（长斜方形到心脏形），两边均呈绿色，边缘半透明状，圆锯齿；叶柄侧向平伸。

东部白杨 分布在美国东部地区。东部白杨是大型阔叶乔木，树高45米，树皮呈现灰色，树枝重；树叶长20厘米，宽20厘米，呈亮绿色；锯齿内卷，顶端尖。它在野外有许多小型变种。

黑杨 分布在欧洲和亚洲西南部地区。该树呈宽圆顶形，高35米，树干多刺，树枝重；树叶向上倾斜，密密地簇生在一起；树叶长8厘米，宽8厘米。

钻天杨 黑杨的栽培变种，分布在意大利北部地区，另外在远东地区也有分布。树形呈锥形或柱形，在美国西部地区树高40米；钻天杨只有雄树。

加拿大杨 这是东部白杨和黑杨的系列杂交种，1750年出现在欧洲南部地区。

“Robusta” 加拿大杨的栽培变种，树高40米，树冠呈规则的圆锥形，枝繁叶茂；树叶类似于东白杨，起初是橙色的。该种只有雄树。

意大利黑杨 加拿大杨的栽培变种，树高46米；树冠呈宽杯状，树干呈灰白色，树皮上有竖直的皱褶；树叶生得特别晚，起初是棕色到橙色。该种只有雄树。

金杨 加拿大杨的栽培变种，树高32米，树冠茂密，呈圆顶形；枝叶不够茂盛；树叶黄色。金杨比较适合于种在城镇。

“Marilandica” 加拿大杨的栽培变种，树高36米，圆顶树形，幼时茂盛，成熟时树枝铺展得很开，而且枝条多；树叶小，呈三角形，有粗糙的锯齿。该种只有雌树。

“Regenerata” 加拿大杨的栽培变种，为花瓶形树，枝条弓形；树叶生长比较早，呈灰褐色，很快变成绿色。该种只有雌树。

“Eugenei” 加拿大杨的栽培变种，生命力旺盛，树高35米，圆锥形，树老之后变成宽柱形，小枝悬垂。该种只有雄树。

*注：杨属有许多种用于栽培，而且在原产地之外有许多变种。每个条目一开始的地理分布指的是原产地。

椴树科 > 椴树属

椴树

椴树属是由 45 种椴树组成的。椴树的尺寸从中等到稍大，树叶的叶柄很长，树叶呈卵形到尖形，有锯齿，顶端突然变尖。花朵芳香，生在花梗上，呈小聚伞花序，苞叶灰绿色，聚伞花序的长度大约是苞叶的一半；花朵小，呈白色或者黄色，5 片花瓣和 5 片萼片互生，生 5 束雄花蕊，一般有 5 片花瓣状的鳞片或退化雄蕊。果实的果皮不裂，样子像坚果。椴树属广泛分布在北半球温带地区，但是美国西部、亚洲中部和喜马拉雅山没有。

在英国西部的石灰石悬崖和潮湿的林地里有 2 个本地种：一个是小叶椴，它像大多数椴树一样寿命很长，而且可长到 35 米高。小叶椴的树叶较小，外形优美，呈心脏形，下表面微微泛银色，小叶椴绽放出无数的小花，从苞叶里伸展开来或者竖立起来。在北美洲，从圣路易斯到亚特兰大北部和蒙特利尔的城市街道上经常可以看到小叶椴的踪影。另一个英国本地生种叫作大叶椴，它的树冠呈半球形，树高可到 33 米；聚伞花序上只有 3~5 朵大花，开花期比较早。大叶椴常常作为嫁接稀有种以获得栽培变种的底树。

↗ 成熟椴树的枝条向上分叉，树冠的中间常常夹杂着许多幼嫩的树枝。

知识档案

椴树

种数 45

分布 北半球。

经济用途 重要的木料用树，也广泛栽种在街道旁和公园里。有许多栽培变种。

欧洲椴树是大叶椴和小叶椴的天然杂交种，在英国它是最高的阔叶树，树高可达 45 米。尽管它们常常被种植在城镇的街道，却有 2 个缺点：从树基不断抽芽；滴下的蜜汁不断招致蚜虫，在整个夏季大批滋生。正是由于这些缺点，欧洲椴树被克里米亚椴树取而代之。克里米亚椴树不会招致虫害，树叶美观，但是容易形成蘑菇状树冠。

美洲椴树呈美丽的圆锥形，出现在美国大多数城市中，树叶大，呈深绿色，但在欧洲长势不好，而它和垂枝银毛椴的杂交种即垂植椴在柏林长势良好，这种杂交树的树叶非常大，下表面呈白色，树叶生在叶柄上。垂枝银毛椴是比较高大的树，树叶下表面呈银色，外侧的小枝下垂。银毛椴的树叶相对更硬，上表面更黑，在城市里扎根生长。蒙古椴树比较罕见，但却是需求较大的树种，它的树叶茎部红色，裂成尖尖的裂片。最受欢迎的椴树是粉椴，来自中国，它的树叶较大，呈灰色，生白色尖锯齿，下表面银色，叶柄低垂。

椴树在任何中等湿度、既非酸性也非泥煤的土壤中都可以生长得很好，而且有许多树种可以耐受狂风。椴树可用种子进行繁殖，但是有时候很难获得种子，而且常常不育，因此可以通过嫁接的方法繁殖稀有的树种和栽培变种。

椴木木质轻软，呈灰色，可用于做家具、砧板、雕刻作品，以及火柴和箱子，特别是可制作钢琴键。椴木主要来源于美洲椴树、小叶椴和日本菩提树，这 3 种树种以及紫椴的内树皮纤维可用来制作席子、绳索，而且可以编鞋。椴木也可以制成木炭，用于绘画和燃烧。菩提树的香花，也就是人们所知的马鞭草，可制成人们爱喝的草茶，据说它有镇静和滋补功效。

↗ 欧洲椴树是大叶椴和小叶椴的天然杂交种，常常被种在街道、公园和花园里。

椴树属主要的种

第一组： 树叶下表面绿色，外表除叶脉之外光滑，大叶椴的树叶上生有少许软毛。

小叶椴 分布在欧洲、高加索山脉。小叶椴圆顶、宽阔，树冠浓密，树高35米；树叶长5厘米，呈心脏形到卵形，或者窄三角形，下表面灰色，覆有少许白粉；腋脉上生有一簇簇橙色的毛；白色花朵竖直或以任意角度开放，每片灰绿色苞叶上开5~10朵花。小叶椴通常出现在北美洲，从弗吉尼亚到科罗拉多州和华盛顿，以及加拿大南部地区。

"Green Spire" 小叶椴的栽培变种，呈圆锥形树形，生橙色的芽，现在生长在美国北部地区。

美洲椴树或菩提树 分布在美国东北部和加南大东南部地区。美洲椴树在成熟之前呈圆锥形，成熟之后呈宽圆顶形；它的树叶呈奇特的绿色，树叶大，长12厘米，宽10厘米，但有些小枝上的树叶长20厘米，宽18厘米，树叶下表面颜色统一，但叶脉为白色；花朵10~12朵生在灰绿色的大苞叶里。在原产地之外，美洲椴树被广泛种植在街道和广场上，例如北美洲中西部的美国科罗拉多州、南达科他州和马尼托巴湖，而在北美洲西部栽种范围从美国蒙大拿州到华盛顿和加拿大不列颠哥伦比亚。

"Fastigiata" 美洲椴树的栽培变种，树形呈窄圆锥形到圆柱形，有时候栽种在美国的街道上。

克里米亚椴树 分布在高加索山区。克里米亚椴树与小叶椴是近亲；成熟时树冠呈圆顶形，下垂；树叶比小叶椴要大，长10（15）厘米，上表面深绿色；芽黄绿色；花朵3~7朵，呈黄色，出现在绿色到白色的苞叶里；秋季树叶变成鲜艳的黄色。克里米亚椴树在欧洲的街道和公园并不常见，在美国也很少栽培。

欧洲椴树 分布在欧洲。它是大叶椴和小叶椴的天然杂交种。树高可达46米，树冠呈窄圆顶形，向着顶部张开，基部和树干生出无数的芽，看起来不太干净；树叶上表面暗绿色，下表面略灰，腋脉上有簇生的白色绒毛。花朵4~10朵，浅黄色，从黄绿色苞叶悬下来。欧洲椴树在欧洲的街道、公园和花园里很常见；在北美洲、纽约、新英格兰和不列颠哥伦比亚省也很常见。

蒙古椴树 分布在中国北部和蒙古。蒙古椴树尺寸中等、圆顶；树叶生在红色的叶柄上，树叶小、硬，呈深绿色，发亮，锯齿形深裂片很独特。该树非常耐寒，但少见。在欧洲和美国西北部城市里种有蒙古椴树。

大叶椴 分布在欧洲。大叶椴树高33米，树冠半球形；树叶上表面有软毛，下表面软毛稀少，芽和叶柄也是如此；花朵3（4~6）朵一组出现，花大，花期早，呈黄色到白色，苞叶白色。大叶椴在欧洲和美国北部城市（巴尔的摩到圣路易斯）比较常见，偶尔也出现在弗吉尼亚到华盛顿，以及加拿大不列颠哥伦比亚省。

剪叶椴 树高15米，树叶小、尖锐、锯齿状；裂片较深、几乎裂至中脉。

红色细枝椴 树高25米；冬季小枝呈暗红色，夏天绿色；树叶比较密且颜色白，花朵苞叶乳白色。

第二组：树叶下表面银白色，绒毛簇生或者星状。

垂植椴 它是美洲椴树和垂枝银毛椴的杂交种。树高25米，枝繁叶茂，树冠稍稍下垂；树叶大，长20~25厘米，锯齿形状有点像美洲椴树，但是下表面被密密的灰白色的软毛。该树1880年以前出现在柏林。

白椴木 分布在美国东部。它可能是美洲椴树的一种变种，但在美国俄亥俄州的路边，风吹过的时候树叶露出银色的下表面。树叶只有12厘米长，锯齿更细，下面生有密密的白色绒毛。

粉椴 分布在中国。树高，窄圆顶形，高23米；小枝和芽呈苹果绿色和粉色，树叶大，长13~20厘米，上表面灰绿色，生有白色的尖齿，下表面银色；花朵2~4朵一组出现，生在灰绿色大苞叶里。该树看起来非常漂亮。

垂枝银毛椴 可能产自高加索山脉。垂枝银毛椴比较高，窄圆顶形，枝条下垂，高33米，通常取2米长的垂枝银毛椴嫁接到大叶椴上；小枝、叶柄和树叶下表面生有白色的绒毛，比较稀疏；树叶基部倾斜，树叶长12厘米、宽12厘米，呈暗绿色，齿尖，叶柄细长，长6~12厘米；花7~10朵一组出现，杯形，花瓣比较宽，有香味，花期迟。

银毛椴 分布在亚洲西南部。树形宽圆顶形，高度可达30米，老树枝比较粗短，年幼时树冠呈球形；树叶宽且硬，色暗、倾斜，长12厘米、宽10厘米，叶柄长5厘米；花朵杯形、黄色、有香味。

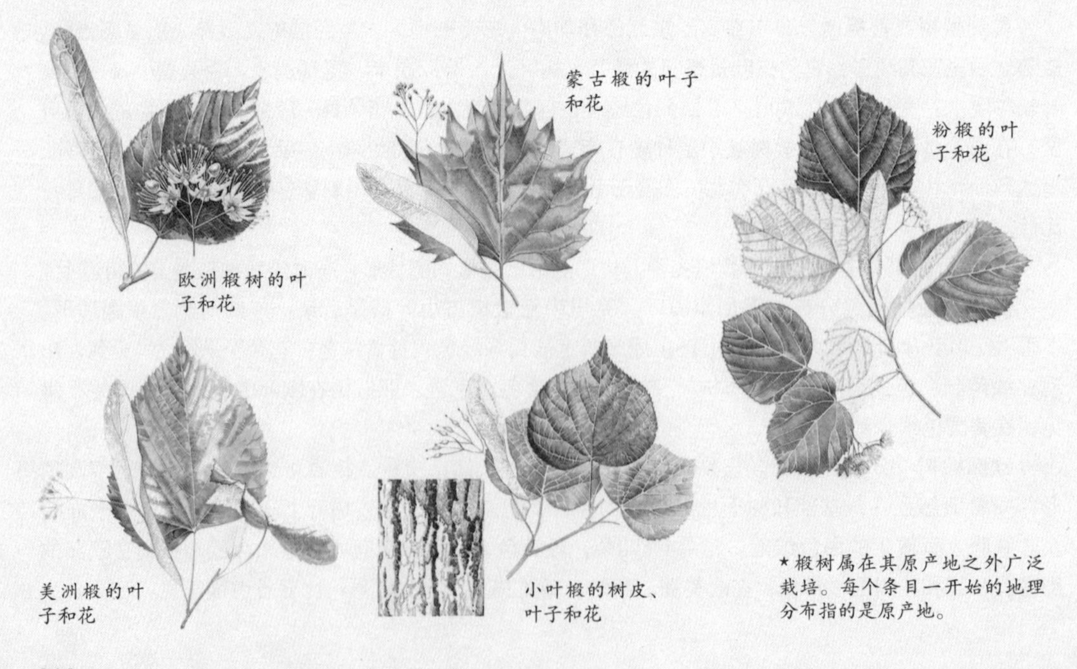

欧洲椴树的叶子和花

蒙古椴的叶子和花

粉椴的叶子和花

美洲椴的叶子和花

小叶椴的树皮、叶子和花

★椴树属在其原产地之外广泛栽培。每个条目一开始的地理分布指的是原产地。

榆树科 > 榆属

榆树

榆属是由30种落叶乔木组成的。从白垩纪早期的化石中就陆续发现榆树的踪影，在漫长的地质年代更替过程中，榆树的主要特征变化很小。榆属主要分布在北温带，在热带只有3种。现在整个欧洲，向北延伸至苏格兰和芬兰，都长有榆树。西伯利亚大部分地区没有榆树，但是土耳其、以色列、伊朗、阿富汗、中亚部分地区以及喜马拉雅山都有榆树。在远东地区，榆树广泛分布在中国（或许这里是榆树的起源中心地带）、日本、俄罗斯远东地区以及朝鲜，向南穿过马来亚到达沙捞越（马来西亚的一邦）和苏拉威西岛（位于印度尼西亚中部）。在非洲，榆树只局限分布在阿尔及利亚北部。在北美洲，它局限于东部的一些州，向南延伸至墨西哥。

榆属种类难以辨别，通常可通过树叶的2个突出特征进行辨别：树叶两边不对称，叶边缘有二齿。榆树的花朵可能生在花梗上，例如美洲白榆；或者无柄，例如小叶榆。大多数种类的花芽在春天树叶长出之后才在叶腋里出现，树叶凋落后绽放——这就是春天开花的习性。有些亚热带种类，例如榔榆，花朵是从芽上发育来的，而包裹它们的树叶仍然附着在上面——这是秋天开花的习性。果实是鉴别物种的主要依据，特别是上面绒毛的分布。大多数榆种类之间的杂交可人工完成，通常也可天然完成。

从榆树的原产地看，它更喜欢河边的地方。但是，我们很难确定几个树种的天然分布区域，因为在过去的2000年里，它们的生长区域由于人类的种植已经大大地扩展了，尤其是在欧洲、亚洲中部和中国。

榆树具有多方面的效用，尤其是英国榆、美洲榆、红榆和岩榆。在很多地方，榆树的树叶是牛爱吃的食物，在古罗马农业书籍中常提起这一用途，而且直到20世纪初在欧洲某些地方还是如此。喜马拉雅榆是非常重要的喂食植物。史前人类大量饲养牲口，因此造成大范围的“榆树衰落”，此时在欧洲西北部地区新石器时代的农业正蓬勃发展。

榆木有许多特别的性能：它的木材纹理不规则、不容易裂，因此车匠选择榆木制作车轮的毂，这个用途可追溯到古希腊迈锡尼时代；榆木抛光后显露出漂亮的之字形图案，山鹑色的纹理在木雕刻家阿尔普、摩尔和希普沃斯的手里被应用得出神入化；榆木的另外一个特性是它在连续水涝的情形下依然不容易腐烂，这可以解释人们为什么选择榆木做水下管道，以

知识档案

榆树

种数 30

分布 北温带到墨西哥。

经济用途 重要的木料用树和观赏树种，但是容易生病虫害。由于大量栽种形成许多栽培变种和克隆体。

英国榆

前在农村使用榆木水管，而且它还可以做水轮的附件。

榆木的地方性用途最广为人知的是可以做葡萄藤的支撑，这个用途经常被罗马诗人提及。榆木只在意大利中部地区显示其重要价值。

榆树的主要医疗产品就是红榆的黏质树皮，可用于治疗消化道炎症。

榆树还与其他植物群和动物群有关系。植物群主要是由真菌组成的，大多数可能只会造成轻微的伤害，但也有例外，例如荷兰榆树病。荷兰榆树病是由榆枯萎病菌引起的，1918 年人们首次发现此病，榆枯萎病菌引发导管阻塞，致使树木死亡。这种病菌是由树皮上的甲虫主要是欧洲大榆小蠹传播的。在两次世界大战期间，荷兰榆树病造成欧洲大部分地方的榆树大批死亡，因此它被引种到北美洲。在欧洲，战争过去后，疾病慢慢消退了，但是在 1965 年之后又出现了另一种疾病，可能是因为北美洲的有毒菌株引入到欧洲。1975 年，英格兰的几个郡因荷兰榆树病造成的巨大损失：它导致英国 98% 的滑叶榆消失，严重改变了英国的风景。现在出现了几个抗病品种。

榆树已经被广泛栽种作为观赏树，种在特别的道路和礼仪道上。

孤独的英国榆展现着它高贵的身姿。在开阔的地方，它的树干较短，树冠或树枝末端下垂。

■ 榆属主要的种

第一组： 秋天开花，有花梗；果实有毛，翅窄。

硬叶榆　分布在美国东南部地区。硬叶榆树高25米，顶圆且宽，树枝一般具有2个容易剥落的凸缘；树叶卵形，上表面粗糙，长2.5~5厘米；果实卵形，约长1厘米。

秋榆　分布在美国东南部地区。树形伸展得很开，高20米；树叶呈椭圆形，上表面光滑，长5~8厘米；果实卵形，长1~1.5厘米。

U.monterreyensis　这是一种不太知名的树种，产自墨西哥。树高15米；树叶椭圆形、发亮，但上表面粗糙，树叶长2~4厘米；成熟的果实尚未观察到。

第二组： 秋季开花，无柄；果实光滑，明显有翅。

榔榆　分布在中国、朝鲜、日本和亚洲东南部地区。该树高20米，圆顶；树叶披针形，上表面光滑，长2~4厘米，有30~50个次生齿，在南方基本上是常绿树；果实卵形，约长1厘米。

U.lanceifolia　分布在喜马拉雅山东部、中国西南部、缅甸、亚洲东南部、苏门答腊岛(在印尼西部)和苏拉威西岛（印度尼西亚中部）。该树高45米；树叶披针形，上表面光滑，长4~6厘米，具50~70个次生齿；果实圆形，有时明显不对称，长约2.5厘米。

第三组： 春季开花，有柄；果实通身有毛，无翅。

墨西哥榆　分布在墨西哥。树高20米；树叶椭圆形，上表面光滑，长8~10厘米，次生齿数目略小于100；果实长卵形，约长1厘米。

窄果榆　分布在喜马拉雅山西部。树高25米；成熟的树叶一般生在长枝上，呈椭圆形，上表面光滑，长7~9厘米，且有100多个次生齿；果实长卵形，长1.2~1.5厘米。

第四组： 春季开花，有柄；果实通身有毛，翅窄。

翼枝长序榆　分布在美国东南部地区。树顶圆，高达15米；树枝一般具有2个容易剥落的凸缘；树叶椭圆形，上表面光滑，长3~5厘米；果实长卵形，长约1厘米。

岩榆　分布在加拿大东部和美国东北部地区。树高30米，圆顶；树叶椭圆形，上表面光滑，长5~8厘米；果实卵形，长1.5~2厘米。

第五组： 春季开花，有柄；果实只有边缘被毛。

欧洲白榆　分布在欧洲东部，北至芬兰南部，西至法国东北部地区。树高30米，树形不规整；树干上有板状支撑根；树叶椭圆形，尖端突然变细，叶基一般高度不对称，上表面光滑，长6~12厘米；果实卵形，长1~1.5厘米。

美洲榆　分布在加拿大东南部和美国东部地区。树形规整，铺展得很开，高40米；树叶椭圆形，尖端突然变细，上表面或粗糙、或光滑，叶长7~12厘米；果实卵形，约长1厘米。美洲榆是目前所知的唯一的四倍体榆树种（56条染色体）。

U.divaricata　只分布在墨西哥。树形铺展，高10米；树叶椭圆形，上下表面均粗糙，几乎无柄，长3.5~8厘米；果实卵形，长0.5~0.8厘米；花柱不落。

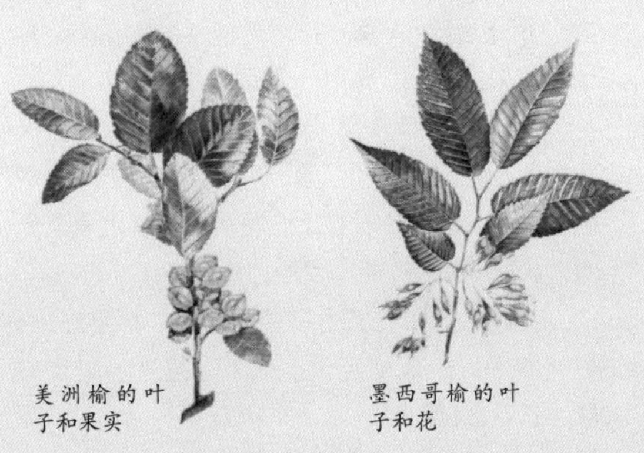

美洲榆的叶子和果实

墨西哥榆的叶子和花

榔榆的叶子、花及果实

小叶榆

美洲榆

英国榆的叶子、花及果实

美洲榆的叶子和果实

喜玛拉雅榆的叶子和果实

↗美洲榆的树枝弓形、顶端下垂；树高可达37米，树干直径2米。

翼枝长序榆的叶子和果实

第六组：春季开花，无柄或者几乎无柄；果实宽翅，种子位于果实中心部位；树叶大。

红榆 分布在加拿大东南部和美国东部地区。树高20米，树形铺展、树冠开放；树叶长圆形，尖端逐渐变细，上表面粗糙，长10~12厘米；果实圆形，只在种子上有毛，长1~2厘米。

大果榆 分布在中国北部、俄罗斯远东地区和朝鲜。树高10米；树叶椭圆形，尖端突然变细，上表面粗糙，长4~8厘米；果实圆形，通身有毛，直径2~2.5厘米。

喜马拉雅榆 分布在喜马拉雅山西部。树高30米，树冠铺展；树叶椭圆形，尖端突然变细，几乎无柄，上表面粗糙，长约9~12厘米；果实圆形，通身有毛，或者只在种子上生毛，直径1~1.3厘米。

台湾榆 分布在中国台湾及中国内地。树高25米；树叶呈椭圆形，尖端突然变细，几乎无柄，上表面粗糙，长约10厘米；果实卵形，表面光滑，长约1厘米；果实柄长约0.6厘米。

兴山榆 分布在中国中部地区。树高25米；树叶呈椭圆形，尖端突然变细，几乎无柄，上表面粗糙，长8~11厘米；果实圆形，外表光滑，直径约1.5厘米；果实柄长0.2~0.4厘米。

无毛榆 分布在欧洲北部、中国北部、朝鲜、俄罗斯远东地区、日本北部、库页岛和更南些的山区。树形伸展，高40米；树叶椭圆形，尖端突然变细，几乎无柄，上表面粗糙，长9~12厘米；果实圆形，一般比较光滑，无柄，直径约2厘米。

垂枝无毛榆 无毛榆的栽培变种，19世纪早期起源于和苏格兰，通常种植在不列颠群岛的墓地里。主枝水平伸展，树冠平；下垂枝条少。

苏格兰榆 无毛榆的栽培变种，大约1850年左右起源于苏格兰坎普尔顿豪斯，用途同垂枝无毛榆。它是另一种垂枝榆，但是主枝向上生长，形成圆顶；下垂枝条相对较少。

埃克斯特榆 无毛榆的栽培变种，大约1824年左右起源于英国西南部的埃克斯特，现在广泛种植在欧洲北部的公园里。树枝向上生长，形成窄圆柱形顶；树叶有锯齿、起皱、扭曲。

椭圆无毛榆 无毛榆的变种，分布在高加索山脉和俄罗斯东南部，它与一般无毛榆的区别在于它果实里的种子有毛。

第七组：春季开花、无柄；果实宽翅，种子生在果实中心；树叶一般比较小。

家榆 分布在亚洲中部、蒙古、俄罗斯远东地区、中国北部和西藏、朝鲜。树高25米；成熟的树叶一般生在长枝上，呈椭圆形，上表面光滑，长2~5厘米；果实圆形，直径1~1.5厘米。

旱榆 分布在蒙古和中国北方。树高25米；树叶卵形，上表面光滑，长3~4厘米；果实卵形，长2~2.5厘米。

榆树广泛分布在北美洲西部和北部地区。榆树天性喜欢河边潮湿的环境，它在水涝条件下依然不容易腐烂，这种特性使得榆木可以使用几百年。

U.chumlia　分布在喜马拉雅山西部。树高25米，枝条伸展；树叶椭圆形，上表面光滑，长6~8厘米；果实圆形，直径1~1.2厘米。

第八组：春季开花，无柄；果实宽翅，种子分散在果实顶端。

黑榆　分布在中国、朝鲜半岛、俄罗斯远东地区、日本。树高30米；树叶椭圆形，上表面粗糙，长5~10厘米；叶柄上被厚厚的绒毛；果实卵形，大约长2厘米，外表光滑，或者种子上有毛。

威尔逊榆　分布在中国西南部。树高25米；树叶椭圆形，上表面或光滑、或粗糙，长5~8厘米；果实卵形，外表光滑，大约长1.5厘米。

多脉榆　分布在中国中部地区。树高20米；树叶窄，披针形，上表面粗糙，长12~14厘米；果实卵形、光滑,大约长2厘米。

小叶榆　分布在欧洲中部和南部、英国东部、阿尔及利亚和近东地区。树高30米，习性各异；树冠张开；树叶椭圆形，叶基非常不对称，上表面一般比较光滑，长5~8厘米；叶柄光滑，或者有毛；果实卵形到圆形，外表光滑，长1~2厘米。

扭丝榆　小叶榆的栽培变种，分布在法国。小型乔木，树枝长瘤、扭曲；树叶多变；木材纹理不规则。

伞榆　小叶榆的栽培变种，广泛分布在亚洲中部和伊朗北部。它的树形很有特点，树枝网状交织在一起几乎形成一个圆周；树叶椭圆形，长3~6厘米。伞榆是亚洲中部一道亮丽的风景线，通常用来种在神殿和水井旁。

小枝伞榆　小叶榆的栽培变种，1817年起源于英国肯特郡。树枝挺直向上；树冠窄；树叶披针形，长2~5厘米。

康沃尔榆　小叶榆的变种，是英国康沃尔和德文郡西部的主要榆树种。树高、树干直、树冠窄；树叶椭圆形，长约5厘米。

格恩西榆　小叶榆的栽培变种，是格恩西、海峡群岛的优势榆树种，曾经广泛种植作为英国的行道树。中等大小的树为尖金字塔形；树叶卵形，长4~6厘米。

岩榆　小叶榆的变种，分布在英国内陆北方地区。树干弯曲；树冠窄；主枝垂向一边，看起来好似鸵鸟的羽毛；成熟的树叶通常生在长枝上，呈椭圆形，长约3厘米。

英国榆　分布在英国南部和中部以及西班牙西北部地区。树高40米，树干结实、挺直，侧面轮廓看起来像小提琴；树冠茂密；树叶圆形，叶基高度不对称，上表面一般比较粗糙，长5~6厘米；叶柄有毛；果实圆形、光滑，直径1~2厘米。

第九组：它是第六组和第八组里树种之间的杂交种。

杂交榆（无毛榆×小叶榆）　大量分布在欧洲，在许多地区，例如荷兰和英国东部部分地区，杂交榆的数目超过母树。枝繁叶茂，树高40米；形态各异；树叶大，一般呈矛尖形，长度一般超过8厘米；果实形态介于母树之间。

荷兰榆（位于英国）　杂交榆的栽培变种，它是由园丁从法国引进到荷兰的，然后在威廉三世时期又从荷兰引入英国，在荷兰已不再常见。荷兰榆被广泛种植在不列颠群岛风大的地方，例如英格兰西南端的兰兹角和夕利群岛，也广泛种植在爱尔兰。它的树枝不规则伸展；树叶卵形，上表面一般比较粗糙，秋季变成黑色，上面有斑点，长8~11厘米。

比利时荷兰榆（位于荷兰）　杂交榆的栽培变种，起源于比利时，关于此物种的首次明确记载出现在18世纪的布鲁日（比利时西北部城市）。主要种植在荷兰，比利时也有很多。树形整齐、宽阔、圆顶；树叶呈窄椭圆形，长8~12厘米。

亨廷登榆　杂交榆的栽培变种，大约1750年左右出现在英国亨廷登附近的公园，主要种植在英国南部地区。树干上的主枝呈放射扇状分布；树叶椭圆形，上表面光滑，长9~11厘米。

霍尔索尔姆榆　杂交榆的栽培变种，1885年左右出现在丹麦的霍尔索尔姆植物园，在丹麦和瑞典南部种在街道两旁。树叶呈窄披针形，长10~12厘米。

注：上面关于树叶的描述通常适用于发育良好的矮枝上的树叶。

榉属

榆叶榉

榉属是一个很小的属，只有4种，分布在地中海东部、高加索山脉、伊朗和亚洲东部、西部。它们是落叶乔木或灌木，树皮光滑，剥落，树叶互生，边缘有明显的锯齿，叶柄短。花朵两性、单性（生在同一株树上）或者杂性（单性花和两性花生在同一株树上），有1片4裂或5裂的花萼，但没有花瓣；雄花2~5朵一组，生在最上部的叶腋里，有四五个雄蕊；雌花或两性花单生，或者几朵一组生在最上部的叶腋里，有1个胚珠，有1根非中心花柱。果实无翅，像坚果（或者像干的蒴果），表面有皱褶，外面包裹着花萼和花柱的残余体，形成2个小喙。榉属在温带地区耐寒，在排水良好、深厚的肥沃土壤中生长良好。它们在春季开花，与树叶一同出现，靠种子繁殖，或者嫁接到榆树桩上进行繁殖。

刺榆是它所在的刺榆属里的唯一种类，有时候被归入榉属，但是它的小枝被毛，生又长又结实的刺，果实宽卵形，有柄、有翅。刺榆原产于中国、蒙古和朝鲜，在温带地区耐寒。

榉属里所有种类的木材都是细木工和镶嵌木工的优良用材：光叶榉原产于中国和日本，与枫树、山毛榉树和橡树一起形成低地森林，它的木材质地坚硬，纹理细密，与英国榆类似，在日本由于特别的建筑用途而价值非凡，例如建造寺庙；榉木在亚洲叫作“Keaki”，由于它油含量高，因此可以抵御湿气，但也因为这个原因会有气味，不适合做食物容器。在朝鲜，榉木因可做四轮马车轮缘而备受推崇。榉属树种在1862年被引入英国作观赏树。榆叶榉在1760年被引种，可替代由于荷兰榆树病损失的榆树，不幸的是现在有些榉树也会成为病虫害的袭击目标。

夏季将榉树的树叶切下、干燥，可储藏起来做冬天牲畜的饲料。榉属的高加索单词“Zelkoua”翻译过来是“石木”的意思，就是指它的木材非常坚硬。

知识档案

榆叶榉

种数 4

分布 西亚、东亚和克里特岛。

经济用途 观赏树和重要的木料用树，特别是在中国。在日本，榉树也栽培作盆景树。

榆叶榉的树枝

光叶榉的叶子

光叶榉

榆叶榉的树叶有6~12对叶脉，而光叶榉是8~12对。榆叶榉的树叶深绿色，下面的主脉被毛，上面略被毛。果实生在每个叶基上，单生；果实亮绿色、圆形，有明显棱脊。

■ 榉属主要的种

第一组： 树皮粉色到橙色，有水平的粉色条纹；小枝光滑，或略有毛，但没有硬毛（例如没有刚毛）。

光叶榉 分布在日本。野生的光叶榉树高40米，栽培种要矮很多；树皮灰色，有水平的粉色条纹；小枝有毛，很快变得光滑；树叶近卵形，长3~10（12）厘米，每边有尖齿，叶脉8~12（14）对；果实圆形，直径3~5毫米。

大果榆 分布在中国中部和东部地区。大果榆树高15（17）米；树皮橙色或粉色，没有条纹；小枝灰色，被毛；树叶卵形，长2~7厘米，叶缘完整，朝向基部，但朝向顶端是圆齿状，叶脉6~8对；果实直径5~6毫米。

第二组： 特征与第一组不同。树冠卵形到长圆形，树干高1~3米，许多树枝从树干顶端垂直向上伸展。

榆叶榉 分布在高加索山脉。树高25米；小枝有毛；树叶近椭圆形，长2~5（9）厘米，边缘宽圆锯齿状，叶脉6~12对，叶柄长1~2（3）毫米；果实直径4~6毫米。

第三组： 特征与第一组和第二组不同；树枝伸展，形成近圆顶形树冠。

克里特榆 分布在克里特岛的山谷，可能是地方种。最早的记录出自1840年一个植物学家之手，地点是塞浦路斯，但从那以后再没有相关记录，现在可能已经灭绝了。灌木高5米，乔木高15米；小枝细长，起初具有短短的刚毛，很快脱落；树叶几乎无柄，呈卵形到长圆形，长1~2.5(4)厘米，上表面粗糙，下表面长软毛，边缘具有7~10个宽圆锯齿；花朵白色，有甜气味；果实被毛。

剪叶榉 可能分布在高加索山脉。灌木或小乔木；树叶几乎无柄，卵形到披针形，上表面粗糙，长3~6（8）厘米，叶缘两边分别有5~8（9）个三角形锯齿；果实球形，呈绿色，直径4~5毫米，有凹槽。剪叶榉与榆叶榉血缘关系很近，可能只是榆叶榉的另一种形式，区别主要表现在生长习性的差异上。

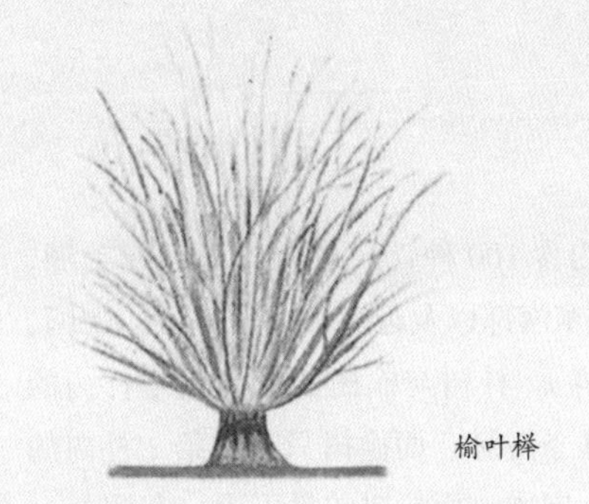

榆叶榉

榆叶榉的树皮

榆叶榉的叶子　克里特榆的叶子

光叶榉的枝叶

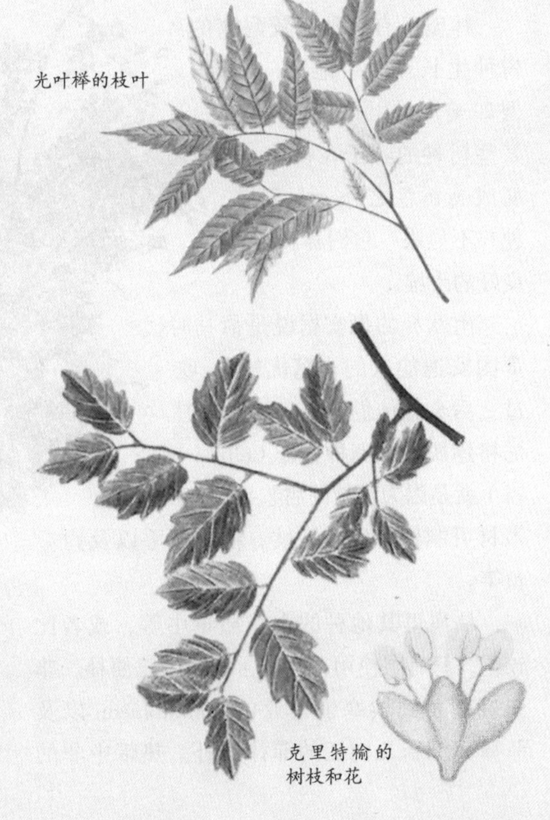

克里特榆的树枝和花

朴属

朴树

朴属约含 100 种，产自北美洲、南美洲、非洲、欧洲东南部以及近东和远东地区（中国、日本和朝鲜）。朴树与榆树的区别是：朴树的树叶上有 3 条主脉，而榆树只有 1 条；朴树的果实球形、肉质，而榆树的是干果、有翅。

朴树主要是落叶的耐寒乔木，树叶有装饰效果，而亚热带和热带种通常是四季常绿的。开绿色花朵，上面有一个轮生体花被（花萼），春季与幼叶一同出现，花朵可能是两性的或者雄性的，二者出现在同株树上。雄花簇生（比两性花低），有四五枚花萼和雄蕊；两性花（比雄花高）通常是单生的（有时候多达 3 朵），生在幼叶腋上。朴树的果实像樱桃，是球形蒴果，中心有果核，外面有一层薄薄的果肉，可食用，最外边为一层厚厚的果皮，一般为红色或紫色。

朴属里有几种比较耐寒的树种生长在温带地区，例如美洲朴，但除了某些树种的叶子在秋季变成亮黄色之外，大多树种并不显眼。它们喜欢排水良好的土壤。

南欧朴的果实据说是荷马时代贪图安逸的人的“忘忧树”，吃过之后会让他们忘记家庭。普林尼将莲属的非洲种称作 Celtis（同朴属）就是因为它结的甜浆果。南欧朴的木材可制作容器、拐杖、鞭子把手以及钓鱼竿。

朴属里其他种的木材质量中等，或者比较差，只有限使用，例如：巴西的巴西朴、非洲好望角到埃塞俄比亚的 C.mildbraedii 以及菲律宾到新几内亚的菲律宾朴。热带中非的 C.iguanaea 果实也可食用，印度次大陆和印度尼西亚的假玉桂的木材具有强烈的香味，它磨成粉就是著名的“kajoo lahi”，可药用，净化血液、滋补强身。

知识档案

朴树

种数 大约 100

分布 热带和温带地区。

经济用途 用途很多，可用做木料、染料来源、街道观赏树，果实也可食。

↖ 南欧朴是伸展的落叶乔木，秋天变成美丽的黄色，果实可食用。它具有宽圆形树冠，是很好的遮阴树。

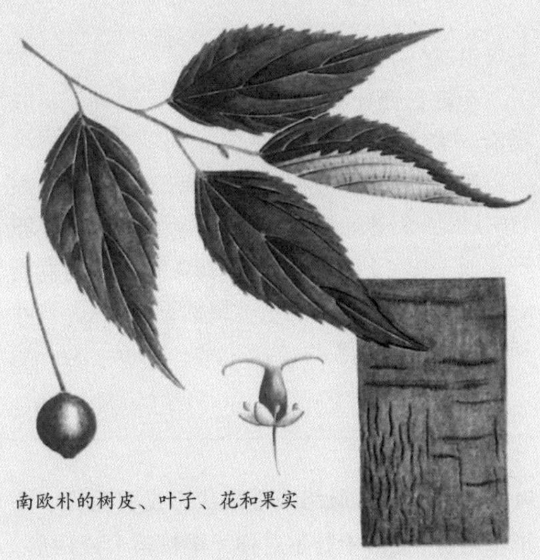
南欧朴的树皮、叶子、花和果实

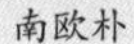
南欧朴

美洲朴

■ 朴属主要的种

第一组： 树叶边缘锯齿状或至少上半部有锯齿。

A树叶背面被毛，果实里果核有凹点。

南欧朴 分布在地中海区域：欧洲南部、非洲北部和亚洲西南部。树高25米，树围3米；树皮呈灰色，像山毛榉树；小枝被毛；树叶卵形到披针形，叶基楔形，上表面最初被短硬毛，后来脱落；果实球形，直径9~12毫米，最后变成黑色（紫黑色）；寿命达到1 000年之久。南欧朴的木材结实，价值高。

高加索朴 分布在高加索山脉、阿富汗和印度。高加索朴树高20米。它与南欧朴是近亲，但是它的树叶更短、更宽，果实黄色。高加索朴也比南欧朴耐寒。

AA树叶背面光滑，至少叶脉之间光滑，无毛；果实里有粗糙的或者光滑的果核。

美洲朴 分布在美国南部地区。树高40米；树皮灰色、粗糙、片状；树叶卵形，叶基心脏形，长5~10厘米，叶柄长度在1厘米以上；果实球形，直径8~9毫米，起初近橙色，最后变成黑紫色；果核粗糙。

厚叶美洲朴 美洲朴的变种，其树叶更大、更厚，长（9）11~15厘米。

小叶美洲朴 美洲朴的变种，其与小美洲朴很相似，是灌木或小乔木，树高4~5米；树叶近卵形，长3~8厘米，顶端尖；果实直径6~8毫米，橙色到紫色。

朴树 分布在中国东部、朝鲜和日本。野生的朴树高20米，栽培时约高11米；树叶宽卵形，呈墨绿色、发亮，朝向顶端有深深的锯齿，叶柄长1厘米；果实橙色；果核粗糙。

小叶朴 分布在中国北方山区。小叶朴树高10~15米；树叶卵形到披针形，长5~9厘米，锯齿只朝向顶端，叶柄长度很少超过1厘米；果实卵形，直径6~7毫米，呈黑色；果核光滑。

无毛朴 分布在高加索山脉和小亚细亚。无毛朴是灌木或小乔木，树高4米；小枝最初被毛，后来很快变得光滑；树叶卵形，长2.5~6（7）毫米，宽15~34毫米，上半叶缘有粗糙的、深深的内弯锯齿；全身有毛，摸起来比较粗糙；果实球形，直径4~5毫米，呈现铁锈一样的褐色；果核比较粗糙。

C.tournefortii 分布在巴尔干半岛、小亚细亚、克里米亚(半岛)和西西里岛。它是灌木或小乔木，树高6~7米；树叶卵形，长3~7厘米，叶

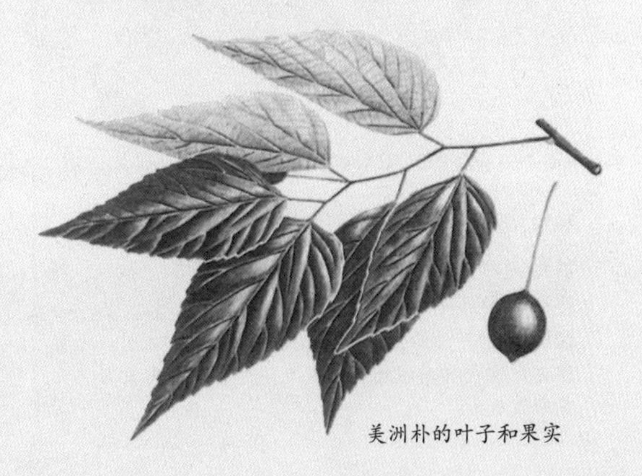
美洲朴的叶子和果实

宽，上半叶缘有钝锯齿；果实橙色；果核光滑。该种与无毛朴是小叶朴的近亲。

第二组： 叶缘比较完整或微呈波浪状，果实里的果核粗糙。

密西西比朴　分布在美国南部地区。树高20~25米；树皮有疣；树叶近卵形，长5~10厘米，尖端长、突出、逐渐变细（长尖）；果实直径（5）6~7毫米，最初是橙色，最后变成黑紫色，果柄长1~2厘米，比树叶的叶柄要长，叶柄长度只有6~10（12）毫米。

小密西西比朴　密西西比朴的变种，树叶锯齿非常尖利。

网脉朴　分布在美国西南部地区。树高10~12（15）米，有时候是灌木；树叶主要呈卵形，长3~8（10）厘米，顶端尖利；果实直径8~9毫米，呈橙色到红色；果柄长1厘米，与叶柄的长度大致相等。

桑科 > 榕属

榕树

榕属是一个大型的泛热带属，大约含有750种，大多来自旧大陆，但也有些来自新大陆，例如 F.paraensis。这些成员从小灌木到高45米的乔木不等，而且是许多高地热带森林的重要组成部分。在热带地区榕树一般是四季常青的，但在温带地区可能会落叶。有些树种表面光滑（例如印度胶树）、有些被毛或有螯毛（例如 F.minahassae），而有些树叶有硅质体（对叶榕）。榕树的树叶一般互生，偶尔是对生（对叶榕）。树叶尺寸差别也很大，有的只有4厘米（薜荔），有的长达50厘米（巨叶榕）。树叶或裂或完整；脉络或手掌状，或羽毛状；外形不对称，或沿中脉不对称（梁料榕），或两形，例如薜荔的幼叶心脏形、无柄，而老叶较大、椭圆形、有柄。一般所有的榕树上都有早谢的托叶，通常成对出现。还有，所有的榕树都含有胶乳，直到19世纪中叶印度胶树一直被广泛用于橡胶制造业。

榕树的花序很特别，叫作隐头花序，这是一个瓶状的肉质容器，里面有许多小花，密密地排列在内壁上。榕树的花可能有3种形态：雄花有1~2个短雄蕊（很少有3个或6个）；雌花的花柱或长或短，每个子房有1粒胚珠。长花柱花能够受精，产生种子；短花柱花不育，也就是所谓的“瘿花”，雌榕树上面的昆虫在里面产卵，幼年昆虫在花朵的子房里发育成熟。

花柱长度的差异是与昆虫的产卵习性相联系的，昆虫的产卵器太短，所以不能到达长花柱花朵的子房里。但是，雌昆虫努力从它爬过的雄花上收集花粉，在柱头上进行有效的授粉。榕树上常见的昆虫是瘿蜂（膜翅目昆虫），但据说每种榕树只接纳它自己的榕小蜂。

知识档案

榕树

种数 750

分布 泛热带和亚热带地区，特别是印尼、马来西亚到澳大利亚。

经济用途 用途广泛，可产出橡胶、纤维和木材。也可作为观赏树和荫凉树，果实有用；有些树种具有文化或宗教意义。

无花果树

有几种榕树被认为是“绞杀者”，这种奇怪的习性在许多热带树种上很常见，其中包括 F.pertusa 和心叶榕。哺乳动物或鸟类在吃无花果种子的时候将种子落到小枝的树杈里，这样绞杀榕的生命就开始了：当种子发芽，它就会向下长，根缠绕在宿主树上，结果压制树皮，环绕树木并破坏它的食物管道，最终无花果树成为一个独立的树种存活下来。

无花果树有很长的栽培历史，起始于公元前4000年的叙利亚（西南亚国家），从那时候起，它就在民间传说和文化中占有重要的位置。大约公元前700年，希腊诗人阿尔基洛科斯首先描写了有关无花果的作品，后来圣经上多次提到无花果。无花果树在许多热带地区和温带地区都能成功存活，一般生长在干燥的高地上，主要栽培在美国加利福尼亚州、土耳其、希腊和意大利。栽培的无花果树是小乔木，高度不足10米，树叶较大、手掌状，有裂片，长10~20厘米。果实形态有2种，即亚得里亚海无花果和士麦那（土耳其西部港口城市伊兹密尔）无花果：亚得里亚海无花果树更常见，没有雄花，无花果是从雌花发育来的，不需要授粉和受精。它的种子发育不全，不能结果；同样，士麦那无花果树也没有雄花，但是它的雌花需要授粉，在无花果树上的瘿蜂将要出现的时候，将开雄花的野无花果树附着到士麦那无花果树上，因此获得交叉授粉的机会，开雄花的野无花果树也就是人们所知的卡普里无花果。

有些无花果树例如聚果榕的果实可食，它是亚洲东部一种很普通的树种，以西方人的标准看它的果实一点都不美味，里面全是昆虫，或者种子太硬。菩提树和F.pertusa产自印度，由于树冠宽阔、浓密，经常种植作荫凉树。有几种无花果树是紫胶虫的宿主树，其中包括鸡嗦子榕和心叶榕，

非洲聚果榕

F.aurea

无花果

大叶榕

孟加拉榕

Ficus capensis是一种热带无花果树，在非洲局部地区可当作饥荒时期的食物，它的果实、树叶和气生根都可以食用。

这种昆虫分泌出一种树脂状的物质（紫胶），提纯后叫做虫漆，可用在工业上，特别是可制造清漆和电绝缘物质。在温带地区，有些树种可种在室内，最常见的就是橡胶树，也就是印度胶树的小树苗。薜荔和垂叶榕也可作为室内植物种植。在温暖的温带地区，有许许多多树种可种在室外，例如大叶榕。

榕树

榕属里有几个物种叫作榕树，最知名的就是孟加拉榕，它是大型乔木，尽管原产于喜马拉雅山脚，现在却遍布整个印度，几个世纪以来许许多多的村庄种植这种榕树为人们遮阴；印度教徒将它视为神圣的树种，因为据说佛曾经在榕树（菩提树）下参禅。

榕树最有趣的植物特征是生有柱状气生根，它们从树枝向下生长，一旦在地面上生根就会长粗，因此树看起来像是被柱子撑起来的，外形非凡。正是由于这种奇特的生长方式，榕树几乎可以无限向外扩展，树形庞大，寿命很长。有些榕树可能是所有生存植物中占地面积最大的：在印度的安得拉山，一棵巨型榕树的树冠周长超过 600 米，由 320 条柱状气生根支撑；在加尔各答植物园曾经生长着一棵非常古老的标本树，在它的主干周围有 460 多条这样的气生根；在斯里兰卡有一棵榕树生有 300 多条柱状根，它的伞形树冠遮蔽了整个村庄。

◎相关链接——

琴叶榕树型较小，比较匀称，主要生长在热带森林中，有时候被当成观赏性树种或遮荫树种种植。它生长初期时也可能表现出附生植物的形态，但几乎不会抽出气生根。

琴叶榕的树干呈非常暗的褐色、灰色或黑色，其表面有很深的竖直裂缝。它的叶子很硬，顶端最宽，长为45厘米（18英寸），宽为30厘米（12英寸），呈有光泽的暗绿色，叶面上有明显的叶脉，特别是在下表面。这些叶子的叶边有波纹，表面起皱，稍微有点脆。它的挚枝靠近叶子底部的位置长有暗褐色、尖角、船形的外鞘。它的无花果则长在挚枝末梢的叶腋处，单个或成对结出。

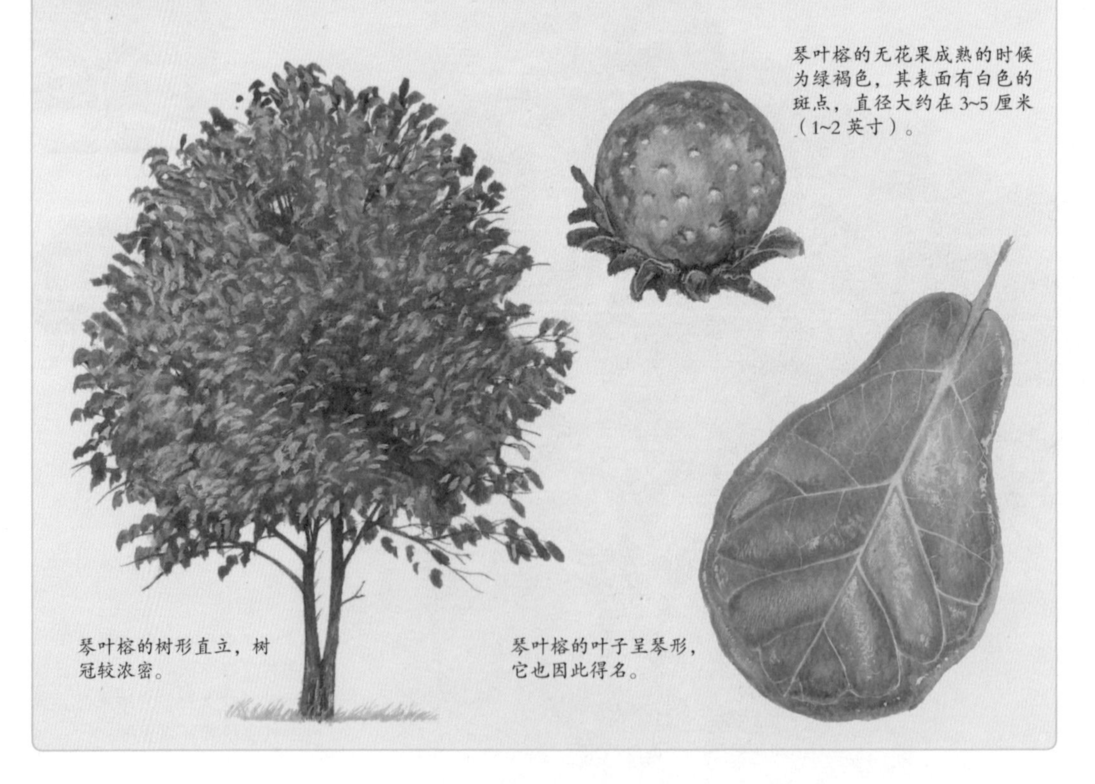

琴叶榕的无花果成熟的时候为绿褐色，其表面有白色的斑点，直径大约在 3~5 厘米（1~2 英寸）。

琴叶榕的树形直立，树冠较浓密。

琴叶榕的叶子呈琴形，它也因此得名。

菩提树是一种大型树种，在整个亚洲它是佛教的象征，在原产地印度人们称其为菩提树。它的树叶制成的酊剂可用于治疗多种疾病。

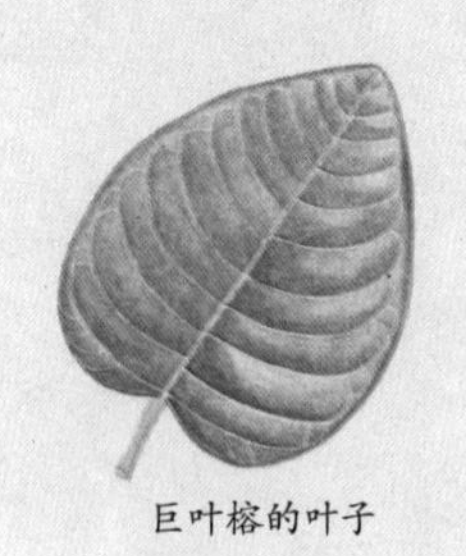

巨叶榕的叶子

垂叶榕的叶子和果实

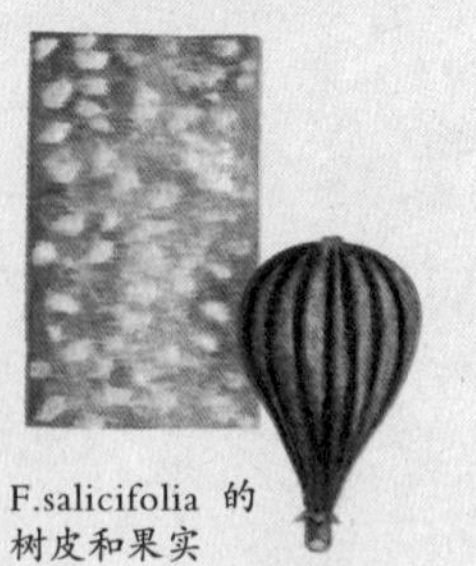

F.salicifolia 的树皮和果实

F.paraensis 的叶子和果实

榕属主要的种

Urostigma亚属

雌雄同株；顶孔和基部有小苞叶包围；花管3裂，罕见4裂和2裂；生1个雄蕊；果实一般成对腋生。该组较大，分布在亚洲、大洋洲、非洲和美洲，其中许多种是攀缘植物和（或）附生植物（“绞杀者”）。

印度胶树 分布在印度和亚洲东南部。树苗附生，生长成高达60米的大树，树干厚实、板状、多重，表面根扩展；树叶厚，呈椭圆形，长12~30厘米，宽6~15厘米，顶端和基部比较圆，表面光滑，有光泽；端芽有鞘，只有1片托叶（2片正变得更常见）；无花果无柄，球形，直径大约1厘米，表面光滑，呈灰绿色，有颜色更深的斑纹。

菩提树 分布在印度。树苗附生，后来长成大树，具有许多树干和浓密的叶冠层；树叶薄、近三角形，长17厘米，宽12厘米，顶端逐渐变细，长6厘米；无花果无柄、圆柱形，表面光滑，呈绿色到紫色，上面有亮红色的斑纹。

垂叶榕 分布在印度、亚洲东南部，有几个特别的变种：

垂叶榕　树高30米，有气生根，树干非板状，树枝下垂；树叶薄、革质、椭圆形，长11厘米，宽5厘米，朝着基部逐渐变宽，顶端长、有弯曲的尖；无花果球形到圆柱形、生在短柄上，长约1厘米，表面光滑，呈绿色、亮红色或者黑色，上面有白色的斑纹。垂叶榕具有较高的观赏价值，因此被广泛栽培。

黄果垂叶榕　无花果簇生。树叶密密地簇生在小枝顶端；无花果近球形，生在短柄上，

印度胶树的叶子

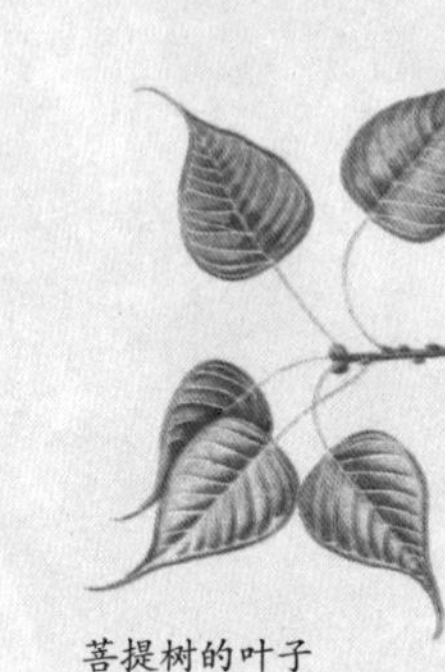

菩提树的叶子

直径2厘米，表面黄色到橙色。

丛毛垂叶榕　树叶窄。无花果呈灰绿色到红褐色，无花果基部的苞叶在果实成熟前脱落。

孟加拉榕 分布在印度。孟加拉榕是大型乔木，多重板状树干支撑着厚厚的叶冠；表面根扩展；树叶革质、卵形，长15~25厘米，宽12~17厘米，顶端或圆或具短尖，基部比较圆，表面被天鹅绒一般的短毛；无花果无柄，圆形到圆柱形，长约2厘米，表面被毛，呈亮红色，有白色斑纹。无花果基部生黄色的苞叶。

F.thonningii 分布在美洲中部和西部地区。树苗附生，长成大树，具有多重板状树干和浓密的叶冠层；树叶革质、光滑、椭圆形，长约14厘米，宽约5厘米，顶端和基部宽、圆，上表面墨绿色，下表面浅绿色；无花果无柄，有时候单生，近圆柱形，长约1.5厘米，表面绿色，上柄有白色的斑纹，被稀疏的毛。

小叶橡胶树 分布在澳大利亚。树苗附生，长成具有多重板状树干的大树；树叶革质、椭圆形，长17厘米，宽6厘米，顶端和基部圆，质地粗糙，年幼时红褐色，成熟时变光滑；无花果生在短柄上，圆形，直径大约1.5厘米，表面或光滑、或粗糙，呈绿色、黄色或铁锈色，有

绿色或白色斑纹。

F.pretoriae　分布在非洲南部地区。树高23米，树冠宽阔、伸展，下面有许多支撑树干；树叶硬、纸状、椭圆形，长7.5~20厘米，宽7厘米，顶端略尖，基部圆形到心脏形，上表面暗，没有排水腺(皮表水分分泌的腺体)或绒毛；无花果单生或成对生在叶腋，或者簇生在叶痕腋，柄非常短，圆形到宽梨形，直径大约0.7厘米，表面绿色到红褐色，被毛，有绿色到白色斑纹；基部苞叶绿色，随着年龄的增加变成红色。

白肉榕亚属

雌雄同株；无花果一般是单生，没有基部苞叶；花管4裂；有1~3个雄蕊，一般为2个；白肉榕亚属是乔木，既非攀缘植物，又非绞杀植物。它们主要生长在热带美洲，但亚洲也有少数几种，在马达加斯加岛也有1种。

F.maxima　分布在美洲中部、西印度群岛、亚马孙盆地。该树比较常见，树高30米；树叶薄、纸质，长6~20厘米，宽2~9厘米，形态各异，一般为椭圆形，顶端或钝或圆，基部有短的叶柄；无花果生在短柄上、球形，直径1~2厘米，表面光滑，有时候被稀疏的毛，呈绿色或黄绿色，顶孔直径1~2毫米。

F.insipida　分布在美洲中部，从墨西哥到巴西南部。树高40米，树干板状；树叶厚、革质，窄椭圆形到宽椭圆形，长5~25厘米，宽1~11厘米，顶端或钝或尖，基部向着叶柄逐渐变窄；无花果无柄或短柄，呈绿色或黄色，圆形，直径1.5~3厘米，顶孔直径2~4毫米。

薜荔的幼叶

F.gigantoscyce　分布在哥伦比亚。树高20米；树叶椭圆形，长13~28厘米，宽5~15厘米，顶端尖利，有时候有明显的尖，基部心脏形，形成2个深裂；无花果非常大，圆形，呈黄色或红色，直径3~8厘米。

聚果榕亚属

雌雄同株；无花果梨形或陀螺形，簇生在无叶的茎、树枝和主干上；雄蕊1个或2个，很少3个；分布在非洲、亚洲西南部和大洋洲。

非洲聚果榕　分布在非洲北部到东部以及亚洲西南部地区。非洲聚果榕是小乔木，高15米；树叶粗糙、革质、宽卵形，长15厘米，宽13厘米，树叶边缘波浪形，顶端钝圆，基部心脏形，上表面光滑，呈墨绿色，下表面颜色浅，被少许绒毛；无花果生在细的花柄上，梨形，长3厘米，表面绿色，被密密的天鹅绒一般的白色绒毛。

聚果榕　分布在印度、亚洲东南部和大洋洲。树高25米，树冠扩展；树叶薄、革质、椭圆形或卵形，长20厘米，宽8厘米，边缘波浪形，顶端尖利，基部心脏形，表面光滑，有光泽，呈银色；无花果大量簇生在一起，直接生在树干上和无叶的树枝上，短梨形，长3厘米，起初是绿色，成熟时变成亮红色，上面有白色斑纹。

无花果亚属

雌雄异株：无花果簇生或成对生在无叶的树枝上或树叶后面；雌花有花柱，长度远远大于瘿花的长度，有2个雄蕊（无花果树是4个）。无花果亚属是乔木或攀缘植物，该亚属种类多，

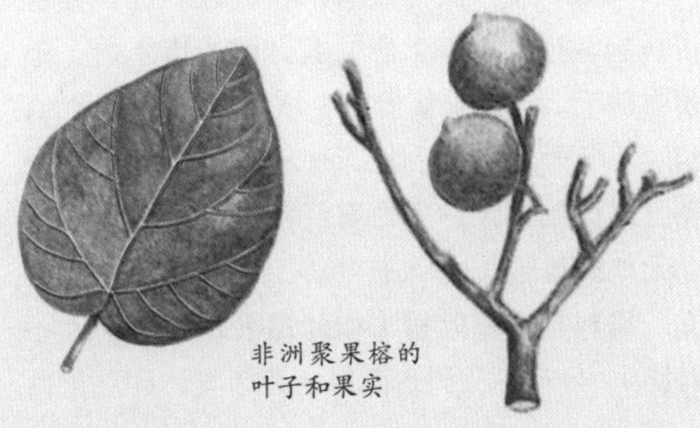

非洲聚果榕的叶子和果实

分布在非洲、亚洲和大洋洲。

无花果树 原产于亚洲西南部地区。无花果树是小型伸展乔木，高度4米，在温带地区会落叶；树叶宽裂、较大，长10~20厘米，宽10~20厘米，基部平截或圆形，下表面有时被绒毛；雄花有4个雄蕊。无花果一般成对或单生在无叶的树枝上或树叶后面，呈梨形；表面一般为绿色，有时候是淡紫色或淡褐色。无花果树被广泛栽培，有许多变种，野生无花果变种尤多。

薜荔 分布在亚洲，一般在中国和日本。薜荔与葡萄树相像，靠结节上发育的短黏性根依附在岩石和建筑物上。树叶二态：幼叶无柄、小、心脏形；老叶有柄、大、椭圆形，长11厘米，宽4厘米，表面光滑，或者在下表面被稀疏绒毛。无花果生在短短的粗柄上，大多数单生，近圆柱形，顶端突出，果大，长6厘米，宽3.5厘米，表面灰绿色或灰色，有白色斑纹，被浓密的绒毛。人工栽培薜荔，年幼的薜荔是颇受欢迎的室内植物。

对叶榕 分布在印度、亚洲东南部和澳大利亚北部。对叶榕是灌木或小乔木，嫩枝被毛；有些树枝上的树叶对生，有些互生，树叶大、卵形，长31厘米，宽11厘米，顶端或钝或尖，基部圆，两表面均非常粗糙，上表面被浓密的硬直的毛，有排水器，边缘锯齿状。无花果生在短柄上，成对腋生，近圆形，多毛，呈绿色或黄色，上面有白色斑纹；每个无花果的基部有3片突出的苞叶；果实有毒。

大果榕 分布在印度、亚洲东南部到中国。大果榕是灌木；树叶有长长的叶柄，呈卵形，很大，长可达46厘米，宽35厘米（有时候还要大），基部心脏形，2裂有时重叠在一起，或连在一起，顶端尖，上表面有分散的排水器，下表面被毛。无花果簇生在主枝和树干的粗柄上，梨形、个大，尺寸可达6.5厘米×5厘米，表面绿色、白色到褐色，上面有红色斑纹，被毛；每个无花果基部有3片大苞叶。

梁料榕或斜叶榕（如此命名是因为树叶不对称） 分布在亚洲东南部、菲律宾、印度尼西亚和澳大利亚北部地区。树叶薄、近卵形，叶片中脉两边不对称，长18厘米，宽7厘米，顶端尖、基部圆，或向着叶柄逐渐变窄，边缘有角，像冬青树，表面无毛且分布有排水器。无花果单个或成对腋生，基本无柄，圆形，直径大约1厘米，表面有时候粗糙、被毛，呈黄绿色，上面有灰绿色斑纹。梁料榕果实的果汁可做绿色染料；树皮纤维可做质量较差的绳索，幼枝上的树皮纤维可做渔网。

F.minahassae 分布在菲律宾和苏拉威西岛（印度尼西亚中部）。该种是乔木；幼枝上被毛；树叶卵形，长20厘米，宽12.5厘米，顶端圆形到尖形，基部心脏形，裂片连接或重叠，叶缘具有微小的锯齿，被毛，上下表面都有硬直的毛，分布有许多排水器；果实在主干的绳索状果枝上簇生，长达3米；无花果非常小，直径小于0.5厘米，呈红色。

F.pseudopalma 分布在菲律宾。该种为小乔木，树高7.5米；树叶纸状、倒卵形，长100厘米，宽15厘米，叶缘靠近顶端处有粗糙的锯齿，基部叶缘完整，上表面发亮，分布有排水器；无花果短柄，长4厘米，宽2厘米，表面有棱纹，呈黑褐色到绿色或紫色，有白色斑纹；基部苞叶突出。

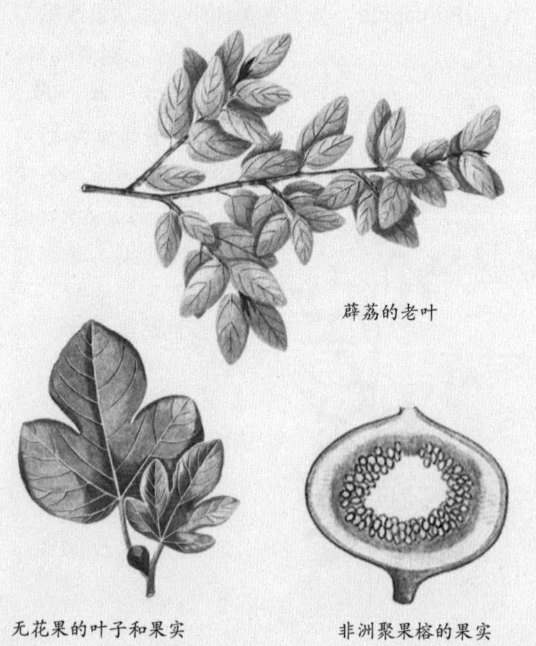

薜荔的老叶

无花果的叶子和果实

非洲聚果榕的果实

桑属

桑树

桑属以它的果实（也就是桑葚）闻名。桑属里所有成员都是落叶乔木，而且大部分在热带。尽管已经发现有100多个桑树种，实际上根据果实形态，桑属可能只含12个独立的种。栽培种形式是亚洲和美洲的起源种。

桑属树种与桑科里的其他种一样，茎切开会流出乳状汁液；树叶心脏形，单生或有裂，叶片与叶柄连接处延伸出3~5条叶脉；不同的树叶形态也不同，甚至同一个枝条上的树叶也有差异。花朵小、单性、雌雄同株、簇生，雌、雄柔荑花序呈绿色、下垂。桑树的果实围绕一个中心核像黑莓一样聚集在一起，其中有颜色的汁液部分是从单朵花的花被发展而来的。种子小且硬，嵌在果肉里面。栽培的桑树果实大约长2厘米，但是野生的一般小于1厘米。

白桑可能是初始美国“垂枝”桑的母树，人们选择栽培它是为了取得它的果实。白桑树形扩展，树高15米，树皮灰色，树叶小，长5~15厘米，上表面光滑，下表面可能被毛，边缘有粗糙的锯齿，果实红色。据说白桑是从它的原产地中国移到北美的。在中国，它的主要功能是嫩树叶用于养蚕，也可提供木材；直到移植到了美国，人们栽培它才是为了收获果实。梓树和桑树是中国最重要的2种木材，大多数中国人的家园里都栽有一两棵桑树，“桑梓”字面上看就是指“桑树和梓树生长的地方”，汉语用这个词指“家乡”或“故乡”。

鞑靼桑是一种非常耐寒的桑树变种，在北方寒冷的气候下人们栽种它不是为了收获果实，而是作为一种生长缓慢的观赏灌木。

红桑原产于北美洲，它在美国林地里很常见，树高度可达12~20米，树叶比白桑更大，而且锯齿更钝；果实是红色到紫色，成熟时从树枝上落下，落下的果实有汁、非常甜，可用于做馅饼和果子冻。从美国文献资料上看，桑葚曾经是北美土著居民、早期探险家和定居者的重要食物来源。红桑也可提供有用的木材。

黑桑是欧洲最常见的栽培树种，它的高度可达10米，树皮棕色，树叶上表面粗糙，边缘有钝齿；果实呈紫色到黑色。在16世纪早期黑桑从它的原产地波斯（伊朗）引种到欧洲，时间在白桑之前。黑桑生长缓慢、寿命长，据记载有存活300年之久的黑桑树。

在非洲，桑属里大多数种类是大型乔木而非灌木。Morus mesozygia 产自非洲中部地区，树高30米，可作为遮阴树。顶部的树枝移除之后，侧枝下垂形成伞形树冠。它的果实可食，但是个小，不常被采摘。

知识档案

桑树

种数 12

分布 温带地区到热带非洲。

经济用途 重要的树种，栽培主要是为了取得果实和药用价值，树叶还充当蚕的食物。也可种在街道旁供人们观赏。

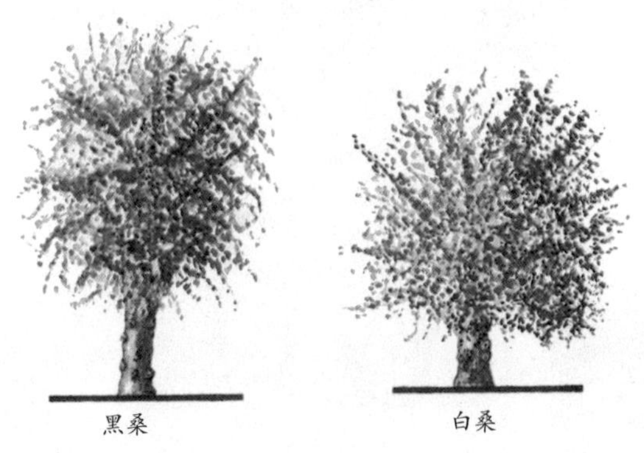

↗ 白桑和黑桑可通过树冠进行辨别：黑桑树冠高且窄，白桑的树冠低、宽圆顶。

黑桑的果实桑葚长达2.5厘米，风味独特，可生食，但更常用于做果冻和制酒。

桑属主要的种

白桑　原产于中国，后来引进到北美洲和欧洲。该树树高15米，具伞形树冠，树枝呈灰色到黄灰色，树皮光滑，嫩枝细。树叶薄、小、宽卵形，有时候近圆形或三角形，长5~15厘米，顶端尖利；表面灰绿色、光滑，上表面有光泽，下表面被毛，特别是叶腋和腋脉上也有毛；边缘呈不规则裂片状，锯齿粗糙。果实生在短柄上，果实长度与柄相等，起初是白色到粉紫色，成熟后通常呈红色，果实球形，直径为2厘米，野生的果实一般较小；果实味甜。白桑广泛栽种，树叶是蚕的食物。它有大量变种和栽培变种，有些可作观赏灌木和乔木。

异叶白桑　白桑的变种，同株树上有不同裂状的树叶。

“Laciniata”　白桑的栽培变种，树叶边缘锯齿状。

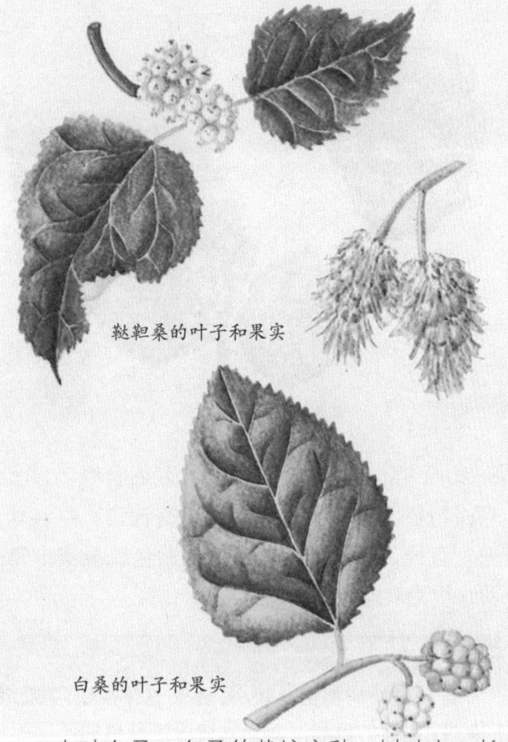

鞑靼桑的叶子和果实

白桑的叶子和果实

大叶白桑　白桑的栽培变种，树叶大，长30厘米。

垂枝白桑　白桑的栽培变种，枝条下垂。

鞑靼桑　白桑的变种，耐寒，为灌木。

白脉桑　白桑的变种，树叶宽菱形，有明显的浅黄色或白色叶脉。

下面5个种类与白桑是近亲：

吉隆桑　分布在喜马拉雅山西北部。吉隆桑与白桑类似，但幼枝和树叶上被天鹅绒一样的短毛；花柱较长、被毛，下面联结在一起（白桑没有花柱）；果实无汁。

长果桑　分布在印度东部、爪哇和苏门答腊岛(在印尼西部)。长果桑的果实略呈柱状，长5厘米。

鸡桑　非洲中部次生林的组成部分。幼枝被毛；树叶小，长3~12厘米，宽2.8厘米，表面墨绿色，外表粗糙。

小叶桑　分布在美洲中部地区，从墨西哥到秘鲁。果实可食。

红桑　在美国北部林地里比较常见。红桑树高20米，树冠宽、铺展；树叶比白桑大，长

红桑的果实簇生，长圆柱形，果实起初为红色，后来变成黑紫色，比其他种类的果实更大。

红桑的果实

黑桑的叶子和果实

8~20厘米，呈卵形到长圆形，表面暗绿色，上表面粗糙，下表面被毛，边缘有钝齿；果实球形，直径3~4厘米，呈红色到紫色，果实非常甜，很受欢迎。

"nana" 红桑的栽培变种，生长缓慢、树矮。

黑桑 原产于伊朗，在欧洲部分地区栽培，然后变成原种。黑桑是小型伸展树木，高10米；幼枝粗、黑褐色，上面被软毛；树叶厚、卵形，长5~20厘米，基部心脏形，顶端突然变尖；树叶表面色暗、墨绿色，上表面粗糙，下表面被毛；叶边缘有时会裂，锯齿尖利；果实几乎无柄，黑紫色，直径约2厘米，味道酸，完全成熟后甜，果实质量高，可能比红桑差。过去，黑桑的树叶可做蚕的食物。

M.mesozygia 在非洲中部很常见，人们种植它以遮荫。该种为大型乔木，树高30米，树冠铺展、伞形；幼枝无毛、红褐色；树叶比较薄、呈椭圆形，长7~11厘米，宽3~7厘米，基部心脏形，上表面无毛，叶脉和腋脉被毛；果实生在长柄上，直径大约1厘米，味甜。

◎相关链接——

印度桑树树型比较小，生长速度很快，在印度和缅甸种植它的主要目的是为了获得其根部的红色染料。以前的玻利尼西亚人曾用这种树的不同部位制成不同颜色的染料。此外，它的每个部分都能制成药物。它的果实有腐臭，但可食用，在食物匮乏的时候，曾是土著民的主要食物来源。它的拉丁名中的"Morinda"是"Morus"和"indica"的合词，意思为"印度桑树"。

印度桑树的树干为浅黄色，树枝粗壮，横截面基本为四角形，其上缀满了呈有光泽的深绿色的叶子。每片叶子长为15~25厘米（6~10英寸），很光滑，叶面上的叶脉和中脉相对较浅。它的花朵很小，白色，呈管状，全年均可盛开，盛开时在叶腋处形成花簇。这些花簇呈球体，最后发育成块状的复果。它的果实为卵圆形，很软，长为8厘米（3英寸）。

印度桑树的果实在没成熟的时候富含肉质和果汁，颜色为绿色，成熟的时候则变成了灰色到奶油黄色。

印度桑树

印度桑树的叶子曾被制成膏药治疗伤口。

桑橙属

桑橙

桑橙曾经是桑橙属里的唯一成员，现在认为桑橙属包括柘属和 Pecospermum 属，因此种数增加到 12 种。桑橙是生长迅速的有刺落叶乔木，树高可达 18 米。桑橙原产于美国阿肯色州和得克萨斯州，以及美国的其他地方。树名（Osage Orange）中的 Osage 来自奥色治河（Osage River），它是密苏里河最大的支流，也是北美土著居民中一个部落的名称。桑橙树因为橙色的裂缝状树皮、幼枝上和叶柄的尖刺而知名（var inermis 小枝上没有刺）。树叶互生、卵形、顶端尖利，上表面绿色、有光泽，下表面生白色叶脉，树叶在秋季变成亮黄色。树叶和小枝割开之后会流出黏稠的牛奶状汁液，对皮肤有轻微的刺激。桑橙的花朵单性、雌雄异株、球状簇生。受精雌花融合在一起，形成一个球体，呈黄色到绿色。果实是橘子一样的假果，直径可达 13 厘米，里面有许多坚硬的真果（小核果），充满了牛奶状的汁液，果实不可食。在原产地之外，果实非常少见，因为雌树和雄树很少靠近在一起使雌花受精。

在美国，桑橙曾经广泛种作刺篱笆，而且现在仍然如此，但它的栽种却呈下降趋势，部分原因是人们使用更有效的带刺铁丝网做篱笆。桑橙在很多土壤中长势良好，其中包括比较贫瘠的土壤，它生有伸展的根系，因此可抵御干旱。桑橙的木材坚硬、强韧，而且弹性好，可做篱笆柱。木头被砍下的时候是亮橙色的，后来变成棕色。北美土著居民曾经用桑橙木做弓和战争用棍棒（因此它有另一个俗名——弓木），现在仍为弓箭手所推崇。

↗桑橙只在雄树和雌树长在一起时才会结果，果实圆形，有细细的皱褶，呈亮灰绿色，含有白色纤维状果实，不可食。

山茶科 > 紫茎属

紫茎

紫茎属含 8~10 种，原产于亚洲东部和北

↗假山茶是落叶树种，开白色的杯形花，直径大约5厘米。花瓣边缘呈波浪形，花瓣张开后露出里面亮黄色簇生的花粉囊。

种数 8~10
分布 亚洲东部和北美洲东部。
经济用途 栽培作为观赏树。

美洲东部。它们是小型落叶乔木或灌木，树皮很有特点，漂亮、光滑、呈片状；树叶互生、卵形到倒卵形、有锯齿，呈墨绿色、发亮，秋天变成红色、橙色和黄色；花朵白色、杯形，两性，在夏季独自开放，花期长。

紫茎属里有许多可栽培作观赏植物，它喜欢富含腐殖质、排水良好的中性或微酸性土壤。最有名的栽培树种是日本的日本紫茎或假山茶以及朝鲜的朝鲜紫茎，2 种树的高度都可达到 18 米。而来自中国中部的紫茎是灌木或小乔木，树高只有 10 米。美洲代表性栽培树种有北美紫茶和山茶，二者均为灌木，树高 5~6 米。

柿科 > 柿属

柿树

柿属植物具有重要的经济价值，含 400~500 种，分布在热带、亚热带和温带部分地区，其中柿树的果实可食，乌柿的木材价值高。它们是落叶乔木或常绿乔木，或灌木，小枝没有终芽。一般是雌雄异株，花朵白色、不太显眼，花萼和花冠通常是 4 裂（有时候 3~7 裂），雄蕊的数量是花冠裂片数目的 1~4 倍。柿树的果实是比较大的多汁浆果，花萼较大，瓶兰花、君迁子和美洲柿在温带地区比较耐寒，但是柿树只生活在比较温暖的地方。

乌木有沉重、坚硬的深色心材，源自柿属的几种，它的深颜色是由于树脂的沉积造成的，边材一般无色。尽管“乌”这个词与黑色是同义词，但还是有其他颜色的乌木，例如印度乌木以及柿木呈棕色或灰色。乌木很早以前就是非常珍贵的木材，因为在图坦卡蒙的陵墓里发现了 2 个作为陪葬品的乌木凳子。乌木总是被雕刻成图像，由于它能防毒，在印度可做成皇家的水杯。在非洲有些部落用树皮萃取汁液做捕鱼的毒药。近年来，人们把乌木高度抛光以后主要用于做小物件，例如钢琴键、刀把手、象棋、梳子和拐杖。大多数乌木的贸易名称都指明产地。

尽管柿属里有好几种都能够产生优良的乌木，其中包括毛里求斯柿和斯里兰卡柿，但实际上唯一有价值的种是美洲柿，它生长在美国新泽西到得克萨斯州的森林里。美洲柿的木材（也就是北美乌木）坚硬、强韧，用于制作高尔夫球杆。它的边材在新鲜的时候是白色的，后来变成红色或蓝色。在美国，美洲柿经常用做生长矮树的初生主根，这容易操作，但是通常只能保持 10 年时间；在中国和日本，本地树苗用做生长大树的初生主根，寿命很长。

柿子是柿属部分种类的果实，呈圆形，可食用。温带柿树首先在中国栽培，现在在世界上整个亚热带地区都有生长。在日本，柿子是全国性的水果，总产量

美洲柿

君迁子

↗ 美洲柿比君迁子更高、更直，高12~20米；君迁子高度可达12米，具圆顶形树冠，树干低处分叉。

柿树

种数 400~500

分布 热带、亚热带和温带地区。

经济用途 该属具重要经济价值，木材质量高，包括乌木。果实可食。

接近柑橘类水果。1796年柿子首次被带入欧洲，但在中国和日本之外的地方它的经济价值很小，直到佩瑞船队远征日本后，它被引入美国（现在大多数集中在加利福尼亚州）后情况才有改观。

树皮鳞片状的柿树在排水良好的轻质土壤中高度可达14米。树皮墨绿色、卵形，在嫁接后两三年开黄色到白色的花，花朵可能是雄性的、雌性的或两性的。雄性传粉者变种通常在雌性类型上被需要，以获得果实产物，但是有些雌性变种不需要受精也可以产生果实，因此不需要通过授粉来形成果实。

柿子需要不太寒冷的冬季气候条件才能开花和结果。橙黄色的果实直径3~7厘米，完全成熟之后成果冻状，味道很甜。在果实变软之前，由于含有丹宁酸，吃起来味道非常涩，但在柿子成熟之后涩味就会消失。

↗ 成熟的柿子。柿属正被充分利用，它们可作为观赏树，有些种类的果实可食用。

君迁子的树皮、叶子和果实

D.ebenum 的叶子和果实

美洲柿的叶子和果实

柿树的叶子、花和果实

D.mespiliformis 的叶子和果实

柿属主要的种

第一组：原产于美国。

美洲柿 分布在美国东部和中部的野地和林地里。美洲柿是常绿树种，高15米，在原始森林里有时高度可达30米；树皮深灰色到黑色，裂成小小的长方形片；树叶生在长叶柄上，叶形多变，呈卵形或倒卵形，前者长1厘米，后者长20厘米，即便同一小枝上的树叶尺寸也各不相同，秋天树叶变成美丽的颜色；花药细长；果实可食，直径2~4厘米，呈绿色、黄色或红色；种子扁平状，薄皮，长远大于宽。

毛美洲柿 美洲柿的变种，树枝上覆有一层绒毛，树叶下面被毛。

D.mosieri 分布在美国东部和中部的松林地(带)。它是灌木，与美洲柿相似，但整体上更小；花药粗短；种子臃肿状，长度只比宽度稍长。

第二组：原产于非洲。

D.abyssinica 分布在非洲东部。这是一个森林树种，树高30米；树皮黑色，生长圆形裂片，树皮下面的木质橙色；树叶长10厘米，宽2.5厘米，叶脉突出；果实外表光滑，呈黄色，后来变成红色或黑色，果实小，花萼3裂成碟形，生1粒种子；花萼比果实短很多，有裂片，边缘比较平整。

D.barteri 分布在非洲西部。该种是森林中的攀缘植物；茎上被铁锈色毛；树叶棕色，下面有毛。

D.mannii 分布在非洲西部、刚果和安哥拉。该种是森林树种，树高20米；树皮红褐色；幼枝、花朵和果实上面被密密的刚毛；果实橙色，花萼上覆有密密的红色刚毛，有较长的海星状裂片。

西非乌木 广泛分布在整个热带非洲的低地雨林里。该树高度可达30米；树皮上生有长方形薄片，外面黑色、里面粉色；树叶椭圆形，长15厘米，宽5厘米；雄花簇生在花柄上，雌花单生；果实圆形、黄色，在基部被小小的杯形花萼包围，有四五片裂片，裂片边缘波浪形。

拐杖乌木 森林树种，树皮红色、纸状、剥落；树干上有刺；果实光滑、圆形，花萼杯形，比花朵要短很多，边缘比较平整。

D. soubreana 分布在非洲西部。它是干热带雨林里的灌木。

三色柿 分布在非洲西部。它是一种灌木；茎粗，树枝之字形，呈铁锈色，比较光滑；在海滩后面形成茂密的灌木丛。

第三组：原产于亚洲。

东印度乌木 分布在印度和斯里兰卡。东印度乌木是大型常绿森林树种；树叶薄、革质，两面都有细网状脉。雄花冠无毛；雌花一般单生，花萼胀大，果实下弯。心材黑色，没有条斑纹。

柿树 分布在中国、日本、缅甸和印度。柿树与君迁子相似，但小枝和树叶被软毛；树叶中脉凹陷。雄花和雌花相似，雌花一般为单生；花萼4裂，被丝状绒毛，花冠顶端被绒毛。果实黄色或红色，叶落之后还悬挂在树上。

Var sylvestris 柿树的变种，相对柿树来说整体尺寸更小，雌花更小，果实也更小，胚珠上被密密的绒毛。

柯氏柿 分布在安达曼、尼科巴群岛（在印度，位于孟加拉湾东南部)和可可群岛、斯里兰卡和印度。柯氏柿是大型常绿乔木，树皮光滑、灰色；只有雌花，生在短柄上，聚伞花序，有2~10朵花；花萼几乎无毛，花冠外表柔软。

君迁子 分布在中国、日本和亚洲西部。君迁子是落叶乔木，树高25~30米，具圆顶形树冠，通常在比较低的地方分叉。树叶非常光滑、墨绿色，下面的叶脉覆有白粉、被毛，叶柄上有细毛。雌雄异株，雌花一般为单生；花萼裂至一半，覆有薄薄的绒毛；花冠外面无毛。果实最后呈黄色或紫色。

印度乌木 分布在印度。印度乌木高15米；树皮深灰色，有长方形鳞片；树叶革质。雄花的花萼杯形、被绒毛，花冠上也有绒毛；雌花一般单生，花萼有内弯的宽边缘。果实黄色。心材上有黑色条纹。

绒毛乌木 与印度乌木非常相似，一般归入其中，但它的树叶更小。

◎相关链接 ——

柿树为柿树科柿树属植物。在我国黄河流域至长江流域以南的广大地区，均有分布。甘肃渭河流域及其以南各地和泾川等地都有栽培，垂直分布可达海拔1500m。柿子是一种味甜多汁的果品，营养价值很高。柿饼外面的柿霜可提取甘露糖醇，供医药用，又可制糖果。柿蒂、柿根、树皮都可入药。因此，吃鲜柿子且有止血、润肠、解酒、治胃病及降血压等医疗作用。柿树用途广泛，它的木材坚实强韧，纹理细致，可做各种家县、器具、门窗、纺织木梭及工艺品。 柿属（拉丁名为Diospyros）中的某些种类可以制成黑檀木。这其中主要有两类：来自西非和马达加斯加的非洲檀木以及来自斯里兰卡和印度南部的东印度檀木。这两种树都有明显的类似黑玉的色泽，能被用来制成家具和雕刻品，但是最有名的是制成钢琴的黑键。

↗柿子树的花

冬青科 > 冬青属

冬青树

冬青属在全世界范围内约含400种，温带地区唯有北美洲西部没有冬青属物种，热带地区唯有澳大利亚南部没有冬青属物种。它们有的是落叶乔木，更多的是常绿乔木或灌木，小枝成角，树叶互生，白色单性花朵腋生，一般分别长在分离的雌树和雄树上。红色或黑色的“浆果”其实是核果，含2~8粒种子。常绿冬青树是温带气候下的耐寒植物——欧洲和亚洲的种类能够适应大部分土壤和大部分地方，而北美洲种类一般喜欢中性和酸性土壤。冬青属（Ilex）这个名称来源于拉丁文石栎（Quercus ilex）——也是一种常青树。冬青树的木材可制作优质的薄板、镶嵌工艺品和乐器。

关于冬青树在全世界有许多的民间传说：凯尔特人德鲁伊教认为它是太阳的象征，冬季在居住地对冬青树顶礼膜拜。现在冬青树在圣诞节仍当作装饰树，而古罗马人在他们的农神节就已这样做了。在欧洲曾用冬青树占卦，北美土著居民在战斗时用它做徽章，他们的黑茶仪式就曾使用具有催吐作用的催吐冬青的树叶。冬青树皮可制成粘鸟胶，巴拉圭冬青树叶还可制成茶。

枸骨叶冬青产自欧洲、非洲北部和亚洲西部，呈茂密的金字塔树形，高约25米。它的树叶墨绿色、平滑、多刺，冬天长出美丽的红色浆果，这使它成为最有名、也是最受欢迎的观赏植物之一。在过去的几百年里，枸骨叶冬青已经出现了大约120种不同的栽培变种，有些树的树叶是有斑纹的，而有些的树叶无刺、皱波状，形状各异。美洲冬青是最知名的常绿美洲种，可长到15米，含有115个栽培变种，有些在圣诞节可创造一定的经济价值。轮生冬青是北美东部的大型落叶乔木，冬天果实呈亮红色，它的紫色叶子在秋季变成黄色。轮生冬青有2个栽培变种。

知识档案

冬青树

种数 400

分布 全球。

经济用途 栽培作为观赏树，有许多杂交种和栽培变种。也可取其木材作为制兴奋剂的原料。

枸骨是亚洲的常绿冬青树，树叶上有3~5个刺。日本金叶冬青是灌木，树叶一般非常小，呈倒卵形，浆果黑色，有时候修剪或者用作矮树篱，而同是亚洲冬青属的猫儿刺树叶无柄，有3个刺。这些种类源自中国。大叶冬青是日本的一个种类，它的树叶比较大，锯齿状，长度大于15厘米，果实橙色到红色。滇南冬青来自喜马拉雅山东部，它是另一种生长在公园里的大叶冬青树。

冬青属主要的种

第一组：常绿树种。

枸骨叶冬青 分布在欧洲、非洲北部和亚洲西部。枸骨叶冬青是矮乔木，高25米，分枝多，形成浓密的金字塔形；树叶光滑、墨绿色，长2.5~7.5厘米，边缘波浪形，具有较大的三角形尖刺锯齿，树叶的尺寸、外形和锯齿因种类而异，而且在树上的分布也不同（低处枝条上的树叶刺多，可能是为了保护自己免受草食动物的袭击）；花朵小、暗白色、腋生，分雄性、雌性或两性；果实圆形、呈红色，整个冬季不落，含有2~4枚果仁。枸骨叶冬青大约有120个栽培变种，许多呈现美丽的金色，生银色的斑

↗ 枸骨叶冬青枝繁叶茂，天然形成金字塔树形。冬青树连同它的红色果实成为冬季一道亮丽的风景。

纹（一般在叶缘上），树叶形状、尺寸和生长习性有变化。

枸骨　分布在中国。茂密的灌木，高2~3厘米；树叶蝙蝠形，矩形，生有3~5个刺；果实红色。

日本金叶冬青　分布在中国和日本。茂密的灌木，高1.5~3米，树叶小，具有微小的倒卵形锯齿；果实很小，黑色。栽培历史长，有1个变种。

双核枸骨　分布在喜马拉雅山东部，树高15米。

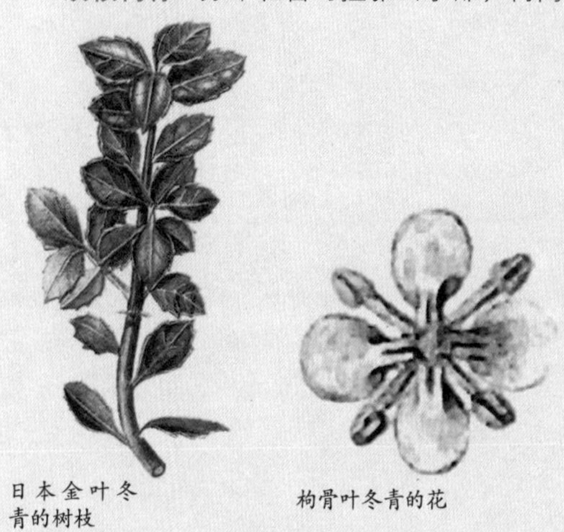

日本金叶冬青的树枝

枸骨叶冬青的花

枸骨叶冬青的叶子和果实

美国冬青的叶子和果实

光滑冬青　产自美国东部。小型到中型灌木，高1~2米；树叶小、墨绿色、发亮；果实黑色。

I.insignis　分布在喜马拉雅山东部，叶子非常大。

大叶冬青　分布在日本。树叶非常大，呈墨绿色，外表光滑，生有锯齿，长80厘米，与荷花玉兰相似；果实橙色到红色。

美国冬青　分布在美国东部和中部地区。美国冬青非常出名，是大灌木或小乔木，树高15米；树叶多刺，呈灰橄榄色到绿色；果实红色、有柄。美国冬青大约有115个栽培变种。

巴拉圭冬青　分布在美国南部地区。巴拉圭冬青是小乔木，树叶呈卵形，长12厘米。它既有栽培种，也有野生种。

马德拉冬青　分布在大西洋的马德拉群岛。该种是小乔木，树叶平伸，有少许刺。

猫儿刺　分布在中国中部和西部地区。该树分枝多，高9米，菱形树叶，刺三角形。果实红色。

加纳利冬青　分布在加纳利群岛。它与马德拉冬青相似，被认为是马德拉冬青的一个变种。

催吐冬青　分布在美国东南部地区。树高8米，果实红色。

第二组：落叶树种。

落叶冬青　分布在美国东南部地区。落叶冬青是中等尺寸的灌木，高2~3米，有时候是小乔木，高达10米；茎细，树叶倒卵形，锯齿皱褶状；果实呈鲜橙色或红色，整个冬天不落。

大果冬青　分布在中国中部地区。大果冬青是小型到中型的乔木；果实大，像黑色的樱桃。

硬毛冬青　分布在日本。灌木，高5米，树枝伸展，卵形树叶被毛，生许多微小的红色果实。

轮生冬青　分布在美国东部地区。树高2~3米；树叶春季呈现紫色，秋季变成黄色；果实亮红色、不掉落。

“Xmas cheer”　轮生冬青的栽培变种，结许多鲜红色果实，一般整个冬季都不脱落。

安息香科 > 安息香属

安息香树

安息香属是一个由热带和亚热带落叶乔木或常绿乔木（或灌木）组成的大属。安息香树的树叶有锯齿，互生，略呈粉色，被星状软毛。它的花朵像铃铛，呈白色，双性，单生或者总状花序；花萼为5个短齿，花冠5裂（也可能8裂），花冠基部有8~10个雄蕊（有时候是16枚）；子房略高或几乎平齐。果实是干核果或肉质核果，果皮裂开。

安息香属里有些种类比较耐寒，可在温带地区栽培。它们喜欢肥沃但没有石灰质的土壤，且没有霜冻侵害的地方。最常栽培的是老鸹铃（赫斯黎野茉莉），产自中国西部和中部，树高6米，夏初绽放白色的花朵，总状花序。日本安息香树产自中国和日本，它是一种灌木或乔木，树高可达10米，在花朵开放的季节里，无数的白色花朵如雪花落在树上一般，开花时间甚至比老鸹铃更早。日本的大叶冬青树也比较耐寒，它是一种灌木或乔木，树高可达10米，树叶呈宽椭圆形到倒卵形，长7~20厘米，总状花序，白色花朵有芳香气味。美洲安息香树产自美国东南部地区，是一种灌木，1~4朵花朵垂下簇生在一起，在温带不怎么耐寒。安息香树产自玻利维亚、苏门答腊岛和泰国，它产生的安息香胶可作药用，该树种在温带地区不耐寒。西洋安息香树产自欧洲东南部和小亚细亚，它是一种灌木或乔木，树高可达6米，在温带地区比较温暖的地方可耐寒。

知识档案

安息香树

种数 120

分布 欧洲地中海地区、亚洲东南部和热带美洲。

经济用途 树皮里流出的树脂可供医用，也可做香料。木质纹理细密，可做伞柄。有些具有观赏价值。

银钟花属

银钟树

银钟花属（Halesia）的命名是为了纪念杰出的英国生物学家史蒂芬·海勒斯（Stephen Hales，1677~1761），该属包含5种，原产于北美洲东部地区和中国。它们是落叶乔木，树叶单生、有锯齿。花朵两性、密伞花序，呈白色或浅粉色，浅粉色花朵少见；花萼和花冠是由4段组成的，花冠略裂；有8~16个雄蕊，子房低。果实是核果，有棱脊，生2~4个翅。以前中国和日本某些种类被归入银钟花属，现在被归到白辛树属，不同点在于它们有5个花被，花朵

↗ 银钟树在5月间从灰粉色芽里面绽放出美丽的白色花朵，它们三五朵一组簇生在细长的叶柄上，出现在光秃秃的前一年生树枝上。

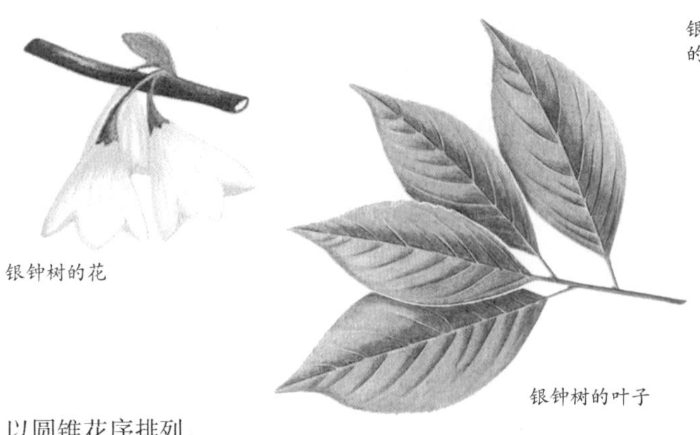

银钟树的花

银钟树的叶子

银钟树的果实

山地银钟树的花

双叶银钟树的叶子和果实

以圆锥花序排列。

由于银钟花属树种的花朵像飘落的雪花，在春天，满树的花朵形成一道非常美丽的风景。其中最出名的是银钟树，产自美国东南部，树形漂亮、小巧、伸展，在避风且不是石灰质土壤的地方长势很好。山地银钟树来自美国东南部的山区，相对更高，呈金字塔树形，它的木材有一定的经济价值。

■ 银钟花属主要的种

第一组：花冠裂长度不到一半，但银钟花的变型dialypetala例外。果实有4个突出的翅。

银钟树　分布在美国东南部地区。栽培的银钟树是茂密的、小枝繁茂的圆形灌木，高7~8米，但是野生的乔木高15米；树叶卵形到倒卵形，长5~10厘米，表面被灰色的星状绒毛；花朵春季开放，数目繁多，下垂，铃铛形状，呈白色，像雪花，长1~1.5厘米；果实棒状，长2.5~3.5（4）厘米。银钟树是最有名的栽培物种。

Forma dialypetala　银钟树的变型，花冠裂开到花瓣中部以下。

山地银钟树　分布在美国东南部海拔1 000米以上的山区。树高30米，树干直径1米，树冠很高；树皮呈又大又松的薄片状，与树干分离；树叶表面比较光滑；花朵与银钟树相似，但花冠更大，长1.5~2.5厘米；果实长3.5~5厘米。

Var vestita　山地银钟树的变种，树叶被绒毛，至少最初被毛，在叶脉处尤其浓密。绽放浅粉色的花朵。

第二组：花冠裂至中部以下，果实有2个突出的翅。

双叶银钟树　分布在美国东南部地区。栽培时通常变成小型灌木，高2.5~5米，但有时候是小乔木，野生乔木高10米；树叶椭圆形到倒卵形；花朵的花冠长18（20）~25毫米；果实一般为棒状，长3.5~5厘米，有2个突出的翅。双叶银钟树不如银钟树漂亮，花朵数量较少。

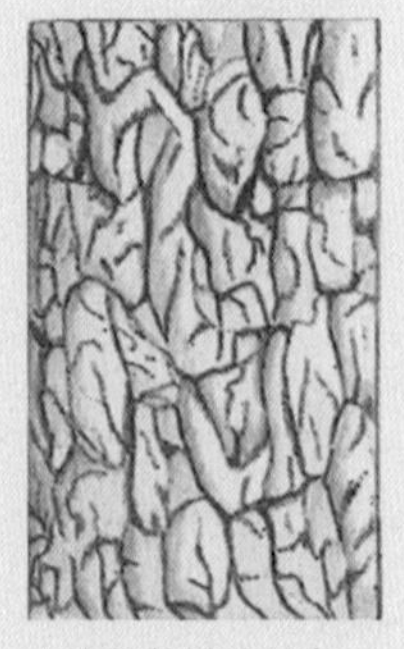

山地银钟树的树皮

↗ 银钟树低处的树枝伸展，从弯曲的树干延伸出宽阔的圆锥形树冠。

杜鹃花科 > 草莓树属

草莓树

草莓树属原产于美国北部和中部地区，以及欧洲西部地区到地中海地区。它们是常绿乔木或灌木，有些种类的树皮片状剥落以后露出里面红褐色或红色的内树皮；树叶互生、革质；花朵很像铃兰，簇生在枝端，呈浅粉色或绿色，瓮形，花萼 5 裂，白色花冠，有 10 个雄蕊；果实（莓实树的果实可食）是草莓状的圆形浆果，肉质、粉色，表面有瘤，但是它的味道与草莓完全不同。

知识档案

草莓树

种数 14

分布 美国西北部和中部，地中海。

经济用途 观赏树，木料用树。果实可食，在科西嘉岛还被用来发酵制酒。

草莓树被大量栽培作为观赏树，它们在泥炭土或壤土中长势良好，但是有些在石灰质土壤里长得更好，不过大多数杜鹃花科植物不喜欢石灰质土壤。美国浆果鹃的木材很有用。

↗ 酸模树是非常漂亮的观赏树种，它的树叶在秋季变成猩红色，最终变成深红色，而此时白色花朵仍一簇簇在怒放。

酸模属

酸模树

酸模树是酸模属里的唯一成员，产于美国南部地区。酸模树最有名的特征是秋天的树叶呈现美丽的黄色、红色和紫色，而且树叶有令人愉快的酸味——如果愿意尝试的话。它是小型落叶乔木或灌木，在野外可长到 25 米高，栽培时只有 7~8 米；树叶互生，椭圆形到长圆形，锯齿细，绿色，外表光滑。花朵两性，圆锥花序生在枝端，仲夏开放，有香气，簇生，长 20 厘米；花朵生 5 片萼片，花瓣呈瓮形，白色、5 裂，与铃兰不同。果实是蒴果，含有无数的网状种子。

酸模树在温带地区的公园和花园里很受欢迎，在荫蔽或半荫蔽、富含腐殖质的酸性土壤中生长最佳，但在阳光充足的地方会开出最漂亮的花，呈现出最亮丽的秋色。

草莓树属主要的种

第一组：幼叶下表面被绒毛，花朵（春天或早夏开放）白色到粉色，圆锥花序，略直立；叶缘完整或锯齿状，叶柄长度大于1.5厘米。该组树种产自美国西南部地区。

萨拉草莓树　分布在美国西南部、墨西哥以及危地马拉。为灌木或小乔木，高15米；内树皮呈红褐色；树叶近卵形到长圆形，长（3.5）4~10（11）厘米，宽1.2~4.5厘米，幼时下表面褐色，被绒毛；花朵直立、簇生；果实呈暗红色。

亚利桑那草莓树　分布在美国亚利桑那州到墨西哥的山区。树高可达15米；第一年生幼枝被毛，呈红褐色，老枝的树皮呈灰色或白色；树叶窄卵形，长4~8厘米，宽1.5~3厘米。亚利桑那草莓树可能是萨拉草莓树的一个变种。

第二组：树叶下表面无毛；成熟植株上的老叶一般有锯齿，叶柄长度小于1厘米；花朵白色或绿色，呈下垂或倾斜的圆锥花序；幼树上可能有完整的树叶。

草莓树　分布在爱尔兰西南部、法国西南部、西班牙以及地中海区域。草莓树高（5）10（13）米；树皮灰褐色、纤维质；树叶椭圆形到倒卵形，上表面墨绿色，下表面浅绿色，长5~10厘米，宽2~3厘米；花朵被毛，没有腺体，簇生，花冠白色到粉色，或绿色到白色，直径8毫米，仲秋开花，同时前一个季节的果实成熟。果实近球形，长18毫米，宽15毫米，有疣。

F.integerrima　草莓树的变型，叶缘完整，野生。

类黑钩叶浆果鹃　它是草莓树和希腊黑钩叶浆果鹃的杂交种，分布在希腊。树高10米；内树皮光滑，呈红褐色；花朵在春季或晚秋开放。类黑钩叶浆果鹃与草莓树的区别在于：类黑钩叶浆果鹃有时树叶的边缘光滑，基部通常更圆，而且不太尖，下表面颜色更浅，果实一般少疣，直径10毫米。而它与希腊黑钩叶浆果鹃的区别是树叶大多有锯齿，而且花朵呈倾斜状簇生。

加纳利岛草莓树　分布在加纳利群岛。为灌木或小乔木，树高9~15米；树叶长5~12厘米，宽0.5~4.5厘米；花冠长8~9毫米；果实直径2~3厘米，黄色到橙色，有疣；半耐寒。

第三组：与第二组相似，但是成年的树叶一般比较完整，基部宽圆形或窄圆形，叶柄长(1.3)1.5厘米，宽3厘米；花朵白色或粉色，或者白色同时泛淡绿色，直立的锥形花序；树皮红褐色。

希腊黑钩叶浆果鹃　分布在欧洲东南部（地中海东部）地区。野生的希腊黑钩叶浆果鹃树高9~12米，栽培时大多形成灌木，高约6米；树叶卵形，长5~10厘米，宽2.5~5厘米；花朵春季开放，金字塔形簇生，长7厘米，宽5厘米，花冠呈黄色到绿色；果实球形，直径13毫米。

浆果鹃　分布在加拿大不列颠哥伦比亚省到美国加利福尼亚州。野生的树高30米，栽培的树高10~15米；内树皮赤土色，树叶卵形、发亮，长5~13厘米，上表面暗绿色，下表面灰色，覆有白粉，或者近似白色；白色花朵呈金字塔形簇生，外表光滑，长15厘米，宽12厘米，花冠纯白色；果实橙色到红色、卵形，长10~13厘米。

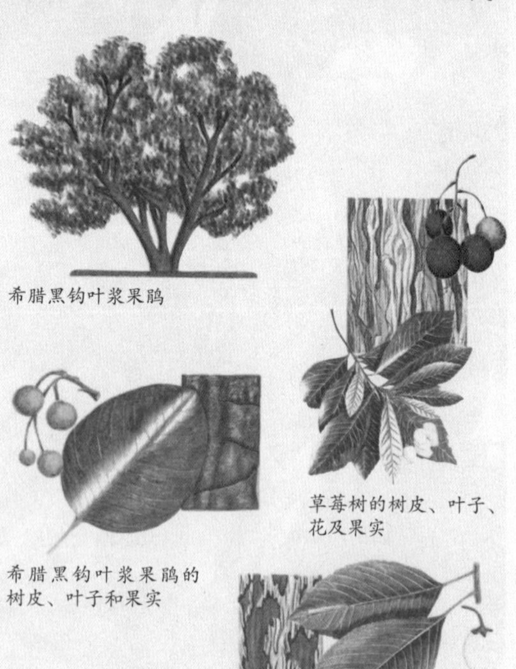

希腊黑钩叶浆果鹃

草莓树的树皮、叶子、花及果实

希腊黑钩叶浆果鹃的树皮、叶子和果实

类黑钩叶浆果鹃的树皮、叶子和花

香花木科 > 香花木属

香花木

香花木属是香花木科里唯一的属，包括6种，产自南半球的温带地区——2种来自智利，另外4种来自澳大利亚。香花木属也有许多杂交种。香花木是常绿或半常绿乔木，有时候像灌木，树叶对生，羽状；天生有托叶；绽放大量的白色花朵，花朵两性、腋生，生4片萼片和花瓣，雄蕊多；果实是坚硬的开裂蒴果，1年之后成熟。

在寒冷的温带地区，只有胶香花木比较耐寒，其他种类包括杂交种都只适合在温暖的温带地区栽种。一般说来，它们喜欢潮湿的土地，中性偏酸，没有石灰质，但有2种杂交种例外，即尼曼香花木和心叶香花木。心叶香花木比较柔弱，它生存在温和气候下的少数石灰质地区以度过寒冷的冬天。现在很有必要对香花木采取林地保护措施。

知识档案

香花木

种数 6

分布 澳大利亚和智利。

经济用途 装饰树、木料用树。

在原产地智利，心叶香花木的高度可达24米，而且木材已经用于制作独木舟、铁路枕木、电线杆、船桨和牛笼头，室内可用于制造家具和地板；树皮含丹宁酸。塔斯马尼亚种亮香花木的木材呈粉红色，用于一般建筑，也用于细木工。摩尔香花木来自新南威尔士（澳大利亚），用途类似。

在香花木属的原产地之外，它们被广泛栽种，迷人的常青树叶衬托着美丽的白色花朵，具有极高的观赏价值。

↘ 胶香花木是所有香花木中最美的种类，夏末开花，花瓣大，纯白色，纤细的雄蕊与粉色的花药簇生在花瓣中央。

香花木属主要的种

第一组： 树叶都是单叶，即没有成对的小叶。

心叶香花木 常青树种，原产于智利的热带雨林；灌木或乔木，高约24米，小枝被毛；树叶长圆形，边缘波浪形，长3.8~7.6厘米，基部心脏形，下面被密密的软毛（幼叶更长，顶端更尖，边缘具有明显的锯齿）；开白色花朵，直径5厘米，在末端叶腋生4片花瓣；雄蕊数量大，花药呈现红褐色。

亮香花木 分布在塔斯马尼亚。亮香花木是常青树种，高度通常为7~17米，有时高度可超过30米，周长3米；小枝被毛；树叶对生，含有树脂（幼枝也有），长圆形，长3.8~7.5厘米，宽1~1.5厘米，叶缘完整；叶柄长3毫米。亮香花木绽放白色的花朵，花朵直径2.5~5厘米，散发香味，花朵悬吊在长1.25厘米的花梗上，在叶腋单朵出现；雄蕊数量大，花药黄色。

米氏香花木 分布在塔斯马尼亚。它与亮香花木非常相似，被认为是一个山区变种，二者区别在于，米氏香花木是灌木，高4米，花朵更小，树叶只有8~19毫米长，而且它的原产地的海拔要比亮香花木高。

亮香花木×心叶香花木 该杂交种出现在英国西南部地区，树叶比亮香花木要大，叶缘波浪形，朝向顶端有少许锯齿。

杂交香花木（亮香花木×米氏香花木） 该杂交种出现在澳大利亚，有时呈粉色。

第二组： 所有的树叶都是复叶，例如大多数都具有2~3对小叶，顶端生1枚（奇数羽状）或者3枚小叶（1对小叶，顶端1个）。

胶香花木 分布在智利。胶香花木是常青树种或者半常青（偶尔落叶）树种，高3~5米，枝条竖立；小枝被毛。树叶朝向小枝末端簇生，有3~5片小叶，略呈卵形，长3.8~7.6厘米，边缘锯齿形；叶柄被毛。花朵生在小枝末端，1朵或2朵，直径6厘米，每朵花上生有4片白色花瓣和大量的雄蕊，一般具有黄色的花药。胶香花木被认为是香花木属里最漂亮的种，现在在原产地已经十分罕见。

希里尔香花木（亮香花木×摩尔香花木） 它介于2种母树中间。小叶2~3对，3小叶的情形罕见，顶端比摩尔香花木更宽、更圆，叶缘完整。"Winton"和"Penrith"是2个栽培变种。

心叶香花木的树枝、花及果实　　尼曼香花木的叶子、芽和花　　摩尔香花木的树枝、花及果实

摩尔香花木　分布在新南威尔士（澳大利亚）。摩尔香花木是常青树种，栽培时树高可达18米，小枝生有短短的棕色绒毛。它的树叶有5~13片小叶，最初上面有毛，几乎无柄，基部倾斜，窄长圆形，长1.7~7.6厘米，宽0.3~1.5厘米，整片叶的边缘都有毛，中脉突出在叶片之上，形成短短的尖，下表面叶脉被毛。花朵呈纯白色，直径2.5厘米，4片花瓣，花朵单生在叶腋里；花梗有毛，长1.8厘米；雄蕊数量大，白色。

第三组：香花木杂交种，树叶单生、羽状，生有3小叶。

杂交香花木（胶香花木×亮香花木）　常青树种，小枝上的凹槽比较浅；树叶单生，叶缘略具锯齿，长度可达6.5厘米，顶端尖；树叶生3小叶，末端小叶长6.5厘米，侧面的无柄，长2.5厘米。杂交香花木绽放纯白色花朵，花朵直径2.5~3厘米，有4片花瓣，花单朵开放在树枝的末端。这种杂交种生命力旺盛，分布在爱尔兰东北部地区。

尼曼香花木（胶香花木×心叶香花木）　直立灌木或小树，树高16米，小枝有凹槽；介于两母树之间，既有单叶也有复叶，但是大多数是3小叶，末端的小叶最大，长3.8~9厘米，宽2.5~3.8厘米，叶缘都有比较尖的锯齿；花朵纯白色，直径6.4厘米，大多数都有4片花瓣，少数生5片花瓣；雄蕊多，成熟时呈粉红色到紫色。该杂交种可繁殖，出现在英国苏塞克斯的尼曼植物园，经常被误认为是胶香花木，但是它的耐寒能力不如胶香花木。

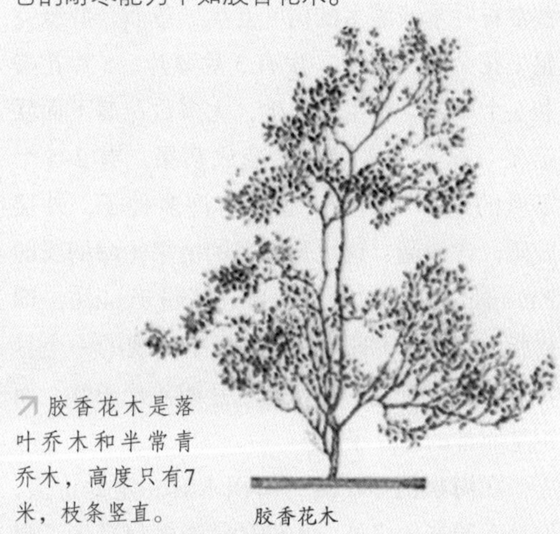

↗胶香花木是落叶乔木和半常青乔木，高度只有7米，枝条竖直。

胶香花木

◎相关链接——

温带树种　温带树种处于南北纬40°~50°之间，涵盖北美大部分地区、英国、欧洲、俄罗斯南部、中国北部、日本、新西兰、塔斯马尼亚岛、阿根廷南部和智利等国家和地区。

在温带地区，一年中适合树木生长的时间有六个月，这六个月的平均温度都高于10℃。这种气温和降雨量都不极端的气候，很适合温带树种的生长。

虽然落叶树和常绿树都适合在温带地区生长，但是真正占主导地位的是落叶阔叶树种，比如说橡树。此外很多长在风大的温带地区的树种是靠风作为授粉媒介的。

温带地区的树种和热带雨林相比要少很多。一方面是因为后者的气候更契合树木的生长条件，另一方面则要归因于历史上的气候变化。

在过去的200万年间，持续的冰川时代迫使温带树种多次向赤道迁徙又辗转迁回，在这过程中不可避免地导致树种的减少。有些树种的种子在极地寒风的肆虐下不能完成播种，有些树种则由于在迁徙途中遇到山体比如阿尔卑斯山脉和比利牛斯山脉的阻碍而灭绝。

温带的光照很充足，而且很少有攀缘植物会阻碍到树木的生长，因此温带树种一般都有较大的树冠，它们的枝丫和叶片可以尽情地生长，它们的树皮一般呈亮色。桦树是温带的先锋树种之一，它比任何其他树都要易于生长，在废弃的工厂、堆积的土堆、垃圾堆和铁路堤防上都能看到桦树的身影。此外，柳树、白杨和松树也很容易在荒凉的地区生长。

我们可以看到的最早的温带树种是银杏树（拉丁名为Ginkgo biloba），这种树以前分布较广，但现在主要生长在中国的浙江省。

在温带地区一共有450多种橡树。在欧洲主要为两种，即英国橡树（拉丁名为Quercus robur）和无梗花栎（拉丁名为Quercus petraea），这两种树最早来自于地中海地区，但在欧洲和美洲南部的温带地区里也能很好地生长。

海桐科 > 海桐属

海桐

海桐属种类主要产自澳大利亚和新西兰，但在加纳利群岛、非洲东部和西部、夏威夷、玻利尼西亚(中太平洋群岛，意为“多岛群岛”，包括夏威夷群岛、萨摩亚群岛、汤加群岛和社会群岛等)、中国和日本都有代表性种类。这些常青乔木或灌木的树叶互生、革质，叶缘完整；花朵呈深紫色，生有5片萼片、5片花瓣和5个雄蕊，轮生体互生，大多数花瓣下面联结在一起；子房成熟后变成蒴果，有2~5个革质的或木质的瓣，里面有许多种子，外层胶质，含树脂，这也是属名的由来(海桐属即Pittosporum，其中字根pittos等同于pitch，即树脂)。细叶海桐和厚叶海桐里出现的一个异常特征是：它们的树苗有3片或4片子叶，而不是通常的2片子叶。

在海桐的原产地，海桐木有一定的价值，但是在原产地之外，人们种植海桐就是为了观赏。在欧洲大部分地区的气候条件下，很少有海桐能够耐寒，但在欧洲南部，特别是西南部地区，其中包括英国康沃尔海岸旁的夕利群岛，它们能正常生长。最耐寒的海桐是细叶海桐，产自新西兰，树高可达10米。

海桐树叶四季常青，呈椭圆形，边缘波浪形，呈现美丽的浅草绿色，因此做剪花的衬底

知识档案

海桐

种数 150

分布 热带、非洲南部和东部，中东和远东地区，太平洋；麦卡纳尼亚西群岛。

经济用途 局部开发作为木材，在热带和地中海栽培作为观赏树。

↗ 细叶海桐“金王”在公园很受欢迎，种花人也很喜欢它，因为它的树叶呈大波浪形，有皱褶，四季常青，可做鲜花的陪衬。它那闪亮的灰绿色树叶与黑色的幼枝对比鲜明，非常漂亮。

特别受欢迎。海桐的花朵在春天绽放，数目庞大，在黄昏散发出甜甜的味道。据说海桐属的花一般都不太显眼，在几英尺开外可能确实如此，但凑近看就能发现它们的花。

厚叶海桐也产自新西兰，主要作为观赏树，但它的耐寒能力不如细叶海桐。它的花朵像细叶海桐一样呈现出深紫色，但是花朵更大，而且成熟的蒴果开裂之后会产生光滑的、黑亮色种子，看起来特别吸引人。厚叶海桐喜欢靠近海岸的地区，这是因为它能够适应盐碱地，因此人们栽培它的鳞茎形成优良的防风林。1834年，一个杰出人物即奥格斯特·史密斯第一次将海桐引入英国的夕利群岛，他在特雷斯科岛建立了著名的植物园。

海桐属“Garnettii”有个有趣的特点：斑叶叶缘在冬天变成粉色。它的确切身份还不明朗，一般认为是细叶海桐的一个栽培变种，但也可能是细叶海桐和 P.ralphii 的杂交种。另一个比较特别的树种是 P.bullata，它的树叶有皱纹，看起来很像鸭的绒毛。海桐(原变种)开的花可能是最显眼的，海桐是枝繁叶茂的灌木，高度 5~6 米；树叶呈倒卵形，花朵白色，有香味，直径大约 2.5 厘米。海桐(原变种)产自远东地区（中国和日本），不耐寒，但在欧洲南部还是很常见。

蔷薇科 > 山楂属

山楂

山楂属树种主要分布在北美洲东部和中部地区，它含有 200 个优良种，人们通常所知道的就是山楂，据报道已有 1000 种双名法命名的植物，但是现在人们清楚地认识到这些大多数要么是同义词，要么是杂交种，抑或是某一种类的变种。在这些优良种里，大约有 100~150 种位于北美洲，20 种在欧洲，20~30 种在亚洲中部和俄罗斯，还有 5~10 种分布在喜马拉雅山、中国和日本。

单子山楂可在最荒芜的山谷或狂风肆虐的峭壁生存，尽管条件恶劣，它的树叶依然形成茂密的树冠。

知识档案

山楂

种数 大约 200

分布 北温带。

经济用途 广泛栽种作为树篱和观赏树，也可取其果，它有许多栽培变种、杂交种和克隆体。

山楂是落叶的灌木或乔木，半常绿的山楂比较少见。山楂一般生有刺，树叶互生，单裂或者多裂。花朵小，直径很少大于 1.5 厘米，大多数是白色的，红色花朵少见，有的有香气，从花托边缘生出 5 片花瓣和 5 片萼片（隐头花序）；有 5~25 个雄蕊，花药颜色各异，花托上生单个子房，有 1~5 室，每个室内有 1 粒胚珠。果实（也就是山楂）是红色、黄色或黑色的梨果，随花托一起脱落，成熟后里面有 1~5 粒坚硬的果核，花柱和果核的数目一般是相同的。

山楂属是很难进行分类的属之一，部分原因是广泛杂交，而且种类很难归入不同的亚属。树叶、花朵以及果实是很好的鉴别方法，树叶脉络、雄蕊数目、花药颜色以及果核都是很重要的分类特征。

山楂属里的种类很少染病，即使生病也都不太严重。它们广泛用作树篱和观赏标本树，有许多种因为花朵数量大而被人们广泛栽种，这些花朵一般都有香气。其果实为红色和猩红色，是鸟类的重要食物来源。最有名的是 Pink May，它是无毛山楂的一个变种。在山楂属里少数物种能装点美丽的秋色。

山楂属里有几个物种的果实可制作果冻或果酱，在中国人们使用野山楂治疗胃病。无毛山楂可制茶，据说可以降低血压，减轻眩晕感和减缓心悸；它的种子可代替咖啡，树叶可制烟草。

山楂属的木材非常坚硬，已用于雕刻。鸡脚山楂产自美国东部和东南部地区，它的木材很重，可制作工具把手，而无毛山楂的木材可用来制作很多物件，比如轮子、拐杖。

↗ 单子山楂在避风的地方形成细长的树干，茂密的树枝形成圆圆的树冠，树枝末端下垂。

◎**相关链接**

柔毛山楂树，又被称为红山楂树，原产于新斯科舍到魁北克，向南到达得克萨斯州，向西到内华达州的广大地区。在美国东部，这种树还被大量栽种于城市公园。它的树形较小，一般很难达到10米（33英尺），具有很强的忍受大气污染的能力，因此常被栽在街道两旁。柔毛山楂树中有一种特殊的品种，被称为“阿诺德山楂树”，发现于波士顿的阿诺德植物园，因此得名。

柔毛山楂树的树皮为红褐色，成熟后会裂开成竖直的皮块。它的叶子为暗绿色，呈宽阔的卵形，长度大约为10厘米（4英寸），每边都有5片不明显的浅裂叶，叶边有锋利的锯齿，叶面上有绒毛，因此摸上去并不光滑。它的小枝上有5厘米（2英寸）长的小刺。它的花朵为白色，上有粉色的花粉囊，花朵的直径为2.5厘米（1英寸），在春末时节成簇开放。它的果实在夏末结出，呈亮红色，直径为2.5厘米（1英寸）。

山楂属主要的种

第一组：树叶大，生在长枝上，叶脉延伸至裂片的基部和顶端。这里列出的种结小小的果实，直径4~6毫米。

A果核有凹坑。

B花柱和果核1~3个。果实黄色或红色，直径6~9毫米。

单子山楂的树皮

无毛山楂 分布在欧洲和非洲北部地区。灌木或乔木，高约5米，刺长2.5厘米。树叶倒卵形，有3~5裂，基部楔形，很快变得光滑。花序无毛，开5~12朵花；20个雄蕊，花药红色；花柱2~3个。果实呈红色、宽卵形，有2枚果核。无毛山楂被广泛栽培。

单子山楂的叶子和花

单子山楂 分布在欧洲、非洲西部和亚洲西部。单子山楂是灌木或乔木，树高10米，与无毛山楂类似，但树叶更大，裂片更深，有3~7裂，刺的数目更多，花柱1或2个，果实近球形，生1枚果核。该种被广泛栽培。

双花单子山楂 单子山楂的栽培变种，在温暖的冬季会第二次开花。

BB花柱和果核4~5个；果实呈黑色或紫黑色。

单子山楂的叶子和果实

C.pentagyna 分布在欧洲东南部地区、高加索山脉和伊朗。该种是灌木或小乔木，树高6米；树叶3~7裂，下表面被毛，但是最后绒毛脱落，表面变得光滑；花朵有毛、簇生，花药呈粉红色；果实卵形，但是不亮。

匈牙利山楂 分布在欧洲东南部地区（匈牙利）。树高6~7米；树叶7~11裂，两面都有毛；花朵簇生、被毛，花药黄色；果实近球形、发亮。

AA 果核光滑。

C 果实小，直径4~6毫米；萼片脱落；花柱和果核3~5个；树叶光滑或很快变得光滑。

华盛顿山楂 分布在美国东南部地区。树高10米；刺长7厘米；树叶呈宽三角形，3~5裂；果实扁圆形、红色，整个冬季不落。秋天，该树呈现出美丽的猩红色和橙色。

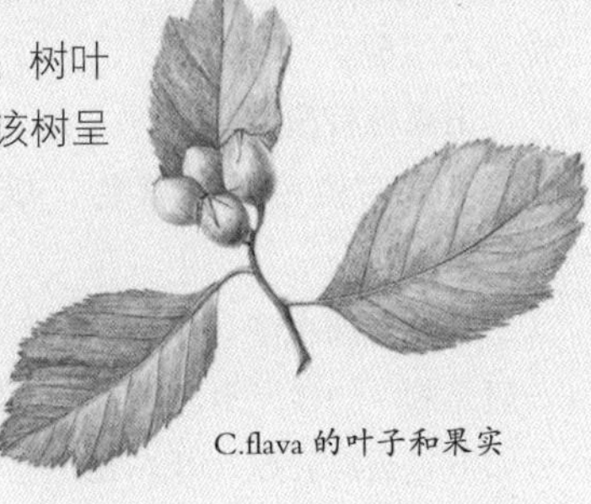
C.flava 的叶子和果实

C.spathulata 分布在美国南部和东南部地区。是灌木或小乔木，树高8米；树叶生在开花枝上，倒卵形，有时候顶端宽裂成3（5）片，基部逐渐变细；果实近球形，萼片红色、下弯，成熟期晚，整个秋季不落。

CC 果实直径大于1厘米，萼片不脱落。

D 小枝和（或）花序光滑。

树叶长度大于5厘米、深裂，最低的裂片成对，几乎裂至中脉；叶柄长度大于1厘米；果实卵形，长2~3厘米，宽1~2.3厘米，呈红色，上面有白色圆点。

菊叶山楂的叶子和果实

山楂 分布在中国北方地区。树高6米；刺短或无刺；树叶近三角形，长5~10厘米，5~9裂，最低的1对裂片几乎裂至中脉，上表面深绿色，发亮；叶柄长2~6厘米；花朵有3~4个花柱；果实红色，直径1.5厘米。

山里红　山楂的变种，比山楂树叶更大，果实直径2.3厘米，花序光滑，是较好的观赏树种。

DD 小枝、树叶和花序或多或少都被绒毛。树叶长3~7厘米；叶柄长度小于1厘米；果实近圆形，或比前一组小，呈现黄色到橙红色，没有圆点。

条裂山楂　分布在欧洲东南部和西班牙。树高约6米，几乎无刺；树叶有5~9片羽状裂片，两面被毛，基部逐渐变细或者平截；花朵有3~5个花柱；果实扁圆形，直径2厘米；生4~5枚果核。由于条裂山楂的花朵和果实很漂亮，因此被广泛种植。

菊叶山楂　分布在小亚细亚。菊叶山楂树高10米，有时候是灌木。幼枝被绒毛，大多数无刺。树叶偏菱形到卵形，或者倒卵形，长2~5厘米，有5~8个深裂片，边缘锯齿状，有腺体。花朵直径2~2.5厘米，5~8朵成伞状花序，被毛；生20个雄蕊，花药红色，有5个花柱；花萼被毛，锯齿状，有腺体。果实球形，直径2~2.5厘米，呈黄色到红色，下面的苞叶有穗边；生5个果核。

第二组：树叶大，叶脉延伸至裂片或锯齿，未到叶基处。除Sanguineae组外，树叶不裂或只是浅裂。

E果核有凹槽。

F果实黑色或紫黑色，雄蕊10枚，果核（3）4~5个。

道格拉斯山楂　分布在北美洲。树高约12米，一般无刺；幼枝光滑、红褐色；树叶长3~8厘米，近卵形，有时轻微裂开，基部逐渐变细；花朵有2~5个花柱；果实呈亮黑色。（道格拉斯组）

绿肉山楂　它的果实呈黑色，但有时归入Sanguineae组，树叶上有明显裂。

FF 果实黄色、橙色或（亮）红色，雄蕊（8）10~20枚。

G 树叶全裂或浅裂；萼片上有细细的锯齿、腺体或边缘锯齿状，萼片比花托长（隐头花序）。

C.succulenta　分布在北美洲东部地区。树高6米，刺长3~5厘米；树叶长5~8厘米，近倒卵形，双锯齿，生15~20枚雄蕊，粉红色花药，花柱2~3个；果实球形，直径1.5厘米，呈红色。

GG 树叶有明显裂片，尖锯齿；萼片完整，比花托短。

C.wattiana　分布在亚洲中部（阿尔泰山脉到俾路支斯坦）。该种为小乔木，小枝呈亮桃红色，通常无刺；树叶宽卵形，长5~9厘米，基部圆形或平截，或略微变细，裂片3~5对，几乎裂至一半位置；花朵有15~20枚雄蕊，花粉囊白色到浅黄色；果实球形，呈橙色到红色，直径8~12毫米。

阿尔泰山楂　与C.wattiana非常相似，树叶裂片裂至树叶一半以上的距离；最低的一对几乎裂至中脉，这一点与山楂相似。

绿肉山楂　分布在亚洲东部地区。绿肉山楂是小乔木，小枝上有瘤；树叶宽卵形，长5~9厘米，3~5对又短又宽的裂，基部宽；花朵具细锯齿边，花萼有裂，5个花柱；果实扁圆形，直径1厘米，呈黑色（在它所属的组里异常）。

辽宁山楂　分布在中国、西伯利亚和俄罗斯东南部地区。辽宁山楂是灌木或乔木，树高7米，通常无刺；小枝很快变成棕色到紫色、发亮；树叶宽卵形，基部逐渐变细，裂2~3对；花朵有20枚雄蕊，花药粉色到紫色；果实球形，

梅叶山楂的叶子、花及果实

红山楂的叶子、花及果实

鸡脚山楂的叶子、花及果实

直径1厘米，呈亮红色。在它的原产地分布广泛，种作树篱。多变种，而且由于关系亲近的种间杂交所以很难确认。

EE 果核光滑。

H 花朵单生，2~5朵簇生罕见；树叶长1.5厘米，基部逐渐变细，不裂或浅裂，边缘中部以上锯齿形；花萼有细长裂或呈深锯齿状。

单花山楂　分布在美国东南部地区。该种为灌木或矮乔木，高2.5米，刺多；树叶倒卵形，长3.5厘米，锯齿粗、钝；花朵簇生，花萼和花柄被毛，有20个以上的雄蕊，花药白色到浅黄色；果实近圆形，黄色或绿色，直径10~13毫米；果核3~5个。

HH 花朵单生或4朵一组簇生。花萼裂不同于叶子的裂，裂完整或呈细锯齿状。

I 树叶片状，明显有腺体；花4~7（8）朵簇生。

J 树叶有1~3对浅裂。在开花枝上部，同株树上的树叶形状各异，大多数树叶的宽度小于2厘米，基部逐渐变细，长度小于2厘米，叶柄有腺体。

C.aprica　分布在美国东南部地区。灌木或乔木，树高6米，小枝呈之字形；刺长3.5厘米。树叶卵形到倒卵形，有锯齿，有时候上面的部分轻度有裂。花朵有10枚雄蕊，花粉囊呈黄色。果实球形，直径12毫米，橙色到红色。

C.flava　与C.aprica非常相似，但是花朵有20个雄蕊，并且花药呈紫色。

JJ 树叶大多具有4~5对尖裂，不裂的少见，叶子形状一致，生在开花枝上，大多数树叶的宽度大于2厘米，基部逐渐变细或突然变窄；叶柄没有腺体，长度大于2厘米。

C.intricata　分布在北美洲。该种是灌木，高4米，刺弯曲，刺长4厘米；树叶椭圆形到卵形，长2~7厘米，边缘双锯齿形，有3~4对裂片；花朵上有10枚雄蕊，花药黄色，苞叶有腺体；果实宽卵形、青铜色到绿色或褐色，直径9~13毫米；果核3~5枚。

C.coccinioides　分布在北美洲。树高约6米；刺长3~5厘米；树叶长5~8厘米，有4~5对尖裂；花朵（4）5~7朵簇生，雄蕊20枚，花药粉色；果实近卵形、红色，直径15~18毫米；果核4~5枚。该树在秋天呈现出美丽的橙色到红色。

II 树叶片状，花朵上除了萼片偶尔出现腺毛之外，其他地方没有腺毛；叶柄上偶尔有腺体；花几朵簇生或多朵簇生。

K 花朵2~6（7）朵簇生；树叶没有裂片，基部逐渐变细。

L 幼枝粗糙、有疣，刺的长度小于1厘米。

野山楂　分布在中国和日本。野山楂为灌木丛，高1.5米；树叶倒卵形，长2~6厘米；花朵有毛，花柱5个，雄蕊20枚，花药呈红色；果实近球形、红色，直径12~15毫米，有5枚果核。

LL 幼枝光滑，刺的长度超过1厘米。

C.aestivalis　分布在美国东南部地区。树高10米；刺长2~3.5厘米；树叶长圆形到倒卵形，长3厘米；叶柄长6~20毫米，有时3裂；花朵簇生、光滑，与树叶一同出现或比树叶先出现；果实红色，直径8毫米，生3枚果核。

三花山楂　灌木或乔木，树高7米；树叶长2~7厘米，有少许浅裂；花2~5朵簇生，直径2.5~3厘米，萼片有腺体，锯齿状，雄蕊20个，花药黄色；果实球形、红色，直径12~15毫米；果核3~5枚。

KK 花朵簇生（多于7朵）；树叶基部逐渐变细，或裂、或不裂。

M 叶柄长度1厘米，很少达到1.5厘米；树叶不裂或微裂，基部逐渐变细。

N 果实大，长2~3厘米，宽1.5~2厘米；树叶卵形到披针形，不裂，基部逐渐变细，两面均被毛。

毛山楂　分布在墨西哥。毛山楂树高6米；大多数无刺；树叶长4~10厘米，上部分偶尔有少数腺体细锯齿。花朵的花柄和萼有毛，雄蕊15~20枚，花药粉红色，花柱2~3个；果实黄色或橙色，有斑点，生2~3枚果核。

NN 果实较小，花先叶开放或与叶同时出现，树叶长圆形到倒卵形。

O 树叶生在开花枝上，一般不裂、革质、暗绿色，上表面发亮，叶脉不明显或只有模糊的叶脉；果实坚硬，不可食；果核1~3枚，5枚的罕见。

鸡脚山楂 分布在北美洲东部和中北部地区。灌木或乔木，树高12米，较少栽培；刺长4~8厘米；树叶倒卵形，长2~5（10）厘米；花柱2个，雄蕊10枚，花药呈粉红色；果实近球形、红色，直径10毫米，整个冬季不脱落。

拉伐氏山楂（鸡脚山楂×毛山楂） 树高7米；刺少且短，长2.5~4（5）厘米；树叶长5~10厘米，大多数呈长圆形到倒卵形；花朵直径2~2.5厘米，花柱1~3个，雄蕊15~20枚，花药黄橙色到红褐色；果实椭圆体、橙红色，长13~15毫米，上面有褐色的点，整个冬季不落；果核2~3枚。

OO 树叶有时候裂至中部，纸状，上表面不发亮；叶脉明显。果实肉质、可食；果核3~5枚，罕见2枚。

C.punctata 分布在北美洲东部地区。树高10（12）米；刺长5~7.5厘米，有时候无刺；树叶近卵形，长5~10厘米；花朵有5个花柱和20枚雄蕊；果实近球形，直径大约为2厘米。

MM 长枝上的部分树叶有叶柄，长1.5~3厘米；树叶尖端逐渐变细或者基部变宽。

P 花序、花朵以及树叶两表面被密密的绒毛；树叶略裂，基部平截或近心脏形。

红山楂 分布在美国中部。树高10~12米；刺长2.5~5厘米；树叶革质、宽卵形，长6~11厘米，有4~6对浅裂；花朵直径大约2.5厘米，花柱4~5个，雄蕊20枚，花粉药黄色；果实近球形、有毛、红色，直径12~15毫米。

C.submollis 分布在美国东北部和加拿大东南部。它与红山楂非常相似，但是树叶更薄，有10枚雄蕊。

PP 花序和花朵均光滑，或者几乎光滑；树叶只在年幼时生稀疏的毛，很快变得光滑。

Q 树叶不裂或浅裂，基部逐渐变细。

C.viridis 分布在北美洲东部和南部地区。树高12米；刺长3.8厘米；树叶卵形，长4~9厘米，上部一般3裂；花朵有2~5个花柱，20枚雄蕊，花药浅黄色；果实球形、红色，直径6~8（9）毫米。

QQ 树叶明显有裂片，基部宽，并非逐渐变细。

C.pruinosa 分布在美国。该种为乔木或大型灌木，树高6米；刺较短，长2.5~3.8厘米；树叶近卵形，长3~5厘米，基部宽楔形，生3~4对三角形裂片，呈红色；花朵直径2~2.5厘米，雄蕊20枚，花药粉色；果实圆形，直径1~1.5毫米，长时间呈现绿色，最后变成紫色，肉质甜，黄色，果核5枚。

↗ 秋天，单子山楂深红色的果实成为乡村一道亮丽的风景，并可为鸟提供食物。

宽叶鸡脚山楂是特别漂亮的山楂树，它的树叶在秋季变成美丽的猩红色。果实深红色，在9月成熟。

欧楂属

欧楂

欧楂是 Mespilus germanica 的俗名，它是小型落叶乔木，高度可达 7 米，分布在欧洲东南部，向东延伸至亚洲中部。它是欧楂属 2 种里知名度相对较大的一种（另一种是 M. canescens），与山楂（山楂属）是近亲，区别在于欧楂的花朵单生，果实有 5 片心皮。欧楂和山楂可以嫁接或有性繁殖形成杂交种。欧楂的树枝通常有刺，刺长 2.5 厘米，树叶被毛，几乎无柄，呈卵形到椭圆形，长 5~10（12）厘米；花朵白色，直径约 3 厘米，在晚春开放。欧楂多瘤，但仍是人们喜欢的栽培物种。

欧楂的果实棕色、苹果形，一般是在霜冻“软化”坚硬的果实组织之后吃，配酒食用，也可制作果冻和果酱。

欧楂的花朵艳丽，树叶在秋天变成美丽的颜色——除了收获果实，人们栽培欧楂同样重要的一个目的正在于此。它喜欢开放的、阳光充足的地方以及排水良好的土壤。栽培变种“诺丁汉”具有直立生长的习性，结的果实个小、味美；“荷兰”具有伸展生长的习性，果实较大。欧楂非常耐寒，适应任何土壤。

温柏属

温柏

温柏以前是温柏属里唯一的种，但该属现在还包括伪温柏，中国温柏是另外一种。以前归入温柏属的其他种现在归到与之为近亲的木瓜属，也就是传统意义上的木瓜，这样会牵扯到许多复杂的命名的变化，其中木瓜属里的种类命名更重要。温柏属树种的特点是叶缘完整（没有锯齿）、花柱离生（下面不连）以及花朵单生（木瓜属里可能是单生，也可能是簇生）。

温柏具有浓密的枝条，无刺、落叶，高度可达 5~6 米；树叶互生，呈椭圆形到卵形，长 6~10 厘米，叶缘完整，下表面有毛，托叶上有腺毛；花朵白色或粉色，直径 2~3（5）厘米，有大量的雄蕊；黄色的果实形状像梨，长 6~10 厘米，非常香，5 个室内有无数的种子（不像苹果和梨，它们果实的每个室内只有 2 粒种子），果实成熟之后上面有毛。

温柏的起源尚不清楚，它似乎是近东和亚洲中部的野生种（或者原生种），可能起源于伊朗北部和土耳其，在那里温柏梨很有名。在欧洲，温柏的栽培历史已经有 1000 年了。希腊人在中空的果实里填进蜂蜜，然后烘烤成糕点吃。罗马人提取里面的精油做香水。在法国，几个世纪以来人们将温柏用于烹饪、香水业和制药业（它的种子含有一种胶，可制造润滑剂；种子浸渍剂可做药）。

温柏的果实具有强烈的气味，果肉味道比较差，富含丹宁酸和胶质，一般必须煮熟之后才能吃，可做芳香的盘菜、甜点和开胃菜。在欧洲许多国家，人们用温柏的果实制作蜜饯、利口酒和果冻。Marmalade（一种果酱）这个词来自葡萄牙语 marmelo，它就是温柏的意思。这是一种很好的调料，可做馅饼和小烘饼；在东方它可腌渍、填馅或者炖菜。

温柏在深厚、潮湿的沙土中长势最好，它

↗ 温柏花朵呈粉色或白色，杯形，具有明显的雄蕊。

↗ 温柏在早春开花，花团锦簇，茂密的树枝似乎都要被压倒了。

喜欢温暖、遮蔽的地方，例如树下或墙边，它可用作嫁接梨树的树桩。温柏的寿命很长。它的栽培变种包括‘Lusitanica’（葡萄牙语温柏）和‘Maliformis’，前者枝繁叶茂、花朵很多，但不耐寒，而后者结的果实是苹果形的。

木瓜属

木瓜

木瓜属包括3种或4种，产自中国和日本，与温柏属非常相似，以前曾把木瓜属归入温柏属。它们是落叶或半常绿灌木或乔木，树叶互生，有锯齿（温柏属叶缘完整）；花朵单生或5朵一组簇生，有20枚以上的雄蕊，花柱下面连在一起（而温柏属是分开的）；果实是梨果（假果），共5室，每个室内含无数颗棕色种子。木瓜属里所有的种类都耐寒，而且一般在排水良好的沙土中长得很好，更喜欢阳光充足的地方。

皱皮木瓜可能是栽培最广泛的种类，在美国普遍被认为是日本木瓜，在英国当作“日本品种”。木瓜属里大约有1/4的种类仍然存在混乱的命名状况。日本木瓜是1784年被桑博格在日本的箱根山发现，在它引入欧洲之前，中国的另一种已经被引入欧洲，而且被误认为是桑博格发现的物种，因此被认为是日本种。1818年，中国种与桑博格的日本种区分开来，并重新命名为Pyrus speciosa，尽管开始被放在温柏属，然后归入木瓜属，它名称里的speciosa这个词却一直保留下来了。皱皮木瓜的树枝多分叉，是灌木，高达2米，在早春开单朵或双朵的猩红色花，直径3.5~5厘米；果实很香，近卵形，长3~7厘米，呈黄绿色，上面有白色斑点，用途与温柏相似。

日本木瓜是落叶灌木，有刺，树形伸展，高度超过1米，花朵橙红色到猩红色，果实黄色，有红色斑点，像苹果，4厘米见方。中国木瓜是落叶树种,高度可达12米,开粉色花朵,果实深黄色、木质、鸭蛋形，长10~15厘米，树叶在秋天变成红色。所有的木瓜种都可作墙体灌木、树篱等。

木瓜属里的栽培杂交种有超级杂交木瓜（日本木瓜 × 皱皮木瓜）和范米栊超级杂交木瓜（毛叶木瓜 × 皱皮木瓜），2种都存在许多栽培变种。

花楸属

白面子树、花楸

花楸属含有近200个落叶乔木和灌木，分布在北半球，南至墨西哥和喜马拉雅山。花楸属包括花楸、白面子树和花楸果。许多种可作为观赏树，可修剪，耐大气污染。

花楸属里树枝上的树叶互生，白面子树生单叶，而花楸的叶子矛尖形，还有卵形小叶，但是由于种间杂交，树叶从单叶、圆裂再到复合叶各种形状都有。花序是由紧密簇生的花朵组成，聚伞花序，生5片白色的花瓣，偶尔为粉红色。子房周围有15~20枚雄蕊，成熟后变成梨果（一种假果，通常叫作“浆果”），根据种类的不同，颜色可能是白色、黄色、橙色、粉红色或红色。种子小，分散在果浆里。

花楸属里最迷人的树种是欧洲花楸，在原产地苏格兰高地可生长在海拔600米的地方，它常常被人们种在公园和花园里作为观赏树，高度可达12米。在苏格兰北方比较荒凉又没有什么树的地方，花楸木曾经做柴火，制作家具和工具。花楸树树叶羽状，有7对小叶，每片树叶上都有锯齿形边缘。它的果实呈亮橙红色，个大、簇生，其中一个亚种可食，可制作果酱和果冻。花楸的果实特别吸引鸟类，果肉被消化之后排泄出种子，种子可能在悬崖的裂缝里、甚至在老树中空的树干里发芽。

晚绣花楸原产于中国西部，它是枝叶茂密的乔木，高度可达5米。晚绣花楸在花园和公园里非常常见，大多数可在欧洲花楸茎上进行嫁接。人们可以通过它非常长的羽状树叶（长达40厘米）进行辨认，有9~11片小叶，冬芽大、黏、红色，果实亮红色，非常小。其他亚洲花楸种也常被人工栽培，其中包括克什米尔花楸、朝鲜花楸和川滇花楸。

白面子树原产于欧洲，生长在白垩质或沙质土壤里，高度可达15米；它的树叶呈椭圆形，有锯齿，下表面被白色绒毛，花朵大、白色；果实卵形、猩红色。瑞典花楸的高度通常可达4.5米，广泛种植在城市街道和公园里；它的树叶深裂，下表面被

↗ 皱皮木瓜的老木上开出一簇簇猩红色和血红色的花朵，该树密生、缠绕的习性使得它呈现出惊人的美。

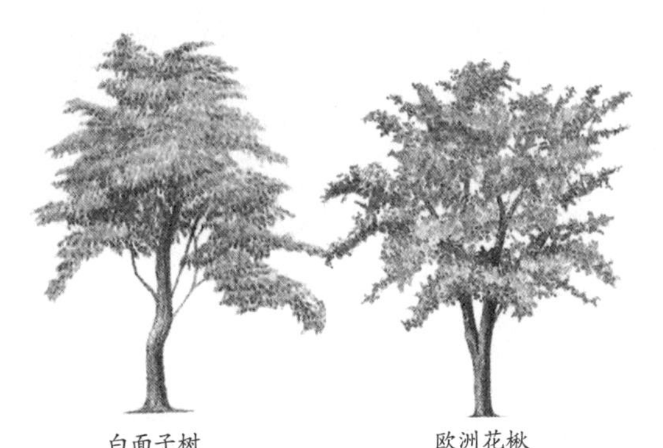

↗ 白面子树和花楸的区别在于生长习性：白面子树的主枝直立，形成不规则的圆顶树冠；而欧洲花楸的树冠呈不规则的卵形，而且随着年龄的增加更伸展、更优雅。

知识档案

白面子树、花楸

种数 193

分布 北半球。

经济用途 栽培作为观赏树。木材可用于细木工业，树皮可提取丹宁酸。果实也可食用。

灰色绒毛；白色花朵簇生，在八九月份长出猩红色果实。

野生花楸原产于英格兰南部，它的高度很少超过12米，通过它5裂的树叶可进行辨认，这一点与枫树相似，但树叶不是对生；花朵白色，果实球形、棕色，上面有暗红色斑点，尽管吃起来有些酸，但在英格兰东南部的肯特郡还是有售卖，美其名曰“棋子浆果”。真正的花楸树遍布整个欧洲，树的高度可达18米，花朵乳白色，果实大、梨形、红褐色，可食用。在有些地区，花楸的果实与谷物一起发酵以后可制成一种酒精饮料，树皮可提取丹宁酸用于制革。

花楸也有杂交种，许多可作为观赏树，其中包括裂叶花楸（它是欧洲花楸和白面子树的杂交种）和宽叶花楸（它可能是野生花楸和白面子树的杂交种）。

↗ 欧洲花楸的树叶和花朵很美，而当它的枝头挂满簇生的红色果实时则是最吸引人的。

白面子树的叶子和果实

欧洲花楸的树皮、叶子和果实

杂交花楸的叶子

花楸属主要的种

第一组： 树叶羽状，至少有4对小叶。

美洲花楸 分布在北美洲东部地区。灌木或乔木，树高10米；小叶11~17片，窄长圆形到披针形，长5~12厘米，尖利（逐渐变窄成一点），边缘尖锯齿，上表面亮绿色、光滑，下表面颜色更浅；果实亮红色，球形，直径4~6毫米。

欧洲花楸 分布在欧洲和亚洲西部地区。欧洲花楸是灌木或乔木，树高18米；小叶11~15片，长圆形到披针形，长3~6厘米，叶缘有锯齿，上表面墨绿色，下表面灰色；果实橙红色，近球形，直径6~9毫米。

花楸 分布在欧洲南部、非洲北部和小亚细亚。花楸生11~21枚窄小叶，呈长圆形到披针形，长16厘米，尖利，边缘从靠近基部起都有锯齿；果实棕色，尖端红色，梨形，长约3厘米。

S.scopulina 分布在落基山脉和美国。该种为灌木，高4米；小叶11~13枚，外表平滑，呈披针形或长圆形到披针形，长3~6厘米，基部楔形，顶端尖利；果实呈亮红色，近球形，直径 8~10毫米。

晚绣花楸 分布在中国。晚绣花楸是高达5米的灌木，生有7~11枚长圆形到尖形的小叶，长4~6厘米，秋季树叶从绿色变成红色；果实橙红色，球形，直径 6~8毫米。

川滇花楸 分布在中国西部地区。川滇花楸是高4米的灌木，生19~25枚窄卵形小叶，边缘有锯齿；果实呈玫瑰红色，成熟后变成白粉色，长6~8毫米。

观赏花楸 分布在美国东部地区和加拿大。观赏花楸是高达10米的灌木或小乔木，生11~17枚长圆形小叶，顶端尖利，长4~8厘米，但是低处的树叶一般比较小，从顶端到中部以下的叶缘生粗锯齿；果实光滑，红色，近球形，直径6~10毫米。

加利福尼亚花楸 分布在美国加利福尼亚州。加利福尼亚花楸是高1~2米的小灌木，具7~9枚长圆形到卵形的小叶，树叶顶端到中部以下叶缘生单锯齿或双锯齿，叶长2~4厘米，两面均光滑，上表面平滑；果实猩红色，球形，直径 7~10毫米。

S.cascadensis 分布在加拿大不列颠哥伦比亚省到美国加利福尼亚北部地区。该种为灌木，高2~5米；小叶9~11枚，呈卵形，但顶端尖利，基部比较圆，树叶顶端到中部以下叶缘生尖锯齿；果实猩红色，球形，直径8~10毫米。

第二组： 树叶为单叶，有锯齿，叶裂，有时候呈羽状。

S.pseudofennica 分布在苏格兰。该种为

美洲太平洋西北部的雷尼尔山（位于美国华盛顿州中西部，属喀斯喀特山脉的休眠火山)是野生花楸的家。野生花楸靠鸟类传播种子。

高7米的小乔木；树叶长圆形到卵形，长5~8厘米，基部有1~2对离分小叶，叶缘尖锯齿，上表面暗黄绿色，下表面灰色；果实猩红色，近球形，直径7~10毫米。

杂交花楸 分布在斯堪的纳维亚(半岛)。杂交花楸为小乔木，高10米；树叶裂、卵形，长6~15厘米，基部生2~3对长圆形的绿色（下面泛灰色）小叶，有锯齿；果实红色，近球形，直径6~8毫米。

裂叶花楸（白面子树×欧洲花楸） 分布在欧洲。树高13米；树叶长圆形，长7~11厘米，基部有1~3对离分的小叶（有时不是离分的，树叶只在基部裂，没有离分的小叶），边缘有锯齿，上表面暗绿色、光滑，下表面灰色；果实呈现红色，近球形，直径8~10毫米。

第三组：叶形完整，没有真正意义上的小叶。

白面子树 分布在欧洲。白面子树高12米；树叶呈卵形到椭圆形，或椭圆形到长圆形，有锯齿或浅裂，长5~14厘米，基部尖利，树叶长度是宽度的2倍，年幼时呈白色，后来变成暗绿色，秋天最终变成红色；果实猩红色，近球形，直径8~15毫米。

野生花楸 分布在欧洲、非洲北部和小亚细亚。野生花楸果树高20米；树叶宽卵形，长5~15厘米，叶基呈心脏形到楔形，深裂，为3~5个裂，最低的1对裂比其余的要深；果实棕色、椭圆形，长12~16毫米。

瑞典花楸 分布在欧洲北部地区。它是小乔木，树高9米；树叶深裂、椭圆形、有锯齿，长7~12厘米，树叶长是宽的1.5~2倍，基部圆形或宽楔形，树叶绿色，下表面灰色、有毛；果实亮红色、卵形到长圆形，长12~15毫米。

S.leptophylla 分布在恩德米克到威尔士。该种为小乔木，树高3米；树叶倒卵形，长6~12厘米，长是宽的1.5~2.5倍，顶端尖利，基部楔形，生双锯齿，上表面深绿色，下表面绿色到白色；果实猩红色，近球形，直径2厘米。

S.rupicola 分布在不列颠群岛和斯堪的纳维亚半岛。该种为小型灌木，高2米；树叶倒卵形到倒披针形，长8~14厘米，长是宽的1.4~2.4倍，锯齿不对称，上表面深绿色，下表面白色、毡状；果实绿色到红色，近球形，直径12~15毫米。

野生花楸的叶子和果实

S.vexans 分布在恩德米克到英格兰西南部地区。该树为小乔木，高8米；树叶倒卵形，长7~11厘米，长是宽的2倍，基部楔形，粗锯齿，上表面黄绿色，下表面白色、毡状；果实猩红色，近球形，直径12~15毫米。

S.subcuneata 分布在恩德米克到英格兰西南部地区。该树为小乔木，高9米；树叶椭圆形，顶端尖利，基部楔形、较圆，长7~10厘米，树叶上面的部分有裂（三角形裂），生尖锯齿，上表面亮绿色，下表面灰色、毡状；果实棕色到橙色，近球形，直径10~13毫米。

瑞典白面子树

唐棣属

唐棣

唐棣属包括30多种，由于春季开大量的白色花朵、秋季树叶呈亮红色，因此被广泛栽种。大约有20种分布在北美洲，向南延伸至墨西哥，其余的分布在欧洲中部和南部，以及亚洲部分地区，包括中国、日本和朝鲜。该属的俗名很多，常常不加区分地用于许多不同的种，最常用的有：唐棣、棠棣、花楸果等等。

唐棣是落叶灌木或乔木，有些具有匍匐茎或者根出条。树叶互生、单叶，托叶很快脱落。花朵两性、白色，总状花序，6~20朵一组，1~3朵的罕见，花朵先于叶开放或一同出现；花萼管（隐头花序）外形像铃铛，有5个小裂、5片花瓣以及10~20枚雄蕊；子房单生，有2~5个小室，2~5个花柱。小型果实呈紫色到黑色，一般有汁，味甜，梨果里面含有5~10粒种子。

唐棣一般在温带地区比较耐寒，对土壤不太挑剔，只要不水涝就好。人们曾尝试在山楂上进行嫁接，但不推荐这样做。唐棣在春天绽放大量白色的花朵，这是它们被广泛栽种的主要原因。有些种例如平滑唐棣和拉马克唐棣的树叶微带青铜色或紫色，幼叶更是如此；东亚唐棣和拉马克唐棣在秋天树叶变成美丽的红色。有些种的果实既甜又有汁，非常吸引鸟类，而加拿大唐棣和匐枝唐棣的果实可被人类食用，通常被做成果冻。

唐棣属很难分类，不管是命名还是鉴别都很困难，有许多复杂的中间产物，毫无疑问它们就是自然杂交的结果，例如加拿大唐棣与4个不同的种即树唐棣、加拿大唐棣（严格意义上的）、平滑唐棣和拉马克唐棣有关，它们的子房顶部光滑、无毛，这是一个重要的鉴别特征。其他的鉴别方法有：刚刚张开的树叶是羽毛状还是青铜色或紫色，还有花柱的数目，花柱与基部是离生的还是从基部向上大致联结在一起。

苹果属

苹果

苹果属含55种，它们是落叶结果乔木和灌木，有些种的果实也就是大家熟知的苹果或海棠果。该属包括长期栽培的苹果的许多变种，它们可能是几个种类间杂交的结果。苹果属的特征包括：树叶结构简单、略裂，两性花簇生，花朵白色、粉红色到紫色，5片花瓣，5片萼片，15~55枚雄蕊，花药黄色，基部2~5个花柱联结在一起。

苹果树是直立或伸展的乔木，树皮色黯，呈灰色到褐色，具有不规则的鳞片状裂，小枝红色到棕色；树叶是单叶，呈椭圆形或卵形，基部宽楔形或圆形，圆锯齿，下表面通常有毛；花朵白色，带深浅不同的粉红色，4~7朵簇生在一起，花朵有时出现在第一年生的树枝上（果芽腋生），或者出现在一年生小枝的顶芽上，但更多的是生在2年以上的树枝上，花朵短，长约7厘米。大多数栽培变种是不能自我繁殖的，要靠昆虫例如蜜蜂和蝇授粉。果实是梨果

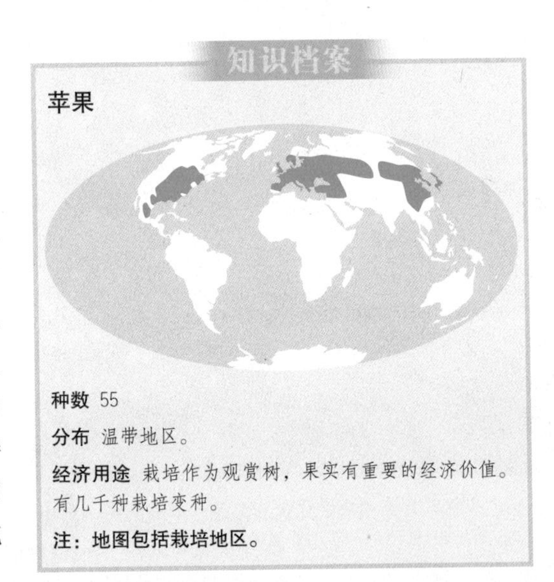

种数 55

分布 温带地区。

经济用途 栽培作为观赏树，果实有重要的经济价值。有几千种栽培变种。

注：地图包括栽培地区。

唐棣开放大量的星状纯白色花朵，在尚未展开的树叶中间显得非常优雅、迷人。

（假果），呈绿色、黄色到红色，有 5 个革质的小室，每个室内通常生 2 粒种子或果仁。

同许多栽培植物一样，苹果树以及苹果属其他杂交种的起源尚不清楚，有证据表明它可能起源于黑海、土耳其和印度之间的高地，由于变种将来仍然可能发生变化，一些更好的形式向西扩展。

通过有意选择不知道出身的树苗或天然出现的芽（顶芽可能将不同颜色的花抖到母树上），可获得随机树苗长成的苹果栽培变种。托马斯·安德鲁爵士（1750~1835）是第一个开始科学培育的人，他发现可以控制不同母树的交叉授粉以获得所需要的性状，这种方法现在是全世界范围内进行孜孜不倦研究的基础。现在也使用放射技术以诱导产生所期望的变异。但有趣的是，橘苹、布瑞母里、金冠苹果、澳洲青苹、立孛斯东·皮平这些品种都起源于随机性树苗。

2000 多个苹果栽培变种就是这种全球性研究的最好体现。

苹果类型

从经济上看，苹果主要用在 4 个方面：餐后甜点、烹饪、苹果酒和观赏。现在全世界的重点放在开发餐后甜点类型，一般的栽培变种结中等尺寸的果实，直径大约 6~7 厘米。它们的颜色主要是红色和（或）黄色（绿色的少见），含糖量高，里面含有的芳香物质可大体决定它们的风味。

烹饪类型一般是大果栽培变种，平均直径 10 厘米，大多为绿色，含酸量高。在英格兰，有果实较大、有棱脊、绿色的早期栽培变种，例如“Costard”（最初出现在 1292 年，由它产生一个词“水果贩”）和“codlins”，还有果实较小、更圆、更甜的“pippins”（1609 年由亨利八世的园丁理查德·海芮引入）分别是目前烹饪和甜点类型的先驱。

↗ 山荆子也就是西伯利亚苹果树的枝条形成宽阔的圆形树顶，低处的枝条弯成弓形或下垂。

可酿酒品种主要生长在大不列颠群岛、法国北部和其他的欧洲北部国家。根据苹果里含有的糖、酸和丹宁酸的比例，可分为甜、酸、苦甜、苦酸等类型，所有这些成分连同某些有机物和芳香物质对酿成的苹果酒的质量产生很大的影响。大多数商业苹果酒是不同的栽培变种的果汁混合制成的，以达到我们所需要的甜度、酸度或收敛性的混合效果。

目前真正的苹果酒类的果汁不能满足需求，因此一般拿一定数量的低级甜点类型进行补充。

其他苹果产品包括没有发酵过的苹果汁、酒、利口酒、醋、馅饼调料、沙司、果汁和果胶，果胶是在榨取果汁之后从干燥果肉中获得的。每年全世界苹果的产量大于 7500 万吨。

苹果属里有许多种可作为观赏树，尤其是海棠，它们的观赏价值包括：春天里开的花、美丽的树叶、小枝和树皮，还有树形。其中最有名的是 2 个杂交种，即多花海棠和紫叶海棠，后者有许多变种。许多种类结数量丰富的小果实，不被制成果冻，而是在秋天给花园和公园增添亮色。它们可做商用性兰花的授粉者，这给苹果培育提供了有用的信息，因此激发了人们广泛的兴趣。

苹果树只可栽种在冬天气温足够低至不打破芽休眠习惯的地区，没有这样的条件，春天就不能发芽，或者因为不稳定而造成产量下降。所以，苹果只限于栽种在北温带和南温带地区，以及海拔较高、较温暖的地区，土壤也需要有足够的深度、排水良好、土质好，以及足够肥沃。但冬天太寒冷（例如在俄罗斯和北美洲）可能导致苹果芽损伤或死亡、树皮开裂、根损伤以及柱头萎缩，因此造成授粉失败。可以使用砧木并选择能够耐低温的栽培变种来减少损失。

栽培变种“发现”是一种美味的甜点苹果，它可长时间长在树上。这种苹果很脆、易碎，黄色表皮上有亮红色的条纹。

■ 苹果属主要的种

苹果花

苹果组

花萼一般不脱落。

苹果亚组

果实里没有石细胞，树叶完整。

苹果 这里所说的苹果是指那些栽培以收获果实的变种，不包括主要的野生祖先种。大量栽培的主要苹果种有：野生苹果、东方苹果以及新疆野苹果，其他栽培较多的种有山荆子、秋子和壮苹果，较少栽培的物种包括多花海棠、暗红海棠、珠眉海棠和西府海棠。通过控制性培育，现在有些品种的抗病、抗虫能力大大提高。栽培苹果遍布北半球和南半球的整个温带地区，染色体数目从两倍染色体（2n=34）、三倍染色体（2n=51）到四倍染色体（2n=68）不等。

赫里福郡苹果

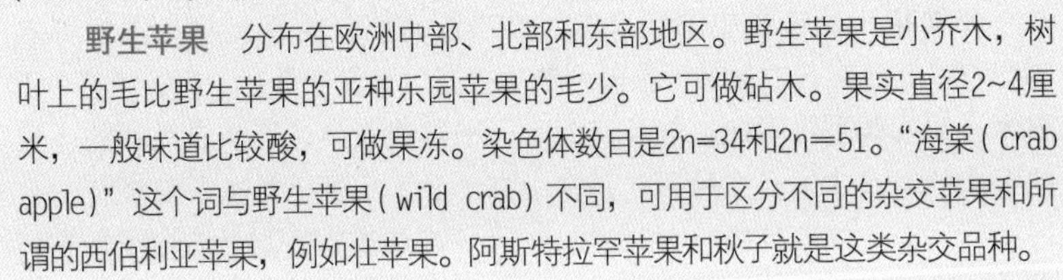

野生苹果 分布在欧洲中部、北部和东部地区。野生苹果是小乔木，树叶上的毛比野生苹果的亚种乐园苹果的毛少。它可做砧木。果实直径2~4厘米，一般味道比较酸，可做果冻。染色体数目是2n=34和2n=51。“海棠（crab apple）”这个词与野生苹果（wild crab）不同，可用于区分不同的杂交苹果和所谓的西伯利亚苹果，例如壮苹果。阿斯特拉罕苹果和秋子就是这类杂交品种。

多花海棠的叶子和花

乐园苹果 包括“天堂”和“Doucin”品种。树叶上的毛比野生苹果的毛多，果实通常比较甜，不太酸。染色体数目是2n=34和2n=68。几百年以来，它在欧洲广泛用做矮化砧木，但是野生的罕见。有些专家认为它是野生苹果和东方苹果和（或）新疆野苹果的杂交种。

东方苹果 分布在高加索山脉，特别是在稀疏的橡树林地区。东方苹果与苹果是近亲，树高大，产生晚熟型甜果，运输方便。该种可能与高加索山脉、克里米亚半岛以及意大利的栽培变种的起源有关，但在其他地方，冬天并不太耐寒。

新疆野苹果 与苹果是近亲。

野生苹果花

吉尔吉斯苹果 新疆野苹果的亚种，分布在普斯克姆山、乌干山和科克苏河。人们发现它出现在天山（中国西部）野胡桃木的林下树丛中。基因渗入形成变种。

土库曼斯坦苹果 新疆野苹果的亚种，分布在科佩特山脉和土库曼斯坦。果实早熟。栽培变种巴巴拉布卡的特点是主干20年左右死亡，然后重生根出条（地上匍匐茎）。

红肉苹果 新疆野苹果的变型，有时候被当作一个独立的种，或者是苹果的变种。它分布在西伯利亚西南部、土耳其斯坦以及天山山脉（中国西部）。红肉苹果是小乔木，生红色树叶，花朵簇生，呈紫色到红色，果实暗红色、个大、锥形。它是许多漂亮的观赏树的母树之一，染色体数目是2n=34。

野生苹果

紫花海棠 已经产生出迷人的变种，例如多花海棠、奥尔登（它是栽培变种的一个有用的授粉者）以及雷蒙奈。雷蒙奈和三叶海棠杂交产生漂亮的观赏树“繁花”，它的花朵大团簇生，呈酒红色，有香气，幼叶铜色到深红色，果实小，血红色。

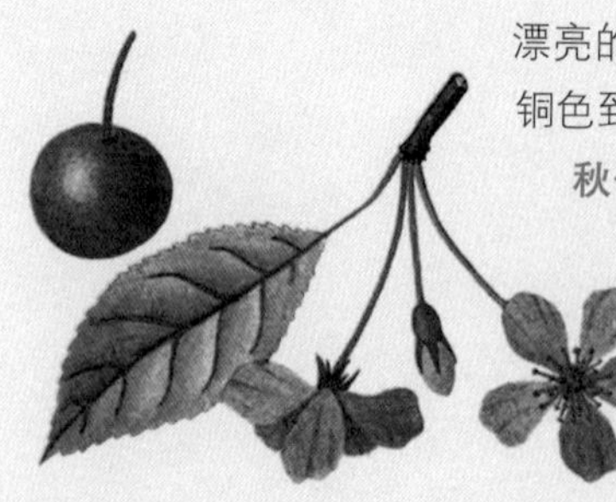
紫海棠的叶子、花及果实

秋子　分布在中国北部和西伯利亚东部地区。秋子是小乔木，开白色到粉红色的花朵（小枝上的花朵呈玫瑰红色到深红色），直径3厘米；果实黄色到红色，球形，直径大约2厘米。秋子特别能耐霜冻、耐干旱。它可用于培育许多栽培变种，例如“Bellefleur —Kitaika”和“Saffran Pippin”。秋子染色体数目包括两倍染色体（2n=34）、三倍染色体（2n=51）和四倍染色体（2n=68），它是山荆子和其他染色体杂交的结果。

花红　秋子的变种，分布在中国、朝鲜和日本。人们栽培它是因为它结出丰富的亮红色或黄色果实。花红树矮，开两色花——杏色和粉红色，因此成为备受欢迎的观赏树种。花红喜欢光照充足、干燥、含石灰石并露出地面的岩层、山坡或山腰，不适应潮湿的河滩地。染色体数目是2n=34。树苗的分离模式能够揭示杂交种的起源。

野香海棠的果实

海棠花　分布在中国和日本。在中国栽培作为观赏树，果实可做“糖葫芦”。海棠花的花朵半重瓣到单生，呈玫瑰红色到粉红色，直径4~5厘米；果实类型多样化，颜色有深红、粉红或紫色，形状有角状的、长的或扁的。在中国，选种通常是在山荆子砧木上进行繁殖。海棠花没有野生种。染色体数目是2n=34或2n=51。西府海棠是海棠花和山荆子的杂交种，这是一种小乔木，具有直立的生长习性，花朵呈粉红色，直径4厘米，果实红色，圆形，直径1.5厘米，花萼可能脱落，也可能不脱落。

野香海棠的叶子和花

绿苹果组

果实里没有石细胞，树叶多裂，果实呈绿色。原产于北美洲。

草原海棠　分布在美国中部地区。它是绿苹果组少数具有两倍染色体（2n=34）的种类之一，其余的大多数是三倍染色体或四倍染色体。草原海棠的树叶粗锯齿或有浅裂；花朵直径4厘米；果实直径3厘米，呈绿色。重瓣草原海棠是非常漂亮的观赏树，开具有紫罗兰香味的重瓣花。杂交种大鲜果（苹果×草原海棠）是另一种非常迷人的观赏树，它的花朵杏色到粉红色，花大，果实呈黄色，直径5厘米；另一个杂交种是红顶海棠（草原海棠×新疆野苹果），特点是具有红色的幼叶和红紫色花朵。

M.glaucescens　分布在美国东部地区。该种是乔木或灌木，树顶宽阔；树叶有短三角形裂，树叶成熟之后变得光滑，在秋季变成漂亮的黄色到深紫色；花朵直径4厘米，花柱比雄蕊短；果实黄绿色，具有香味，直径4厘米；染色体数目是2n=68。该种与M.glabrata（2n=68）是近亲，不同点在于花柱比雄蕊长。

紫海棠

↗ 紫海棠的树冠不整齐、铺展，树枝长、稀疏，但是它比多花海棠显得更开放、更竖直。

窄叶海棠　分布在美国东部（弗吉尼亚州到佛罗里达州以及密西西比）。它们是纤细的乔木或灌木，在条件适宜的地方半常绿。幼枝上的树叶具有尖裂片，但是成熟的小枝上的裂窄、有锯齿。花朵杏红色,具有紫罗兰的香味，直径2.5厘米。果实黄绿色、圆形，直径2.5厘米。染色体数目是2n=34或2n=68。垂枝窄叶海棠的枝条下垂。

扁果海棠 分布在美国东南部（卡罗莱纳州北部到佐治亚州）地区。扁果海棠是低伸展形树木，特点是树叶具有几对三角形裂；花朵大、粉红色；果实灰黄绿色，直径5厘米，果实有时候可做果酱；染色体数目是2n=51或2n=68。

野香海棠 分布在美国东部和中部地区。它是生命力比较顽强的树种；树叶浅裂，既短且宽，分布在小枝上；花朵有香味，直径3.5厘米；果实绿色，直径3厘米，顶部具有浅棱脊；染色体数目是2n=51或2n=68。野香海棠的树叶大，有裂，秋天色彩艳丽；它的花朵大、粉红色，半重瓣，具有紫罗兰香味，在5月底或6月初开放。野香海棠与M.bracteata（2n=51）是近亲，但它的树叶裂片通常比较少。

条叶海棠 分布在美国。条叶海棠尺寸中等，树形伸展，一般有刺；树叶比较薄，披针形（开花枝上的尤其如此），幼枝上的树叶浅裂，成熟后光滑；花朵粉红色，直径3.5厘米；果实绿色，圆形，直径2.5厘米；染色体数目是2n=51或2n=68。

↗乔芬斯基海棠（又名野木海棠）的树冠窄、直，金字塔树形，树枝向上挺直生长。

Eriomeles组

果实含石细胞，树叶不裂或浅裂。

西蜀海棠 分布在中国中部和西部地区。西蜀海棠树高10米；树叶长6~15厘米，红色叶脉，不裂，秋天变成美丽的颜色；花朵白色，直径2.5厘米，许多花朵簇生；果实红色或黄色，呈圆形，直径1.5厘米。沧江海棠是西蜀海棠的近亲，但沧江海棠每朵花上的花柱更少，果实稍大。

滇池海棠 分布在中国西部地区。该树的尺寸类似于西蜀海棠，但是树叶更尖，有3~5对又短又宽的裂；花朵白色，直径1.5厘米，每簇花多达12朵，有5枚或5枚以上的花柱；果实深红色，呈圆形，直径1~1.5厘米，花萼弯；秋天树叶变成深红色和橙色，非常漂亮，因此成为颇具魅力的观赏植物。

乔芬斯基海棠的叶子和花

三裂叶海棠组

果实含石细胞；树叶裂，花期很迟。

三裂叶海棠 分布在亚洲西部、地中海地区东部和希腊东北部地区。三裂叶海棠是乔木或灌木；树叶形状似枫叶，三深裂，有锯齿；花朵直径3.5厘米，花期很迟，通常不结果；果实（如果有的话）呈黄色或红色。

乔芬斯基海棠的果实

多胜海棠组

果实含石细胞，树叶不裂或浅裂。

乔劳斯基海棠 分布在日本。该树较大；树叶浅裂，长7~12厘米，秋季变成黄色、橙色、紫色和猩红色；花朵白色，微带粉色，直径3厘米；果实黄色到绿色，略带紫色，圆形，直径3厘米。乔劳斯基海棠很少结果，是独具魅力的观赏树种，由于树叶漂亮经常被种植在公共花园里。

西伯利亚黄的果实

台湾林檎 分布在中国台湾。该树高度可达15米；树叶尖，生细锯齿，外表光滑，长9~15厘米，宽4~6.5厘米，没有裂；花朵直径2.5~3厘米；果实直径大约为5.5厘米，果核比较大。在它的原产地中国台湾，生

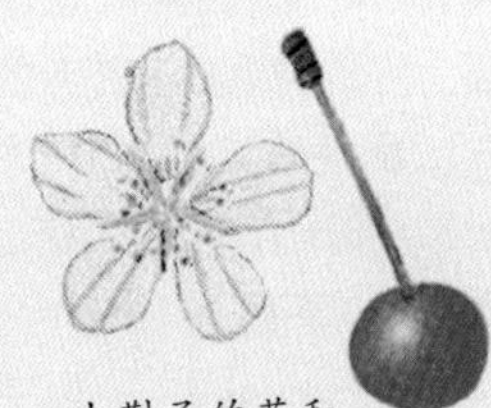

山荆子的花和果实

长在海拔1 000~2 000米的地方。该种能够耐受温暖、潮湿的气候。来自老挝和邻近地区的老挝海棠可能是台湾林檎的近亲。

尖嘴林檎 分布在中国。尖嘴林檎树高可达10米；树叶尖，生细锯齿，被毛，长5~10厘米，宽2.5~4厘米，没有裂；花朵直径大约2厘米；果实直径大约2.5厘米，几乎都有果核。在它的原产地中国，尖嘴林檎生长在海平面以上700~2 400米的地方。

脱萼组

花萼通常会脱落。

山荆子亚组

树叶完整，果实肉质较软。

山荆子 分布在亚洲北部和东部、中国北部和西伯利亚东部。山荆子树高可达15米；抗霜冻的能力很强；树叶长3~8厘米，叶缘有细锯齿；花朵白色，直径大约3.5厘米，花柱通常比雄蕊长；果实黄色或红色，像樱桃，圆形，直径约为1厘米，或者略小；染色体数目是2n=34、2n=51或2n=68。它可生长在海平面以上1 500米的地方，可用作嫁接结果苹果和开花海棠的砧木，而且由于它的花朵艳丽、叶形漂亮，经常被作为观赏树。壮苹果是山荆子和秋子的杂交种，壮苹果5号是加拿大优选种，可用作嫁接商业苹果栽培变种的砧木，耐寒能力非常强。观赏杂交种M.×hartwigii（垂丝海棠×山荆子）是小乔木，花朵半重瓣，呈粉色到白色，直径5厘米。山荆子还有库页岛苹果等亚种。

毛山荆子（棠梨木） 山荆子的亚种，分布在中国中部、朝鲜、日本和西伯利亚东部。该树类似于山荆子，但是它的花柱与雄蕊不一样长，而且果实直径约1.2厘米。毛山荆子生长在海拔100~2 100米的地方。人们栽培毛山荆子是因为它的花朵具有芬芳的香味，也可做砧木。

细梗海棠 山荆子的亚种，是小型垂枝树木；树叶小，长在长柄上，长度1.5~3厘米；果实直径3厘米。

Nickovsky 山荆子的亚种，有的100年只长1米。

丽江山荆子 分布在中国西部和喜马拉雅山。与山荆子是近亲，树叶长12厘米，上表面被毛；果实近圆形，直径大约1厘米，花萼裂开很慢。染色体数目2n=68。该种生长在海拔2 400~3 800米的地方。

锡金海棠 分布在喜马拉雅山。锡金海棠与山荆子是近亲，它是小乔木，树枝基部有短刺；花朵白色，或略带粉色；果实通常为近梨形，有斑点，长度大约1.5厘米；染色体数目为51，据称是三倍体染色体。

湖北海棠 分布在中国、日本、印度阿萨姆邦。该树中等尺寸，树枝挺直；花朵芬芳，起初是粉色，后来变成白色，直径4厘米；果实黄色到绿色（略带红色），直径大约1厘米；染色体数目是2n=51或2n=68。湖北海棠生长在海拔50~2 900米的地方。

垂丝海棠 分布在中国、日本。垂丝海棠是小乔木。树叶色暗、外表光滑（除了中棱之外），有时候略带紫色；花蕾红色，但张开以后颜色变淡，直径3厘米；果实紫色，直径8毫米。染色体数目是2n=34或2n=51。栽培变种重瓣垂丝海棠是优选观赏树种，它的花朵下垂，半重瓣，呈玫瑰红色到粉红色，花梗深红色。

Sorbomalus亚组

树叶多裂；果实黄色或红色，簇生。

三叶海棠系

花柱基部有长长的、稀疏的毛；花萼和花梗光滑，或者被一层薄薄的毛。

三叶海棠 分布在朝鲜。三叶海棠是高2~10米的灌木，枝繁叶茂、树形伸展（或者半垂枝）；树叶3~5裂；花蕾粉色或红色，张开时慢慢变成白色，直径2厘米；通常是自体受精。果实红色（或偶尔是黄色到棕色），直径大约6~8厘米；染色体数目是2n=34、2n=68或2n=85。三叶海棠能耐盐。矮三叶海棠在日本作为观赏植物，也可作为一种矮化砧木。M.×sublobata是秋子和三叶海棠的杂交种，它是一种小型的金字塔形乔木，树叶浅裂，花朵呈粉红色，果实黄色。裂叶海棠（毛山荆子×

↘ 紫海棠的果实红色、簇生，每个果实都有一根细长的柄，果实的颜色和形状与莫利洛黑樱桃很相似。

萨金海棠的叶子、花及果实　　萨金海棠的花和果实

三叶海棠）与三叶海棠相似，但是它的花朵更大（直径3厘米），而且果实呈亮红色（1.2厘米）。裂叶海棠的亚种calocarpa是一种变种，它具有更伸展的生长习性，叶子和花朵小且漂亮，果实整个冬天都挂在树上。深红海棠（垂丝海棠×三叶海棠）是一种很受欢迎的杂交种，树小，树叶绿色、光滑，花朵繁多，花蕾深红色，绽放后变成玫瑰色；深红海棠与多花海棠类似，都结黄色略带红色的果实。多花海棠和深红海棠的优选种已经开始培育，试图与商业海棠抗衡。

萨金海棠　分布在日本。萨金海棠为高2米的灌木，绽放大量的白色花朵，果实呈樱桃红色。染色体数目是2n＝34、2n＝51或2n＝68。

多花海棠　分布在日本。它的花朵繁多，非常吸引人；花蕾深红色，开放后颜色变淡，最终变成白色，花朵直径3厘米；果实红色（有时候黄色），呈圆形，直径8毫米。染色体数目是2n＝34。杂交种阿诺海棠（山荆子×多花海棠）是小型多花乔木，1883年出现在波士顿的阿诺植物园，它的花蕾呈红色，花朵白色，果实红色（直径1厘米）。另一个杂交种M.×schiedeckeri（多花海棠×秋子）是生长比较缓慢的树种，绽放大量半重瓣、芳香的粉色花朵，直径3.5厘米；果实黄色，直径1.5厘米；不喜欢薄薄的碱性土壤。它与M.brevipes（2n＝34）是近亲，但是后者趋向于紧密生长。

佛罗伦萨海棠组

花柱长，基部被毛；花萼和花梗被毛；树叶有裂。

M.florentina　分布在意大利。这是一种小型乔木，树叶像山楂的叶子，树叶下表面被毛；花朵白色，直径3厘米；果实长1.2厘米。秋季橙色和猩红色的树叶看起来非常漂亮。

陇东海棠系

花柱光滑。

变叶海棠　分布在中国。变叶海棠是小乔木，树形美观，枝条广泛伸展；花朵乳白色，直径2.5厘米，伞状花序，近无柄；果实红色和黄色，呈圆形或梨形，长1.2厘米。染色体数目是2n＝51或68。花叶海棠（中国西北部）与变叶海棠是近亲，但是它的外形更美观，树叶裂更深、果实更小更圆，呈黄色。它们的树叶在秋季都变成美丽的颜色。

陇东海棠　分布在中国西北部地区。该种为小乔木，树叶下表面的叶脉上有毛；花朵乳白色，直径1.5厘米，每朵都有一片被毛的花萼；果实呈红色或黄色，长1厘米。河南海棠（中国东北部）与陇东海棠是近亲，前者的果实圆形，有斑点，直径8毫米。

山楂海棠　分布在中国。山楂海棠是小型乔木，高3米；树叶裂与陇东海棠相似，长4~8厘米，宽3~7厘米；花朵直径3.5厘米；果实直径8~10毫米。在它的原产地中国，山楂海棠生长在海拔1 100~1 300米的地方。

褐海棠　分布在美国（主要是华盛顿和俄勒冈州，但加利福尼亚州到阿拉斯加州也有）。褐海棠是大型灌木或小型乔木，枝繁叶茂，形成几乎密不透风的灌木丛；花朵白色或粉色，直径2~5厘米；果实红色或黄色，长1.5厘米。

梨属

梨树

梨是大众化水果，它是梨属 25 种所结的果实。梨属种类是落叶灌木或乔木，偶尔生刺，树叶互生。花朵两性，伞状花序；花朵生 5 片花瓣和萼片，20~30 枚雄蕊，花药呈红色到紫色，2~5 个花柱，与基部不连；子房比较低级，由 2~5 个细胞联合在一起形成，有花萼管（隐头花序）。“果实”实际上是梨果（假果），大多数呈梨形，花托组织变大形成可食的肉质，里面有大量石细胞，外表是一层纸状到软骨质的子房壁，连同它的种子就组成了真正的果实——果核。

梨树是从亚洲中部的一个主要中心地带以及中国和高加索山脉二级中心地带演化过来的，距今已经有 2000 多年的历史了。在中国和日本，沙梨种由于果实又硬又脆，因此被选做栽培种，它有多种名称，例如东方梨、中国梨、沙梨或日本梨。沙梨含有颗粒状物质（在石细胞里），没有香味，大多可食用。东方梨除了做砧木或母树之外，很少在中国和日本之外栽培。

知识档案

梨树

种数 25

分布 欧洲和地中海区域。

经济用途 栽培作为观赏树，但它的果实更具有经济价值。有几千个栽培变种。

西洋梨是一种复合种，发源地中心地带在小亚细亚，它的杂交历史起源很复杂，据说牵涉到的祖先种就有：P.pyraster、P.syriaca、P.salvifolia、P.nivalis、P.autriaca、P.cordata 以及其他可能的种，它们的“混合”形成了梨的栽培变种。现在我们知道的栽培变种就有 1000 多种。它们经常会回到野生环境，与那

出于经济目的，变种梨被广泛栽种。

些假定的祖先种杂交，因此不可能确切分辨目前种类的祖先种到底有多“野生”。以上列出的物种有时候被当作是西洋梨的亚种，但目前只保留它们特定的等级，因此西洋梨可被当作一个“追溯过去”产地的种。野梨的刺更多、花更小，而且果实没有甜味，因此有些专家将它看做最接近野生梨的种类，而野生梨圆锯齿状的树叶与它们的祖先种不同。

自古代起人们就开始栽培梨树。在公元前1000年，《荷马史诗》中就有栽培梨树的记录；在公元前300年，希腊植物学家塞奥弗拉士塔士描述了优选品种的嫁接过程。在罗马帝国没落之后，梨树的栽培没有什么大的进展。直到17世纪早期法国才又开始兴起栽培热潮，1730年比利时的尼古拉斯·哈登旁德神父开始培育梨树，据说他是选育软质果肉梨的第一人，而这软果肉是现代市场梨种的特征之一。吉恩·范·莫斯（1765~1842）继续了哈登旁德神父的培育工作，他曾经在自己的植物园里培育了8万棵树苗，而且毕生开发了几十个新品种。

在欧洲，梨树大多种在公园里，靠嫁接繁殖，但当它们首次进入北美洲的时候，大多数靠种子繁殖。只有到了19世纪，有需要生产统一的商业化（而不是花园）产品的时候，北美洲才大范围使用嫁接的方法选择品种进行繁殖。品种的选择也起源于欧洲。纵观历史，欧洲的梨树培育者提高了果实的质量，而北美洲的培育者提高了梨树的耐寒能力和抗病能力。

沙梨与西洋梨杂交产生重要的经济品种，例如康德、秋福、嘉宝，这些品种比欧洲的普

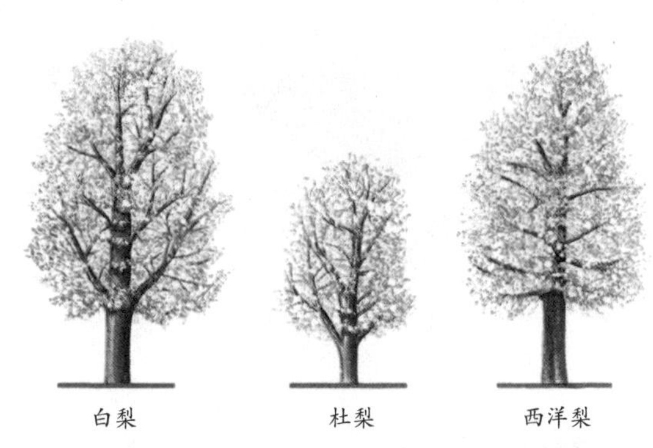

白梨　　杜梨　　西洋梨

通梨更能抵抗疫病的侵袭（由梨火疫菌引起），但是果实的质量比较差，因此更适合做罐头而不适合新鲜售卖。抵抗疫病的能力是从中国品种获得的，例如秋子梨。

在北美洲，梨通常通过嫁接在经济品种的树苗上产出，其中包括冬香梨、巴梨和伯尔红梨树苗。在这些砧木上长成的大树尽管结果的过程较长，但却能忍受寒冷的冬天。而欧洲的人们用温桲树做砧木，因为它能不让树木长得太高，并早日结果。如果温桲树和梨树的嫁接方式不匹配，例如巴梨，就有必要在温桲树砧木和不匹配的幼芽之间插入一片相配的梨树品种，例如栽培变种伯尔寒梨或者古罗马梨。

目前世界上每年的梨产量超过了1700万吨，主要的生产地是意大利、中国、德国、美国、法国和日本。

有几个梨树种可作为观赏树，最著名的3种——柳叶梨、雪梨和胡颓子叶梨——是近亲，都绽放大量纯白色花朵，树叶泛白，叶缘完整，叶基逐渐变细。其中栽培变种柳叶梨的枝条下垂，树叶银灰色，非常漂亮，它可能是最好的观赏梨种。

◎相关链接——

梨肉的功效：有生津、润燥、清热、化痰等功效，适用于热病伤津烦渴、消渴症、热咳、痰热惊狂、噎膈、口渴失音、眼赤肿痛、消化不良等。

梨果皮的功效：清心、润肺、降火、生津、滋肾、补阴功效。根、枝叶、花有润肺、消痰、清热、解毒之功效。

梨籽的功效：梨籽含有木质素，是一种不可溶纤维，能在肠子中溶解，形成像胶质的薄膜，能在肠子中与胆固醇结合而排除。梨子含有硼，可以预防妇女骨质疏松症。硼充足时，记忆力、注意力、心智敏锐度会提高。

雪梨的叶子、花及果实

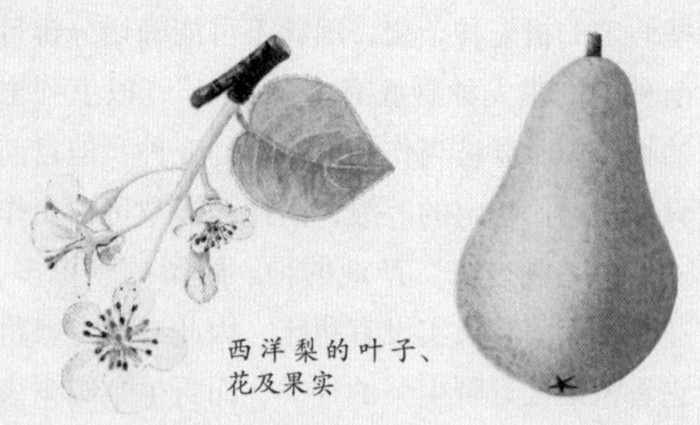
西洋梨的叶子、花及果实

梨属主要的种

梨组

果实上的花萼不脱落（但P.cordata最终会凋落）。该组种类原产于欧洲、非洲北部直到亚洲中部、中国东北和日本。

西洋梨 分布在欧洲和亚洲西部，可能原产于英国。西洋梨树高15（20）米；小枝上有数量不等的刺；树叶近卵形，长2~8厘米，宽1~2厘米，边缘锯齿细，光滑的树叶少见；花朵直径3厘米；果实圆形到梨形，长6~16厘米，最后肉质变软，味甜。西洋梨对梨树的栽培具有重要的促进作用。

野梨 分布在亚洲西部和欧洲中部地区。它与西洋梨非常相似，但是刺多、花小；它的果实尺寸不到6厘米×2厘米，味道有些酸。野梨可能对栽培梨树种产生过重要的促进作用。

雪梨 分布在欧洲南部，特别是在瑞士西部和法国。该树无刺，树形小、直立，高16米；树叶椭圆形到倒卵形，长5~8厘米，宽2~4厘米，起初被白色的绒毛（幼枝也是），最后上表面变得光滑；花朵白色（4月），怒放时远看像一个巨大的雪球；果实甜（过度成熟时），呈黄绿色，圆形，直径2~5厘米，果实生在长柄上。雪梨有时栽培作为观赏树，也可做梨子酒，还可作为砧木。它的毛状树叶以及密密麻麻的气孔表明与欧洲南部的一些栽培种有一定的亲缘关系。

P.salvifolia 它可能是雪梨的近亲(而且原产于相同的区域)，但是却有着梨形的果实。有些人认为它是雪梨和西洋梨的杂交种。

P.cordata 分布在欧洲西部（法国、西班牙和葡萄牙）。它通身所有部位都比西洋梨和野梨小，特别是它圆形带白斑的棕色果实直径只有9~12（15）毫米。在它所属的这个组里，只有它的花萼最终会脱落。该树可作为树篱，有时候也栽培做木料用树。

长梗梨 分布在阿尔及利亚(北非国家)。长梗梨是灌木或小乔木，树叶上有细细的锯齿；它与西洋梨是近亲，但花萼部分凋落；果实棕色、有斑点，圆形，直径大约1.5厘米。它可能与某些西洋梨栽培变种的起源相关。boissieriana是一种亲缘关系很近的伊朗变种。

P.syriaca 分布在亚美尼亚、亚洲西部直到塞浦路斯(地中海东部一岛)。为小乔木、有刺；树叶绿色、光滑。该种与西洋梨是近亲，而且可能与某些西洋梨栽培变种的起源有关。

P.balansae 分布在亚洲西部地区。果实生在长梗上，陀螺状（尖形）。它与西洋梨是近亲。

高加索梨 分布在高加索山脉（林区）。该树枝繁叶茂，在开阔的地区伸展迅速。低地里的高加索梨生命力旺盛，能够耐霜冻、抗干旱；高地里的高加索梨生命力稍差，而且对霜冻和干旱很敏感。该种与欧洲东部某些栽培变种的起源有关。

土库曼梨 它与西洋梨和高加索梨是近亲。土库曼梨的特点是所有的幼嫩部分被雪白色毛，而且萼片紧贴果实。

科氏梨 分布在天山西部（中国西部）以及塔吉克斯坦的帕米尔地区。它的果实呈圆形，直径2厘米，柄粗短。科氏梨也与西洋梨是近亲。

杏叶梨 分布在中国。该种在1963年被首次报道，它在某些方面与西洋梨相似，但树叶

杜梨的叶子和花　　白梨花

柳叶梨的叶子、花及果实

像杏叶。

柳叶梨　分布在亚洲西部和欧洲东南部地区。柳叶梨幼树的树叶上被银色软毛，但后来上表面变得光滑，呈灰绿色；果实梨形，长2.5厘米，柄短。该种与某些栽培变种的起源有关。柳叶梨是漂亮的观赏树，而且是抗干旱嫁接砧木。

垂枝柳叶梨　柳叶梨的栽培变种，树形优雅，高8米，具有下垂的细长枝条；树叶窄披针形，长3~9厘米，宽0.7~2厘米，幼叶泛白色，被银色毛，成熟后上表面呈亮绿色。

灰叶梨　是雪梨和柳叶梨的杂交种，它的树叶很小，银色。

光叶梨　来自伊朗，结近球形果实。

P.amygdaliformis　分布在亚洲西部、欧洲南部，为灌木或小乔木，有时候有刺；树叶窄、银色，幼时被毛，但后来变成灰绿色，毛变少；果实黄褐色、球形，直径3厘米，生在长3厘米的梗上。树叶被毛以及气孔密度大表明它与欧洲南部的一些栽培变种的起源有关。密叶梨是P.amygdaliformis和雪梨的杂交种，是小乔木，树叶呈灰色到亮绿色。

川梨的花和果实

胡颓子叶梨　分布在小亚细亚。树小，通常有刺；树叶呈迷人的灰白色，被毛；果实绿色，短柄，呈圆形或尖形，直径大约2.5厘米。胡颓子叶梨与雪梨是血缘关系很近的近亲。

雷格梨　分布在乌兹别克斯坦的布哈拉地区以及塔吉克斯坦的帕米尔地区，还有天山西部（中国西部）。雷格梨是灌木或小乔木，特别能抗干旱；树叶多变化，不裂，具粗锯齿，或具3~7片窄裂，几乎裂至中脉；果实近梨形，长2.5厘米。

P.takhtadzhiani　分布在亚洲西部。该树与普通的梨栽培变种具有相同的生长习性，尽管以前有栽培种，但现在只有野生种。

秋子梨（花盖梨）　分布在中国东北部，特别是乌苏里江(黑龙江支流)河谷。秋子梨是小型到中等尺寸的乔木，冬天非常耐寒，而且能够适应寒冷的干旱地区；树叶光滑，秋季变成深红色到青铜色；花朵直径3.5厘米，春天很早就开放了；果实黄绿色、圆形，生在短柄上，直径4厘米。秋子梨和西洋梨可能与某些古代栽培变种的起源有关。秋子梨通常不能抵抗梨黑星病（由梨黑星病菌引起）的侵袭，但是能够抗疫病（由梨火疫菌引起）。它可用做砧木（尽管可能导致梨枯萎病），也可作为观赏树，而且在幼芽变种培育项目中广泛用作母树。

秋子梨的叶子、花及果实

秋子圆梨的变种卵形秋子梨（分布于中国北部、朝鲜）结卵形的果实。长梗的岭南梨与秋子梨是近亲。

河北梨 分布在中国河北省。该种1963年被首次报道，可能与秋子梨是近亲，但是它的种子更少，果实更小，雄蕊非常短，而且花柱长。

滇梨 分布在中国。该种1963年被首次报道，可能与木梨是近亲。

木梨 分布在中国。该种1963年被首次报道，树叶小且尖，只有少数小锯齿；果实圆形，直径1.5厘米，果核非常大；雄蕊延伸至花柱末端以外。木梨能够适应炎热、干燥的气候。

川梨组

花萼脱落。该组的种类原产于中国和喜马拉雅山。

沙梨 广泛栽培于中国和日本，之所以命名“沙”是因为含有石细胞，因此果实很脆。许多栽培梨种的总称是var culta。沙梨的果实褐色、圆形，容易运输和储藏。沙梨与普通的梨杂交形成西洋栽培变种，因此利于储藏，而且能够抵抗火疫病（由梨火疫菌引起）的侵袭。康德梨是西洋梨和沙梨的杂交种，其中包括康德和秋福。日本优选品种“二十世纪”是最好的栽培变种之一。但是，沙梨作为根砧木容易导致梨枯萎病。白梨（杜梨×沙梨）产自中国北部，耐寒能力不如特别能耐寒的秋子梨，但是它的果实尺寸适中，味道和质地都比其他东方品种好。

杜梨 分布在中国北部和中部地区。杜梨是小乔木，树形纤细、优雅；果实直径1厘米，像樱桃那样簇生在长梗上。有些优选种能够抵御梨黑星病的侵袭。由于杜梨可以增加树种抵抗梨枯萎病侵袭的能力，因此常用做砧木。

褐梨 分布在中国北方地区。它的果实呈褐色，梨形，收获之后很快变软。

豆梨 分布在中国、日本和朝鲜。豆梨是中等尺寸的乔木；树叶外表光滑、呈绿色；花朵有20枚雄蕊，但通常只有2个花柱；果实褐色，有斑点，直径大约为1厘米。该种常用做砧木，它可以增加树种抵抗梨枯萎病侵袭的能力。栽培变种布拉德福梨是无刺优选种，它在早春绽放密密匝匝的花朵，而且秋天树叶变得色彩斑斓。

↗晚秋时节，栽培变种伯尔寒梨的主枝上垂下成熟的梨。

川梨 分布在中国西部和喜马拉雅山。川梨可以长成相当大的有刺树，但有些优选品种比较小；树叶幼时被毛，但长大之后几近光滑；小枝上有时候有具3裂的树叶；花朵有30枚雄蕊（有红色花药）和3~5个花柱；果实褐色、圆形，直径大约2.5厘米。该种可做砧木，有时候栽培取其果实。

麻梨 分布在中国。果实褐色（有灰色斑点）、圆形，花萼有时候不脱落。

新疆梨 分布在新疆地区（中国西部）。该种在1963年被首次报道，它可能是麻梨的近亲。

李属

李、杏、杏仁、桃、樱桃

李属里含有具有重要经济价值的核果品种，还有杏树、樱桃等观赏树种。它们大多是落叶灌木或乔木，树叶互生，有锯齿和托叶。花朵两性，单生、簇生或为总状花序，有5片花瓣和萼片，花瓣大多白色，有时候是粉色到红色；通常在花萼管（隐头花序）边缘有15枚以上的雄蕊，花萼管围绕1个子房，子房有1个花柱和2个胚珠；果实是核果，成熟后产1粒种子。

李属里有数不清的栽培变种、变种和杂交种，有些因为春花、秋叶和果实而具有一定的观赏价值，也有一些种子可食用。

知识档案

李、杏、杏仁、桃、樱桃

种数 200

分布 主要在北半球温带地区和热带山区，也有少数延伸至安第斯山脉。

经济用途 栽培作为观赏树，但作为果树经济价值更高。

李属里的果实

李属分成5个亚属（有些被当做独立的属），也可分成2个大组：第一组里的果实上有长长的沟（凹槽），而且表皮有霜，包括4个亚属，即李亚属、杏亚属、桃亚属和杏仁亚属；第二组里的果实有时有沟，但是长度不到一半，而且表皮无霜，它由樱桃、稠李、桂樱等亚属组成。

李树的树形、习性和果形多变，因此成为果园里的宠儿。有证据（包括基因）表明：李、西洋李以及青梅应当归入欧洲李作为亚种，而且这种分类是黑刺李和紫叶李种间杂交的结果。紫叶李没有野生种，它与樱桃李的血缘关系非常近，樱桃李是来自亚洲西部的野生种，它与黑刺李形成天然杂交种，但是不结果。至少2000年前，李树就已经开始在旧大陆栽种了。

欧洲李及其栽培变种是真正的李树，果实可生吃、煮熟吃或者做蜜饯；许多栽培变种的果实烘干之后当李干出售，具有温和的通便效果。在相对比较寒冷的地区，栽培变种结的果实比较小，因此更适合制作罐头和蜜饯。在克罗地亚，梅子酿的白兰地酒（梅子白兰地）是通过蒸馏、发酵这类李子的果汁做成的。全世界李子的产量大约为每年900万吨，主要来自欧洲和北美洲。

乌荆子李和西洋李在欧洲许多地方以野生状态存在，原产于英国和亚洲，西洋李（Damson）这一名称源于大马士革(Damascus，叙利亚首都)。乌荆子李和西洋李的果实呈紫色，有涩味，但乌荆子李的近球形，而西洋李为卵形。圣朱里是该亚种比较知名的之一，它广泛用做欧洲李的砧木。

青梅起源于栽培变种“瑞尼·克劳德”，它是欧洲李和西洋李的杂交种。由于青梅的黄绿色果实美味、香甜，因此被人们广泛栽培。

黑刺李是浓密的灌木，树枝多刺，开白色小花，通常单生或对生，在早春先于叶开放。它的果实呈蓝黑色，球形，直径1厘米，味道很涩，但可用于调味，例如制成黑刺李杜松子酒。黑刺李原产于欧洲，广泛分布于整个欧洲，延伸至亚洲北部部分地区。

日本李生长在没有霜冻的地区（包括美国部分地区、意大利和南非），在日本广泛栽种，它可能起源于中国。日本李的栽培变种花期很早，在欧洲李之前。大多数栽培变种具有较大的（7

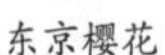
东京樱花

桂樱

紫叶李

甜樱桃

厘米）果实，色彩艳丽，但是质量不够好，不过由于它们不容易腐烂，因此鲜果可远距离出口。

紫叶李只见于栽培，但毫无疑问它是源自近亲樱桃李的，后者在巴尔干半岛到亚洲中部野生。人们种植紫叶李主要是因为它春季开花非常早，偶尔是为了获得它那樱桃一般的果实。紫叶李通常用作李树的砧木，这样可使李树的生命力变得更强，而且可在重质土壤中生存。紫叶李栽培变种在早春季节里长出红紫色树叶，然后绽放粉色的花朵，因此成为比较常见的栽培植物。

李属其他观赏种包括美人梅、紫叶矮樱和樱桃：美人梅是紫叶李和梅的杂交种，它的花朵双瓣，呈玫瑰粉色；紫叶矮樱是紫叶李和矮樱的杂交种；樱桃的树叶呈深红色到红色泛青铜色，白色花朵在春季先叶开放。

杏据说起源于中国西部地区，并在约公元前 100 年引入意大利，在 13 世纪引入英格兰，1720 年引入美洲。杏树的果实比桃子小，成熟后变成橘黄色，肉质比较干。杏作为食物的价值比普通水果要高，富含维生素 A、蛋白质和碳水化合物。伊朗是最大的杏生产国，其他还有美国、匈牙利、土耳其、西班牙和法国。全世界每年杏的总产量约为 270 万吨，大约有一半做杏干，其他做罐头或以鲜果售卖。杏树需要排水良好的土壤，而且不会遭受春天霜冻，但太暖和的冬天会导致花芽脱落，在杏子成熟的季节则需要半干旱的气候，这是因为成熟的果实遭受大雨容易裂开。

“皇家”是主要的全能性栽培变种，它是通过将杏芽嫁接到桃树苗砧木上进行繁殖的。几乎所有的栽培变种都是自繁殖。果实生在一年生小枝和寿命短的刺上。杏树一般在 3 年后结果，而且可结果近 20 年。

甜杏仁树之所以被种植一是因为它们的花，二是因为它们结的杏仁，杏仁是消费量最大的可食坚果。杏仁产自意大利（主要的出口国）、西班牙、非洲北部和南部地区，以及美国加利福尼亚州，世界年产量大约为 180 万吨。苦杏仁含有微量氰酸，如果摄食太多可能会有危险。上述 2 种杏仁都可榨取杏仁油，尤其是苦杏仁可药用，杏仁油也可用于制作盥洗产品，并可做食物调料。

桃树与杏树是近亲，桃树的果实美味、多汁。桃树起源于中国，它们有能够进行自我授粉的选择性优势。桃树有许多变种，其中包括所谓的“开花一族”。油桃是一个亚种，它的果实表皮很光滑。世界上每年桃和油桃的总产量超过 1 300 万吨。

19 世纪人们更关注经济上高质量的水果，因此从种子繁殖转向无性繁殖以保证结出的果实具有均一的外形。在英国很多花园里，人们选择最好的树苗进行嫁接。今天，不管是野生的还是优选的经济品种，大多数的砧木是从种子长成的，也可使用其他李种，例如毛樱桃（矮生）。在法国，桃树和杏树的杂交种（扁桃）也可做生长在石灰质所致的缺铁性土壤中的桃树的砧木。在19世纪，由于美国果树培育者的努力以及中国的新遗传物质的引入，变种经历了巨大的变化：在1850年，中国克林从中国经由英国带到美国，它就是目前著名的栽培变种“埃尔波塔”和“J.H.海勒”的母树，而且是许多现代品种的祖先。桃子有2种主要类型——“核肉分离”（大多供新鲜食用）和“黏核”(主要用于做罐头),由于只能储藏几周时间，因此相当大比例的桃子被加工成罐头或蜜饯。

由于许多桃树变种不具备耐寒能力（在比较寒冷的地区），而且耐急冷能力有限，因此限制了产果区域的扩展。冬天，桃树变种需要500~1000小时的时间处于气温低于7℃的环境以促进正常的开花和结果。

樱桃属于酸樱桃亚属。甜樱桃是经济型结果樱桃树的祖先，特别是黑樱桃，现在认为它的起源中心地带是在欧洲西北部和中部地区。欧洲甜樱桃肉质坚硬，西班牙樱桃肉质松软。酸樱桃源自欧洲酸樱桃，它不是野生植物，原产于欧洲，其中包括英国。莫利洛黑樱桃可用于烹饪，制作蜜饯。

甜樱桃除了斯特拉樱桃之外都是不能自身繁殖的，因此需要2个相配的种类一起生长以产生果实。但是，大多数酸樱桃是可以自身繁殖的，而且不需要专门授粉就可以结果。甜樱桃和酸樱桃的世界年产量大约为170万吨。

观赏树

灌木樱桃（也称蒙古樱桃）是一种低矮的伸展型灌木，高约1米，原产于欧洲，向北延伸至西伯利亚东部，在英国的栽培历史已经超过300年。它的果实与樱桃味道相似，但是由于太涩而难以下咽。灌木樱桃和樱桃的杂交种即P.×eminens(P.reflexa)是天然形成的，可能在花园里也有种植。欧洲甜樱桃和樱桃的杂交种即P.×gondouinii在欧洲作为“公爵”樱桃进行栽培。

所谓的开花樱桃是李属所有观赏种类中最突出的树种，被广泛种植。开花樱桃有好几百个栽培变种和优选种，既有花朵最小的欧洲甜樱桃，也有花团锦簇的日本樱桃，例如，冠形日本樱桃绽放紫色到粉色的双瓣花朵，花朵大团簇生在一起。日本樱桃大多源自白花大岛樱或来自近缘种——山樱。不管是什么种，只要在通用名称后面紧跟栽培变种的名字，并用单引号隔开就不会混淆,例如Prunus ‘kanzan’(冠形日本樱桃)。(在英语资料里，它通常被放在山樱下面，具有长期栽培历史。)

稠李和桂樱分别属于稠李属和桂樱属，二者都是总状花序，十几朵花簇生，每朵直径1~1.5厘米。它们有时候被当做同一个亚属——桂樱属，但是稠李每年落叶，而桂樱四季常青。桂樱是生命力旺盛的灌木，它的树叶革质，呈倒卵形到披针形，长15厘米，花朵白色，黑色果实小，被广泛栽培作为树篱和屏风树，可修剪。

↗ 桃树的栽培变种“八月小姐”树上结的桃子暴露在太阳下的部分呈鲜红色。

李属主要的种

欧洲李的花

李亚属

果实上长有凹槽，一般无毛，被粉；花通常在春季先于叶开放；没有端芽，腋芽单生。

李组

每簇1~2朵花，有梗；树叶上的芽卷曲；子房和果实光滑。

欧洲李的叶和果实

黑刺李　分布在亚洲西部、欧洲和非洲北部。黑刺李是多刺灌木或小乔木，树高约4米；花朵单生，先于叶开放；果实蓝色到黑色，明显被粉，球形，直径1~1.5厘米，味道非常涩。通常认为黑刺李和紫叶李是欧洲李的祖先。

欧洲李或西洋李、青梅　是高加索山脉的天然杂交种。人们栽种欧洲李是为了收获它的果实，并将其广泛移植。

亚种欧洲李　分布在亚洲西部和欧洲；树高10~12米，无刺；花朵对生，绿色到白色，直径2厘米；果实长4~7.5厘米，呈蓝黑色、紫色或红色；在温带地区广泛栽培。

西洋李的叶子、花及果实

亚种西洋李　分布在亚洲西部和欧洲；灌木或乔木，树高6米，一般有刺；花朵白色，直径大约2.5厘米；果实长2~5厘米，呈蓝黑色。乌荆子李圆形、味甜，而西洋李子卵形、味涩。

亚种意大利青梅（亚种欧洲李×亚种西洋李）　分布在亚美尼亚，在1494年到1547年之间被盖奇家族引入英国。它的果实近球形，绿色，味道很甜，很有特色。

紫叶李　分布在亚洲西部地区。紫叶李是灌木或乔木，高8~10米，通常有刺；花朵单生，直径大约2.5厘米，与叶同时出现或略早，大多呈白色；红色果实球形，像樱桃，直径2~3厘米。该种只见于栽培，多作为观赏树，果实用途有限，但是可做其他李种的砧木。

黑刺李的花

红叶李　紫叶李的栽培变种，具有红色、紫边的树叶，花朵粉色，通常作为观赏树。

野生紫叶李　分布在高加索山脉，东至亚洲。野生的果实较小，黄色。

布拉斯李树（紫叶李×欧洲李）　果实近球形、黄色，分布在欧洲，半野生。

樱桃李　分布在中国。樱桃李树高约12米；花朵白色，直径大约2厘米，3朵簇生，先于叶开放；果实甜，近球形，长5~7厘米，果梗顶端低，颜色从黄绿色、橙色到红色不等。19世纪樱桃李广泛栽种在日本和其他地方，特别是美国，但果实质量不如其他大多数栽培李种。在欧洲只作为观赏树。

黑刺李的叶子和果实

Prunocerasus组

每簇花2~5朵；叶芽大多呈折合状，罕见卷曲状；子房和果实光滑，果核大多光滑。

美洲李 分布在北美洲。美洲李树高10米；花朵白色，直径大约3厘米；果实圆形，直径大约2.5厘米，最后呈红色，罕见黄色。在美国它与李杂交可产生新的种类。

紫叶李的叶子、花和果实

Armeniaca组

灌木或乔木，无刺；花朵先叶开放，通常无柄或几乎无柄；树叶在芽处折合；子房和果实上有软毛。

东北杏 分布在朝鲜和中国北方。该种树高5米，树枝下垂，略铺展；花朵粉色、单生，直径大约3厘米；黄色果实近圆形，直径2.5厘米。东北杏广泛栽种作为观赏树。

扁桃亚属

果实外有凹槽，被软毛；有端芽，腋芽3枚，树叶在芽处折合。花朵一般无柄，罕见有柄，1~2朵簇生，先于叶开放。

扁桃组

花萼管杯形，长度同于萼片的裂片。

扁桃 分布在亚洲西部地区。扁桃树高8米；灰粉色花朵近无柄，直径3~5厘米，一般单生；果实柔软，扁圆形，长6厘米；果核光滑，但有凹坑。在加利福尼亚州和欧洲南部广泛栽种，而且由于春季开花早而作为观赏树种。

杏的花、叶子及果实

甜杏仁 扁桃的变种，具有一定的商业价值。但在英国只种作观赏树。

苦杏仁 扁桃的变种，味道非常苦，含有可能致命数量的氰酸。

Chamaeamygdalus组

花萼管（隐头花序）比萼片的裂片要长许多。

俄罗斯矮杏 分布在欧洲东南部到亚洲西部地区，以及西伯利亚东部地区。俄罗斯矮杏是灌木，高约2米；花1~3朵簇生，呈现美丽的玫瑰红色，直径1~2厘米；果实像小杏，柔软，长2.5厘米，呈卵形。俄罗斯矮杏被选作培育种和观赏种。

扁桃的叶子和果实

杏亚属

杏 分布在亚洲西部地区。杏树高10米；树皮红色；花朵白色或粉色，大多数单生，直径2.5厘米；黄色果实很柔软，呈圆形，直径4~8厘米，果肉红色，果核光滑，但沿边缘有凹槽。在南北半球比较温暖的温带地区广泛栽培。

扁桃花

布里扬松杏 分布在法国东南部地区。灌木或乔木，高6米；白色花朵2~5朵簇生；果实亮黄色、近圆形，直径约2.5厘米，外表很光滑。它的种子可榨取一种易燃的香油。

桃亚属

桃 分布在中国。桃树高6~7米；粉色花朵单生，直径3.5厘米；黄

蟠桃的叶子、花及果实

色果实柔软，呈球形，直径5~7厘米，暴露在太阳下的部分呈红色；果核有凹坑。在温带地区广泛栽种。

油桃 桃的变种，果实光滑，像李子的表皮。

大叶早樱的叶子和花

酸樱桃亚属

果实没有凹槽或粉；花1~10朵，偶见12朵,有时少于10朵的呈短（5厘米）总状花序分布；有端芽；树叶折合状；果核或光滑，或有裂和凹坑。

微酸樱桃组

花朵单生或为短总状花序（少于12朵），叶腋生3芽。

毛樱桃 分布在中国、日本和喜马拉雅山。低矮灌木，高约3米，罕有乔木；花朵白色或淡粉色，直径1.5~2厘米；亮红色果实近圆形，直径1厘米，可食用，略被毛。毛樱桃的观赏价值不高。喜马拉雅品种可能来自栽培植物。

桂樱的果实

麦李 分布在中国和日本。麦李是茂密的灌木，高约1.5米；花朵白色或粉色；果实圆形、红色，直径10~12毫米。其中双重花植物“Alba Plena”（白色）和“Rosea Plena”（粉色）的观赏价值最高。

矮樱 分布在北美洲。矮樱是高1~2.5米的灌木；白色花朵2~4朵簇生；果实近球形，紫色到黑色，长8~12毫米，很苦，难以下咽。该种已经与李种例如紫叶李杂交。

樱桃 分布在北美洲。它与矮樱相似，但花朵稍大，果实甜，可食用。二种都可用于砧木培育。

中国樱桃组

它与微酸樱桃组相似，但萼片竖立或伸展，而且芽单生；花朵少量簇生，短总状花序；有相当大比例的观赏樱花种衍生自该组里的中国种和日本种，或是它们的杂交种。

东京樱花

日本早樱 分布在日本。树高9米；花2~5朵簇生，每朵直径2厘米，呈淡粉色，而且随着时间推移颜色变淡。日本早樱包括许多观赏品种，尤其是栽培变种“Autumnalis”的花期晚，秋天到早春开花。

它的变种野生早樱分布在中国西部、日本和朝鲜的山区。树叶较大，树高20米。实际上它与许多栽培变种是近亲。

灰毛叶樱桃 分布在中国。灰毛叶樱桃是高两三米的浓密灌木。它的观赏价值不高，可作母树，与甜樱桃杂交形成杂交种席氏樱，绽放浅粉色花朵，树皮光滑。

豆樱 分布在日本。豆樱是灌木，高5米，有时候是乔木，高10米。它的雌树与钟花樱杂交形成的杂交种“Okame”开繁花、耐寒。

高梼樱 分布在日本。高梼樱是灌木或者矮乔木，高6米；花期早。

科萨尔樱 由高梼樱变种的种子培育成。

绯寒樱 分布在中国台湾和日本南部。树高9米，耐寒能力不如该组的其他种。它是“Okame”的授粉母树。

山樱花的叶子和花

红毛樱 分布在喜马拉雅山，粉红色花朵，与来自锡金的P.tricantha是近亲。

细齿樱桃 分布在西藏等中国西部地区。树高10~15米，最有特色的是它亮褐色的薄片状树皮；白色花1~3朵簇生。

华南樱桃 分布在中国，在树叶长出之前开放繁多的白色花朵。

华中樱桃 分布在中国，含有半重瓣花优选种。

东京樱花 分布在日本，由它产生了几种观赏优选种。东京樱花的源种未知，无野生种，它可能是大岛樱和日本早樱的杂交种。请参考大岛樱的特点。

萨金樱 分布在日本北部和库页岛。树高25米；花朵呈玫瑰粉红色，直径3~4厘米，2~6朵呈伞状分布；果实几近黑色，近球形，直径8~10毫米。萨金樱的花朵以及橙红色的秋叶非常漂亮。

山樱花 它的花朵重瓣，呈白色或粉红色，没有香味，原产于中国和日本，其中比较知名的是它的亚种Var spontanea，原产于日本，可长到20米高。在细齿樱桃下面通常可列出大约60种日本开花樱桃，而且有些起源于细齿樱桃，但是大多数可能起源于大岛樱。

大岛樱 分布在日本。它与山樱花血缘关系非常近，有些专家将它归入山樱花种下面。白色花朵单生，气味芳香。

三叶樱 分布在日本。通常认为它是一种杂交种，树高8米，每根短花梗上生2朵花。

裂瓣组

该组与中国樱桃组相近，但是萼片下弯。花瓣顶端有锯齿或2裂。裂瓣组的原种来自中国。

剑桥樱桃 每根短花梗上开3~6朵粉红色的花，伞状花序；果实好似亮红色的樱桃，直径1厘米。人们经常将剑桥樱桃与中国樱桃混淆。

中国樱桃 与剑桥樱桃相似，但是2~6朵花簇生，呈总状花序，而且每根花梗的基部都有齿状苞叶。

该种与剑桥樱桃的优选种同甜樱桃杂交可产生新的砧木——科尔特（用于甜樱桃和酸樱桃）以及矢车菊（用于观赏樱桃）。

典型樱桃组

该组与裂瓣组相似，但是花瓣没有凹口或裂。花朵通常无柄，伞状花序，基部芽鳞不脱落。

甜樱桃 分布在欧洲、俄罗斯西南部和非洲北部（山区）。甜樱桃树高20~24米；纯白色花朵直径2.5厘米，花萼管（隐头花序）上面收缩；果实球形，直径9~12（18）毫米，一般呈黑红色，可能是甜的，也可能比较苦，但不会是酸的。它是大多数甜樱桃的祖先。

酸樱桃 非野生。广泛栽培，一般产于欧洲和亚洲西部地区。它与甜樱桃相似，但通常为灌木，而且高度不超过10米；有吸根；花萼管（隐头花序）上面不收缩；果实亮红色，酸，但不苦。它是莫利洛黑樱桃的祖先。

灌木樱桃 分布在欧洲到西伯利亚的部分地区。该种为矮灌木，高1米；花朵白色，直径1.5厘米；果实暗红色，圆形，直径近1厘米，有樱桃一样的味道，但是一点都不美味。在欧洲长期栽培。

圆叶樱桃组

该组与典型樱桃组相似，但是花簇基部的鳞片在花开之前脱落；花朵大多12朵以内簇生，簇总状花序，伞状花序少见；苞叶脱落，叶齿圆。

圆叶樱桃（圣卢西樱桃） 分布在欧洲中部和南部地区。圆叶樱桃树高10（12）米；白色花朵直径12~18毫米，气味芳香，6~10（12）朵簇生呈总状花序，花序长3~4厘米；果实黑色，卵形，长8~10毫米。有时候圆叶樱桃可做嫁接樱桃的砧木，但是得到的树木寿命相对较短。

宾州樱桃 分布在北美洲。宾州樱桃是灌木或乔木，树高12米，红色树枝非常纤细，外表光滑，枝条下垂；花朵白色，直径12毫米，2~5（10）朵呈伞状花序或者短总状花序；红色圆形果实直径为6毫米，产量丰富。

桂樱的叶子和花

伞形组

该组与圆叶樱桃组相近，但是苞叶不脱落，叶齿尖，1~4朵簇生，伞状花序。

西南樱桃 分布在中国中部和西部。西南樱桃是灌木或乔木，树高12米；花朵白色，直径18~20毫米；红色果实呈椭圆形，长8~9毫米。

甜樱桃的叶子和花

总状组

该组与圆叶樱桃组相似，但是花（4）5~10朵呈总状花序。

深山樱花 分布在日本、朝鲜和中国东北。该树很漂亮，高16米；花朵呈暗黄色到白色，直径1.5厘米，6~10朵总状花序；果实圆形，直径5毫米，起初是红色，最后变成黑色；树叶在秋季变成惊艳的红色。

甜樱桃的叶子和果实

稠李亚属

该属与酸樱桃亚属相似，但它的花朵（10）12朵以上组成总状花序，长6厘米；落叶。

稠李 分布在欧洲到日本。稠李树高10~15米（或者更高）；花朵白色，直径8~12毫米，花瓣长6~9毫米，气味芳香，呈下垂的总状花序，花梗叶状；黑色圆形果实的直径为6~8毫米，花萼脱落，味道涩。

野黑樱 分布在北美洲。野黑樱树高30米，栽培时一般高15米；花朵白色，直径8~10毫米，花瓣长2~4毫米；叶状总状花序、下垂；果实圆形，直径8~10毫米，最后呈黑色，萼片不脱落。

酸樱桃的叶子、花和果实

桂樱亚属

该属与稠李亚属相似，但是它的树叶常青，非叶状总状花序。

葡萄牙桂樱 分布在葡萄牙和西班牙。葡萄牙桂樱是高6（15）米的灌木或乔木。它的芽和叶柄红色；树叶闪亮，椭圆形，长7~13厘米；花朵白色，直径8~13毫米；果实暗紫色，呈圆锥形，长8毫米，但是味道不好。

桂樱 分布在小亚细亚和欧洲东南部地区。桂樱是灌木或乔木，高6米；芽和叶柄灰绿色；树叶近倒卵形到椭圆形，长（5）10~15厘米，边缘有锯齿；花朵白色，直径8~9毫米；果实紫黑色，圆锥形，长约8毫米，煮熟之后很好吃（可做果冻）。

稠李的叶子、花和果实

豆科 > 金合欢属

金合欢树

金合欢属是一个非常大的属，原产自热带和亚热带地区，大约有3/4分布在澳大利亚。金合欢属许多树种非常漂亮，它们具有羽毛状的银灰色树叶，开大团黄色的花，有些种的经济价值很高。金合欢属大多数是常绿乔木和灌木（草罕见），有少数是缠绕植物和攀缘植物。大多数金合欢具有适旱性(能够耐受长期干旱)。金合欢树的树叶是典型的二回羽状，一般是银色,没有端小叶,而且有时候缩至略扩大的叶柄，功能同树叶（叶状柄），托叶可能呈刺状。花朵小,或单性或两性,大多是黄色,白色花朵少见，二三十朵簇生呈密密的圆球或柱头状，每朵花生5片(4片罕见)钝齿状萼片,5片(4片罕见)花瓣,长约1.5毫米,还有无数黄色雄蕊突出来，看起来非常鲜艳；有时不生花瓣和萼片。子房或有柄或无柄，果实圆形到长荚果形。生叶状柄的种类大多源于澳大利亚。

金合欢属里许多种类耐寒能力不太强，但却有24种能够在比较温暖的温带地区生存，其中最普遍的是银栲，但它可能在酷寒的冬天死亡。它们对土壤不太挑剔，但是除了长叶相思树和树胶状相思树之外，大多数种类都不能耐受石灰质。

金合欢属是遍布澳大利亚的灌木的主要组成部分，在那里它们被称作金合欢树（其名称在英语中又有“编篱笆”之意），之所以如此命名是因为早期的定居者用它们和泥建造棚屋。除此之外，在非洲沙漠地区和热带(或亚热带)稀树大草原上，金合欢树是一道亮丽的风景，在那里它们常常是仅有的树种。在非洲和热带美洲它们被称作荆棘或荆棘树，这是由于它们天生有刺以保护自己不被植食动物吃掉。这些刺大多具有变化的托叶，基部可能膨胀隆起。

墨西哥和美洲中部的牛角栲(牛角相思树)经过进化，已经与一种特殊的蚂蚁形成良好的共生关系，它们原产于安的列斯群岛(西印度群岛中的主要岛群)。这些蚂蚁被叶柄基部的蜜吸引到树上，从蜜中获取糖，而且小叶顶端香肠状、被称为Beltian体的食物器官为它们提供油和蛋白质。在金合欢树每片树叶的基部都有一对较大的、突出的刺，长2~3厘米，它们是大群蚂蚁的栖息地。

这种共生关系首次在托马斯·伯特的《尼加拉瓜博物志》一书中披露，后来人们发现有许多金合欢种都存在着这种现象，例如A.drepanolobium。关于金合欢树究竟能从蚂蚁那里得到什么益处还

知识档案

金合欢树

种数 1 200

分布 泛热带和温带地区，特别是澳大利亚。

经济用途 该属经济价值很高，可开发做木材、燃料、草料，或提取丹宁酸、树胶以及精油。也广泛栽培作为观赏树。

卡路金合欢

平顶金合欢

灰叶栲

银栲

备受争议，但是人们已经发现工蚁的活动可保护植物免受植食动物的袭击，如果它们来袭，蚂蚁就蜂拥而上，叮咬来犯者，以保护自己的领地不受侵犯。除此之外，蚂蚁会切掉伸向自己所在的金合欢树上的其他植物的枝条，这样树叶便能够接受阳光，迅速生长，并能与其他植物进行有效的竞争。

阿拉伯胶树可出产最好的（“真正的”）树胶，原产于塞内加尔（西非国家）到尼日利亚（非洲中西部国家）之间的热带非洲地区。其他树种例如阿拉伯金合欢和塞伊耳相思树的树胶质量稍差。树胶主要来自树枝，可用于制药、制糖以及制胶。黑儿茶就是将儿茶的木头浸泡在热水中获得的，它是一种黑色的液体，富含丹宁酸，据说原来人们穿的咔叽布就是用这种丹宁酸成分染色的。其他能够产生丹宁酸的种类包括黑荆树、金荆树以及银栲，在欧洲的西班牙、葡萄牙和意大利有种植。在欧洲南部，银栲也被广泛种植作木料用树、观赏树，或用来稳定土壤，而且它还是种花人手里的“含羞草”，在冬季可制作插花。在法国南部银栲非常多，山坡上到处都可见它们的踪影，但有时干旱、霜冻和火灾的综合作用可能摧毁它们。金合欢属里有几个种可出产珍贵的木料，其中包括黑木相思树，木料的用途很广泛，可制作家具、回飞棒、船和矛，现在在欧洲南部种有黑木相思树。其他种可作遮阴树或用以稳定海岸边的沙丘。

在温带地区比较温和的地方，有些种类可作为观赏植物，例如银栲、真珠相思树、长叶相思树、树胶相思树、刺相思树、蓝叶金合欢、卡路金合欢等。银栲的树叶呈非常漂亮的银色、羽毛状，而且花朵芳香，球状簇生；真珠相思树是非常漂亮的灌木，高度可达 3 米，具有近卵形的棘状叶状柄，长 2.5~3 厘米，花朵芳香、有梗，数量庞大，呈总状花序，球形花头；长叶相思树的花朵特别香，柱形头；而树胶相思树的花朵芳香，球形头，一年四季都开花；刺相思树的幼枝很特别，有棱纹，顶端多刺，绽放深黄色的花朵，是作为温室植物、树篱等的优良树种；蓝叶金合欢产于澳大利亚西部，叶状柄蓝绿色，呈披针形或倒披针形，长度可达 30 厘米，花朵球形头状，也可种植作为土壤稳固剂，在欧洲南部则作为观赏树；卡路金合欢产自南非，现在生长在欧洲西南部（有时本地化），它具有奇特的白色长刺，长 5~10 厘米。

金合欢树也称作甜金合欢树和西印度黑刺，产自热带地区，并在亚热带广泛种植，但有人认为它原产于热带和亚热带美洲。它的花朵价值高，气味芳香，具有紫罗兰的气味，可用于香水工业。金合欢也是伞状花科里两三个种的通用名，它们原产于欧洲南部，包括希腊，其中愈伤草树脂取自 Opopanax chironium。

纳米比亚干旱的荒原上生长的骆驼树对当地的人们和动物来说非常重要。

■ 金合欢属主要的种

第一组：树叶二回羽状。

灰叶楔 分布在澳大利亚。小乔木，树形优美；树叶灰蓝绿色，2~4对羽片；花朵呈总状花序，球形花头；荚果上覆有白粉。

银楔 分布在澳大利亚。树高30米，树皮银灰色；树叶被绒毛，(8)15~20(25)对羽片；花朵具有强烈的香味，球形花头，长圆锥花序。法国南部栽培银楔用于制作香水，它还是种花人的“含羞草”。可出产阿拉伯树胶的替代品。

A.drummondii 分布在澳大利亚西部地区。灌木或小乔木，树高3米；小枝有凹槽；花朵呈柠檬黄色，浓密、单生，圆柱形穗状。

黑荆树 分布在塔斯马尼亚。小枝和树叶生软毛；花朵生在叶腋里；种子之间的荚果紧贴。黑荆树含丹宁酸。它与A.drummondii类似，但是小羽片（羽上的小叶）更小（2毫米），而且幼枝和幼叶呈黄色。

A 植物多刺。

B 花朵有刺，或为刺状总状花序。

黑儿茶 分布在巴基斯坦西部到缅甸。黑儿茶是小型到中型落叶乔木，生短短的钩状刺；花朵单生或2~3朵簇生；心材含有丹宁酸，可提取做染色剂。

微白相思木 分布在非洲、叙利亚共和国(西南亚国家)以及巴勒斯坦。这是一种宽伸展型乔木，高30米，直刺对生；树叶蓝绿色；花朵乳白色，在长刺中；荚果亮橙色，果皮不裂，卷曲呈圆形。

牛角相思树 分布在墨西哥到哥斯达黎加。灌木或小乔木，刺大、膨胀且扭曲，后面的部分中空。

摩洛哥橡胶树 分布在摩洛哥。树高10米；荚果白色，被绒毛，位于种子之间。

非洲橡胶树 分布在印度、非洲东部热带地区、索马里和苏丹。非洲橡胶树是矮树或灌木，通常树顶较平；刺长2.5~10厘米；花朵乳黄色。非洲橡胶树的栽培变种容易被混淆成卡路金合欢。

阿拉伯胶树 分布在热带非洲。灌木或乔木，高12米，3根刺一组，中间一根内弯或单生；花朵呈白色或乳黄色，位于腋刺中间；荚果扁平。它是“真正”的树胶商品的源木。

A.drummondii 的叶子和花

灰叶楔的叶子和花

银楔的叶子

BB球形花头（头状花序）。

金合欢 分布在美洲和澳大利亚的热带和亚热带地区，但被广泛引种在其他热带地区进行栽培。金合欢是高6米的落叶灌木或小型乔木，分枝多；花朵非常芳香，呈亮金黄色。金合欢广泛栽种作为观赏树，花朵里提取的精油可用于香水制造业。

骆驼树 分布在南非和津巴布韦。树高13米，刺既短且直、对生；花头簇生；荚果弯曲、柔软，呈灰色，果皮不裂。

卡路金合欢 分布在南非。卡路金合欢是落叶灌木或小型乔木，生尖锐的象牙白色的刺，刺长5~10厘米，生在树上较老的部位；花朵芳香，花头4~6个簇生在叶腋；荚果扁平。卡路金合欢常用作树篱或沙土固定植物。

阿拉伯金合欢 分布在非洲和亚洲的热带和亚热带地区，并延伸至印度。树高可达25米，生又长又直的刺；花朵亮黄色。阿拉伯金合欢出产普通的阿拉伯树胶、丹宁酸和硬木材。

阿拉伯胶树 分布在非洲热带和亚热带地

区、苏丹到津巴布韦。树高12米，刺直；花朵亮黄色；荚果弯曲，种子扁平。它可用来制作高质量的阿拉伯树胶。

屋得金合欢 分布在非洲南部地区。该种为大型乔木；幼枝被金黄色绒毛；刺非常短；花朵乳白色、单生或对生。

第二组： 成年的树叶结构简单，变成叶状柄，偶尔有少数羽状叶。

C 花朵球形花头（头状花序），可能单生、簇生或呈总状花序。

拉特氏相思树 分布在澳大利亚。拉特氏相思树是高2.5米的分枝灌木，具有长圆形的叶状柄；黄色花朵单生，金色花头或2朵并生。

A.alata 分布在澳大利亚西部地区。该种为灌木，高2.5米；叶状柄呈窄的三角形或者卵形到披针形，只有一条叶脉，具有下延的线形到长圆形翅，顶端是细长的刺；花朵呈奶油色到黄色，为腋生、单生或对生花头。

刺相思树 分布在澳大利亚。刺相思树是灌木，高3米；幼枝有棱脊，顶端生刺；托叶刺状；叶状柄半卵形，长12~25毫米，宽3~6毫米，顶部卷曲，每个结节有2片托叶，变化成分叉的刺，长12~13毫米；花为亮黄色花头，单生或对生在花梗上。

黑木相思 分布在澳大利亚南部和塔斯马尼亚。树高20~40米，托叶非刺状；叶状柄有3~5条叶脉，长圆形到披针形，卷曲；有部分二回羽状的叶子。花朵奶油色，花头呈腋生的总状花序。它是重要的木料用树，现在在欧洲南部有种植。

金荆树 分布在澳大利亚，为灌木或中等乔木，高7米；托叶非刺状，叶状柄有1条叶脉，披针形，弯曲；花朵芳香、亮黄色，花头呈总状花序。广泛用于制革业。

树胶状相思树 分布在塔斯马尼亚和澳大利亚。树胶状相思树是灌木或小乔木，高10米；托叶非刺状，叶状柄线形到披针形、弯曲；花朵灰黄色，总状花序。该种广泛栽培。

CC 花朵呈圆柱形穗状。

红木相思 分布在澳大利亚。红木相思为高10米的乔木或者只是灌木；叶状柄线形，长10~25厘米，宽4~8毫米；花朵腋生穗状花序；木质有香味，闻起来像覆盆子果酱，而这正是它的俗名“覆盆子果酱树”的由来。

长叶相思树 分布在澳大利亚和塔斯马尼亚。长叶相思树是灌木或乔木，树高10米；叶状柄呈长圆形到披针形，长7.5~15厘米，宽9~18毫米；花朵亮黄色，腋生穗状花序。长叶相思树常常栽培作为观赏树。

密花金合欢的树枝

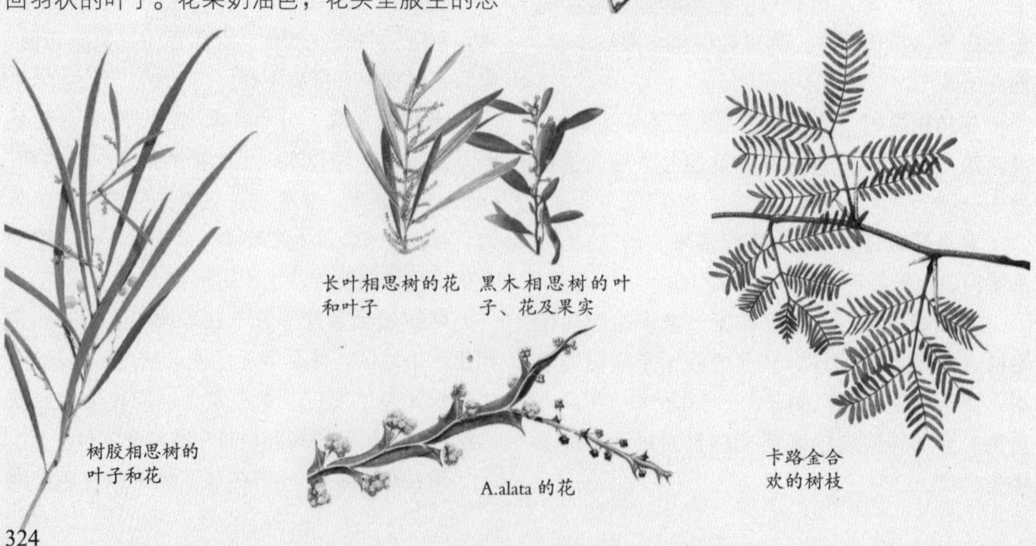

树胶相思树的叶子和花

长叶相思树的花和叶子

黑木相思树的叶子、花及果实

A.alata 的花

卡路金合欢的树枝

紫荆属

南欧紫荆、紫荆

紫荆属大约有6种，产自北美洲和欧洲南部直到亚洲东部（中国）地区。它们是落叶乔木或落叶灌木，有些种类的芽呈暗红色。树叶近圆形，基部心脏形，树叶互生，叶缘完整，叶脉5~7条，呈扇形分布。花朵簇生，玫瑰色到紫色，有时候直接生在树干上（茎生花），先于叶开放或同时开放；花萼铃铛形，有短钝齿，花冠上有5片花瓣，上面部分的3片更小，有10枚雄蕊。果实是扁平的荚果，起初是绿色到粉色，最后变成棕色，生几粒扁平的种子。

紫荆属里大多数是耐寒的种类，花很漂亮，而且树叶形状美观，因此被广泛栽种。最有名的是南欧紫荆，它是犹大自缢其上的传说中的两种树之一（另一种更老，接骨木属），它那茎生花无疑是鲜血的象征，这种传说可以解释为什么南欧紫荆常常种在教堂旁和墓地里。南欧紫荆具有低矮、不规则伸展的习性，高约5~6米，树的直径与此相近。老树的树枝常常一边倒，弯向地面。树皮幼时呈紫色，有棱脊，成熟后变成灰红色，并且有裂。

垂丝紫荆产自中国，它是所有种里面唯一花朵呈总状花序排列的。

Redbud（紫荆）这个词应该指的是加拿大紫荆，它是北美洲非常受欢迎的观赏树，但是这种树在欧洲受欢迎的程度不如南欧紫荆。

南欧紫荆喜欢优良的沙土，成年树不容易移植，因此应当在早期就种在一个固定的地方。最好用种子进行繁殖，通常用于嫁接的砧木是加拿大紫荆或南欧紫荆。

↗ 加拿大紫荆的花在早夏开放，簇生，呈现美丽的浅玫瑰红色，先于叶开放。它的花朵比南欧紫荆的花小。

■ 紫荆属主要的种

第一组：树叶圆形或顶端有凹口，宽6~10厘米。

南欧紫荆 分布在欧洲南部和亚洲。树高可达12米，树形伸展、不规则。树叶几乎呈圆形，基部弯曲，顶端通常呈圆形，尖形罕见，上表面呈亮绿色，下表面浅绿色。花朵亮紫色到玫瑰红色，长1~2厘米，3~6朵簇生，数量庞大；荚果长达15厘米。这种树枝稀疏的小型树种据说是犹大（Judas Iscariot）自缢的地方，但是其名字的意思却为“犹太（古代罗马所统治的巴勒斯坦南部）之树”，在这个环绕着以色列（Israel）和巴勒斯坦（Palestinian）的地区，南欧紫荆树非常常见。它的花朵为亮粉色，因此被大量栽种于欧洲地区。这种树在光照好的地方花开得才好。

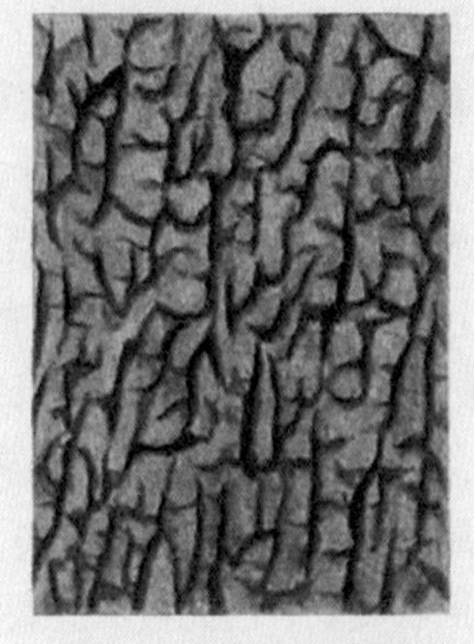

成熟的南欧紫荆树呈明显的倾斜趋势，甚至碰到了地面，但是仍然能继续生长。它的叶子沿着中脉向内折叠。它的花朵在叶子抽芽后就能成簇开放。

南欧白花紫荆 南欧紫荆的变种，开白色花朵。

肾叶紫荆 分布在美国得克萨斯州和新墨西哥州。树高12米；树叶宽卵形到肾脏形，革质，有时候下表面被毛；花朵玫瑰色到粉红色，长1厘米；荚果长约6厘米。

南欧紫荆的花、树皮、叶子和果实

第二组：树叶顶端短尖形。

加拿大紫荆 分布在北美洲中部和东部地区。通常是灌木，但偶尔是乔木，树高可达12米；树叶呈宽卵形到心脏形，宽8~12厘米，下表面色暗，叶脉与叶腋之间被毛，树叶比南欧紫荆的树叶更薄，颜色更亮；花4~8朵簇生，呈浅玫瑰色到粉红色，花朵比南欧紫荆的花朵更小、颜色更淡。

加拿大白花紫荆 加拿大紫荆的变种，开白色的花朵。

加拿大毛紫荆 加拿大紫荆的变种，树叶下表面被毛。

紫荆 分布在中国。树高12~15米，但栽培时变成灌木；树叶圆形，直径8~12厘米，上下表面光滑，呈绿色；花4~10朵簇生，呈紫色到粉红色，花朵尺寸比加拿大紫荆更大；荚果长9~12厘米。

垂丝紫荆 分布在中国。灌木或小乔木，高12米；树叶宽卵形，长6~12厘米，上表面亮绿色，下表面被毛；花朵呈玫瑰色到粉红色，总状花序，长10厘米；荚果长9~12厘米。

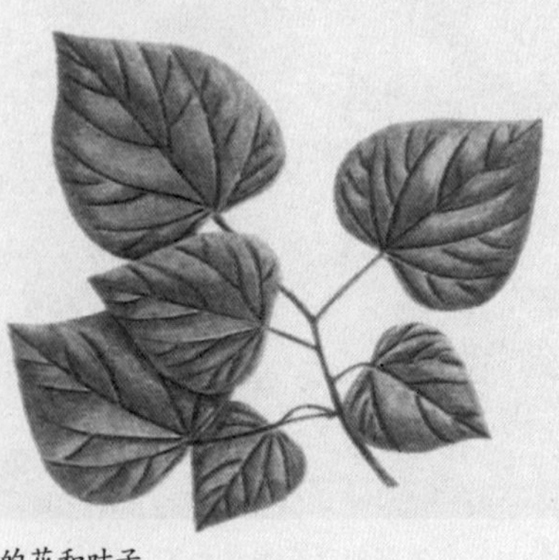

加拿大紫荆的花和叶子

皂荚属

皂荚树

皂荚属含 10 多个落叶树种，它们产自北美洲东部、中国、日本和伊朗。皂荚树的树干和树枝上有单生或分叉的刺，生在叶腋处，很有威慑力；树叶二回羽状或羽状，花朵小、绿色，总状花序，长 5~15 厘米，它的花瓣均一，这一点与大多数生荚果种不同；几乎所有种的荚果果肉里都有无数粒种子，荚果长 30~50 厘米，通常是螺旋形扭曲状，以利于靠风传播。

皂荚属里许多种有与蕨类植物状树叶，因此被人工栽培，例如美国皂荚，它的栽培变种黄叶美国皂荚的树叶春秋季呈金黄色；无刺美国皂荚没有刺，不可繁殖。得克萨斯皂荚是无刺杂交种，也被人工栽培，生在美国得克萨斯州，在那里美国皂荚和水皂荚生长在一起。得克萨斯皂荚生许多种子，但是没有果肉，因此成为水皂荚和美国皂荚的中间产物，前者有少许果肉，生 1 粒种子，后者有果肉，生许多种子。皂荚树在排水良好的所有类型土壤中都可存活，而且由于皂荚树可耐受大气污染，因此可种植在城市里。

皂荚属里有些种类可用于民用产业：美国皂荚的果肉甜，荚果发酵后可制成“啤酒”。里海皂荚、日本皂荚和大刺皂荚（中国）可制成肥皂，大刺皂荚也可用于制革。许多皂荚树的木材比较坚硬，经久耐用。

知识档案

皂荚树

种数 14

分布 中国和日本、新几内亚、里海地区、南美洲以及北美洲东部地区。

经济用途 广泛栽种作为树篱、木材用树，还可作遮阴树和观赏树。

皂荚属主要的种

第一组：荚果生许多扁平状种子，通常扭曲，没有斑点；基部的棱脊扁平。

美国皂荚　分布在北美洲。美国皂荚树高 45米；树干和树枝上一般生单刺或分叉刺，刺长6~10厘米；树叶长14~20厘米，色暗、平滑，羽状或者二回羽状，羽状树叶上面有20片长2~3.5厘米的羽，长圆形到矛尖形，而双羽状树叶上面有8~14片羽；荚果长30~40厘米，种子嵌在果肉里。美国皂荚有几个变种和栽培变种。

“Butjoti”　栽培变种，具有细长的垂枝。

“Nana”　栽培变种，像灌木。

无刺美国皂荚　美国皂荚的变型，树形修长，无刺。

“Elegantissima”　栽培变种，具有灌木生长习性，无刺。

黄叶美国皂荚　栽培变种，在春季生金黄

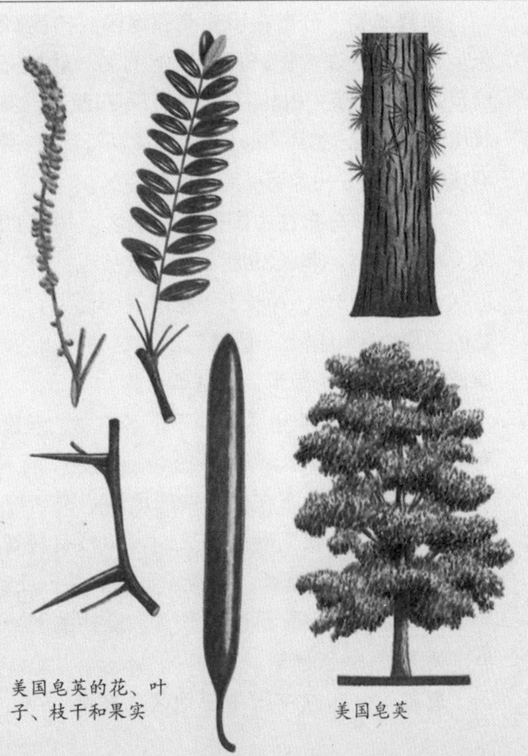

美国皂荚的花、叶子、枝干和果实

美国皂荚

色树叶，无刺。

日本皂荚　分布在日本。日本皂荚树高20~25米；树干上生分叉的刺，刺长5~10厘米；幼枝紫色；树叶长25~30厘米，羽状树叶上有16~20片长2~4（6）厘米的长圆形羽，而二回羽状树叶有2~12片羽；荚果扭曲，长25~30厘米。

华南皂荚　它与日本皂荚是近亲。树干上面生非常短的刺；树叶一般呈二回羽状，有16~30片卵形羽。华南皂荚出身不明，栽培种可能是里海皂荚。

里海皂荚　分布在伊朗北部地区。树高12米；树干上生许多长15厘米以上的刺；幼枝亮绿色，外表光滑；树叶闪亮，长15~24厘米，羽状树叶上生12~20片卵形到椭圆形的羽，而二回羽状树叶上生6~8片羽；荚果长20厘米。

滇皂荚　分布在中国西南部地区。树高10米；树干有刺，刺长25厘米；幼枝被毛；树叶羽状，上面有8~16片长3~6厘米的卵形羽，低处的羽更小（小树上一般生二回羽状树叶）；荚果长15~35（50）厘米，果壁革质。

第二组：荚果生许多种子，不扭曲，但是有小斑点；刺圆柱形。

大刺皂荚　分布在中国中部地区。树高15米；树干上生又长又硬的分叉刺，树枝有棱脊和瘤；树叶长5~7厘米，平滑、羽状，生6~12片长5~7厘米的卵形到长圆形羽，低处的羽更小；荚果长15~30厘米。

皂荚　分布在中国中部地区。树高15米；树干上生短粗锥形刺，一般是分叉的；树叶羽状，长12~18厘米，呈深黄绿色，由8~14（18）片长3~8厘米的卵形羽组成；荚果长12~25厘米，颜色从深紫色到褐色。

第三组：荚果有许多种子，竖直。树干一般无刺。

得克萨斯皂荚　分布在美国得克萨斯州。得克萨斯皂荚是天然的杂交树种，它是美国皂荚和水皂荚的杂交种。它的高度可达40米，灰色树皮光滑，幼枝平滑；树叶长5~20厘米，深绿色，外表平滑，羽状或二回羽状，生12~14片羽；雄花暗橙黄色，总状花序，长8~10厘米；荚果没有果肉，长10~12厘米，呈深褐色。

第四组：荚果生2~3粒种子；小叶完整，下表面被毛。

野皂荚　分布在中国东北，为灌木或小乔木；刺细长，独生或3裂，长达35厘米；浅绿色树叶羽状，生10~18片长1~3厘米的长圆形羽；荚果长3.5~5.5厘米，薄且光滑。

第五组：荚果生1~2粒种子；小叶细圆齿状，下表面光滑。

水皂荚　分布在美国东南部。树高20米，在欧洲只达到灌木尺寸；树干上生长10厘米的分叉刺；树叶长20厘米，外表光滑，呈羽状，由12~18片长2~3厘米的卵形到长圆形羽组成，或二回羽状，上面有6~8片羽；荚果薄，长2.5~5厘米，一般只生1粒种子。

↗黄叶美国皂荚是最漂亮的黄叶皂荚树，春季树叶呈现富丽堂皇的金黄色，夏季变成黄绿色。

金链花属

金链花

金链花属是由小型乔木和灌木种组成的，树叶很漂亮，亮黄色的花朵呈下垂的总状花序，但是它的树叶和种子有毒。现在估计只有 2 种及其杂交种分布在欧洲南部地区。

金链花的树叶互生，有 3 小叶，具叶柄，但没有托叶。花朵两性、黄色、豌豆状，生在纤细的花梗上，末端下垂，呈总状花序；花萼铃铛形，2 片唇，其长度不如花冠管的长度，花萼黄色，花瓣离生；10 枚雄蕊细丝联结成 1 个管，花柱纤细，有 1 个小小的、向上弯曲的柱头，子房有短梗。荚果呈窄长圆形，共 1~8 粒种子，种子与荚果壁面紧贴，上面的接合处增厚，或者有翅。种子肾形。

金链花属 2 种苏格兰金链花和金满园都可作为观赏树。它们对土壤并不挑剔，只要不水涝就行。荚果自由形态，如果早些时候除掉，就会延长该植物相对短的寿命。它们通常不易遭受病虫害。

金链花（以及它们的杂交种华特利金链花）的种子是自由形成的，其毒性对于人和家畜来说可能是致命的。马比牛和山羊更易感染，但是绵羊和啮齿动物吃金链树的树叶和树皮却没事。杂交种的种子一样有毒，但荚果里产生的种子很少（每个总状花序只有 1~3 粒种子），因此成为最广泛种植的金链花品种。金链花里面含有金雀花碱和毒豆碱，因此具有致毒性。如果接触金链花中毒，要立即到医院治疗。

金链花属第 3 种来自巴尔干半岛和小亚细亚，原来被归入 Podocytisus caramanicus，现在把它移到金链花属，但是有些专家不以为然，仍把它归入原来的属。它是一种灌木，高 1 米，花朵金黄色，像金链花，呈总状花序，但它的花序是竖立的，而不是下垂的。

苏格兰金链花同紫金雀花嫁接杂交，形成一种有趣的杂交种，同时归入金雀花属和金链花属，名叫金链金雀花。尽管只是一种常见的种间杂交，它的“母体”组织并不分离，金雀花属的那部分形成外层组织，里面的组织却是金链花的；在顶端金链花的组织占优势，但是有些树枝却是纯粹的金雀花组织；有时候会长出种子，由于种子来自内部组织，因此种子只可能长成金链花植物。这种类型的杂交也叫作具嵌合体。金链金雀花可无性繁殖，它的习性与通常的金链花相似，但是小叶更小，比较光滑；总状花序倾斜而不下垂，比较小，花朵颜色看起来是有些脏的紫色。金链金雀花心木可做细木工和镶嵌。从植物学角度看，金链金雀花是非常有趣的，它的观赏价值只是因为人们对植物的好奇心，而它实际上看起来并不是那么惹人喜爱。

知识档案

金链花

种数 2

分布 欧洲南部，不包括西班牙。

经济用途 心材可用于制作家具和镶嵌工艺。主要栽培作为观赏树。

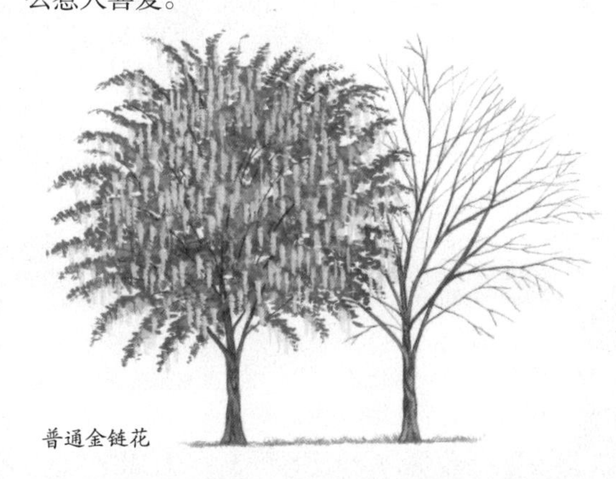

普通金链花

在春季，金链花属的3种依次开花：苏格兰金链花最早，其次是金满园，最后是华特利金链花。华特利金链花是前两者的杂交种。

■ 金链花属主要的种

苏格兰金链花 分布在欧洲中部、阿尔卑斯山、意大利和巴尔干半岛的山林里。它是大型灌木或小型乔木，高7~9（10）米。小叶近椭圆形，长3~8厘米，上表面浅绿色，下表面被丝状软毛。花朵呈总状花序，被毛，长15~25厘米，在春末夏初开放，花朵亮黄色，长2厘米，花梗比较短。结果荚果的截面呈圆形，上面的结合处厚、有脊，但是没有明显的翅，平均长5厘米，暗褐色；种子黑色。苏格兰金链花具有大量的栽培变种。

沃氏金链花的叶子和果实

金满园 分布在奥地利、瑞士、捷克、斯洛伐克共和国、意大利和巴尔干半岛的山林里。它是灌木或乔木，树高12米；小叶大多呈椭圆形到长圆形，长4~7厘米，边缘生纤毛，但是比较平滑；花朵被薄毛，总状花序，长25~40厘米，花期比苏格兰金链花晚2~3周，平均长度小于2厘米，花梗大致与花一样长；荚果扁平，上面的接合处明显有翅；种子约5粒，呈褐色。金满园有许多栽培变种，它的观赏价值比苏格兰金链花高。

华特利金链花（苏格兰金链花×金满园） 这种杂交种具有与金满园一样的长总状花序，花朵比苏格兰金链花还要漂亮。树叶和荚果的下表面被毛，结果荚果约长4厘米，翅比金满园短，种子更小。荚果很少发育完全，因此这种杂交种可减少有毒种子的数量。它有许多栽培变种，其中最好的是沃氏金链花。

普通金链花树 原产于欧洲中部的高山海拔为2000米（6560英尺）的地方。它的树形小且舒展，寿命较短，更适合生长在碱性的土壤中。在春末时节，它能开出很多漂亮的金黄色花朵，也因此而闻名于世。这种树含有一种有毒的生物碱，尤其是绿色的未成熟的种子结荚，毒性特别大，不能食用。

普通金链花树的树皮为灰褐色，很光滑，成熟的时候其表面会出现浅显的裂缝。它的小枝为橄榄绿色，冬季的叶芽上覆有银色的绒毛。它的小叶为椭圆形，三枚成簇，长为10厘米（4英寸），上表面为深绿色，下表面为灰绿色，刚抽出来时还覆有银色的绒毛。它的花朵为金黄色，豌豆形，长为2.5厘米（1英寸），形成浓密、下垂的花簇，花簇长度可达30厘米（12英寸）。花朵谢了以后则结成绿色、带毛的豆形结荚，成熟后变成褐色，其内包裹着几颗小的、圆形的黑色种子。

沃斯金链花树 这种树很漂亮，高度为7米（23英尺），树形是宽阔的舒展形，被大量种植于北美洲境内的公园和花园。它是原产自欧洲中部和南部地区的普通金链花树（拉丁名为Laburnum anagyoides）和苏格兰金链花树（拉丁名为Laburnum alpinum）的杂交变种，1864年时由英国的沃特尔苗圃（Waterer’s nursery）培育。这一变种中的“沃斯（Vossii）”在19世纪末期由荷兰培植，并很快取代了金链花树的其他变种。

金满园的叶子、花和果实　　苏格兰金链花的叶子、花和果实

金满园　　苏格兰金链花

刺槐属

洋槐、刺槐

刺槐属 7 种，都源自北美洲。它们是落叶灌木或乔木，互生羽状叶，生奇数端小叶（奇数羽状）；托叶一般有刺；小叶对生、叶缘完整，具小托叶。花朵像豌豆，大部分为腋生下垂总状花序，在春末夏初开花；花萼铃铛形、具双“唇”，花冠上有短爪形花瓣，花瓣龙骨下面联结在一起；有 10 枚雄蕊，上面的 1 枚离生，下面 9 枚融合成管状；荚果线形到长圆形，扁平、双瓣，含 3~10 粒种子。

洋槐在温带地区比较耐寒，由于绽放的白色、粉色到紫色的花朵香气四溢，且色彩绚丽，因此被广泛种植。它的木材比较脆，树枝在强风下容易折断。因此，洋槐更适合种在贫瘠的土壤里，但这样长得不够茂盛。洋槐用种子繁殖，或者同洋槐砧木嫁接进行繁殖。

洋槐可能是种植最广泛的树种，它的观赏价值很高，高度可达 26 米，花朵白色，有时候是粉红色，气味芳香，呈下垂的总状花序。刺槐属里其他比较吸引人的种类有 R.kelseyi 和毛刺槐：R.kelseyi 的花朵呈深玫瑰色，荚果有腺体、被硬毛；毛刺槐的花朵呈玫瑰红色到淡紫色，荚果也有腺体、被硬毛，但是很难形成。

知识档案

洋槐、刺槐

种数 7

分布 北美洲。

经济用途 木料、柴火。公园和绿地里栽培作为观赏树，存在许多不同的形式。

刺槐属主要的种

第一组：小枝无毛或被绒毛，无腺体，不被刚毛。

刺槐 分布在北美洲，产于欧洲的许多地区。树高26米，树皮具有粗糙的裂纹；小枝光滑，托叶通常有刺；小叶11~23枚；花朵密集，总状花序，长10~20厘米，气味芳香，呈白色；荚果光滑，线形到长圆形，长5~10厘米，生3~10粒种子。刺槐大多栽培作为观赏树。刺槐有2个变种的托叶无刺。

R.boyntonii 分布在美国东南部地区。它是灌木，高3米，托叶无刺；小叶7~13枚；花朵长6~10厘米，呈疏松的总状花序，颜色从粉色到玫瑰紫色；荚果有腺体，被刚毛。

R.kelseyi 分布在美国东南部地区。它是灌木或小乔木，树高3米；小枝上生有刺的托叶；花朵呈深玫瑰色到粉红色，每个总状花序有5~8朵花；荚果长3.5~5厘米，紫色，有腺体，被毛。

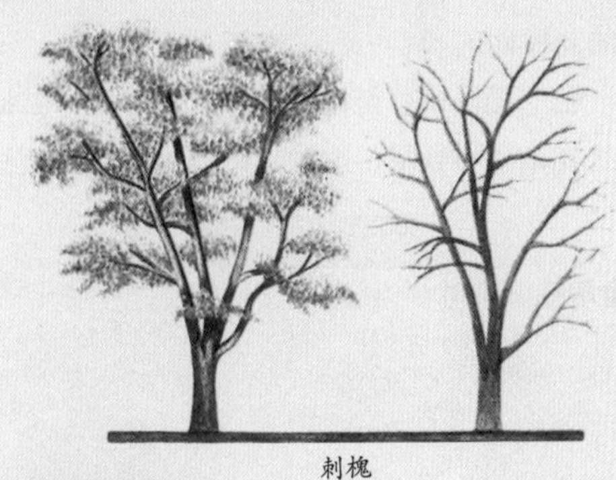

刺槐

刺槐的树皮、叶子、花和果实

湿地槐　分布在美国东南部地区。湿地槐为灌木，高1.5米；小枝起初被毛，托叶上生小刺；花朵粉红色到紫色，或紫色和白色；荚果被刚毛。

第二组：小枝和花梗有腺体，被刚毛。荚果被刚毛。

毛刺槐　分布在美国东南部地区。毛刺槐是高2米的灌木；小枝和花梗上有腺体，被刚毛；小叶7~13枚；花朵粉红色或粉紫色，3~5朵成总状花序，被刚毛；荚果很少发育完全，长5~8厘米，有腺体，被硬毛。毛刺槐经常在洋槐树上嫁接生长。

新墨西哥刺槐　分布在美国西南部地区。新墨西哥刺槐是灌木或乔木，树高10（12）米；小枝和花梗有腺体，被软毛而非刚毛；托叶有刺，小叶13~25枚，树叶的叶轴被毛，无腺体；花朵浅粉色或几近白色；荚果长（6）7~10厘米，有腺体、被棕毛。

黏毛刺槐　分布在美国东南部地区。黏毛刺槐树高10~12米；小枝和花梗上有腺体，被刚毛；托叶无刺或生小刺，小叶13~25枚，树叶的叶轴被黏毛；荚果长5~8厘米，有腺尖刚毛。

R.kelseyi 的花

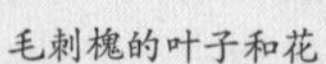

毛刺槐的叶子和花

肥皂荚属

肯塔基咖啡树

肥皂荚属共 5 种，原产自北美洲中部和东部以及中国东部地区。这样广泛的分布是曾经存在大片第三纪森林植物群的证据，在 6500 万 ~5000 万年前，肥皂荚属占据北半球直到现在的北极地区。

肥皂荚属树种是落叶乔木，树叶大，二回羽状。花朵不显眼，形状规则（因此不是豌豆

知识档案

肯塔基咖啡树

种数 5

分布 北美洲东部和亚洲东南部。

经济用途 栽培作为观赏树，取其木材和种子，种子烘烤后可做咖啡替代品。

↗ 成熟的肯塔基咖啡树树冠张开，显露出它那鳞片状的灰褐色树皮和漂亮的树叶，树叶上表面鲜绿色，下表面浅白绿色。

状），雌雄同株或雌雄异株；每朵花都有管状花萼，由5片萼片、5片花瓣和10枚雄蕊组成。果实是又大又厚的荚果，里面生有又大又扁的种子。

肯塔基咖啡树产自美国中东部地区，高度可达30米。它的树叶二回羽状，长可达115厘米，宽60厘米，最低的2片小叶单生，有3~7片羽，每片有6~14枚小叶（4枚罕见）和1枚端小叶；花朵生在长花梗上，呈绿色到白色，雌花圆锥花序，长度10~20厘米以上，雄花长度只有它的1/3；荚果长圆形，长15厘米，宽4~5厘米。肯塔基咖啡树在温带地区比较耐寒，它的树叶优美，因此被人工栽培，但不常开花。随着冬季来临，小叶凋落，只剩下黄色树叶和小叶叶柄，使整棵树看起来很有特色。早期居住者过去常常将种子碾碎制成一种类似咖啡的饮料——这正是它的俗名的由来。肯塔基咖啡树也可产出有用的木材。

肥皂荚产自中国，高度可达13米，树叶长度同肯塔基咖啡树，但是具20~24枚长圆形小叶，上面覆盖淡紫色粉；两性花和单性花同株；荚果长7~10厘米，宽4厘米。该种在温带地区不耐寒。

以上2个主要种的树皮和荚果产生皂角苷，具有起泡的特性。

槐属

塔状树

槐属含45种常绿乔木、落叶乔木或灌木，有时候多刺，多年生草本罕见。它们原产自北美洲、南美洲、亚洲和澳大利亚的温暖地区。四翅槐在新西兰、Tristan da Cunha和智利南部呈不连续分布，由于它的荚果漂浮在海面上，而且种子在3年内均可繁殖，因此可以被洋流散播。

托罗密罗树来自复活节岛，被认为已经灭绝，在原产地已经没有该树，这是因为在18世纪，引入这个岛上的绵羊摧毁了这一种群。但是，瑞典的哥德堡植物园还保留着许多托罗密罗树的树苗，1947年瑞典人类学家托尔·海耶德尔在“太阳号”船上远征时，带回了托罗密罗树的种子，培育长成树苗。

知识档案

塔状树

种数 45

分布 北温带到热带地区。

经济用途 有些树种可制作染料，木材可用于建筑和雕刻。也可栽培作为观赏树。

↗塔状树扭曲的树干和树枝使树叶形成开放的树冠。树叶初生时呈浅黄色。

槐树的树叶互生，奇数羽状，生有大量的（8~17）小小叶或少数对生的大小叶，托叶膜状、凋落。花朵长 2.5 厘米，呈白色、黄色或罕见的紫色，圆锥花序或总状花序，花序长度可达 50 厘米；花萼有 5 个短齿，花冠可能呈豌豆状，也可能是管状，花瓣尖、前伸。荚果圆柱形或略扁平，有时候有翅，长度可达 25 厘米，里面有种子，看起来像珠子项链，有时候果皮不裂。

槐属里有几种在温带地区比较耐寒，被栽培作为观赏植物，簇生的花朵看起来非常漂亮。它们是典型的喜光植物，有些种例如四翅槐喜欢攀墙生长。最有名的栽培物种是日本塔状树，它原产自中国和朝鲜，但不生在日本。其他的温带地区栽培种有大果槐（智利）、S.affinis（美国西南部）和白刺花（中国）。槐树的木材很坚硬，四翅槐的木材可用于细木工，制作轴和车削产品。日本塔状树的果实具有通便的特性，在中国它的树叶和果实提取物用于掺在鸦片里。侧花槐树的果实被美洲印第安部落当作麻醉剂，红色的种子可做项链。

香槐属

黄香槐

香槐属包括 6 种中等尺寸的落叶树，产自北美洲、中国和日本。它们与刺槐（刺槐属）有些相像，但是花朵更大，花簇也更大。树叶通常比较大，长达 33 厘米，互生、羽状，有 7~15 枚全缘小叶。花朵像豌豆，呈白色或粉色，有花梗。

黄香槐每朵花生 10 枚雄蕊；果实是裂开性的扁平荚果，含 3~6 粒种子。黄香槐最明显的特点是它的叶柄，叶基中空、膨胀，里面生次年的 3 粒芽，后来变成马蹄形叶痕。

黄香槐在温带地区耐寒，经常栽种作为观赏树，它更喜欢沙土和阳光充足的地方。

黄香槐产自美国南部地区，是最常见的观赏树种，它的树叶很美：幼叶呈鲜绿色，秋天变成绚丽的黄色。树高可达 20 米，但栽培时一般只能达到 12 米；树叶长 20~30 厘米，生（5）7~9(11) 枚小叶，没有小托叶；花朵白色，气味芳香，呈下垂的圆锥花序，花序长 36 厘米；荚果长 7~10 厘米，无翅。黄香槐的心材可制成黄色的染色剂，木头可用于制作枪托。小花香槐产自中国，普遍栽种，可以嫁接到黄香槐上，夏季开花迟。小花香槐野生时高度可达 25 米，但栽培时只有 15 米高；每片叶生（9）11~13（17）枚小叶，无小托叶；花朵白色或粉色，花梗直立，长 12~30 厘米；荚果长 5~7.5 厘米，无翅。另一个中国种山荆与小花香槐是近亲，但是栽培时不开花，因此很少见。翅荚香槐产自日本，与槐属里的种比较相像，曾经被归入槐属，它与香槐属其他种的区别在于，它的荚果有翅，小叶上有小托叶。

知识档案

黄香槐

种数 6

分布 东亚和北美洲。

经济用途 装饰性黄木和一种黄色染料。

胡颓子科 > 胡颓子属

胡颓子

胡颓子属里的种类均源自北美洲、欧洲南部和亚洲。它们是常青乔木、落叶乔木或灌木，树叶互生，下表面通常覆盖有穗状的银色鳞片；花朵大多芳香、两性（有时候单性），花被上面生 1 片花萼和 4 片花瓣状轮生体(花萼)，

沙枣的树叶下表面呈银色，非常有特点，树叶窄、披针形，上表面暗绿色，有鳞片。嫩枝也是白色的，奇特的嫩枝和树叶使沙枣成为非常显眼的树种。树叶在阳光下显得更白。

与反转的铃铛形管呈直角；果实是核果，生1粒种子。

胡颓子属大多是耐寒种，由于树叶漂亮、花朵芳香，因此被广泛栽培。它们喜欢生长在轻质沙土里，在贫瘠的土壤里生长的胡颓子的树叶看起来颜色更偏向银色。

胡颓子属里有些种的果实可制作蜜饯或果酱，例如木半夏和菲律宾胡颓子（产自菲律宾）。沙枣（产自南欧、西亚和中亚、喜马拉雅山区）的果实可制成果子露饮料。

知识档案

胡颓子

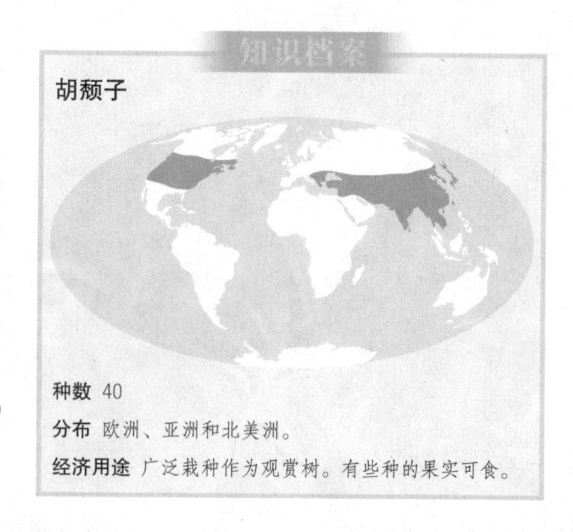

种数 40

分布 欧洲、亚洲和北美洲。

经济用途 广泛栽种作为观赏树。有些种的果实可食。

胡颓子属主要的种

第一组：春季开花，树叶脱落。

沙枣　分布在欧洲西部地区，产于欧洲南部。沙枣是灌木或小乔木，树高5~7米，有时候可达12米；小枝和树叶（两面）上有银色鳞片（非褐色），树叶披针形，长4~8厘米；花朵生花被，里面黄色，外面银色鳞片状；银色鳞片状果实卵形，长达13毫米，生黄色鳞片，果实可食用。沙枣的白色小枝和银色树叶非常出名。

银莓　它是产自北美洲的唯一的种类。银莓是高4米的灌木，小枝和树叶（下表面）有银色和褐色的鳞片；树叶披针形，长（3.5）4~9厘米；花朵下垂，非常香，里面黄色，花萼管比它的裂长；果实卵形，银色，长8~9毫米。由于银莓生有银色的树叶和黄色的香花，因此成为最吸引人的灌木之一。

木半夏　分布在日本。木半夏是灌木，高2~3米；小枝和树叶下表面具褐色鳞片，更多的是银色鳞片；树叶椭圆形到倒卵形，长3.5~6厘米；花朵芳香，里面黄色到白色，外面有银色和褐色鳞片；果实长圆形，长12~13毫米，呈橙色。由于木半夏结大量的橙色果实，因此常被人工栽培。木半夏与银莓和胡颓子的区别在于：木半夏的果梗更长（18~25毫米），而且花萼管和裂的长度相同。

胡颓子　分布在喜马拉雅山、中国和日本。广泛伸展型灌木，宽度比高度大4~6米，小枝和树叶上被银色和褐色鳞片；树叶披针形到卵形，长5~10厘米；花梗长6~8毫米，花朵里面淡黄色，外边被银色鳞片，花萼管的长度远大于它的裂的长度；果实呈圆形，直径6~8毫米，起初银色，最后变成红色。胡颓子的花朵和果实很漂亮，因此常见于人工栽培。

第二组：秋季开花，树叶常绿。

胡颓子　分布在日本，为灌木，高5米，小枝大多有刺，树叶下面被褐色鳞片；树叶比较硬，近卵形，长（4）5~10厘米；花朵香气四溢，下垂，呈现银色到白色，花萼管比它的裂要长，下面是子房；果实长12~20毫米，起初褐色，最后变成红色。它有许多栽培变种，其中斑点胡颓子可能是最出众的栽培变种。

大叶胡颓子　分布在朝鲜、日本，中国可能也有，为伸展型灌木，高3~4米，没有褐色鳞片，小枝银色到白色，通常有刺；树叶近卵形，长5~11厘米，上表面起初被银色鳞片，成熟后颜色变浅，下表面的银色鳞片不脱落；花朵非常香，略下垂；果实卵形，长15~16毫米，有鳞片，红色花萼不脱落。

蔓叶胡颓　分布在中国和日本。散漫型或攀缘型灌木，高约6米，蔓叶胡颓总是与胡颓子混淆，并被当成胡颓子售卖，但是它的小枝无刺，而且树叶下表面呈暗褐色，生黄色和棕色鳞片，而胡颓子的颜色更白。蔓叶胡颓不常栽种，可能是因为容易被误认成胡颓子。

桃金娘科 > 桉属

桉树

桉属是一个由常青乔木和灌木组成的比较大的属，主要分布在澳大利亚，少数延伸至新几内亚、印度尼西亚东部以及菲律宾群岛中的一个岛——棉兰老岛。澳大利亚桉树的高度从1米以下至100米以上。它们在澳大利亚以"花楸树"之名为人所知。澳大利亚桉树是最高的开花植物，但高度不如针叶树种加利福尼亚红木。

无论大小，不管生在森林、灌木丛还是石南树丛里，桉树总是主导树种，从不生在下层丛林里。到目前为止，在澳大利亚原始森林和林地里，从热带到塔斯马尼亚南部寒带，桉属树种都是优势树种，而且上层植物通常只有桉树种，这样的优势地位是其他大属无法比拟的。

桉树在火灾中不会被摧毁，这是它们分布占优势的最重要原因。有些种只有在经历毁灭性的火灾之后，才重新从种子发芽，长成大树，但大多数是从树皮里的休眠芽长出嫩枝，然后生存下来的。有许多较小的种类是小桉树（像灌木，从地面下或部分位于地面上的木质块茎长出几根树干）。小木质块茎的存在也标志着单茎种尚处在幼年阶段，可从嫩枝重生。

桉属传统的鉴别特征是它的花盖里有花芽，花朵脱掉遮盖物之后开放，露出花柱和许多雄蕊。雄蕊是花朵里比较醒目的器官，吸引许多昆虫（通常是蜜蜂）和鸟类来寻找花蜜。9个亚属的蒴盖结构在形态上差异较大，必定有几条平行的进化线。

杯果木属（有时候被当作一个独立的属，但是由于形态和化学方面的特性使之归入2个桉亚属）的花朵具有离生的花瓣和萼片。在其他亚属里，有些花瓣是离生的，但是花瓣结合成一个花盖；其他有些种类2个轮生体形成一个外花盖和一个内花盖，而单蒴盖亚属里单个花盖是由单片花瓣形成的。

知识档案

桉树

种数 600以上

分布 马来西亚东部到澳大利亚。

经济用途 提取医用油和丹宁酸。树叶和花朵漂亮，具有重要的栽培价值。也可种植作为木料和观赏树。

桉属里每个亚属（例如双蒴盖亚属，它是最大的亚属，约含300种）的每个组都可能具有典型的分布范围。例如，单蒴盖亚属的种类几乎只在降雨量丰富（尤其是冬季降雨充沛）的地区、缺乏磷酸盐和其他营养物质的酸性土壤中生存。

桉树树皮和木材

对桉树的分类和命名基于比较明显的树皮和木材特征，这类名称有：斑桉、铁皮树、薄荷、黄杨、赤木、黑基木、赤桉和山蓝桉等，相似的名称用于澳大利亚不同地区完全不相干的物种。然而，从植物分类学角度来看彼此之间还是存在一定程度的天然联系，例如：所谓的树胶桉的树皮是光滑的，而且会剥落；黄杨的树皮坚硬，含纤维；薄荷的纤维比较细密，斑桉的纤维比较长；铁皮树的树皮比较硬、粗糙而且有裂。

对于非专业人士来说，通过一些基本的标准（例如蒴盖结构、花粉囊形状、叶脉图案）和部分地区的种类绝对数目来鉴别种类是非常困难的，悉尼方圆150千米就有100多种，而种内变异尤其是地理和海拔导致的渐变群（一种生态特征）会加大这种复杂度。更有甚者，许多种尽管在大部分地区特征分明，但是在一

↗ 桉树生在澳大利亚新南威尔士州的蓝岭国家公园里，它们之所以被称作蓝胶树，是因为树叶里释放的油雾看起来像蓝色的胶质。

些邻近地区可能产生大量的杂交种，并与母体逐渐融合，这种现象在欧洲定居者出现在澳大利亚之前就已经非常普遍了，但是在过去的一两百年内，随着清理、排水、火灾以及其他人类活动的影响，种间差异变得越来越模糊。

除了花期的差异，任何一组内种间有效的杂种繁殖都不存在严重的内在障碍（而且任何一个亚属内绝对的障碍更少），不同亚属里种间没有自然的杂交种或人工的杂交种。因此，通过地理隔绝或者在同一地区不同的生物繁衍后代之后，许多种类的特征仍然是独特的，同样这也是杂种繁殖的障碍。所以说，在任何一个地方，相互关联的种类通常属于不同的育种组，也就是说属于不同的亚属或组。在地文学或者土壤类型复杂的地区，这种现象只通过仔细观察物种分布图和环境决定者看起来会更明显。

桉树是澳大利亚主要的硬木来源，其中最有价值的锯材原木和木方源自红柳桉树、黑基木（弹丸桉和斜叶桉）。最近，重点转向制造纸浆和类似产品，特别是芯木，可做硬纸板，大量开采芯木做硬纸板并出口已经遭到环境保护者的抵制。森林业权威学者宣称可通过一种可再生资源来管理对桉树的开采。然而，人们更关注对野生动物产生的深远影响以及对乡村美学价值的影响。许多桉树种为当地的考拉提供重要的食物来源，它们的新陈代谢以及生理结构已经非常适宜消化这种植物原材料。

在从桉树获取的小产品中，最有名的就是桉树油以及精油，它们已经被用于医疗和香料

↗粉绿桉的花朵单生于叶腋里。芽光滑、有棱脊，而且起皱。粉绿桉最明显的特征是生无数的浅黄色或白色雄蕊。

业，其次还有桉树脑（主要用做祛痰剂）。有几种可出产奇诺树脂，它是以丹宁酸为主要成分的桉树分泌物，做收敛剂，可用在医学和制革业。铁树的树皮以前被开采用于制革。

桉树被广泛种植在巴西、北非、中东、非洲南部和热带非洲、美国加利福尼亚州、印度、乌克兰黑海沿岸，人们用它做木料、纸浆木、柴火，提取精油，利用其抗腐蚀的特性，或是供掩蔽（树阴和防风林）和观赏。在合适的气候条件下，许多种在外地反而比它们的原产地生长得更好，这是由于当地土壤里的营养成分高，而且没有破坏性害虫。在澳大利亚之外生长的最重要的种只有 30~40 种，而且作用也与澳大利亚作为最重要的木料用途不同。

生长在澳大利亚之外温带地区的部分桉树

通用名(俗名)	种（学名）
赤桉	E.calophylla
默里赤桉	E.camaldulensis
柠檬桉	E.citriodora
山桉	E.dalrympleana
玫瑰桉	E.glaucescens
	E.gomphocephala
	E.grandis
糙叶小桉树	E.grossa
克鲁斯小桉树	E.kruseana
杂色桉	E.macrocarpa
小鞘桉	E.microtheca
浆果桉	E.occidentalis
湿地桉	E.ovata
小叶桉	E.parvifolia
自旋桉	E.perriniana
柳桉	E.pileata
	E.saligna
铁树	E.sideroxylon
	E.tereticornis
细叶桉	E.tetragona

注：上表明显缺乏单蒴盖亚属的成员，它们是澳大利亚重要的种类。这组树种似乎特别依赖菌根作用。

在桉树的原产地之外栽培桉树一开始比较困难。既经济又可靠的繁殖方法至今还没有开发出来，因此种子是唯一使用的方法，但这样会带来许多不便，来自澳大利亚之外的种子可能不容易辨认。即便野生树上获取的种子样本也可能搞错名称，它们可能是几个混合种或是杂交种的种子。而且，如何控制发芽过程、生根以及最后移植到永久生长地都是非常重要的。

许多桉树生长迅速，有些热带和亚热带种的树苗一年可长 1.5 米，10 年可长 10 米以上。在 19 世纪，有些种广泛种植在意大利和非洲北部的沼泽地区。由于桉树的蒸腾作用强烈，这样有助于排干土地的水分，因而具有抗疟疾的益处。有一种耐沼泽的种类叫作大叶桉，该树尺寸中等，树皮粗糙，呈褐色。还有许多种类在澳大利亚之外人工栽培：在美国加利福尼亚州以及地中海地区最广泛种植的桉树种可能是塔斯马尼亚蓝桉，该树高度可达 35~45 米，内树皮呈灰色，由于外树皮剥落而暴露在外。加利福尼亚州是美国引种桉树最多的地方。

在凉爽的地区，桉树最适合种作观赏树。其中有苹果桉，该树高度可达 30 米，粉色树皮卷曲、剥落后露出里面光滑的灰色树皮。另一种耐寒的种类是雪花桉，它是小型乔木，属于单蒴盖亚属，高度约 6 米，树皮光滑，呈灰色或白色，每 2 年或 3 年剥落一次。浆果桉也是耐寒物种，但在温带地区最寒冷的地方并不耐寒，这是一种小乔木，经常需要修剪以保持其灌木形态，它的树皮呈现奇特的螺旋形。还有一种生命力旺盛的耐寒物种是果桉，很少栽培，该树高度可达 30~35 米，果实像一个瓮。

巨桉那高大的光滑树干在澳大利亚山林里非常醒目。

桉属主要的种

布莱克亚属

Lemuria组，Clavigerae系

鬼桉　分布在澳大利亚北部地区和新几内亚。树高10~18米；树皮剥落垂至地面，露出白色的内表面；树叶上下表面同色；花序侧面聚合，伞状花序，大多7朵一组；果实长10毫米，宽7毫米，纸状纹理，瓣深闭。

Corymbia亚属

Rufaria组，Gummiferae系

该组为红木。树皮纤维短，上面的鳞片厚，不脱落；树叶随着侧脉一起褪色；伞状花序，7朵簇生；果实木质，卵形到瓮形，瓣深闭。

红花桉　分布在澳大利亚西南部地区。矮树，高10米；花朵比较大，红色雄蕊；果实长30毫米，宽12毫米。

伞房花桉　分布在澳大利亚东部地区。树高35米；果实长约15毫米，宽12毫米。*

Ochraria组，Maculatae系

树胶有斑点。树皮光滑、粉色，通常有斑点；树叶上有细细的侧脉；伞状花序，3朵一组；果实瓮形，瓣深闭。

柠檬桉　分布在澳大利亚东北部地区。树形纤细，高40米；树叶含香茅醛；果实长约12毫米，宽9毫米。**

斑桉　分布在澳大利亚东部。树高35~40米；树叶不含香茅醛；果实约长15毫米，宽12毫米。**

Eudesmia亚属

Quadraria组，Tetrodontae系

澳大利亚红桉　分布在澳大利亚北部。树一般高15~24米；树皮含纤维，不脱落；树叶上下表面同色，呈灰色，下垂；伞状花序，3朵一组；果实钟状，长约15毫米，宽9毫米，具4枚突出的外齿（不要与边缘的小瓣混淆）。**

杂色桉的叶子　　小叶桉的叶子

细叶桉的叶子　　自旋桉的老叶

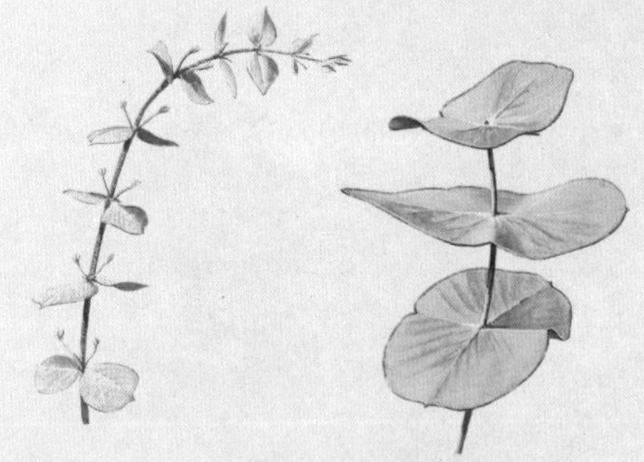

克鲁斯小桉树的叶子　　自旋桉的幼叶

Symphyomyrtus亚属

Transversaria组

该组主要是大树；树皮不剥落，胶质；树叶大多褪色，侧脉和中脉的夹角50°~75°；果实有瓣或突出。

Diversicolores系

卡瑞桉　分布在澳大利亚西部地区。树高45~65（75）米；胶质树皮；伞状花序，7朵一组；

果实梨形到球形，直径12毫米，瓣深闭。***

柳桉系

巨桉 分布在澳大利亚东部地区。树高35~45（50）米；胶质树皮；伞状花序，7朵一组；果实梨形，长8毫米，宽6毫米，一般无柄，瓣薄，轻突，内弯。

柳桉 分布在澳大利亚东部地区。树高35~45（50）米；胶质树皮；伞状花序，7~11朵一组。果实像巨桉，但是一般更小，而且瓣直或者外展。**

小果灰桉 分布在澳大利亚东部地区。树高30~35米；胶质树皮；伞状花序，7朵一组。果实半球形或倒圆锥形，直径约5毫米，瓣突出。**

Bisectaria组，Salmonophloiae系

E.salmonophloia 分布在澳大利亚西部地区。树高15~25（30）米；胶状树皮呈粉色；树叶上下表面同色；伞状花序，7朵一组；果实球形，直径约5毫米，瓣长。*

窿缘组

包括赤桉。大多是胶质树皮；树叶上下表面同色；伞状花序，一般是7~20朵一组；果实球形到半球形，瓣外突。花盖的长度和直径的比率是辨认种类的重要特征。

细叶桉系

细叶桉 分布在澳大利亚东部和新几内亚。树高30~40（50）米；伞状花序，7朵一组；花盖的长度比宽度长2.5~4倍；果实直径约6毫米。**

赤桉 分布在澳大利亚大部分地区。树高25~30（35）米；花盖有喙状突起，但北方的是钝锥形；果实长4毫米，宽6毫米。**

蓝桉组，多枝桉系

蓝桉 分布在澳大利亚东南部地区。树高35~45（50)米；胶质树皮；树叶上下表面同色；花朵独生，芽有疣；果实尖形，长15毫米，宽25毫米，无柄。*

多枝桉 分布在澳大利亚南部和东南部。

E.pileata

树高20~35（50）米；胶质树皮；树叶上下表面同色；伞状花序，一般3朵一组；果实近球形，长7毫米，宽5毫米（侧面的2个无柄），瓣突出。*

Adnataria组，Oliganthae系

E.microtheca 分布在澳大利亚内陆和北方地区。树高12~20米；树皮亚纤维质，茎和大树枝上的树皮不剥落；树叶呈蓝绿色；花朵大，7朵一组成伞状花序；果实半球形，长3毫米，宽4毫米，瓣大、外突。

Largiflorentes系

E.populnea 分布在澳大利亚北部。树高10~22米，树皮亚纤维质，不剥落；树叶亮绿色；花7朵一组，伞状花序；果实直径约3毫米，瓣小，通常闭合。

圆锥花桉系

圆锥花桉 分布在澳大利亚东南部。树高25~30（40）米；树皮坚硬，不剥落；树叶褪色；圆锥花序，大多数7朵呈伞状；果实梨形到卵形，长约9毫米，宽7毫米，瓣小，通常闭合。**

Melliodorae系

E. melliodora 分布在澳大利亚东南部。树高15~30米；树皮亚纤维质，不剥落；树皮上下表面同色；伞状花序，7朵一组；果实近梨形，长约7毫米，宽5毫米，瓣闭合。

Sebaria组，Microcorythes系

E.microcorys 分布在澳大利亚东部。树高30~45（50）米；树皮亚纤维质、柔软、不剥落；树叶褪色；伞状花序，7朵一组；果实倒圆锥形，尺寸约8×5毫米，瓣非常小，略微突出。

Telocalyptus亚属

Equatoria组，Degluptae系

E.deglupta 分布在菲律宾、苏拉威西岛、新几内亚和新不列颠。树高35~60（75）米；胶质树皮；树叶褪色；花3~7朵一组，伞状花序；果实半球形，长约3毫米，宽5毫米，瓣大、外突。**

单蒴盖亚属

Renantheria组,Marginatae系

红柳桉树 分布在澳大利亚西南部。树高25~35米；树皮纤维质、不剥落；树叶褪色；伞状花序，7朵一组；果实椭圆形到卵形，木质，长约18毫米，宽15毫米，瓣闭合。***

Capitellatae系

树皮黏性；纤维状树皮，不剥落；树叶通常上下表面同色；伞状花序为7~20朵花组成；果实半球形到球形，瓣外突。

E.baxteri 分布在澳大利亚东南部。树高25~35米；伞状花序，7朵一组；果实长约11毫米，宽9毫米，近无柄。*

E.eugenioides 分布在澳大利亚东部。树高20~25米；伞状花序,7~11朵一组；果实长约6毫米，宽7毫米，花梗短。*

弹丸桉系

弹丸桉 分布在澳大利亚东部。树高35~60米；树皮细纤维质，树干下半部上的树皮不剥落；树叶褪色；伞状花序,7~11朵一组；果实丸药状，长约11毫米，宽12毫米；瓣小，闭合。***

Obliquae系

高度差异巨大，高至塔斯马尼亚王桉，低至小桉树；树皮纤维质，不剥落，或胶质；树叶上下表面同色，基部倾斜，侧脉和中脉的夹角15°~25°；果实卵形到梨形，瓣凹陷。

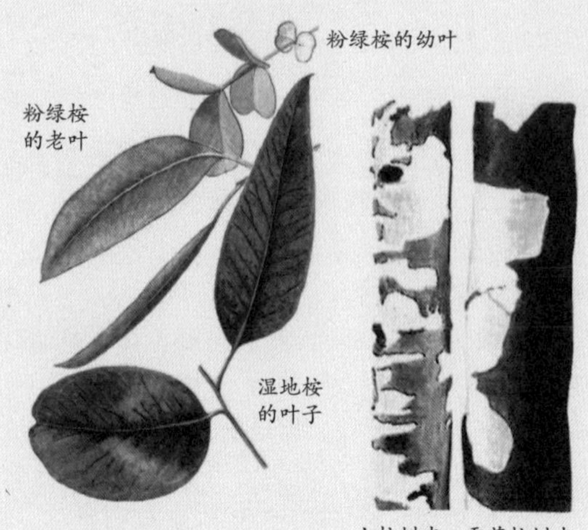

山桉树皮　雪花桉树皮

苹果桉的幼叶　苹果桉的老叶

斜叶桉 分布在澳大利亚东南部。树高10~60米；树皮不剥落；树叶绿色；果实尺寸9×8毫米。***

大桉 分布在澳大利亚东南部。树高35~50（70）米；低处树干上的树皮不剥落；树叶蓝色；伞状花序，7~15朵一组；果实长15毫米，宽12

毫米。***

塔斯马尼亚王桉 分布在澳大利亚东南部。树高50~75（100）米；低处树干上的树皮不剥落；树叶绿色、小；伞状花序，7~11朵一组；果实长8毫米，宽6毫米。***

雪花桉 分布在澳大利亚东南部。树高15~18米，有时弯曲；胶质树皮；叶脉明显，主要的侧脉同中脉平行；伞状花序，7~15朵一组；果实长约9毫米，宽8毫米。

Piperitae系

小型到中型树种。树皮纤维质或光滑；树叶上下表面同色，侧脉和中脉夹角小；果实小，瓣不明显。

窄叶薄荷 分布在澳大利亚东南部。树高12~24米；树皮亚纤维、不剥落；果实近球形到亚梨形，直径约4毫米。*

E.eugenioides

经济重要性

*** 非常重要的纸浆木和木料。

** 重要，但有时受到地理的限制。

* 有一定的重要性，但受到原木形状和树胶囊等的限制，例如伞房花桉。

山茱萸科 > 珙桐属

珙桐树

珙桐属只有 1 种，也就是来自中国中部和西部的珙桐树，在那里高度可达 20 米。它是落叶乔木，与欧椴树相像，树叶宽卵形，互生，叶基心脏形，顶端又长又尖。该种最突出的特征是生无数白色或乳白色苞叶，其中 2 片包裹着小球形花头。花朵没有花瓣，每个花头由一团雄花和 1 朵单性花组成，雄花上有紫色花药。在初夏，成年珙桐树上披上白色苞叶，显得尤为壮观；但是 20 年树龄以下的树上只开稀疏的花，然后结深绿色的卵形果实，长 3 厘米，宽 2.5 厘米，形成独特的外观，悬吊在树叶下面的长梗上，小枝上的叶在一段时间后会脱落。

珙桐树只在肥沃的土壤中长势良好。最常见的栽培类型是光叶珙桐，它的树叶下表面没有白色的毛。

珙桐树在晚春开花，但小圆花头隐藏在乳白色苞叶里，这些大苞叶尺寸不等。树龄20年以上的树开大量的花。

蓝果树属

蓝果树

蓝果树属约 8 种，分布在北美洲、中美洲和亚洲，它们是落叶乔木和灌木。

蓝果树的树叶是单叶，互生，没有叶柄。开小小的单性花，雌雄同株或雌雄异株，或为杂性花；每朵花有 5 片萼片和 5 片绿色的花瓣；雌花或单生，或成小团，而雄花球形花头簇生。雄花有 5~10（12）枚雄蕊，雌花只有 1 个花柱和 1 个单室或双室子房。果实是李子形的核果，一般呈红色或紫色，生 1 粒种子。

蓝果树属最出名的种是黑橡胶树，它在初秋呈现炫目的猩红色和金色，不仅在它的原产地美国东部，而且在整个温带地区都是非常有名的。在栽培时，黑橡胶树特别喜欢潮湿的土壤或酸性土壤，但是它在干旱地区也可存活，特别是海岸边无风的地区。通过种子繁殖或压条法繁殖，但由于稍老些的树苗不能移植，因此树苗一旦长成就要种植。

水紫树是另一个比较有名的物种，它生长在美国东部和南部海岸的湿地里，一年内大部分时间通常都在水中。酸紫树不仅是蜜蜂喜欢的植物，而且果实可食用。黑橡胶树的木材较软但坚韧，具有重要的经济价值，可制作家具、箱子和鞋子。

知识档案

蓝果树

种数 8

分布 美国南部、中部，中国和印度尼西亚和马来群岛。

经济用途 木料，也可栽培作园艺树。果实可食。

蓝果树属主要的种

第一组：原产于美国。

A 雌花2朵或2朵以上簇生。果实小，黑色。果核光滑或具钝棱脊。

黑橡胶树 分布在山坡或湿地。黑橡胶树是厌钙植物；外形像橡树，高30米，树冠宽圆锥形，树枝水平，但是顶端弯曲；树皮有角度，网格状；树叶卵形到倒卵形，长5~12厘米，叶缘完整，平滑，上表面黄绿色，下表面浅绿色；雌花一般是2朵，有时候是3朵生在一根花梗上；果核几乎无棱。

双花黑橡胶树 黑橡胶树的变种，喜欢泥炭土和湿地。树高15米；树皮上生长棱脊；它

酸紫树的叶子和果实

双花黑橡胶树的叶子和果实

黑橡胶树

紫树的叶子和果实

水紫树由于果实和木材有用而在它的原产地成为很有价值的树种。

的树叶很有特点，匙形或椭圆形；果核有棱脊。

N.ursina　多枝灌木；树叶比黑橡胶树的小；花朵簇生；球形核果（果实）。

AA雌花单生。果实大，紫红色。果核有棱脊和翅。

N.acuminata　它是灌木，高5米，生地下茎；树枝上生窄树叶；雌花短梗；核果（果实）红色；果核有翅。

酸紫树　生在河堤。树形伸展，高9米；茎弯曲；树叶宽；长圆形核果（果实）比果梗长，呈红色到紫色；果核有翅。

黑橡胶树的叶子、花及果实

水紫树　树高30米；树叶卵形，长10~15厘米，下表面被毛；雌花有长梗，核果（果实）紫色到蓝色，比果梗短；果核尖棱。

第二组：原产于亚洲东部地区。

紫树　灌木或乔木，树高18米；灰色树皮上有裂；树叶呈长圆形到卵形，长15厘米，上表面深绿色，下表面浅绿色，叶脉和中脉被毛，叶柄扁平。花朵腋生，花梗细长，被丝状褐色毛；紫树幼时被红褐色毛。

华南蓝果树　树高15米；树枝灰褐色，被浓密的丝状毛，皮孔形成斑点；树叶同紫树的树叶一样长，但更宽，上表面绿色，下表面褐色；花梗短。

↗ 黑橡胶树原产于北美洲东部地区，生长在沼泽和排水差的土壤中。树干逐渐变细，高度可达30米。它的秋叶美丽，是美国有名的观赏树。

山茱萸属

山茱萸

知识档案

山茱萸

种数 65

分布 北温带地区。

经济用途 大多数栽培作为观赏树，但有些种的木料有一定价值。

山茱萸属包括60多种，大多数是落叶乔木或灌木，分散分布在北半球温带地区，尤其是美国和亚洲。树叶大多数对生，花朵一般比较小，呈白色，绿色或黄色的比较少见。花朵簇生在花头端或呈聚伞花序，有时外边是一层比较明显的总苞。果实为核果，种子是二细胞。

由于山茱萸的花朵尤其是苞叶和茎的颜色（通常是红色）很漂亮，而且山茱萸的秋叶也很漂亮，因此它们主要栽培作为观赏植物。大果山茱萸、大花山茱萸（美国四照花）、太平洋山茱萸和日本杨梅都绽放特别漂亮的花朵，所有这些树状种最适宜种植在荫凉、半林地或避风的地方，喜欢潮湿、不含石灰质的有机土壤。彩茎山茱萸是灌木，可形成灌木丛，在冬天，外观分外美丽。“分蘖”或者春季除去老的木头有助于使幼木的茎发挥最大功效。这组植物在潮湿的水边长势最好，其中包括红梗木和红瑞木，红梗木的茎呈金色到绿色，而红瑞木的茎呈暗红色。欧洲红瑞木产自欧洲，它之所以叫红瑞木是因为树叶在秋天变成红色，而不是茎变成红色——树叶一面可能有红斑。

山茱萸属里有少数种的价值不仅仅在于观赏：欧洲红瑞木的果实产一种油，可用于照明，也可制作肥皂，而且它的嫩枝非常柔韧，可编篮子；大果山茱萸的木质经久耐用，适合做小物件，例如串肉扦、把手，诸如此类，而且果实可制成蜜饯。

有些专家根据种类的特征将山茱萸属分成4组，在选种的时候充分考虑该属的内容，4组也就是4个群，那些支持分离的专家给每个群都分别命了名。但山茱萸属里有2种比较特殊，它们是草本植物：一种是欧亚草茱萸，它是一种生长在北极到阿尔卑斯山的漂亮的草，高20厘米，花朵簇生，被4片伸展的白色苞叶包围——单朵花呈紫黑色，果实红色；另一种是加拿大草茱萸，它可长到25厘米，基部略成木质，根茎匍匐，绿色花朵簇生，外边包着4~6片白色的苞叶，果实呈猩红色。人们为此设立了欧亚山茱萸属，其实没有必要。

↗ 大花山茱萸的花朵不显眼，四花部，花朵绿色、尖端黄色。大花山茱萸的美来自环绕花朵的4片白色的心形苞叶，苞叶冬季包住花头，早春开放。

■山茱萸属主要的种

第一组：花朵白色、簇生，无总苞叶或小苞片。

A 树叶对生，果实紫黑色或绿色。

欧洲红瑞木　分布在欧洲，包括英格兰南部。欧洲红瑞木是灌木，高3.5（4）米；树叶卵形，长4~8厘米，生3~5对叶脉，叶柄长4~13毫米；果实球形，直径6~7毫米,呈紫黑色。树叶秋天变成红色，茎红色。“Viridissima”生绿色的幼茎，结果。

AA 树叶对生，果实白色或蓝色。

红瑞木　分布在中国和西伯利亚。红瑞木是灌木，形成浓密的灌木丛，高3米，幼枝秋天变成红色；树叶近卵形，长5~11厘米，上表面暗绿色，下表面白色到绿灰色，两面均被细毛，叶脉5~6对，叶柄长8~25毫米。红瑞木有许多栽培变种：西伯利亚红瑞木冬天生有鲜亮的暗红色小枝（“Westonbirt”、“Westonbirt Dogwood”和“Atrosanguinea”与西伯利亚红瑞木很相似）。

银山茱萸　主要分布在美国东部地区。灌木，高3米，冬茎红色到紫色；树叶近椭圆形，

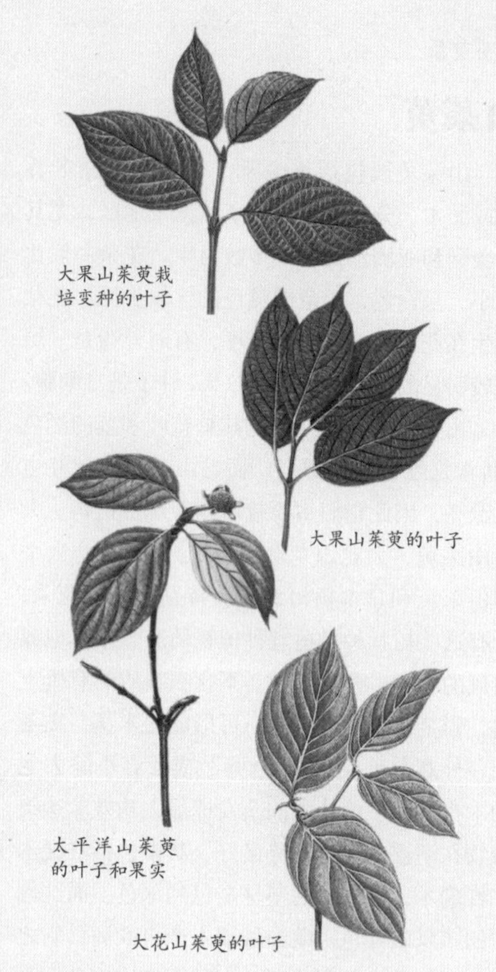

大果山茱萸栽培变种的叶子

大果山茱萸的叶子

太平洋山茱萸的叶子和果实

大花山茱萸的叶子

长5~10厘米，下表面被褐色的软毛，至少在叶脉上被毛，叶柄长8~15毫米；果实蓝色或部分白色，直径6毫米。

贝雷红瑞木　分布在北美洲东部地区。灌木，高3米，具匍匐茎，树枝红色到褐色；树叶卵形到披针形，长5~12厘米，幼时下表面被软毛，叶柄长12~18毫米；果实白色，直径6~9毫米。

红梗木　分布在北美洲，是根出条灌木，高2.5米，幼枝红色到紫色；树叶卵形到披针形，长5~10厘米，上表面墨绿色，下表面灰绿色，两面均被毛,叶柄长12~25毫米；果实白色，直径5~6毫米。红梗木与红瑞木、贝雷红瑞木不同，但是具匍匐茎。

“Flaviramea”的特别之处在于它的绿黄色冬茎。

AAA 树叶互生,果实黑色或蓝黑色。

↗欧洲红瑞木的栽培变种隆冬之火是矮木，为冬季花园带来亮丽的色彩。隆冬之火丛生，可作为树篱。

宝塔茱萸　分布在北美洲东部地区。灌木或小乔木，高6米；树叶卵形到倒卵形，长5~12厘米，下表面被毛，叶柄长2.5~5厘米，基部逐渐变细；花朵簇生，直径4~6厘米。果实直径6~7毫米。

灯台树　分布在日本、中国和喜马拉雅山。树高10~16米，树枝水平分层；树叶呈卵形到椭圆形，长8~15厘米，下表面被毛，叶脉6~8（9）对，叶柄长2.5~5厘米，秋天树叶变成紫色；花朵簇生，直径6~12（17）厘米；果实直径6~7毫米。

第二组：花朵簇生，生黄色苞叶，苞叶长度不如花朵，张开时脱落。

大果山茱萸　分布在欧洲中部、南部以及亚洲西部地区。大果山茱萸是灌木或小乔木，树高8米；树叶卵形，长4~10厘米，两面均被毛，叶脉3~5对，叶柄长6毫米；黄色花朵在初春先于叶开放，伞状花序，直径18~20毫米，外围4片短苞叶，苞叶在伞状花序张开时脱落；猩红色果实呈椭圆形，长（12）15毫米。花朵和果实很漂亮。大果山茱萸比较常见。

第三组：花朵簇生，苞叶白色或粉色，苞叶比花朵长，而且在花朵开放之后脱落；果实簇生，但是彼此分离。

大花山茱萸（美国四照花）　分布在美国东部地区。灌木或乔木，高3~6(7)米；树叶卵形，长7~14厘米；花朵小团簇生，直径12毫米，但是外围生有4片长4~5厘米的白色倒卵形苞叶，顶端有凹口；果实长1厘米。花朵在温带地区易受冻害。

红花山茱萸具有粉红色的苞叶。

太平洋山茱萸　分布在北美洲西部地区。大多数太平洋山茱萸树的高度可达16米，但野生树高可到30米；树叶呈卵形到倒卵形，长7.5~12厘米；花朵小、簇生，直径18~20毫米，但外围有（4）6（8）片长4~8厘米的宽卵形苞叶，苞叶顶端或尖或钝，但无凹口。这是一种高大的植物，但是在北温带地区不能成功存活，在比较温暖的地区可存活。树叶和“花朵”（花朵簇生，有苞叶）的尺寸有时候达不到上述测量值。

第四组：总苞叶同第三组，但果实联结成复合结构或复果。下列种在春天和夏天开花。

鸡嗉子果　分布在喜马拉雅山和中国。它是半常绿树种，栽培时高度可达14米；树叶近倒卵形，长3~6厘米，两表面均被细密的毛，上表面浅绿色，下表面覆有白粉；花朵具4~6片黄色的倒卵形苞叶，长4~5厘米；果实像草莓，直径1.5~2.5厘米。鸡嗉子果在温带地区耐寒能力不强。

四照花　分布在中国中部地区、日本和朝鲜。四照花是灌木或高达6米的乔木；树叶卵形，长4.5~8（9）厘米，边缘波浪形，叶脉上被褐色毛，叶柄长4~6毫米；花朵小团密集簇生，外围有4片披针形的象牙色总苞叶，苞叶长2.5~5厘米；果实像草莓，直径1.5~2.5厘米。它在温带地区耐寒，是优良的观赏树。

大果山茱萸及其树干

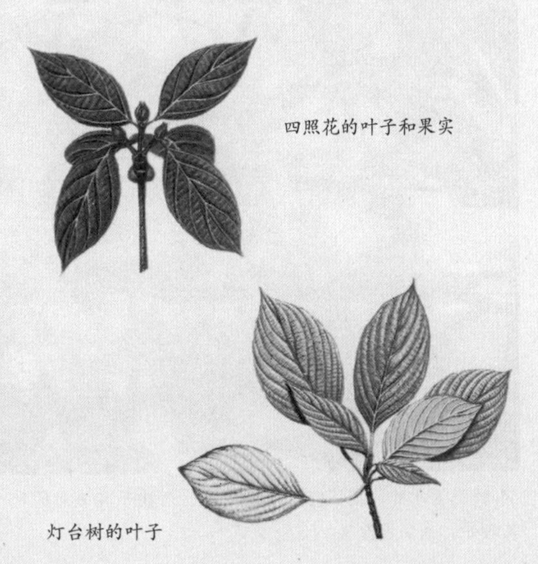

四照花的叶子和果实

灯台树的叶子

卫矛科 > 卫矛属

卫矛

卫矛属至少有 175 种，产自欧洲、亚洲、美洲北部和中部、热带非洲以及澳大利亚，但主要集中分布在喜马拉雅山和亚洲东部。这些植物是落叶乔木或者常青乔木和灌木，罕见有小根匍匐攀缘，幼枝截面通常是四角形。树叶对生，有时候有齿。小小的花朵在春天开放，呈白色、绿色或黄色（罕见紫色），花两性，3~7 朵（有时候 15 朵）组成聚伞花序，被毛；花萼、花冠和近无柄的雄蕊四五枚一组出现，花盘扁平，4 裂或 5 裂，紧贴子房，子房有 3~5 室；花柱短或者无花柱。果实是肉质蒴果，分裂成 3~5 瓣，每粒果生 1~4 粒白色、红色或黑色的种子，外边包裹一层亮橙色或红色的假种皮。种子（卫矛属所有种的种子都有毒）靠鸟传播，种子为彩色，更易吸引鸟类。

卫矛的果实和树叶在秋季呈现美丽的颜色，因此被广泛栽培。它们能耐寒，喜欢排水良好的沙土。落叶种靠种子、剪枝和压条进行繁殖，常绿种任何时候都可剪枝。欧洲卫矛喜

知识档案

卫矛

种数 177

分布 北温带地区和澳大利亚。

经济用途 广泛栽种作为观赏树，有许多栽培变种，也可作树篱。以前卫矛是重要的木料用树。

↗ 欧洲卫矛的价值不在于它的花朵，而在于其多彩的秋叶和树枝，以及上面结的红色果实——果实4裂，生肉质的种子，具橙色外皮。

欢石灰性土，栽培时树高可达 9 米；北海道黄杨是常绿树种，栽培变种具金色树叶，是城镇和海岸常见的树篱植物；鬼箭羽是观赏价值比较高的灌木之一，它与其他有些种的枝条上长着奇特的软木。卫矛属有几个种栽培时结出奇特的果实。另外，常青种威斯里卫矛的果实 4 裂，生锥形刺；美洲卫矛的果实多红刺、长疣，与草莓相像；矮卫矛产自高加索北部，种植在假山庭园里。

以前，卫矛属有些种的木头可用于制作锭子（spindle），因此得到卫矛的俗名（Spindle Tree），细茎制作木栓和串肉扦，木头也可以制作高级艺术炭笔。欧洲卫矛的果实毒性大，可以毒死绵羊和山羊，果实的粉末可驱除幼儿头上的虱子。

欧洲卫矛也是黑豆蚜产卵的植物之一，建议在蚕豆种植的地区连根拔除。

无患子科 > 栾树属

栾树

栾树属是热带无患子科里的少量属之一，在温带地区栽培。属内 3 种都产自中国大陆和中国台湾，最有名的是栾树（在西方被称为金雨树），这是一种宽伸展型、中等尺寸的树种，高度可达 14 米，原产自中国中部地区，在日本的栽培历史比较长。它的树叶奇数，羽状互生，长 15~40 厘米，生 11~13（15）片小叶，小叶粗糙，具有不规则的齿；花朵小、亮黄色，在夏末开放，呈直立圆锥花序，长 40 厘米；开花之后结黄褐色纸质果实，生小小的黑色种子。

栾树是喜光物种，在排水良好的土壤中长势较好，可通过种子繁殖或切根繁殖。“Fastigata” 是一种直立的柱形栽培变种，很常见，而另一种栽培变种九月栾树的花期很晚。栾树属的其他 2 种——复羽叶栾树（中国西南）和台湾栾树（中国台湾和斐济）被栽培在温暖一些的地区，前者的二回羽状树叶很特别，高

↗ 复羽叶栾树与栾树的区别在于前者生双羽状树叶，有时候是三羽状；纸质褐色果实上有宽圆形瓣。

度可达 6 米，但在温带地区不耐寒。

栾树的种子可制作项链，在中国，其花朵可做药。

七叶树科 > 七叶树属

马栗、鹿瞳

七叶树属 13 种，分布在北温带，主要产自北美洲，其他产自欧洲南部和亚洲东部地区。它们是颇具特色的落叶乔木（一两种像灌木），树形铺展得很宽。黏性芽呈褐色，张开形成大树叶，手掌状树叶对生，每片叶生 5~7 枚（3 枚或 9 枚的罕见）小叶，自长叶柄末端呈放射状分布。花朵可能是白色、粉色或红色，杂性，

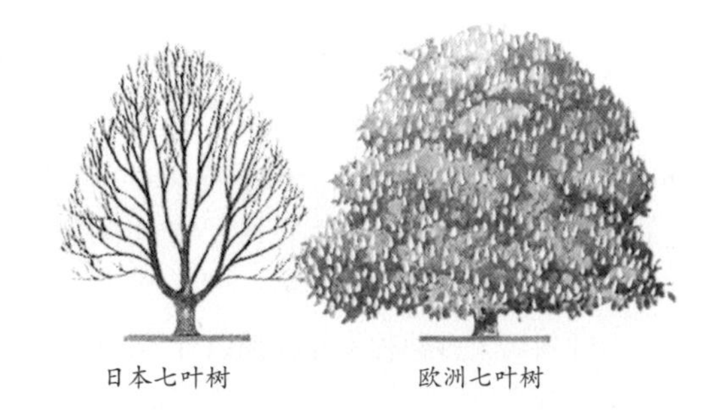

知识档案

马栗、鹿瞳

种数 13

分布 美国北部、欧洲东南部地区、印度和亚洲东部。

经济用途 广泛栽培作为观赏树。有些种也是木料用树。种子可食，可做家畜饲料。

不规则，生在圆锥花序末端，具四五片萼片，有时形成一根管子，还生四五片花瓣；在环形花盘上生 5~9 枚雄蕊，游离细丝，子房三细胞，每个细胞内有 2 粒胚珠，1 个花柱。果实是光滑或多刺的蒴果，成熟后生单粒大种子，一般叫作“板栗”。

七叶树属有许多杂交种，那些具有 4 片花瓣和光滑蒴果的种被归入到另一个属 Pavia。

七叶树属几乎所有的种以及许多栽培变种都是温带地区公园里出名的观赏植物，特别是欧洲七叶树，原产于希腊、东至伊朗和印度北部的山区，在 16 世纪中叶引入英国栽种。它是最大的栗子树，高度在 40 米以上;花朵白色，中间部位有深红色和黄色斑点。另一个观赏树种是红色鹿瞳，这是一种来自美国南部的小树，花朵深红色，果实光滑、无刺。这 2 种的杂交种叫作红色七叶树，开粉色花朵，结光滑的果实。七叶树属里许多栽培变种和原变种被人工栽培。

马栗的花有多种形态，其中“Alba”开纯白色花朵、“Baumannii”开双重白色花朵、“Rosea”开粉红色花朵、“Rubricunda”开红色花朵。“Pumila”是一种矮树，树叶深裂，“Pyramidalis”呈宽金字塔树形。

七叶树属大多数种类在极地以外的温带地区耐寒能力比较强，只需要肥沃深厚、排水良好的土壤。最好用种子进行繁殖，也可芽殖。较大的种树干取自欧洲七叶树，较小的种树干取自淡黄鹿瞳或俄亥俄鹿瞳。

马栗这一俗称有几种可能的解释：其中一个解释说苦果可用于治疗马的呼吸道疾病及其他病，另一种解释是指它的叶痕像马蹄铁。在英国，植物学里“马”这个词仅指“粗糙的”或“不愉快的”，因此马栗（人类可食）须与甜栗（价值更高）区别。

试验表明马栗的果泥是一种有益的、美味的家畜饲料。马栗的木材质软、不耐用，但是有时候可用于室内工艺，例如做地板木、细木工、箱子以及炭笔。欧洲七叶树的树皮、树叶和种子可制成保护皮肤的防晒剂，也可治疗痔疮和毛细血管脆弱。七叶树属里有些种的树皮和果实在当地可用于麻醉鱼。

七叶树春天里生的黏芽在某些国家可用于装饰，而秋季漂亮的红褐色马栗，不同年龄段的孩子们都喜欢拿它们玩游戏。

↗ 欧洲七叶树的花朵有4~5片花瓣，圆锥花序；花朵白色，有黄色斑点，后来花瓣基部变成红色。欧洲七叶树是最漂亮的开花树之一。

↗ 淡黄鹿瞳是很漂亮的圆顶树，树高15~30米；树叶有5~7枚小叶，在秋季变成漂亮的橙色；叶脉起初呈白色和浅绿色，最后通身变成橙褐色。

■ 七叶树属主要的种

第一组：花冠生4片花瓣，花爪通常比萼片要长；冬芽一般不含树脂；果实光滑，或者无刺。

A.splendens　分布在美国东南部地区，灌木，高3~4米；花冠猩红色，树叶背面被毛；果实光滑。

红色鹿瞳　分布在美国南部地区，灌木，高3~4米；树叶下表面尤其是靠近叶脉的地方略被毛；红色花冠不张开，花瓣沿边缘有腺体；果实光滑。

淡黄鹿瞳　分布在美国。树高30米；树叶下表面一般被红色的毛；花冠黄色，花瓣边缘被毛，；果实光滑。

七叶树　分布在中国北部。树高可达30米；花冠白色；果实粗糙；冬芽含树脂。

加州鹿瞳　分布在美国加利福尼亚州。树高12米；花冠白色或粉红色；果实粗糙；冬芽含树脂。

俄亥俄鹿瞳　分布在美国东南部和中部。小型乔木，高8米，更高的罕见；小叶一般3~4厘米宽；花冠黄色到绿色。美国得科萨斯州东部的A.arguta与俄亥俄鹿瞳是近亲，形态相似，但前者生7~9枚宽2~3厘米的小叶。

瓶刷鹿瞳　分布在美国东南部。灌木，高2~4米；花冠白色，偶尔长5片花瓣；果实光滑。

第二组：花冠生5片花瓣，花爪通常比萼片要短；冬芽含树脂；果实有刺。

欧洲七叶树　分布在希腊北部和阿尔巴尼亚。树高35米；花冠白色，被红色斑点。欧洲七叶树有许多栽培变种，例如“Baumannii”开双重花朵，不结果。

红花七叶树　它是红色鹿瞳和欧洲七叶树的杂交种。树高10~25米；花冠红色。

日本七叶树　分布在日本。树高30米；生5~7枚长20~30（40）厘米的倒卵形小叶；花朵直径1.5厘米，呈奶油色，生红色斑点，圆锥花序长25厘米、宽6厘米；果实梨形，最大的直径5厘米；种子褐色。

杂交鹿瞳（淡黄鹿瞳×红色鹿瞳）　它是一种杂交种，经常被误认为是红色鹿瞳。它的花朵粉红色或红色，花瓣边缘被毛，有腺体。

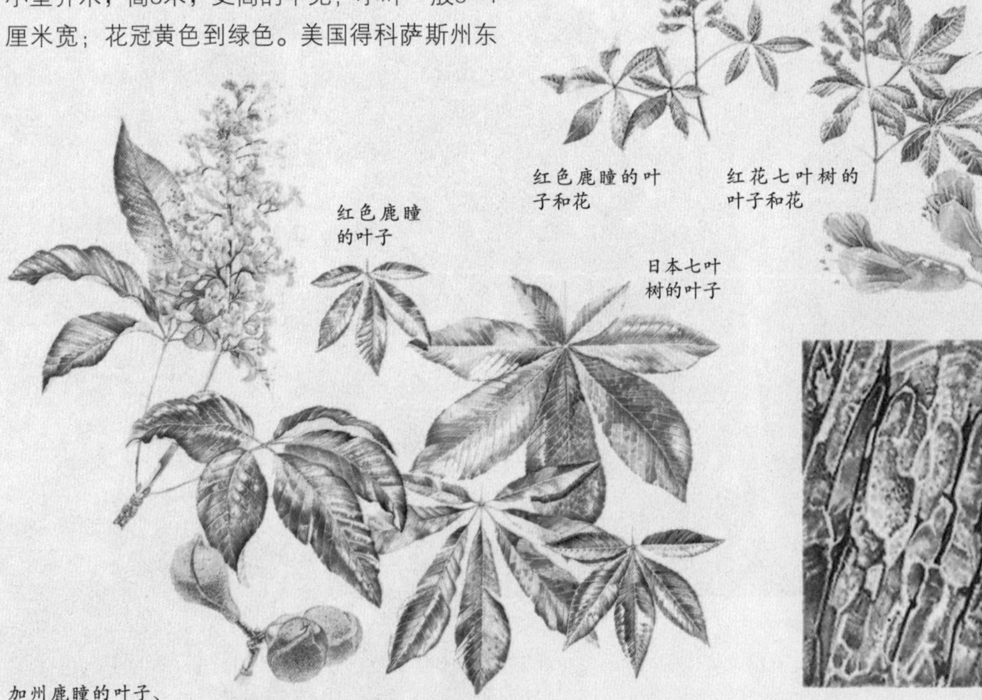

红色鹿瞳的叶子和花

红花七叶树的叶子和花

红色鹿瞳的叶子

日本七叶树的叶子

加州鹿瞳的叶子、花及果实

印度七叶树的叶子

淡黄鹿瞳的叶子

欧洲七叶树的树皮

槭树科 > 槭属

枫树

槭属是一个相当大的属，其成员一般称作枫树，遍布整个北温带地区，并延伸至亚洲东南部的热带地区。大部分槭树属种类分布在亚洲，有许多种几乎绝迹。

大部分枫树是落叶乔木，常青乔木或灌木比较少见，它们的树皮鳞片状、光滑，其中“蛇树皮”组的树皮底色呈绿色或灰色，光滑，上面有漂亮的亮白色条纹。花序多样，例如岩枫和大叶枫为下垂的长柔荑总状花序，红花槭和银枫的花朵紧贴小枝、束状分布，挪威槭是小伸展型圆锥花序，而范沃克毡毛槭和红芽槭呈张开的直立型圆锥花序。枫树具 5 片花瓣（如果有的话），通常是黄色，但是挪威槭的花瓣呈亮黄色，意大利槭为浅黄色，鹅耳枥槭为绿色，而鸡爪枫和红枫的花瓣呈红色。花盘上一般生 8 枚雄蕊（有时是 4~10 枚）。每个花序上一般都具有双性花，雌花靠近基部，但是少数种例如青榨槭的花序上只有单性花，还有少数种雌雄异株，其中包括锐齿槭、柄叶槭和四蕊槭。枫树的树叶尺寸差异较大：克里特槭的树叶四季常青，呈椭圆形，叶缘完整，叶长 3 厘米，而大叶槭的树叶长 25 厘米、宽 35 厘米，深裂，另外，亚洲东部的 5 种枫树的树叶具 3 小叶，而美国的柄叶槭的树叶是 5~7 枚小叶形成的复叶。

枫树的树形差异也比较大，灌木例如毛脉槭和鞑靼槭，高度通常低于 6 米；也有大乔木，例如大槭树高达 37 米，大叶槭和挪威槭可长到 30 米高。

有些枫树可适应各种土壤和气候条件，冬形、春花、夏叶和秋叶都很漂亮，特别是秋叶最漂亮。例如，大槭树在所有树种中最能抵御空气污染和严酷的海岸气候，但是它的原产地都不在沿海；茶条槭能够忍受城市污染和严酷寒冬，种植在蒙特利尔（加拿大）的街道上；红花槭、糖枫和银白槭原产自美国东部地区，在那里的城市广场常常可以看见它们的踪影；挪威槭在欧洲比较常见；日本的鸡爪槭出现在城镇每一处公园和花园里，树叶叶形和颜色都很漂亮。

罗伯利槭具有纤细的尖顶树冠，而柱形糖枫的树冠更窄，最窄的是牛顿糖枫。糖枫喜欢潮湿的地方，有时候是沼泽地。而欧洲南部有几种能够忍受干旱，其中包括意大利槭、海卡槭和三裂槭。挪威槭、青皮槭、毛黑槭和栓皮槭能够适应碱性很强的白垩质土壤，但是除了栓皮槭之外，其他同样可以生长在酸性沙土中。

知识档案

枫树

种数 100 以上

分布 北温带地区和热带山谷。

经济用途 产生重要的硬木，但主要栽培在公园和街道上作为观赏植物，有几百种栽培变种。枫树糖浆可食。

↗ 银边褐脉槭的枝蔓

槭属里鸡爪枫、红枝条纹槭、A.giraldii 和血皮槭的冬色最美，鸡爪枫的小枝呈亮丽的猩红色，红枝条纹槭的小枝呈深红色，A.giraldii 的小枝紫色。血皮槭在冬天也很漂亮。阳春三月，在红花槭长叶之前，小枝上开亮红色的花团，看起来非常漂亮，但是挪威槭庞大的树冠上绽放大团黄花，意大利槭上悬吊灰色大花，看起来更加漂亮。随着红鬼槭的树叶在 4 月末张开，树叶下面悬吊的紫红色花朵看起来很像降落伞。

槭属里夏叶最漂亮的种类包括小叶的三角槭、细柄槭、丽江槭以及五尖槭，裂叶的齿裂槭、锐齿槭和篦齿槭，以及大叶的大叶槭和范沃克毡毛槭，而几乎所有种的秋叶都很美。在新英格兰，糖枫由于生有橙色到猩红色的树叶而广受欢迎，红花槭的树叶从柠檬黄到深紫色都有，但在欧洲秋色最美丽的种类是鸡爪枫、细柄槭、长裂葛萝槭和日本槭。枫树最好用种子繁殖。对于那些变种，必要时可采取嫁接的方法，而且应该嫁接在同种树的砧木上。

枫树容易遭受许多真菌的侵袭，但是一般只有少数可能造成严重的破坏。昆虫的侵袭造成的破坏力更强：有些枫树种由于受到食叶昆虫和象鼻虫的攻击，在春季和夏季严重落叶。

槭属里有许多种的木材具有重要的经济价值：栓皮槭、大叶槭和梣叶槭的木材颜色浅、纹理细密，而且质地软，可用于制作工具手柄、车削产品和廉价的家具；挪威槭、欧亚槭和糖枫的木材比较坚硬厚重，而且纹理更细密，因此广泛用于制作家具、地板和室内器物；糖枫有橙色的树液，可在春季采集，制成芳香的糖浆。枫糖浆可做食品的甜味剂、制糖、制一种类似苹果酒的饮料（尤其是在美国路易斯安那州），而且是华夫饼干的必要伴侣；大槭树的木材容易清洗，而且不污染食物，因此可做厨房用具以及（厨房的）工作台。

鹅耳枥槭及其叶子

红花槭及其叶子

糖枫及其叶子

鸡爪枫及其叶子

↗ 银边褐脉槭的树叶在凋落之前变成猩红色，叶缘比较宽，被白色斑点。

槭属主要的种

第一组：单叶。

A 树叶未裂。

鹅耳枥槭 分布在日本。矮树，高10米；小枝褐色；树叶纤细、披针形，长17厘米，具尖齿，生20多对平行的叶脉，秋季树叶变成美丽的金黄色。

二挂槭 分布在日本。树高12米，弓形树枝向上延伸；树叶厚，呈卵形或心脏形，长12厘米；花朵生在穗的上半部分，穗长5厘米；果实粉色到褐色。

青榨槭 分布在中国。该种有2种形态：一种是小型圆顶乔木，高10米，生小小的长6厘米的披针形树叶；而另一种是伸展型乔木，高14米，树叶比较大，长圆形到披针形，长15厘米，在秋季变成橙色。

AA 树叶不裂或者3裂。

乔治青榨槭 它是青榨槭的变种，比青榨槭更常见。乔治青榨槭生蛇纹状树皮，树高16米；树叶宽，暗色，革质，长圆形到卵形，长15厘米，锯齿不均匀，叶柄猩红色；花朵繁多，位于弓形梗上。

长裂葛萝槭 分布在中国。蛇纹状树皮，树高16米；树枝长、弓形、伸展，小枝少；树叶深绿色、革质、宽，叶柄黄色；秋季树叶变成深红色和橙色；果实翅大，直径6厘米，悬在12厘米长的弓形梗上。

克里特槭 分布在地中海东部。矮圆顶乔木或灌木；树叶色暗，长3~5厘米，叶缘完整，波浪形，有小裂；果实小，簇生，最后变成红色。

AAA 树叶主要为3裂。

三角槭 分布在中国和日本。树高15米，树皮褐色、片状；树叶密生，基部窄，3条叶脉，叶缘几近完整，下表面略为蓝色，秋天树叶变成深红色，不裂树叶少见；花朵黄色，圆顶花头。

细柄槭 分布在日本。蛇纹状树皮，树高16米；树叶呈绿色，后来变成橙色和红色，具10条平行叶脉，每边都有小裂片；果实丰富、个小，最后呈粉红色。

山楂叶槭 分布在日本。树纤细，高10米，树枝水平伸展；树叶和果实比较小，翅红色。

丽江槭 分布在中国。树高11米；树叶边缘具细齿，叶深绿色，但叶脉附近浅绿色，叶柄猩红色。

鞑靼槭 分布在亚洲东北部地区。灌木或小乔木，高10米；树叶边缘深齿，尖端逐渐变细，长7厘米，在初秋变成深红色；花朵白色、小，圆顶花头直立。

五尖槭 分布在中国西部地区。树形细长，高13米；树叶深裂，下表面腋脉白色，边缘锯齿状，而且是双锯齿。

三裂槭 分布在欧洲南部和非洲北部。浓密的圆顶树，高15米；树叶起初呈鲜绿色，但很快变成暗绿色，长4厘米，宽7厘米，裂片宽，叶缘完整。

篦齿槭 分布在喜马拉雅山东部。树形漂亮，高15米，树皮蛇纹状；树叶大，中间和侧边的裂片伸出形成长长的尾巴，具尖齿。

条纹槭 分布在美国东北部地区。条纹槭是小乔木，蛇纹状树皮呈亮绿色或灰色；树叶大，长20厘米，宽20厘米，在初秋变成金黄色。

红花槭 分布在北美洲东部地区的矮林里。红花槭的嫩枝纤细，树无定形，高23米；花朵亮红色，先于叶开放；树叶下表面银色，叶柄红色；在野外，红花槭的秋色从亮黄色、红色、深红色到深紫色都有。

褐脉槭 分布在日本。这是一种高13米的伸展型树木；树叶的宽度比长度大，下表面基脉被铁锈色毛或者有斑点，初秋变成红色。

银边褐脉槭 褐脉槭的栽培变种，生长长的灰绿色树叶，有斑点，叶缘有一圈窄窄的银边。

AAAA 树叶主要为5裂。

锐齿槭 分布在日本。为小乔木，通常生许多茎；树叶深绿色，叶脉深陷，有锯齿尾——至裂。

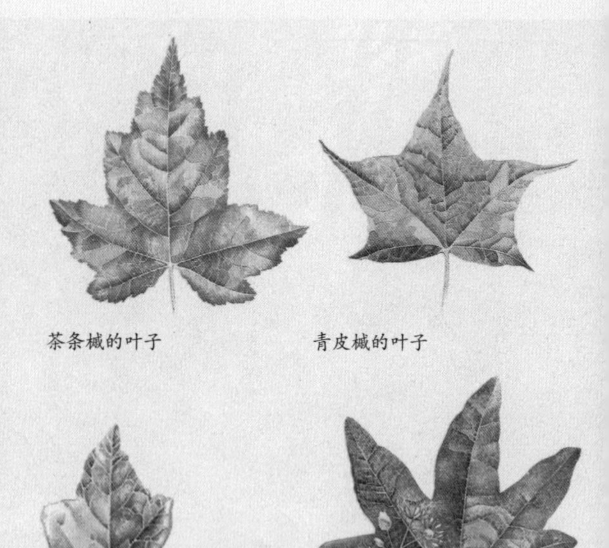

茶条槭的叶子

青皮槭的叶子

克里特槭的叶子和果实

栓皮槭的叶子和果实

紫巴尔干槭的叶子和果实

细柄槭的树皮

栓皮槭 分布在欧洲、非洲和亚洲西部地区。栓皮槭是高达25米的圆顶形树，小枝一般有棱脊；树叶小、色暗、深裂，具少数较大的圆尖齿，在秋季变成美丽的黄色，有时变成紫色；果实直径6厘米，生水平的翅和粉色的斑点。

青皮槭 分布在高加索山到中国。圆顶树冠，树干光滑、灰色，有很多吸根；树叶呈亮绿色，裂尖细，在秋季变成奶油黄色。

金黄青皮槭 青皮槭的栽培变种，新叶（春天和仲夏）呈亮金黄色，树形优雅、美观。

紫巴尔干槭 分布在巴尔干山区。高圆顶树，树冠张开，树高20米；树叶几乎裂至基部，具少数三角形齿，叶柄粉红色，长15厘米；黄色花朵呈直立的圆锥花序。

罗伯利槭　分布在意大利。树形挺拔，树枝较少，几乎都是垂直向上生长；树叶裂多，顶端扭曲。

大叶枫　分布在美国阿拉斯加州到加利福尼亚州。树高30米，圆顶；树皮有裂，橙色到褐色；树叶长25厘米，宽30厘米，深裂，叶柄长30厘米；柔荑花序长25厘米；果实生白色棕毛。

意大利槭　圆顶树，高20米；树皮褐色；树叶浅裂、圆形，边缘具不规则齿，秋季变成黄色和橙色；花朵浅黄色，下垂簇生。

挪威槭　分布在欧洲和高加索山。树冠茂密，高30米，树干呈浅灰色，有细细的棱脊；树叶有裂，少数大齿尖端很细，秋季起初呈亮黄色，然后变成橙色；花朵亮黄色、簇生，先于叶开放。

圆柱挪威槭　挪威槭的栽培变种，具有挺立的树冠，高24米；树叶半圆形，皱褶。

“Drummondii”　挪威槭的栽培变种，树冠浓密，树叶小，通常被白色斑点。

黑挪威槭　挪威槭的栽培变种，树叶大，呈深泥土紫色。

紫挪威槭　挪威槭的栽培变种，树叶呈暗紫色，在美国花园里常见，分布在美国海岸，向南延伸至丹佛(美国科罗拉多州首府)和亚特兰大（美国佐治亚州首府），欧洲西北部地区也有。

深绿挪威槭　挪威槭的栽培变种，花朵比典型的挪威槭晚2周开放，花萼和梗呈暗红色，树叶起初红呈褐色，秋季变成橙色和深红色，叶边缘紫色。

欧亚槭　分布在欧洲南部和中部，直到高加索山。树冠茂密、圆顶，高25米以上；树叶暗绿色，叶柄红色或黄色；柔荑花序，长20厘米，花朵与叶一同出现，花瓣不明显。

多彩欧亚槭　欧亚槭的栽培变种，具有浓密的低矮树冠；树叶起初是亮粉红色，2周内变成橙色到黄色，后来变成白色，最后变成暗绿色。

翰德杰瑞欧亚槭　欧亚槭的栽培变种，与多彩欧亚槭的区别在于它的树叶下表面呈紫色，而且花朵离生。

紫欧亚槭　欧亚槭的栽培变种，树叶下表面上有紫色的斑点。

斑叶欧亚槭　欧亚槭的栽培变种，高25米，树叶有乳白色或白色的角状斑片和小斑点。

“Leopoldii”　欧亚槭的栽培变种，生闪亮的树叶，表面有粉色或紫色斑片。

“Worley”　欧亚槭的栽培变种，树叶呈亮黄色，叶柄红色。

银白槭　分布在北美洲东部地区。树冠张开，树高30米，弓形树枝向上生长；树叶深裂，齿尖，下表面白色；花朵绿色泛红色，然后变成红色，先于叶开放，没有花瓣。

糖枫　分布在北美洲东部地区。树高25米；树叶起初呈浅绿色，秋季变成绚丽的橙色到猩红色；花朵小团簇生，花梗又细又长，没有花瓣。

“Newton Sentry”　糖枫的栽培变种，茎竖直，长叶，少数短树枝，外形奇特，常见于美国公园和街道。

柱形糖枫　糖枫的栽培变种，树形挺直，比“Newton sentry”宽，树枝挺直。美国北方城市常见此树。

红芽槭　分布在高加索山区。树高20米。它与欧亚槭比较相像，但是它生有褐色的芽、挺直的花头、深裂的树叶以及宽翅的果实，果

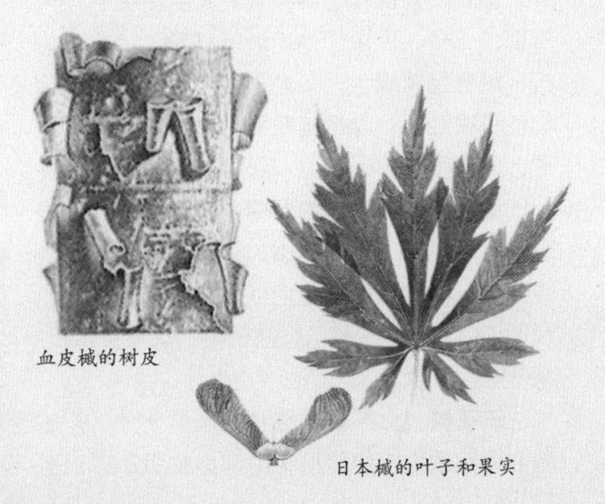

血皮槭的树皮

日本槭的叶子和果实

实在夏季变成亮粉红色。

毡毛槭 分布在高加索山区。树高25米以上。它与欧亚槭比较相像，灰绿色巨型树叶长18厘米，宽15厘米，叶柄长27厘米，褐色尖芽，圆顶花头直立。

AAAAA 树叶裂片多于5片。

藤槭 分布在北美洲（加拿大不列颠哥伦比亚省到美国加利福尼亚州）。树小、细长、倾斜，高12米；小枝光滑、亮绿色；圆形树叶为7片双重齿裂，在初秋变成猩红色。

日本槭 灌木，但它的栽培变种“vitifolium”树高可达15米；树叶长15厘米，具7~11片三角形裂，生不规则锯齿，秋季变成猩红色和淡紫色；花朵紫色。

鸡爪槭 树宽，高15米，树叶上有7（5）片锯齿形圆裂片，尖端逐渐变细，秋季变成红色。

“Seiun —kaku” 鸡爪槭的栽培变种。生有珊瑚状树皮；冬天小枝呈亮粉红色到猩红色；树叶小，黄色，多锯齿。

第二组：复叶。

B 树叶有3枚小叶。

菝莓槭 分布在日本。树宽、矮，呈蘑菇状，树高10米，宽20米，树皮呈浅褐色和白色；卵形小叶生在细长的叶柄上，小叶顶端尖利，边缘具有粗糙的齿；花朵数量丰富，果实生在12厘米长的穗上。

血皮槭 分布在中国。树高14米，树冠张开、直立；树皮橙色到红色，纸状卷曲；小叶对生、无柄，但中间的小叶叶柄短，有少量锯齿，树叶呈暗绿色，下表面银色，秋季变成深红色和猩红色；叶柄暗粉色、被毛；花朵铃铛形，呈黄色，有叶，3朵一组。

毛黑槭 分布在中国中部地区和日本。锥形树，高14米，树皮光滑、深灰色；小叶宽椭圆形，下面被浓密的白色毛，秋季变成深红色和猩红色；叶柄暗粉色，被密毛；花朵黄色，3朵一组。

三花槭 分布在朝鲜和中国东北地区。它与毛黑槭相像，但是所有的部分都更小，而且树皮粗糙，容易剥落；秋季树叶变成亮猩红色和深红色。

BB 羽状树叶，5~7枚小叶。

梣叶槭 分布在加拿大东部到美国加利福尼亚州。矮树，树高15米；野生的梣叶槭树叶繁茂，呈亮绿色；栽培时树叶不够闪亮，通常种植的是多色复叶槭。花朵先于叶开放，密密簇生在细长的花梗上，雌雄异株。

花叶梣叶槭 梣叶槭的栽培变种，树叶上有白色斑片，边缘宽，有些通身白色；只有雌性树种。

金星梣叶槭 梣叶槭的栽培变种，树叶呈现绚丽的金黄色，夏末变得稍绿。

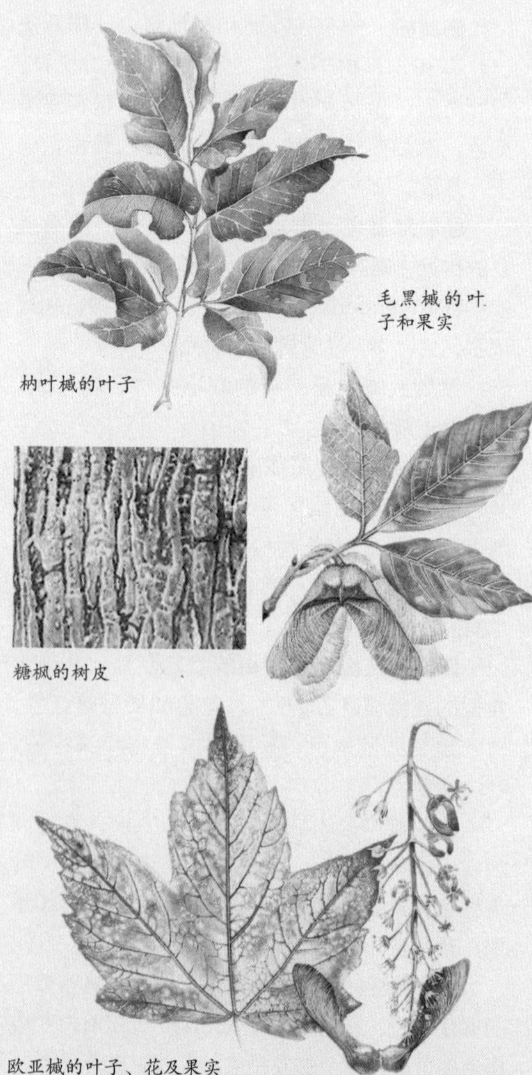

毛黑槭的叶子和果实

梣叶槭的叶子

糖枫的树皮

欧亚槭的叶子、花及果实

漆树科 > 盐肤木属

盐肤木

盐肤木位于新旧大陆的亚热带和温带地区，有几十种盐肤木在温带栽培作观赏植物，这是因为它们的树形漂亮，秋天的树叶颜色鲜亮，暗红色的果实呈金字塔形挂在枝头，非常惹眼。

盐肤木主要是小型落叶灌木或常青灌木，攀缘植物或乔木罕见，具有奇特的鹿角分枝习性。树叶互生，奇数羽状，小叶叶缘完整或锯齿形；圆锥花序，花朵分雄花、雌花和两性花，雌雄同株或雌雄异株；花朵上通常有5片萼片和花瓣（有时候是4片或6片），子房稍矮，成熟后变成干球形核果，生1粒种子，树脂性中果皮。盐肤木不难生长，可剪枝或压条繁殖。

盐肤木属最大的特点是含有一种树脂性汁液，例如毒葛、橡叶毒葛和毒盐肤木的汁液会对皮肤产生强烈的刺激，皮肤任何部位一旦接触都会发炎、肿胀、溃疡，非常痛。尽管并非所有人都会产生这样的反应，但有些人称只要靠近盐肤木就会受到影响，对于那些容易过敏

知识档案

盐肤木

种数 约200种

分布 温带地区和温暖地区。

经济用途 可制成不同的颜料，树中提取的丹宁酸可用于制革业。许多种栽培作为观赏植物，有时候栽培取其果实里的蜡质。

↖火炬树是小型树种，树形单薄、平顶，幼树皮被红色毛。

◎相关链接——

夹竹桃是一种矮小的灌木，原产于远东和地中海地区，现今已经被引种到世界各地。夹竹桃容易生长，在土质较差和天气干旱的地方也能种植。它的花有香气，形状像漏斗，花瓣相互重叠，有红色和白色两种，其中，红色是它自然的色彩，白色是人工长期培育造就的新品种。花集中长在枝条的顶端，聚集在一起好像一把张开的伞，很是漂亮，所以对人们有极大的诱惑力，很多人会用它来做装饰品。

可是，这种植物并没有因为人们的喜爱就减弱自己的毒性，相反的，它往往被很多人认为是世界上毒性最强的植物。因为这种植物的所有部位都含有毒性：新鲜树皮的毒性比叶强，干燥后毒性减弱，花的毒性较弱。而且，这种植物的毒性并不单一，它美丽的外表之外蕴含着多种毒性。其中夹竹桃苷、糖苷是其中毒性最强的两种，它们对动物的心脏具有很强的伤害作用。夹竹桃的毒性是如此强大，人吃了蜜蜂采集过夹竹桃花所酿造的蜂蜜，就会中毒。

夹竹桃分泌出的乳白色汁液含有一种叫夹竹桃苷的有毒物质，误食会中毒。人中毒后初期以胃肠道症状为主，有食欲不振、恶心、呕吐、腹泻、腹痛，进而出现心脏症状，有心悸、脉搏细慢不齐、期前收缩，心电图具有窦性心动徐缓、房室传导阻滞、室性或房性心动过速，神经系统症状尚有流涎、眩晕、嗜睡、四肢麻木。严重者瞳孔散大、血便、昏睡、抽搐死亡。

夹竹桃的毒性对人类及大多数动物都是致命的，一片夹竹桃叶的吞噬量，就可以使一名小孩毙命。受害者在误食后24小时内为关键时刻，可对病人进行被动呕吐，洗胃处理，给病人喂食活性炭，让活性炭吸收尽可能多的毒性，并尽快送往医院救治，过了24小时后，病人的生还几率会大大降低。

尽管夹竹桃的毒性很高，可是它对二氧化硫、氯气等有毒气体有较强的抗性，所以也常被用于高速公路的绿化树种。

的人来说，接触花粉（尤其是眼睛）或者吸入燃烧盐肤木的烟都会造成严重的后果。受伤之后应尽快用1%的高锰酸钾溶液清洗患处。但是，这种汁液却是制作墨水的绝佳原料，可在亚麻布上做标记，不容易被洗去。由于盐肤木汁液里含有漆酚而有毒性，它是多元酚、儿茶酚的衍生物。

只有一种盐肤木源自欧洲——西西里漆树，古希腊人拿它制作香味调料、药物和丹宁酸。盐肤木属有几种在制革业具有重要的经济价值：北美种亮叶漆树和鹿角漆树里提取的丹宁酸可制成一种暗色皮革，而欧洲种西西里漆树和罗氏盐肤木制成的皮革颜色稍浅。对于后一种情况，丹宁酸是从核果瘤里提取出来的，里面含有高浓度的丹宁酸，是倍蚜属一种寄生虫所致。

漆树树皮里的树脂可被制成闻名的日本漆和清漆。野漆树（木蜡树）的果实碾碎之后可制蜡或油脂，日本人曾经将它用于人工照明。

↗ 秋天，火炬树从绚丽的红色或橙色的树叶在任何公园都是一道美丽的风景。

盐肤木属主要的种

第一组：严格意义上的盐肤木分布在美国北部、欧洲和亚洲。树叶一般羽状，花朵短梗、穗状，果实红色。该组植物无毒性。

罗氏盐肤木　广泛分布在亚洲，从喜马拉雅山到越南、朝鲜、中国和日本。树高6米，树枝呈鹿角状分叉。

亮叶漆树　分布在北美洲。亮叶漆树是落叶灌木或小型乔木，小叶叶缘完整。亮叶漆树含有丹宁酸。

西西里漆树　它是唯一原产于欧洲大陆的盐肤木属种类，广泛分布在加纳利群岛到阿富汗。这是一种小型半常绿灌木，是地中海沿岸的灌木地带的主要成员。阿拉伯语中的“sumac”（漆树）原来就属于该种。西西里漆树含有丹宁酸，用于制作马臀革和摩洛哥皮。

光滑漆树　分布在北美洲。它与火炬树是近亲，不同在于它具有灌木生长习性，而且树叶和树枝光滑。栽培变种“Laciniata”小叶深切。

火炬树　分布在北美洲。小型落叶乔木，分枝少，高8米，树枝有髓，欧洲花园里比较常

见。雌雄异株，雄树有时候被称作绿花火炬树。栽培变种“Dissecta”生有深切的小叶。而条裂叶火炬树是一种比较奇特的树种，在野外常见，它的树叶和苞叶深切，花朵部分变成扭曲的苞叶。

第二组：野葛。分布在北美洲、南美洲北部地区以及亚洲中部和东南部地区。树叶三出（具3小叶）或羽状；花梗长，圆锥花序；果实白色或黄色；植物分泌有毒的汁液。

太平洋漆树 分布在北美洲西部地区。太平洋漆树是灌木，树叶三出。

台湾藤漆 分布在日本和中国。该种与毒葛是近亲，不同点仅在于它的果实被粗毛，而毒葛的果实外表光滑或被绒毛。

毒葛 分布在北美洲。落叶灌木，树叶三出，有2种形态：一种是攀缘型，气生根附在岩石、树干和建筑物上，可生长到很高的高度；另一种是灌木型，树形宽展，高3米。毒葛的树液毒性大，可能致使皮肤起严重水泡，甚至花粉都可能刺激眼睛。

木蜡树 分布在印度到日本、马来西亚。木蜡树是一种高达12米的落叶乔木；树叶羽状，小叶平滑、光滑，呈紫色，叶缘完整，有许多平行的侧脉，侧脉与中脉几乎成直角。以前木蜡树在日本广泛栽培，它果实中的蜡可制作蜡烛，树脂可制漆。

漆树 分布在喜马拉雅山到中国，可能也源自马来西亚。漆树是落叶乔木，高20米；树叶羽状、柔软。它的树脂暴露在空气中会变成黑色，可用于制作日本漆；果实可做蜡烛。

毒盐肤木 分布在北美洲东部地区。落叶乔木，高6米，通常有两三条主茎；树叶羽状、光滑。毒盐肤木的秋色分外美丽，它可能是北美洲最毒的树木。

第三组：分布在非洲和亚洲。树叶具3（5~7）小叶；花梗长，生在圆锥花序末端或侧面；果实绿色、红色或褐色；植物无毒。

红醋栗 分布在非洲南部和津巴布韦。树高25米；幼树多刺；树叶下表面无毛；果实可食。

毛漆树 分布在非洲南部。毛漆树是灌木或小乔木，高4.5米；树叶具3小叶，末端的小叶最大，长5~8.5厘米，宽2~3(4)厘米，有时候稍小；所有的小叶呈椭圆形到倒卵形，外表平滑，呈灰色到暗绿色，下表面被浓密的白色毛或红色毛，上表面几乎变成无毛，叶缘完整或具1~2(3)齿，下表面中脉和叶脉突出，叶柄红色，长1.5~4厘米；花朵小，圆锥花序，多毛；果实是近球形的核果，长5~6毫米，宽3~4毫米，被浓密绒毛。

火炬树的树皮

野葛的叶子

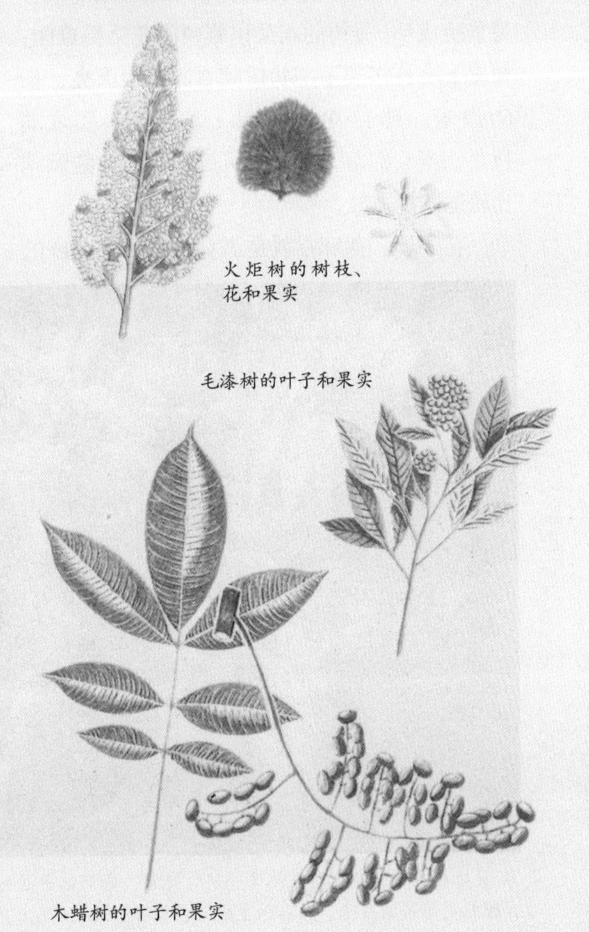

火炬树的树枝、花和果实

毛漆树的叶子和果实

木蜡树的叶子和果实

苦木科 > 臭椿属

臭椿

臭椿属 5 种，都是高大的落叶乔木，产自亚洲东南部和澳大利亚北部。臭椿的树叶互生、羽状，与火矩树的树叶相像，但是小叶基部附近的腺齿更大。臭椿的奇特之处在于小叶基部存在离层，通常先于树叶脱落。它的花朵小，呈绿色到黄色，长圆锥花序，雌雄异株，子房深裂；果实是翼果，生 1 粒种子。

臭椿属里有几种的树皮含有树脂，可做熏香，当地用它治疗痢疾及其他腹部疾病。臭椿树的木质硬且轻，呈黄色，纹理粗糙，可抛得很光；木头可制作家具、渔船以及木鞋。

臭椿树高度可达 20 米，在欧洲街道常常可见它们的身影，用剪根、嫁接或压根都很容易繁殖成功。雄树的花朵比雌树的花朵更难闻；树皮上有许多裂；羽状树叶看起来很漂亮，长 60 厘米，具 13~30 枚小叶；黄褐色果实末端扭曲，当它们落下的时候可旋转，因此能飘到比较远的地方。

在中国，蓖麻蚕就是靠臭椿叶生存，产的丝比桑蚕丝更便宜、更耐用，但是细腻度和光滑度差些。白椿在越南北部地区有栽培，它们的树叶可生产黑色的染料，能为丝织品和缎子着色。

知识档案

臭椿

种数 5

分布 亚洲到澳洲。

经济用途 主要作为街道观赏树，也可产生木料，喂蚕，制树脂和染色剂。

芸香科 > 柑橘属

柑橘

柑橘的果实非常普遍，是具有重要经济价值的热带和亚热带水果。其中最重要的属是柑

↗ 臭椿树仲夏开花，雌雄异株。从远处看，它们似乎是一样的，但是雄花呈绿色到黄色，密密簇生，而且散发出比雌花更难闻的气味。成熟树上的羽状树叶长30~50厘米，但在幼树上树叶长度可达1米。

橘属，包括甜橙、塞维利亚柑橘、橘子、柚子、文旦、柠檬、酸橙以及圆佛手柑。

从分类学角度看柑橘属约含 20 个优良种，但分类学家根据种类内容的差异分成 8~145 种不等。柑橘的起源中心是中国，根据文字记载的资料可追溯到公元前 2000 年。金橘属与柑橘属亲缘关系很近，现在归入柑橘属，结的果实就是金橘。另外一种与柑橘属为近亲的独立属是枳属，它可用做抗冻砧木，用于培育植物。

↖ 橘子的叶子比其他柑橘种的叶子更密，树叶又长又尖。图中这些树产自越南南部，生命力很旺盛。

尽管柑橘树起源于亚洲东南部温暖、潮湿的地区，但在南纬 35° 直到北纬 35° 之间的地带长势良好（有时会延伸至北纬 42° 的地中海区域）。橙黄色的物种类型明显来自凉爽的地区，冬季气温下降导致果实的颜色变深，而柠檬黄类型可能源自稍热的地方，具有良好的生长习性。

市场上质量最好的新鲜果实产自带状亚热带狭窄地区（赤道两边 23° ~35° ），在那里会有气温和降水的季节交替。在湿度和温度比较均匀的热带气候条件下，植物会连续生长，结果不规律，这样的气候条件下结出来的果实多汁、味甜，但外壳上有黄绿色边缘，果实不容易运输，因此更适合加工。在亚热带地区之外栽培柑橘遇到的主要障碍是低温，因为柑橘的果实对霜冻高度敏感。柑橘生长在常绿乔木或灌木上，树叶互生，点缀有腺体，当拿起树叶对着光观察会更明显。叶状翅生在叶柄上，芽有时生 1 条脊。花朵大多簇生（偶尔单生），边缘呈白色或紫色，两性，生 5 片花瓣和 5 片萼片；雄蕊数目庞大（15 枚以上）且联结成束，子房有 8~15（18）个细胞和 1 个花柱。

知识档案

柑橘

种数 20

分布 亚洲东南部。

经济用途 柑橘的果实具有非常重要的经济价值，因此被广泛栽培。植物的其他部分可制成不同的油，用途广泛。

果实是比较大的不同寻常的浆果——橘果，软果肉里含 8 粒种子（有时会是 9 粒），果皮厚，由薄薄的、有颜色、有香味的外果皮（柑橘皮）和一层白色海绵状中果皮以及内果皮组成，内果皮形成衬里层。内果皮里面是多细胞、多汁水泡，向心分布，也可能含有种子。不同种的果皮和果肉的相对比例、果实尺寸、汁液多寡、酸度以及味道的差异很大。

全世界柑橘总栽培面积大约为 220 万公顷，其中有 60 万公顷处于地中海区域。2002 年总产量是 1.04 亿吨（其中一半以上是橘子，10% 是柠檬和酸橙，5% 是柚子和文旦）。相对于其他树木的果实，世界上产出的柑橘大部分是新鲜水果出口，这是由于船运水果非常方便。欧洲市场的竞争主要是地中海产橘国之间的竞争，但是由于季节差异，南半球和北半球产出的柑橘也可互补。

柑橘属主要的种

第一组：成熟的果实主要是黄色，可能有或没有绿边，如柠檬和柚子。

A 果实宽椭圆形到长圆形（柠檬状），中间直径小于10厘米。

酸橙 分布在印度东北部和马来西亚。酸橙结的果实小、非常酸，外形像柠檬，生绿色到黄色的果皮和果肉。果汁含有丰富的维生素C，常添加在饮料、糖果和其他食物中。果实榨取的油可用于制糖果和香水。波斯酸橙有时被认为是酸橙和圆佛手柑的杂交种，果实比酸橙大，耐霜冻的能力较强。

甜坪姆 分布在美国南部。果实新鲜食用，根可做其他柑橘种的砧木。

坪姆 分布在热带亚洲。果实与柠檬相像，但是更甜，味道清淡。

柠檬 分布在喜马拉雅山区域。柠檬的经济重要性仅次于橘子。柠檬的果实多汁，味道很酸，呈黄色；柠檬树常青、多刺，枝繁叶茂，通常嫁接在砧木上。柠檬汁广泛用于制作水果饮料、糖果和调料；它也是制柠檬酸的原料；果皮里提取的柠檬油可制作香水，作为调料有助于消化；柠檬种子油可用于制作肥皂。

佛手 分布在印度东北部或阿拉伯半岛南部。佛手树小、低矮，结大型黄色果实，皮厚、味香，果肉少。果皮可用于制作橘皮果脯，果实被用在犹太人神龛节的典礼上。

AA 果实近球形，最大直径大于10厘米。

柚 分布在马来半岛。果实个大、黄色，含黄色或粉色果肉；果实与葡萄柚相似，但是味道不苦，而且果皮更厚、果肉更硬；它的经济价值不高，但在印度可生吃，在制糖果和果酱方面具有一定的作用。

葡萄柚 可能源自西印度群岛，可做柚的选苗。果实个大、黄色、多汁，果肉苦，簇生在圆顶常青树上。它是柑橘属第三重要的果实，大部分生吃、做罐头或榨果汁。葡萄柚的种子油可制作肥皂。

第二组：成熟的果实主要是橘黄色的橘子。

B 果实球形或径向直径比横向直径稍大；果皮粘连，不容易剥开。

酸橘 分布在亚洲东南部地区。果实比甜橙稍酸。酸橘的果实大部分用于制作果酱，果皮可用于缓解消化不良，可做橘利口酒，制成的酸橙油是某些香水的一种成分。花朵提取的橙花油可用在香水业。酸橘的砧木可用于嫁接其他柑橘种。酸橘在烹调术语中也被称为庙橘。

佛手柑 分布在热带亚洲。它与酸橙相像。果皮提取的佛手柑油可用在香水中，尤其是eau de Cologne。

蜜橘 分布在印度东北部地区以及与中国接壤的地方。它的果实是柑橘属里面最重要的：果实圆形、橘黄色，果肉甜，主要被生吃、做罐头或橘子汁，也可做果酱调料；果皮提取的蜜橘油可用于香水中，也可做增味剂；橘子的种子油可用于制作肥皂。

BB 果实略扁圆，径向直径比横向直径小；果皮疏松，容易剥开。

橘子 分布在越南南部。果皮疏松，果肉柔软、味甜，呈橘黄色，由于它容易剥皮所以常常做甜点。橘子有几个重要的栽培变种，比较常见的包括Satsuma和Tangerine。

四季橘 分布在马来西亚。果实个小、橘黄色，味酸且有霉味。在制作果酱、蜜饯和饮料方面有一定的作用。

主要的柑橘杂交种	
柑橘属里有无数的杂交种，而且都有俗名。带 * 的具有重要的经济价值和园艺价值。	
苦蜜橘	酸橙 × 蜜橘
枳橙	蜜橘 × 三叶枳 *
金柑	柚 × 金枣
柚橙	葡萄柚 × 蜜橘
Satsumelo	葡萄柚 × 温州蜜橘
柑柚	葡萄柚 × 橘子
Siamor	蜜橘 × 橘柚
Sopomaldin	葡萄柚 × 四季橘
橘柚	葡萄柚 × 美味蜜橘 *
橘柚	葡萄柚 × 橘柚
橘橙	蜜橘 × 橘子 *

↙蜜橘原产于亚洲，现在是地中海国家（以色列、西班牙、意大利）和美国（佛罗里达州和加利福尼亚州）重要的经济作物。蜜橘的当年果实仍挂在枝头时，下一年的花就开了，看起来非常吸引人，而且花很香。

朝鲜吴茱萸的花朵和果实都很漂亮，常常被人们栽种在花园和公园里，花朵在夏末开放，闻起来具有浓烈的香味。

吴茱萸属

臭辣树

吴茱萸属6种，原产于亚洲东南部和日本。它们是中等尺寸的落叶乔木或常青乔木，有香气，生裸露的芽（而其近亲黄檗属则是藏在叶柄基部）。树叶对生、羽状。花朵通常单性、小、平顶簇生；花朵生四五片萼片、花瓣、雄蕊和心皮。果实是蒴果，成熟后裂开。有些种在温带地区耐寒，但是这些漂亮的奇特树种在温带地区不易栽培。有些种的树叶可制作膏药和药茶。

朝鲜吴茱萸是耐寒的落叶树种，在所有类型的土壤中均可存活，产自中国北部地区和朝鲜，该树的花朵和果实都非常漂亮。树高可达16米，奇数羽状树叶，长22~38厘米，生在5~11枚近披针形到卵形的小叶之间，小叶长5~12厘米。花朵小、白色，果实紫色。

产自中国（四川省）的朝鲜吴茱萸以前叫作湖北吴茱萸，秋季开花，栽培时树高约19米，树皮光滑，有条纹或有斑点；树叶奇数羽状，长20~25厘米，具5~9枚小叶；花朵单性、雌雄同株。它与产自朝鲜的朝鲜吴茱萸相似，可根据小枝、树叶和果实上毛的多寡进行鉴别。该树树高可达13米，树叶长25厘米，具7~11枚小叶；在夏末开花，结紫色到褐色的果实。

榆橘属

榆橘

榆橘属包括10种灌木和小乔木，原产于北美洲和墨西哥。榆橘以香叶闻名，每片叶通常具3小叶，上面点缀半透明的腺体，对着光可见；花朵大部分单性，密密簇生，每朵花有四五片小萼片，但是花瓣较大，生四五枚雄蕊（雌花的夭折）和1个双细胞子房，子房发育成盘状圆形翼果，生2粒种子。

榆橘属里最有名的是三叶椒，高8米，树皮苦，花朵绿色到白色，气味芳香，在早春开放，每朵花生4片萼片和花瓣，雄花生4枚雄蕊；果实成熟时呈绿色到黄色，有网状翅。榆橘原产于加拿大南部和美国东部地区，在包括欧洲中部的许多地方有移植。它的俗名（Hop Tree）容易使人联想到用于家酿啤酒的果实，果实的味道（以及苦树皮）与辣椒很相像。

三叶椒的果实密集簇生，果实像薄薄的扁圆盘，直径2~5厘米，中间生1粒种子，周围近圆形翅，果实成熟后变成灰麦杆色。

榆橘最适于生长在有些许树荫、排水良好的土壤里。有些地区栽培的榆橘很少产生能够繁殖的种子，但是可在春天进行压条繁殖。榆橘有许多栽培变种，例如金叶榆橘生亮黄色的树叶。原变种毛榆橘的花和小叶下表面被浓密的绒毛。细圆齿火棘也常被栽培。

黄檗属

黄柏

黄檗属里所有的种均原产自亚洲东北部地区。它们是落叶乔木，气味芳香，内树皮亮黄色。幼芽被包在叶柄基部，树叶对生、羽状，生奇数终端小叶。花朵不显眼、呈绿色，雌雄异株；花朵上有5~8片萼片和花瓣，雄蕊5~6枚（雌花不可繁殖）。果实是黑色石果，5室，每室1粒石状种子。黄檗在温带地区相当耐寒，秋季树叶非常漂亮。

黄柏产自中国北方和东北部地区，高度可达15米，树皮成熟后有裂，小枝黄色；树叶长25~38厘米，具5~11枚（13枚罕见）小叶，被纤毛，树叶下表面无毛（中脉略被毛），比较平滑；果实直径为1厘米，碾碎后闻起来有松节油的气味。黄柏的种子可制成一种杀虫剂，树皮的提取液可用于治疗皮肤病。

秃叶黄檗产自中国中部的湖北省，高10米，树皮薄、有棱脊，树枝呈紫色到褐色；树叶长38厘米，具7~13枚（14枚罕见）小叶，小叶基部楔形，下表面尤其是中脉略被毛。秃叶黄檗同黄柏一样，树皮可入药，也就是“黄皮”。日本黄檗产自日本中部地区，它与秃叶黄檗相似，但是小叶基部呈楔形到近似心脏形，花朵簇生，深度比宽度大。

木犀科 > 木犀榄属

橄榄

木樨榄属20种，原产于温带地区或热带地区，分布在欧洲南部（地中海）到非洲（主要的分布地带）、亚洲南部、澳大利亚东部、新几内亚和新西兰。它们是小型到中型的乔木或灌木，树叶对生。花朵白色，大多数两性，圆锥花序或簇生；花萼和花冠管4裂，花冠可能有也可能没有裂片，有2枚雄蕊。果实是近卵形核果，成熟后变成暗蓝色到黑色。

古老的橄榄树的银绿色树叶和粗糙树皮成为地中海盆地最明显的植被特征。作为地中海植被的极限植物，橄榄树也被当作地中海气候的指示性植物，其中最有名的是油橄榄。栽培的橄榄树与野生的不同，后者树叶更宽，树枝多刺，果实更小。

橄榄树自石器时代就已经开始栽培，而且它在地中海国家人民日常生活、经济和社会生活中扮演重要的角色，为他们的生活提供食用油。古时候橄榄油可用于照明、烹饪，而且用于宗教仪式上施涂油礼中。在圣经、古希腊和古罗马文字材料中经常提到橄榄树，橄榄枝还是和平的象征。橄榄树为地中海许多国家提供大量的财富，至今仍然在经济中占据重要地位，但如今橄榄树栽培面积在削减，橄榄的产量不断下降，原因有二：一是因为农业生产模式和饮食习惯的变化，二是因为栽培、繁殖和产油的方式没能有效适应现代的环境。

秃叶黄檗的羽状树叶对生，具7~13枚小叶，它与日本黄檗相似，但是毛较少。树叶揉碎后散发出芳香的气味，秋季变成迷人的黄色，因此成为备受欢迎的观赏树。

橄榄树的寿命对它的历史和进化具有重要的影响，橄榄树可能可存活1500年以上，是欧洲最古老的树种之一。

橄榄树对气候的要求很高——在冬季最低气温－9℃或平均气温3℃的环境下不能存活，但是在冬季需要一定程度的寒冷以保证来年开花。橄榄树通常种植在小树林或果园里，有时候与间作物间植，但是最好单独生长。它们在干燥土壤中不需要人工灌溉就可以存活，但是灌溉能保证更大的收成。

橄榄树有几百个栽培变种，是由克隆体混合形成的，通常分布很广泛。可通过种子繁殖或剪枝繁殖，压条是更普遍采用的方法，但这些方法比较慢。后来开发出湿雾繁殖法，通过剪枝生根长大，一般剪枝是嫁接在老树的树桩上。橄榄树的生长非常缓慢，而且需要几十年才能成熟、橄榄产量达到最大。

在地中海区域，不同的国家采用不同的栽培方法。例如，在西班牙，不管是通过种植还是分裂树冠，橄榄树发育成3根主茎，这样的树比较矮，而在其他国家，例如希腊，人们只让它发育一根又高又直的树干。

知识档案

橄榄

种数 20

分布 旧大陆热带地区和温带地区。

经济用途 古代就开始栽培橄榄取其果实和油，也是很好的木材。

橄榄树的收成不稳定，一年大丰收可能导致植物衰竭，接下来一年收成减少。狂风大雨会打落幼小的橄榄果和树叶，而春天的霜冻也可能杀死花朵。

我们可手工或用机械工具收获橄榄。用手挑选淡黄色到绿色的果实，并放置使之成熟变成黑色，然后煮熟或榨油。刚从树上摘下的橄榄不能直接食用，需要通过不同的方法处理，例如在碳酸钾或盐水中浸泡一段时间使乳酸发酵，然后保存在盐水里。黑橄榄可直接储藏在盐水里，但质量最好的橄榄需要腌泡在橄榄油里面，一般在里面加些诸如百里香和迷迭香之类的草。绿色橄榄经常加些胡椒粉、凤尾鱼或杏仁售卖。

橄榄油除了主要用做烹饪油和色拉油外，还可入药、制作沙丁鱼罐头和蜜饯、

↗ 油橄榄经常出现在小树林里，它们的银边树叶成为地中海地区的一道风景。在合适的气候条件下，分枝多、树干粗糙的橄榄树看起来非常吸引人。

制造肥皂和化妆品。

其他栽培变种包括印度橄榄（锈色油橄榄＝尖叶木樨榄）和野橄榄。木樨榄属有几个种的木材具有装饰效果，特别是非洲油橄榄的木材（黑铁木）。

梣属

梣树

梣属包括 65 种，产自北半球，尤其是亚洲东部、美国北部和地中海地区。梣树是落叶乔木，树叶对生，大多数呈羽状；它们的花朵小，呈绿色，簇生，通常没有花瓣，两性或单性，一般有 2 枚雄蕊；果实有翅（翼果）。

梣属最有名的种是欧梣，树高 40 米，生浅灰色树皮和黑色冬芽。秋季小枝上悬挂的“钥匙”（簇生翼果）是一种独特的风景。

北欧神话里说人就是从梣木（ash wood）创造出来的，挪威语“aska”意为人。欧梣的树皮可煎药，人们曾用它治疗黄疸以及其他肝病，还可缓解牙疼、痛风和关节僵硬。从梣木中提取的液体可用于处理头部的结痂，另外还能治疗蛇咬。花白蜡树的树皮切开之后可得到一种浅黄色的汁液，它是一种温和的泻药，在意大利长期用于治疗儿科疾病。

但是，梣树的主要用途在于它的木材，尤其是欧梣。欧梣木坚韧、有弹性，很少弯曲，不容易被虫蛀，因此经久耐用。在过去，它可用于制作长矛和权杖、马车和车顶，还可制作拐杖和工具把手等。这种灰色木材上面生有致密的纹理和少数结节，很受家具制作者的喜欢。梣木很容易燃烧，以前人们拿它做圣诞柴。

梣树也是街道和公园里比较有价值的观赏植物。有些梣树结果的时候还有花萼，最有名的是绒毛梣、美国白梣和美国红梣，其他物种或者不生花萼或者花萼早落，例如方梣、黑槐和欧梣。花白蜡树也是非常漂亮的观赏树。

知识档案

梣树

种数 65

分布 北温带到热带地区。

经济用途 重要的木材，用途广。也可栽培作为观赏植物。

欧梣

↗ 方臣梣是一种窄叶梣，树形优雅。它与欧梣的区别在于它的树皮有节、有棱，冬芽为褐色而不是黑色。方臣梣的树叶表面光滑，在秋季树叶变成绚丽的紫色。

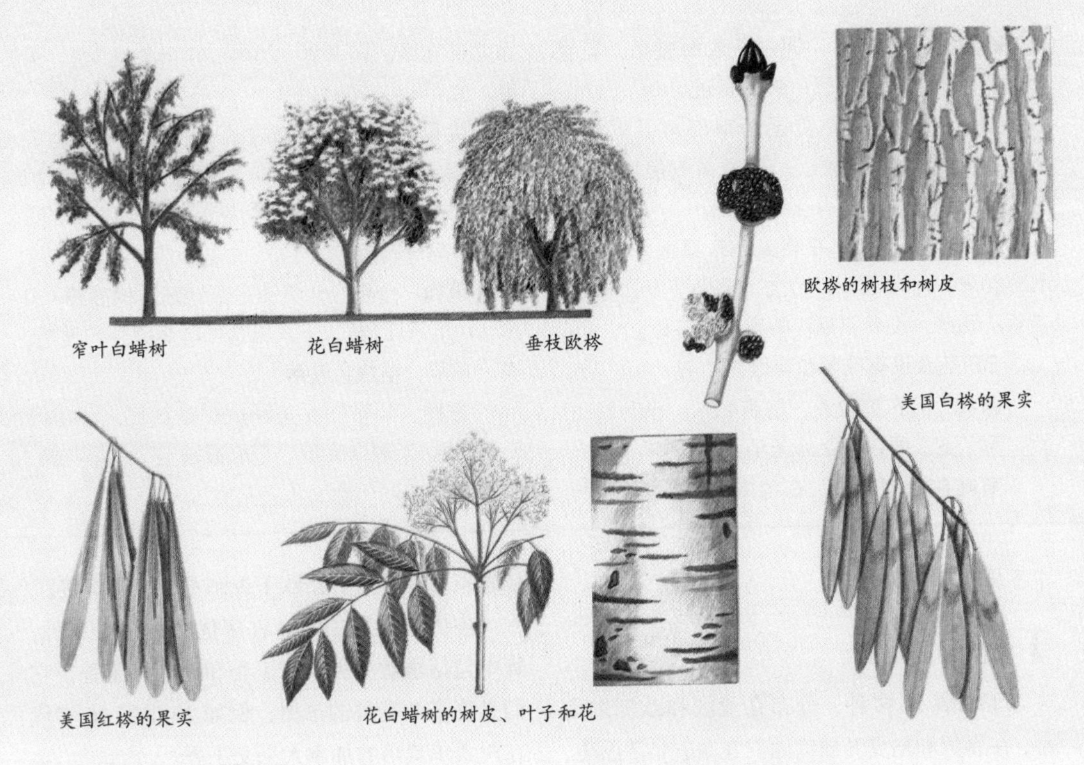
窄叶白蜡树　花白蜡树　垂枝欧梣

欧梣的树枝和树皮

美国白梣的果实

美国红梣的果实

花白蜡树的树皮、叶子和花

梣属主要的种

花梣组

花朵与叶一起出现，或者先于叶开放，花朵在有叶树枝的末端和侧面簇生，雄蕊丝一般比它们的花药长。花梣组包含“开花”梣树。

A 有花冠。

花白蜡树　分布在欧洲南部和小亚细亚。树高15~20米；小叶一般7枚，只有下表面的中脉被毛。

多花梣　分布在喜马拉雅山。树高40米；小叶通常是7枚或9枚，上表面无毛，但下表面叶脉被毛。

AA 没有花冠。

白蜡树　分布在中国。树高15米。它与花白蜡树是近亲。

小叶白蜡树　分布在中国。灌木或小型乔木，高5米。与花白蜡树是近亲。

梣树组

花朵先于叶开放，生在前一年生的无叶的侧芽上，雄蕊丝一般比花药短。

B 有花萼。

二被梣　分布在美国加利福尼亚州及其邻近区域。灌木，高4米；小叶通常为5枚，无毛；花朵上生2片花瓣。

美国白梣　分布在北美洲。树高40米；小

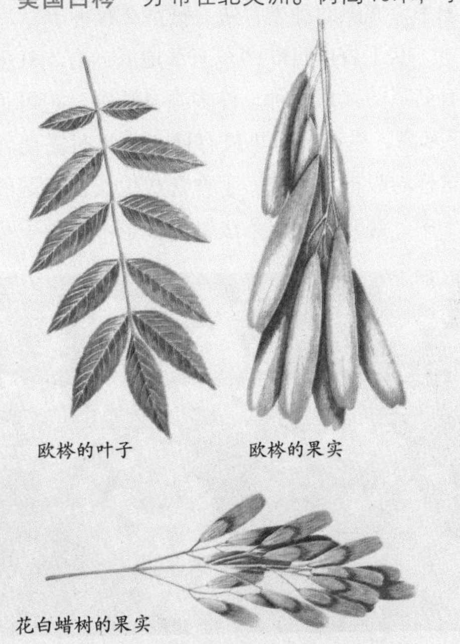
欧梣的叶子　欧梣的果实

花白蜡树的果实

叶7~9枚，通常无毛，偶尔下表面被毛；花萼小，不脱落，没有花冠；果实有翅。

绒毛梣 分布在美国西南部地区。树高8~12米；小叶3~5枚，上下表面一般均被毛；结果时花萼存在，没有花冠。

美国红梣 分布在北美洲东部地区。树高12~20米；小叶通常7~9枚，至少下表面被毛；花萼不脱落，没有花冠；果实的翅下延。

BB 花朵没有花萼和花冠。

欧梣 分布在欧洲。树高45米；小叶7~11枚，除了下表面中脉之外无毛。

窄叶白蜡树 分布在地中海西部地区和非洲北部地区。树高20~25米；小叶7~13枚，无毛。

尖果梣 窄叶白蜡树的亚种，分布在地中海东部到土耳其斯坦。尖果梣与窄叶白蜡树相似，但是小叶更少，每片小叶下表面靠近中脉的地方有一行毛。

黑槐 分布在北美洲东部地区。树高25~30米；小叶7~11枚，下表面除了叶脉之外均无毛；有小花萼，很快会脱落。

方梣 分布在北美洲。树高约20米；小叶5~11枚，上表面无毛，下表面被毛；有小花萼，很快脱落。

丁香属

丁香

丁香属20多种，分布在亚洲和欧洲东南部，在春天和初夏开放绚丽的花朵，非常漂亮，因此被广泛栽种。它们是落叶灌木或小乔木，树叶对生，罕见有裂或羽状叶。圆锥花序，花朵两性，气味芳香，表面蜡质颜色从白色到深紫色都有；花萼4齿，花冠管4裂；生2枚或内含或突出的雄蕊，子房双细胞。果实是革质蒴果，成熟的种子有翅，每室2粒种子。

欧丁香产自欧洲东南部地区，有500多种有名字的栽培变种，许多源自法国。它可长到7米高，生吸根，小枝有穗，栽培时需要移除这样的吸根和小枝。丁香喜欢生长在潮湿的沙土中，喜光。用压条法繁殖，也可用种子和剪枝繁殖，有时需要在欧丁香砧木上进行嫁接。

中国和欧洲中部有许多优秀的丁香变种，其中包括垂丝丁香、红丁香和匈牙利丁香，它们是许多杂交种的母树，例如20世纪20年代在渥太华栽培的加拿大杂交丁香。

丁香属（Syringa）这个名称可能源自希腊单词“surinx”，意思是管，暗指丁香的茎可做笛子。

↖丁香花香气四溢，圆锥花序，金字塔形，非常漂亮，颜色从白色到深紫色都有，可剪枝。

玄参科 > 泡桐属

泡桐

泡桐属包括6种生长迅速的落叶乔木，分布在中国。其中最有名的是泡桐，也叫作毛地黄树，它的花朵气味芳香，呈浅紫色到深紫色，像毛地黄，花序是竖直的圆锥花序，在早春先于叶开放；树叶生在长叶柄上，树叶大、对生、卵形，一般长12~30厘米，但吸枝上的树叶长达1米，上下表面均有毛，幼树的树叶可能有1~3片尖形裂；果实木质，是卵形蒴果，生有翅的种子。泡桐在温带地区广泛种植，但是由于它的花芽在夏末和秋季出现，随后遭受冬天的霜冻，因此在北方地区来年春天不一定开花。其他栽培种有白花泡桐（花朵上有浅黄色大斑点）和台湾泡桐（花朵紫色到白色，有紫线）。泡桐在排水良好的深沙土壤中以及避风的阳光地带长势很好，可用种子以及根、小枝和叶的切片进行繁殖。泡桐出产高质量木材，在东方人们常用它做橱柜。

知识档案

泡桐

种数 6

分布 中国。

经济用途 高质量木材，可做橱柜。

紫葳科 > 梓属

蚕豆树

梓属约含11种耐寒的落叶乔木，常青乔木罕见，有时候是灌木，原产于美国、西印度群岛和亚洲东部，许多是广受欢迎的观赏树。蚕豆树树叶对生或3片轮生，叶柄长，叶缘完整或宽裂。花朵簇生在枝端，每朵花都有1个管状的双唇花萼和1个管状花冠，有5片伸展的裂——2片在上，3片在下；花朵上生5枚雄蕊，但是只有2枚可繁殖。果实是窄窄的扁平蒴果，长30~60厘米，裂成2瓣。种子多，密集簇生，每粒种子末端都有白色的毛。

梓属在温带地区生命力旺盛、耐寒。蚕豆树的果实长、不脱落，很容易使人联想到荷包豆，正是这一特征使它得到“蚕豆树”这样的俗名。由于它们的树叶大、花朵大团簇生、果实长且悬挂在树上不落，因此成为人们非常喜爱的观赏植物。任何潮湿的适宜土壤都适合蚕豆树生长，如果单独栽种在草地上或在道路两旁，它们会长得更好。蚕豆树可用种子或成熟木材的切片进行繁殖，栽培变种靠嫁接在树苗上进行繁殖。

梓属里最有名的种是美国梓，但是它的树叶揉碎之后有种难闻的气味。如果条件适宜，美国梓可长到18~20米高，树顶圆形、伸展。栽培变种矮美国梓低矮，树高不到2米；栽培变种“金叶美国梓”的树叶呈金黄色。美国梓的木材纹理粗糙，经久耐用，而黄金树的木材可做篱笆柱和铁路枕木。长松萝在西印度群岛可用于制革。

知识档案

蚕豆树

种数 11

分布 东亚、美国东南部和西印度群岛。

经济用途 有些种的木材可用，但主要是作为园艺树，有许多叫得上名字的栽培变种。

蚕豆树（梓属）无疑是仲夏里最美的开花树：花朵呈圆锥花序、总状花序或伞状花序，花序高达30厘米；花通常是白色，布有黄色和红色斑点。

梓属主要的种

下列组里除了梓树之外，花瓣底色都是白色或粉色。

第一组：树叶下表面被毛——至少在叶脉上被毛。

梓树　分布在中国。树高6~10（15）米，树冠伸展；树叶对生，呈宽心脏形到卵形，长12~25厘米，有3~5片尖形裂；花朵芳香，圆锥花序，长10~25厘米，花冠长度不足2.5厘米，黄色到白色，管内部有橙色条纹和紫色斑点；果实长30厘米。在日本长期栽培。

金叶美国梓的叶子和花

美国梓　分布在北美洲。圆形树冠，高6~20米；树叶一般为3片轮生，宽心脏形到卵形，长12~20厘米，有时候有2个小裂，树叶揉碎后散发出浓烈的难闻气味；花朵呈圆锥花序，长13~25厘米，花冠长4~5厘米，白色，管内部有黄色条纹和紫色斑点；果实长15~40厘米。栽培变种金叶美国梓具有黄色的树叶；矮美国梓的高度只有2米，可能有1个以上的克隆体。

杂交梓（梓树×美国梓）　树高30米。树叶对生，呈宽心脏形到卵形，长15~40厘米，与梓树相似，但在完全张开前呈擦伤的紫色；许多花朵簇生形成圆锥花序，长15~40厘米，与美国梓相似，但是花朵更小；果实长40厘米，不含种子。栽培变种‘J.C.Teas’生紫色的闭合树叶。

金叶美国梓

黄金树　分布在北美洲。树高30米。树叶呈宽心脏形到卵形，长15~30厘米。相对较少的花朵形成圆锥花序，长15~18厘米，花冠大，宽5~6厘米，长4~5厘米，管内部白色，有少量紫色斑点，口有饰边。果实长22~45厘米。

第二组：树叶下表面光滑。

楸树　分布在中国。小型乔木，树高6~10米，树呈圆锥形；树叶对生，三角形到卵形，长8~16厘米，有时候靠近基部的地方有齿或角；3~12朵花形成总状花序，花序长10~20厘米，花冠长3~4厘米，花管内部白色，有紫色斑点；果实长25~35厘米。

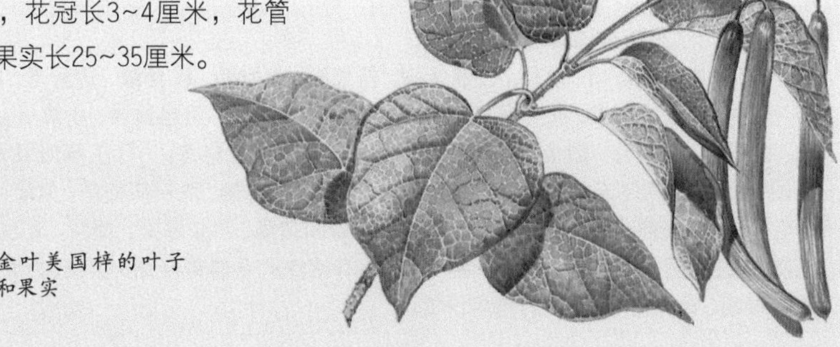
金叶美国梓的叶子和果实

忍冬科 > 接骨木属

接骨木

接骨木属含 9 种，分布在新旧大陆的温带和亚热带地区。它们大多是落叶灌木或小乔木（偶尔是草本植物），树叶对生，奇数羽状。花朵繁多，两性，花朵小，呈白色，扁平状簇生或形成金字塔花束；花朵通常有 5 片萼片（小）和花瓣（3 片或 4 片罕见），以及 5 枚雄蕊；子房有 3~5 室。果实是小浆果，生 3~5 粒果仁和 1 粒种子。

接骨木属约有 6 种原产于温带地区，或在温带地区耐寒，可栽培作为观赏植物。它们大多数枝繁叶茂，有侵略性，喜光，在许多土壤中生长良好，尤其是比较潮湿的土壤。加拿大接骨木是一种观赏树，它的栽培变种大花接骨木生巨大的花头，金叶接骨木生黄绿色树叶；红果接骨木也是一种观赏树，它的亮红色浆果以及大量花朵簇生形成的金字塔花束非常漂亮；黑接骨木有几种栽培变种，其中金叶黑接骨木生金黄色的树叶，紫接骨木的树叶呈紫色。

在英国，长久以来人们用接骨木的花朵和浆果（“英国人的葡萄”）酿酒。英国人曾经将接骨木果酿成的酒掺入葡萄红酒中，因此产生不良影响。接骨木果需要 6 个多月才能成熟，酿成的酒是一种很好的酒精饮料。用接骨木的根做成的灌肠剂据说有通便功能。

知识档案

接骨木

种数 9

分布 温带和亚热带地区。

经济用途 有些种栽培作为观赏树种或供采集可食果实（有些种的果实有毒），果实也可酿酒。

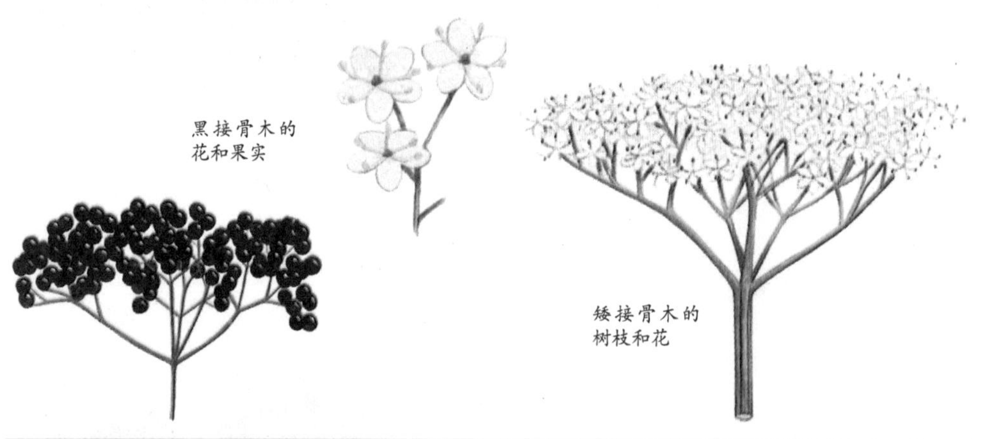

黑接骨木的花和果实

矮接骨木的树枝和花

◎相关链接——

接骨木别名戳树、蒴树、公道老树、舒筋树、七叶金、铁骨散、透骨草、接骨丹、珊瑚配等。其味甘苦、性平，有抗菌消炎、清热解毒、祛风除湿、活血止痛、通经接骨、止痛等功效。《唐本草》云：“主折伤，续筋骨，除风痒、龋齿。可为浴汤。” 《千金翼方》亦有：“打伤瘀血及产妇恶血，一切血不行或不止，并煮汁服。”汪连仕在《采药书》称其能：“行血败毒，洗一切疮疥、鬼箭风。”《现代实用中药》中评价它：“为镇痛药。治手足偏风及风湿腰痛，骨间诸痛，四肢寒痛，脚肿。又跌伤骨痛、风疹、汗疹等为浴汤料。”由此可见，接骨木作为一种中药材，有治疗风湿筋骨疼痛、腰痛、水肿、风痒、瘾疹、产后血晕、跌打肿痛、骨折、创伤出血的药用价值。

■ 接骨木属主要的种

第一组：花朵扁平状簇生，木髓白色，果实暗紫色或黑色。

蓝果接骨木　分布在北美洲西部地区，特别是加利福尼亚州。蓝果接骨木是高3~15米的灌木或小乔木；树叶长15~25厘米，是具5~7枚小叶的复叶；花朵在初夏开放，呈黄色到白色，扁平状伞状花序；浆果黑色，覆有蓝色的粉。在加利福尼亚州，蓝果接骨木形态更像树，树干直径40厘米，煮熟的浆果可做食物。在19世纪，蓝果接骨木被引入法国，在巴黎栽培。

加拿大接骨木　分布在北美洲东部地区。加拿大接骨木是高4米的落叶灌木，茎和树枝有软木髓；树叶羽状，长12厘米，具5~11枚小叶；花朵白色，呈凹陷伞状花序，直径20厘米，仲夏之后开放；浆果紫黑色。加拿大接骨木与黑接骨木是近亲。

大叶接骨木　加拿大接骨木的栽培变种，树叶很大，花头扁平状，直径30厘米。

黑接骨木　分布在欧洲。它是一种普通的、分布广泛的落叶灌木或小乔木，高4~8米。树枝和幼木有木髓，稍老的树上的树皮有棱脊和裂；小叶5~7枚，长10~30厘米；花朵呈黄色到乳白色或白色，具有特别的香味，扁平伞状花序，宽12~20厘米，在夏初开放；浆果梨形、亮黑色，在9月成熟，浆果汁可入药，也可酿酒，还可做成糖浆治疗感冒和打寒战。金叶黑接骨木是金色的接骨木，斑驳黑接骨木很吸引人。

矮接骨草　分布在欧洲和非洲北部地区，源自不列颠群岛。这是一种奇特的草，茎有槽，高1~1.2米；叶子具9~13枚小叶；花朵白色，扁平伞状花序，粉边，宽7.5~10厘米；结黑色果实。以前矮接骨草是一种重要的药用植物，可治疗许多种疾病，例如黄疸和痛风。

第二组：花朵簇生，略成金字塔形（非扁平状）；木髓大多呈褐色；果实红色、黄色或白色（黑果接骨木的果实褐色到黑色）。

红果接骨木　分布在欧洲、小亚细亚、西伯利亚和亚洲西部地区。落叶灌木，高3~5米，树叶是复叶，边缘具粗齿；白色花朵在4月绽放，金字塔形圆锥花序，7月结出亮红色的果实。红果接骨木有2种突出的栽培变种："Laciniata"的树叶观赏性强，金叶红果接骨木是一种金色灌木。

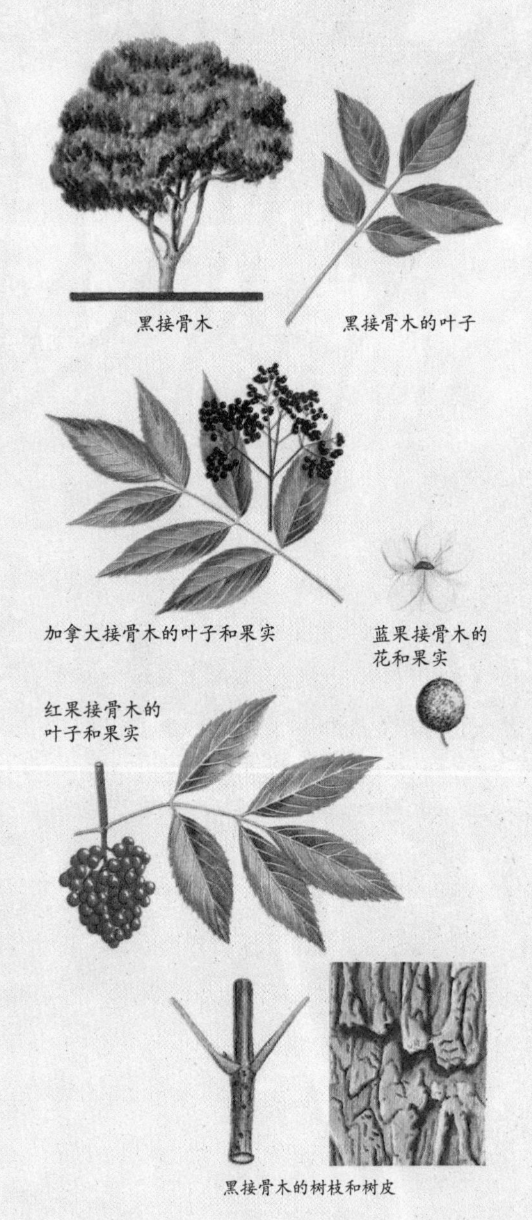

黑接骨木

黑接骨木的叶子

加拿大接骨木的叶子和果实

蓝果接骨木的花和果实

红果接骨木的叶子和果实

黑接骨木的树枝和树皮

S.pubens　分布在北美洲，与红果接骨木是近亲。

黑果接骨木　灌木，高4米；小叶5~7枚；花朵簇生，深度与宽度大约相等；果实黑色，有些为红褐色。

桃花心木遍布整个热带地区，用剪枝法很容易繁殖。它可生长成高耸的大树，高达50米，树干坚硬、厚重，出产红褐色直纹木材。

热带树

地球上没有哪个地方的树木比热带树更具多样性。泛热带所有的科都不会出现在地球上比较寒冷的地方，全世界有 400 种橡树，有 80 多种只生长在东南亚的群岛。

热带森林整年都有丰富的降雨量，几乎每天都会下雨，温度高且恒定，而且土壤里生存着大量的动物种群——所有这些因素的综合对常青植物非常有利。当然，大部分热带树都是常青树。

在本章里大部分条目都是阔叶树，但也包括部分单子叶植物（主要是棕榈，也有露兜树、龙血树和蓬草树，还有达到树的高度的竹子）。大多数单子叶植物因具有美学价值而备受推崇，然而竹子对于季节性干旱的热带国家来说则具有更重要的经济价值，那里的竹子产量丰富，可做建筑材料、管道和食物容器，而且不断为造纸业提供纤维原料。

几个世纪以来，热带树已经为人类提供了许多优质木材，而且至今仍提供世界上绝大多数的硬木。除此之外，热带树还是许多香料、树胶、树脂、乳胶、果实和药物的来源。大片人类容易进入的热带雨林里的可提供优质木材的树种已被洗劫一空，例如柚木（马鞭草科）、非洲桃花心木（非洲楝属）、乌木（柿属）和花梨木（黄檀属）。

咖啡（小果咖啡和大果咖啡）是非洲重要的传统作物，而热带美洲主要的树木作物是真正的桃花心木（大叶桃花心木）、杉木（洋椿属）和 2 种松树——加勒比松和卵果松（二者都被大规模种植），还有非常重要的树木果实，包括巴西坚果（巴西栗）、鳄梨和可可——制巧克力的原料。南美洲所谓的小产品树种包括橡胶树、美洲木棉和马钱子，其中橡胶树上收集的乳胶是南美洲亚马孙河流域的橡胶工业原料；美洲木棉可出产棉花；从马钱属植物中可

↗ 猴面包树的树干直径可达10米，而它的树枝长度可能只有13米。它们的寿命非常长，非洲有些猴面包树据估计已经存活了5000多年。

获得箭毒马鞍子，这是一种强效神经毒剂。亚洲和非洲的许多树种也具有同样重要的经济价值和医学价值，例如从东南亚群岛的月桂属植物中可提炼药用白千层油，从亚洲和澳大利亚的鱼藤属植物中可获得不同的化学物质做杀虫剂或用于其他用途。热带亚洲和热带美洲有一种樟树可制成樟香茶和樟脑丸，非洲和中东的蓖麻种子可提炼油，用于制作肥皂、清漆和化妆品。

热带树除了为世界提供具有重要经济价值的木料之外，还具有观赏价值。非洲的凤凰木和亚洲的缅甸树（二者都是豆科植物）是世界上最壮观的开花树：凤凰木源自马达加斯加，但现在在整个热带和亚热带都很普遍，以亮丽的猩红色花朵和细的羽状树叶知名。热带美洲是许多观赏开花树的家乡，其中包括兰花楹属的 30 多个树种，它们芬芳的花以及优雅的树叶非常迷人，珊瑚树（刺桐属）则开鲜红色或黄色花朵，最可爱的要数缅栀（红花缅栀和白花缅栀），这是一种树冠开放的小型乔木，繁花似锦、香气扑鼻。

许多热带国家将开发它们的热带雨林当做“发展”经济的一种手段，但是由于过度开发，森林里的许多植物和动物已濒临灭绝。如果照这样的破坏速度持续下去，55 年后原始森林将所剩无几。保护热带森林需要全球性的正确管理，但当发达国家已经破坏掉自己的原始森林之后，再来劝说贫困国家保护这最后的资源就变得相当困难，因此同心协力保护森林的前提必须是发达国家减少对热带森林产品的需求。

芭蕉科 > 芭蕉属

香蕉

该属类似于象腿蕉属，含 35 种草本植物，分布在热带，生地下茎，由于非木质，因此不是严格意义上的树木，但是它们的高度可达 6 米，与树相像，生椭圆形单叶，呈螺旋形排列，花穗状。芭蕉属原产于热带亚洲，但是现在在整个热带地区均有栽培，特别是南美洲和加勒比海。

古时候亚洲人栽培芭蕉以获取纤维，现在芭蕉属最出名的是它的可食性果实。在许多热带美洲国家，栽培芭蕉是主要的经济来源。现在小果野蕉和杂交种甘蕉出产的香蕉出口至世界各地，但当地的人们也吃其他种的果实，例如蕉麻，它也可出产纤维。

芭蕉属植物也越来越多被栽培作观赏植物，有的种在温带的公园里，有的种在温室里。

芭蕉科 > 象腿蕉属

阿比西尼亚香蕉

象腿蕉属只有 8 种，局限于旧大陆的亚洲和非洲热带地区。从严格意义上说，这些植物不是树，因为它们非木本，而是常青多年生草本植物，与香蕉相似（芭蕉属）且属于同一科，但是它们的外观像树，高度可达 12 米，只结 1 次果（开花 1 次，然后死亡），但是一旦老的开花茎死亡，从根茎处会长出新的草本植物。

象腿蕉属的花头和种子可食，例如埃塞俄比亚的偏膨象腿蕉，但这些植物主要栽培作为观赏用，它们的香蕉状树叶长达 6 米，给人们留下深刻的印象。

大风子科 > 大风子属

大风子

大风子属约含 40 种，原产于马来群岛。树高均在 30 米以上，树叶互生、革质，边缘有锯齿，生在寿命较短的嫩枝上；花朵不显眼，单生或簇生；果实大，呈球形。

亚洲东南部几种（其中包括垂枝大风子）以及缅甸的 H.castanea 的种子可制成大风子油，曾经常用于治疗皮肤病，其中包括麻风病。

木风子科 > 山桐子属

山桐子

山桐子属只有 1 种，产自中国和日本。山桐子是雌雄异体的落叶乔木，高度约 12 米，树叶近心脏形，互生；花朵呈黄绿色，气味芳香，圆锥花序，下垂；果实是许多小小的橙红色浆果簇生，树叶脱落之后仍挂在树上。

山桐子由于具有优美的树形、芳香的花朵以及丰富的亮彩色果实，常被栽培作为观赏植物。

刺叶树科 > 刺叶树属

蓬草树

刺叶树属 28 种均产自澳大利亚，生长缓慢，四季常青，寿命长，具有肉质茎，看起来像树，茎干随着年龄的增大变成木质。树叶像草，长达 1 米，簇生，绽放小小的白色花朵，在长柄上穗状簇生。

刺叶树属起源于亚热带干旱地区，因此在荒漠或半干旱地区可供人观赏，但是它们主要的用途在于提供树脂（可制清漆）——老叶脱落的时候会在基部获得树脂。刺叶树可耐火烧，甚至有时火可促使其开花，有的可能推迟 200 年才开花，例如蓬草树（澳洲刺叶树），但其他种开花较频繁。

刺叶树生长非常缓慢，但寿命却很长。蓬草树的寿命可达600年，茎高1米，其刀片状树叶可达到同样的长度。

蓖麻的荚果球形、有刺，含有3粒扁平的种子，成熟之后会张开。

大戟科 > 蓖麻属

蓖麻

蓖麻属只有 1 种，原产于非洲东部和东北部及中东地区，但现在已经分布到整个热带地区。这个唯一的种叫作蓖麻，是雌雄同体的小型树种，高 4 米，树叶大，互生，手掌状，有裂；圆锥花序，雌花在基部，雄花在顶端。

蓖麻在温带地区常常被看做观赏性地层植物，但在它的原产地已经具有 5000 多年的种植历史，大多数是为了获得种子里面的油。蓖麻同大戟科里的其他成员一样，全身上下均有牛奶状树液，种子可制成蓖麻毒素——一种毒药。古时候人们曾把蓖麻种子油用作通便剂，实际上它还有许多用途，例如可制成肥皂、清漆和化妆品。

大戟科 > 大戟属

大戟树

大戟属是一个巨大的属，约 2000 种，分布在世界上整个热带和温带地区。雌雄同体或雌雄异体，最明显的特征是具有牛奶状乳液，大部分种类是草或小灌木，但有些是乔木，例如非洲的 Euphorbia candelabrum 可长到 20 米高。许多种是肉质植物，分布在干旱的亚热带地区，而且通常多刺。所有种类的花的头部（或杯状）环绕着亮彩色的苞叶形成的轮生体。

大戟属里其他形成树木的种类是 E.abyssinica 和绿玉树，前者高度可达 10 米，后者也就是所谓的手指树。大多数可栽培作观赏植物，但许多种类的乳液在当地被人类利用，而绿玉树还可做柴火。

大戟科 > 木薯属

假橡胶树、木薯

该属非常重要，含 100 种乔木、灌木和草，原产于热带美洲，在整个热带地区的低地广泛栽种。木薯是小型乔木，高度不过三四米，树叶互生，圆裂，花朵大，通常生在圆锥花序末端。树木通身都含有乳白色牛奶状汁液，这是大戟科的典型特征。该属含有大量的氰化物，因此植物具有对病虫害的免疫力。

木薯属最重要的物种即木薯是重要的粮食作物，可用水反复挤榨地下块茎，使有毒的氰化物挥发除去。许多栽培变种都含有不同数量的氰化物。木薯可在贫瘠的土壤中生存，亚马孙的土著居民广泛种植木薯，但是由于它的蛋白质含量低，因此如果食谱中大部分是木薯的话，会导致营养不良。木薯或木薯粉可做汤和果冻，也可制成糨糊一样的物质和酒精。木薯属另外一个物种即萨拉橡胶树可出产一种橡胶。

大戟科 > 橡胶树属

橡胶树

橡胶树属是特别重要的属，含 12 种，其中一种即巴西橡胶树出产最好的天然橡胶，广泛用于工橡胶业。

↗ 苏门答腊岛的热带雨林大部分现在已经被橡胶树取代。在亚洲东南部潮湿的热带地区，巴西橡胶树是最广泛栽种的树种之一，具有重要的经济价值。该树又高又直，8年里树可长到20米高。

橡胶树的树叶具 3 小叶，螺旋形排列，绽放小小的黄色花朵，气味芳香，圆锥花序，簇生在树枝末端。巴西橡胶树可长到 20 米高，现在在遥远的马来西亚和斯里兰卡均有栽培。在橡胶树的原产地亚马孙河流域，橡胶是从野生的树上获得的，但在那里栽培是不可能的，因为天然害虫已经发展到足以摧毁树木的地步。在远东地区，人们用巴西的橡胶树种子进行人工种植，由此获得廉价的橡胶。尽管人造橡胶已经得到长足的发展，仍然有 40% 的橡胶来自橡胶属物种，而且产量呈上升趋势。

豆科 > 缅甸树属

缅甸树

该属只有 1 种，原产于缅甸，非常罕见，只有 2 次野生植物的报道。但是由于它绽放出漂亮的粉红色花朵，现在在潮湿的热带地区也栽培作观赏植物。

缅甸树的树叶呈羽状，长 1 米，由几枚长 30 厘米的小叶组成，幼时具红色或紫色斑点，成熟后变成青葱绿色。树高 12 米，开粉红色到红色花朵，长总状花序。幼叶和花朵均可食。

豆科 > 扁轴木属

扁轴木

扁轴木属可能含有 30 种，通常有刺，常青乔木，原产于美洲、非洲东北部和南部的干旱地区。它们的高度可达 10 米，绿色树枝和羽状树叶。春季，树上开放无数黄色到橙色的花朵，气味芳香，簇生。

扁轴木属大多是非常漂亮的观赏植物，例如开花扁轴木一般出现在美国西南部沙漠里水流过的地方。另外一个重要的物种叫作扁轴木，它除了可栽培供人观赏之外，茎里面的纤维还可用于造纸。

豆科 > 彩木属

彩木

彩木属是一个小型热带属，只有 3 种——2 种原产于热带美洲，1 种源自非洲南部的纳米比亚。它们是多刺灌木或乔木，树高 8 米，生羽状树叶，开黄色花朵，呈总状花序，在温暖的地区灌木有时候可栽培在草地上作观赏植物或者作刺篱笆。

彩木分布在墨西哥、西印度群岛和美洲中部的湿洼地带，巴西彩木来自热带美洲，这 2 种物种具有重要的经济价值。它们的木材可制作家具和染料，深色心木的提取液可制作墨水，而且可出产彩木，至今仍然用作微观作业的滑片。

豆科 > 长角豆属

角豆树

长角豆属是一个小的属，只有 2 种常青的灌木或高达 10 米的乔木。角豆树源自阿拉伯半岛和索马里，但自古代起就在地中海盆地广泛栽培，现在甚至移植到美国南部温暖的地方。它们的树叶光滑，分成许多小叶，微小的红色花朵簇生在一起形成短总状花序。

有时候角豆树被栽培在街道上，尤其是气候炎热的地区。长角豆树的果实含有提神的、富含糖分的果肉，可做粮食或动物饲料，而且可用来酿酒。在食品工业上，长豆角胶（E410）可做果冻的胶凝剂，而且是一种膨松剂。长豆角树的木材质地优良。

西印度群岛角豆树

西印度群岛角豆树的树干直径至少为 1.2 米（4 英尺），有时候有支柱根，树干表面覆盖有一层厚实光滑的灰色树皮。用它制成的木材质量很高，可被做成家具、车轮、齿轮、铁路枕木、胶合板和橱柜等等。此外，它还是南美

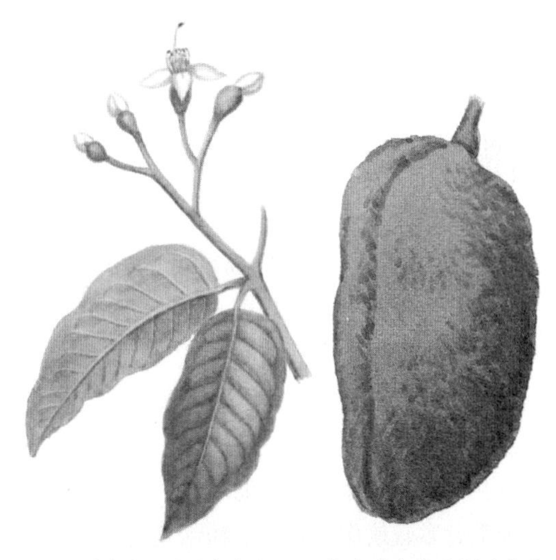

西印度群岛角豆树的每片叶子都有两片有光泽的绿色小叶，小叶长为 10 厘米（4 英寸），宽为 4 厘米（1.5 英寸），底部收拢。

西印度群岛角豆树的花最后结成表皮粗糙呈暗褐色的结荚，长为 10 厘米（4 英寸），宽为 5 厘米（2 英寸）。

西印度群岛角豆树

洲柯巴脂（可制成油漆）的原料。虽然西印度群岛角豆树是很好的遮荫树种，但由于它的果实有异味，因此不适宜种在住房边。

西印度群岛角豆树的结实树枝形成了敦厚的树冠，褐色的挚枝上缀满了复叶。树枝末端直立着由无数朵白色小花组成的扁平花簇。它的果实结荚内有很多树脂粒，果肉厚实，呈浅黄色，可食用，其内包裹着暗红色的大种子。

豆科 > 刺桐属

刺桐

刺桐属分布于泛热带，含 100 多种常青或落叶灌木和乔木。它们的高度可达 20 米，羽状树叶互生排列，总状花序，花朵一般呈红色，有时候是粉红色、橙色或黄色。

该属所有种类都可产大量花蜜，因此许多种存在共生关系，例如美国蜂雀作为授粉者与之有共生关系，而蚂蚁有助于保护树木。刺桐属种类大多栽培作为观赏植物，尤其是鸡冠刺桐，它是一种小型乔木，开暗猩红色花朵，总状花序。许多种生有美丽的红色和黑色种子，可用来做珠子，比如南非刺桐。刺桐属物种也常常栽作包括咖啡在内的作物的遮阴树，例如翅果刺桐和短穗刺桐。

豆科 > 凤凰木属

凤凰树

凤凰木属是比较小的属，既有落叶乔木，也有常青乔木，树形漂亮，生长迅速，高度可达 10 米。所有种类的特征是生羽状树叶，上面有很小的小叶，花朵大，花期长，总状花序，颜色从猩红色、橙色、白色到黄色。由于凤凰树生长迅速，花朵漂亮且开花时间长，树高，呈伞形，因此成为惹人喜爱的观赏树。

凤凰树可能是种植范围最广的种类，从整

数量众多的美丽的花朵最后结成了木质的果实结荚，这些结荚即使在裂开后仍然可以在树上长很长一段时间。

凤凰木生长速度很快，每四年可长7.5米。

↗凤凰木

个亚热带到热带地区的街道或公园里都可看到凤凰树的踪影。凤凰树原产于马达加斯加，但在原产地现在已经变得非常罕见，它们已经分布到美国佛罗里达州南部，能够在海边生长。

豆科 > 合欢属

合欢

合欢属约含120种落叶乔木、灌木和藤蔓植物，在亚洲、非洲和美洲都可发现代表性种类，但美洲只有几种。所有的合欢树都开绚丽的花朵，伞状花序或穗状，花朵本身呈粉红色、乳白色或黄色，雄蕊使得花朵看起来更漂亮。

合欢属广泛栽种作为观赏植物，特别是合欢树，树顶圆形，高6米，耐寒能力超强，尤其是在那些夏季漫长的地区，矮合欢的耐寒能力特别强。由于合欢树容易遭受病虫害，因此更适合栽种在公园里而不是街道上。有些种栽培作遮阴树，有些可制咖啡和茶，如楹树，还有的出产木材，例如非洲的大苞片合欢树。

豆科 > 黄檀属

红木、黑木、西阿拉黄檀木

黄檀属是由攀缘植物、灌木和乔木组成的，树高可达25米，可能含有100种，自然分布在整个热带地区，一般位于热带稀树大草原或海岸边的林地里。黄檀树都长有互生排列的羽状树叶，开豌豆小花，花腋生或端生在圆锥花序上。

黄檀树的木材一般具有彩色纹理，非常漂亮，具有重要的经济价值，因此被广泛栽培。巴西黄檀是产自巴西的重要木料树，阔叶黄檀在亚洲广泛栽培，而东非黑黄檀的木材在非洲用途很多。巴西黑黄檀是产自巴西的另一个树种，它的优质木材可制作乐器和家具。由于开采过度，现在野生巴西黑黄檀已经处于灭绝的边缘。

豆科 > 决明属

黄金雨

该属分布在泛热带地区，包括约30种落叶或半常青乔木，树高可达30米。所有的种都生羽状树叶，呈亮绿色到暗绿色，被毛，有些种有刺。绽放长豌豆状花朵，通常具有芳香的气味，可能是红色、橙色、粉红色或黄色，呈下垂或直立的总状花序。

由于决明属尤其是黄金雨花期长，因此被广泛栽培作观赏树。许多树种的乳胶具有医学性能，而有些种可做木料（节果决明）。

豆科 > 美木豆属

非洲红豆树

美木豆属共3种，原产于热带非洲，分布范围从斯里兰卡到密克罗尼西亚(西太平洋岛群，意为“小岛群岛”)，以前归在非洲红豆树名下。所有物种均具有独特的羽状树叶以及豆科特有的豌豆状花朵。美木豆属很少人工栽培，但是有些物种例如大美木豆和疏花美木豆（也就是人们熟知的假黄檀）是重要的木料树，均分布在非洲西部地区。

↗ 委内瑞拉玫瑰树全年均可开放，在春季和夏初的时候数量尤其多。

豆科 > 绣球树属

委内瑞拉玫瑰树

委内瑞拉玫瑰树因其漂亮的花朵和精细的叶子而闻名于世。虽然它的花是本属中最大的，但是在热带并没有被大量种植。它的叶子有一个有趣的特性：白天的时候，叶子将花盖住，以免其受光照，晚上的时候则移开，让漂亮的花一览无遗。这种树主要长在山地森林中。高度：18 米（60 英尺），树形：半球形。

委内瑞拉玫瑰树的树冠很浓密，树叶长为 90 厘米（36 英寸），并浅裂成 5~11 对狭长的小叶。新叶为半透明的粉红色或铜色，悬挂下垂，成熟的时候，则为亮绿色，硬且扁平。它的花朵为亮红色，并伸出长长的、管状的花粉囊。这些花以大约 50 朵形成一个直径为 25 厘米（10 英寸）的花簇，在树枝顶端悬挂下来。它的果实结荚宽阔扁平，长为 25 厘米（10 英寸）。

豆科 > 木荷属

铁刀木

该属物种丰富，含有 350 多种草、灌木和乔木，小叶黄槐的高度可达 40 米，但一般物种的高度不超过 10 米。木荷属分布在整个热带地区，少数——例如 S.marilandica（一种草）——向北延伸至爱荷华州（美国中西部的一州）。所有物种都生豆科特有的羽状树叶，小小的豌豆状花朵呈圆锥花序。木荷属与决明属的区别在于花丝的形状不同，而且没有小苞片。

木荷属里有几个物种栽培作观赏植物，而其他物种例如耳状决明由于具有药效，价值很高。木荷属里经济价值较大的是意大利木荷及山扁豆的荚果和树叶。铁刀木既可栽培作观赏树，也可出产硬木。

豆科 > 酸豆属

罗望子

酸豆属只有 1 种，即罗望子，分类学来源不详，可能原产于热带非洲，现在移植到整个

↗ 罗望子的种子结荚里有黏性、褐色、酸甜味的果肉，微香，富含酸性物质。

↗罗望子

热带地区。它是常青树种，生典型的羽状树叶，高达 25 米。花朵黄色和红色，气味芳香，约 12 朵组成下垂的总状花序。荚果扁平、弯曲，呈褐色，长 10~15 厘米，果肉可食，苦中带甜，里面生几粒坚硬的种子。

由于罗望子用途甚广，因此栽培历史较长。它除了根以外所有的部分均有药效，在目前的分布地区被开采。种子周围的肉质果肉富含维生素，可用于制作蜜饯、香料、饮料和调味品。该种也被广泛栽培作观赏性遮阴树，木材可用。

豆科 > 香脂木豆属

秘鲁香

香脂木豆属是一个很有用的属，包括 2~3 个常青乔木，含树脂，高达 12 米，羽状树叶互生，有腺体，花朵小，呈豌豆状，总状花序。它们原产于热带美洲，但现在已经移植到旧大陆热带地区。

香胶树含有一种甜味香液，可用于药物和酊剂加香。它的亚种秘鲁香胶树可出产秘鲁香，现在用途和香胶树液一样，但在以前由于具有药效而备受推崇。香胶树也可出产优质木材，在热带地区有时候种作观赏树。

豆科 > 姻加豆属

西班牙橡树

姻加豆属是由 350 种灌木和乔木组成的，树高 40 米，羽状树叶互生，叶柄通常有翅，树叶深绿色、革质；花朵一般为白色，小穗，有时候是较大的团，看起来非常漂亮。姻加豆属原产于美洲热带和温带地区，一般生长在河边，果实可能是通过鱼散播。

姻加豆属常栽培作观赏植物或其他庄稼的遮阴树。有些种可做柴火或木料，其中包括 I.laurifolia。它们的果实较大（长 15 厘米），长圆形，或者被密毛、或者完全光滑，有些种的果实可食（例如巴喀豆）。

豆科 > 鱼藤属

鱼藤

鱼藤属含 40 种藤蔓植物、灌木和乔木，所有种类产自亚洲东南部和澳大利亚北部的热带雨林低地里，有一种攀缘植物即台湾鱼藤延伸至非洲东部和太平洋红树沼泽里。它们生豆科植物典型的羽状树叶，开彩色花朵，总状花序，端生或腋生，看起来很吸引人。

鱼藤最普遍的用途是作为鱼藤酮的来源，这种化学物质出现在它们膨胀的根部，尤其是另一种叫作毛鱼藤的攀缘植物，以前用做鱼毒，制成干燥的粉末形式，在园艺业上当作杀虫剂。

豆科 > 云实属

洋金凤

云实属位于泛热带地区，含 10 种或 100 多种乔木、灌木和多年生草本植物，以及一些攀缘植物。该属形态多样，有些物种的树叶有刺，有的无刺。这些树木高度可达 10 米以上，生豆科植物特有的树叶，每片叶由许多更小的小叶组成。

云实属大多栽培作观赏标本，这是由于其花朵呈彩色，管状，总状花序，具显眼的雄蕊，雄蕊颜色通常与花朵的其他部分不同。洋金凤是特别迷人的物种：高 3 米，绽放亮黄色花朵，具红色雄蕊。其他有栽培作街道树的（巴西铁木），有含丹宁酸的（狄薇豆和巴拉圭苏木），还有作树篱的（云实）。

豆科 > 紫檀属

紫檀、红木

该属分布在泛热带，约含 20 种重要的落叶木料树和攀缘植物，高 12 米。羽状树叶互生，豌豆状花朵呈圆锥花序，非常漂亮，该属也常栽种作观赏树和遮阴树。

安达曼紫檀广泛用在木工作业，印度紫檀出产的木材具有香味。其他用途包括建筑、雕刻和造船。另一个重要物种是檀香紫檀，可用于细木工业，也可制成红色颜料，印度人曾经把它当作世袭阶级的标志。

独尾草科 > 芦荟属

芦荟

芦荟属是一个比较大的属，含 350 多种多汁树或匍匐植物，分布在热带非洲和南非，直到马达加斯加、阿拉伯半岛和加纳利群岛。

它们的树叶多汁，末端具有螺旋形莲座叶丛，一般沿着边缘有刺，有时候表面也有刺；绽放黄色或红色花朵，靠鸟授粉，呈圆锥花序和总状花序。

芦荟的形态多样，因此被广泛种植作观赏植物，而且许多另外还具有经济价值，例如开普芦荟和库拉索芦荟。库拉索芦荟原产于亚洲，现在广泛分布和栽种在美国南部、墨西哥和加勒比地区，是主要的经济作物，可用于制作洗发剂和其他化妆品。有几个芦荟种的树叶可提取出一种叫作苦芦荟的泻药。

↗ Aloe vaombe（芦荟属）绽放猩红色、黄色和橙色的管状花，树叶有刺，具螺旋形莲座叶丛。

杜鹃花科 > 杜鹃花属

杜鹃花

杜鹃花属很大，包括850种落叶、常青的灌木和乔木，原产于北温带地区，包括喜马拉雅山、东南亚、马来西亚和北美洲。它们所跨的海拔范围很大，从低地热带雨林直到喜马拉雅山海拔5800米的林线均有它们的身影。树叶通常四季常绿，单叶，叶缘完整，互生，树叶的尺寸、颜色和纹理差异很大；花朵通常是色彩斑斓，侧生或端生在总状花序上。

杜鹃花的观赏价值很高，有几百种栽培物种和1000多种有名称的栽培变种。有些物种具有侵略性，但是欧洲南部引入的彭土杜鹃花却成为英国酸性土壤中的侵略性草类。杜鹃花除了具有观赏价值之外，有些物种的树叶也有用，例如产自中国的羊踯躅可驱赶蚊虫，北美洲的毛叶杜鹃花可做茶。

杜鹃花科 > 酸模树属

酸木

酸模树属只有1种，分布在美国东南部地区，该种叫作酸模树，它是高25米的落叶乔木，树皮很漂亮，有凹槽，椭圆形树叶互生，小圆柱形花朵生在长圆锥花序的末端。

尽管酸模树生长比较缓慢，而且比较娇弱，但由于晚夏开放的白色香花圆锥花序和秋叶都很漂亮，因此常常栽培作观赏植物。

番荔枝科 > 番荔枝属

番荔枝、刺番荔枝（树）、番荔枝果、南美番荔枝

番荔枝属含有130多种常青乔木和灌木，遍布整个美洲和非洲热带地区，高度不超过10米。树种的叶子和花朵形态各异，肉质两性花有些单生，有些簇生。

↗ 番木瓜可结果15年，在靠近树干的地方结许多木瓜，肉质鲜美、中空。

番荔枝属许多种的果实可食，因此在许多热带国家广泛栽培，例如秘鲁的毛叶番荔枝和刺果番荔枝。其他的物种除了提供可食果实之外，种子里还含有杀虫剂成分，因此当地人拿它做药，例如番荔枝。

番荔枝科 > 依兰属

依兰树

依兰属包括2种芬芳的常青乔木，高度可达30米，它们源自热带亚洲和澳大利亚，树叶大多数是单叶，呈椭圆形，互生排列，花朵小，气味芳香，彩色，簇生。

由于依兰树具有迷人的形态、漂亮的树叶和香气浓郁的花朵，因此在整个亚洲和马斯克林群岛广泛种植。依兰树的花朵还可提取精油伊兰–伊兰，广泛用于头发护理和香水制造。

番木瓜科 > 番木瓜属

番木瓜

番木瓜属含 23 种乔木，源自南美洲。这些树通常是雌雄异体，具深裂掌状树叶，管状雄花腋生，总状花序，雌花比雄花宽，不明显管状，单生或簇生在叶腋处。

番木瓜树高 10 米，如今广泛种植以产出番木瓜，它的果梗短，果实几乎直接生在树干上。番木瓜具有一定的经济价值，富含维生素，已成为世界各地都能吃到番木瓜。番木瓜属里生在较高海拔的种类更能耐受寒冷的气候，现在在新西兰和澳大利亚都栽培作为经济作物。未成熟的果实的皮含有木瓜蛋白酶，在医学上和工业上用途很广。

福桂花科 > 福桂花属

墨西哥刺木

福桂花属是肉质植物，原产自北美洲西南部，尺寸范围从小型短茎的肉质植物到高达 20 米的乔木。茎多刺，生互生单叶，干旱气候条件下会落叶，开放亮彩色花朵，呈圆锥花序或总状花序，花朵很漂亮。

柱状福桂花原产自墨西哥西北部的索诺拉沙漠，是 11 种里最高的，柱状肉质树干挺立，高 20 米，黄色花朵气味芳香，呈圆锥花序，它是常见的 2 种栽培种之一。另一种是下垂福桂花，它的茎多刺，彼此缠绕在一起，因此可作树篱，形成不易穿越的屏障。

橄榄科 > 没药属

没药

没药属分布广泛，近 200 种，产自热带和亚热带非洲、马达加斯加、阿拉伯、斯里兰卡和南美洲，有 2 种分布在墨西哥。它们一般出现在炎热干旱的矮丛林里或者稀树大草原上，

↗ Commiphora glaucescens（没药属）原产于非洲北部的荒漠地带，高度只有3米，树枝粗糙、有节。

但有些出现在红树林里和热带丛林里，树高 20 米，羽状树叶呈螺旋形簇生在树枝末端，开小花，圆锥花序，花朵也簇生在树枝末端。

该属所有种类的树皮均可渗出树脂。没药可用于制选造香水和熏香，它主要源自没药树，在阿拉伯和埃塞俄比亚有种植。其他许多种类也有药用价值，例如从 C.merkeri 和 C.wrightii 中可提取树脂油，在当地用于治疗多种疾病。

橄榄科 > 乳香属

乳香

乳香属和没药属同属于橄榄科，乳香属可能含 20 种落叶乔木，原产自热带非洲和亚洲干旱的森林和山坡（橄榄科其他成员遍布整个热带地区，其中包括南美洲和中美洲）。

乳香的羽状树叶呈螺旋状簇生在树枝末端，花朵不太显眼，圆锥花序，也生在枝端。乳香通身尤其是树皮含有树脂，树脂可用来制乳香，这类树种有乳香木和阿拉伯乳香。另外一种齿叶乳香木一般分布在印度山坡上干旱的落叶森林里，可出产木材和木炭，在当地具有重要的经济价值。

禾本科 > 牡竹属

龙竹

尽管草科成员通常不被认为是树木，但龙竹却是个例外，因为它比其他通常意义上的树木都还要高。牡竹属是由 30~35 种木质、有节的竹子组成的，原产于印度、中国、马来西亚和菲律宾。它们的独立茎可以不可思议的速度生长：每天 30~40 厘米，成熟的植物高度可达 40 米。

牡竹属现在在世界上整个热带地区均有栽培。所有的种都很容易被认为是典型的竹子，树叶薄、线形，茎像拐杖。有些种的芽可食，例如马来西亚的马来麻竹，而用处更大的是龙竹那又高又硬的茎部，可用在建筑工业中，通常是做脚手架。

红木科 > 红木属

胭脂树（红木）

红木属只含 1 种，即红木，原产自热带美洲，树高 7 米；该树分枝多，生大椭圆形树叶，叶脉手掌状，绽放粉红色的花朵，5 朵簇生，每朵花的直径大约为 5 厘米。

在比较温暖的地区，有时候胭脂树栽培作观赏植物，由于它可进行深度修剪，因此可作树篱。红木的红色种子最有价值，它含有胭脂树橙，这是一种类胡萝卜素染色剂，用在食品中，而且被美国印第安人或爱斯基摩人当作体绘颜料。

蒺藜科 > 愈创木属

愈创木

愈创木属是一个很有价值的属，含 6 种常青灌木和乔木，生树脂，高 10 米，所有种类均源自热带美洲干旱的海岸地区。它们的树叶对生、羽状，通常开蓝色或紫色星状花朵，单生或腋生，簇状。

有几种的木材可用，其中包括药用愈创木和神圣愈创木，木材特别坚硬，但是含有树脂，因此具有自润滑特性。它们的木材可用于制作滑轮和保龄球瓶，但在温暖的气候条件下也可栽培作为观赏植物，在滨海地区特别有用。树皮里提取的树脂具有药物功能，以前用于治疗多种疾病。

夹竹桃科 > 鸡蛋花属

鸡蛋花

鸡蛋花属分布在热带美洲，含 17 种落叶灌木和小乔木，树高 7 米，树枝膨胀，形状像枝状大烛台，树叶互生，叶缘完整，呈矛尖形；

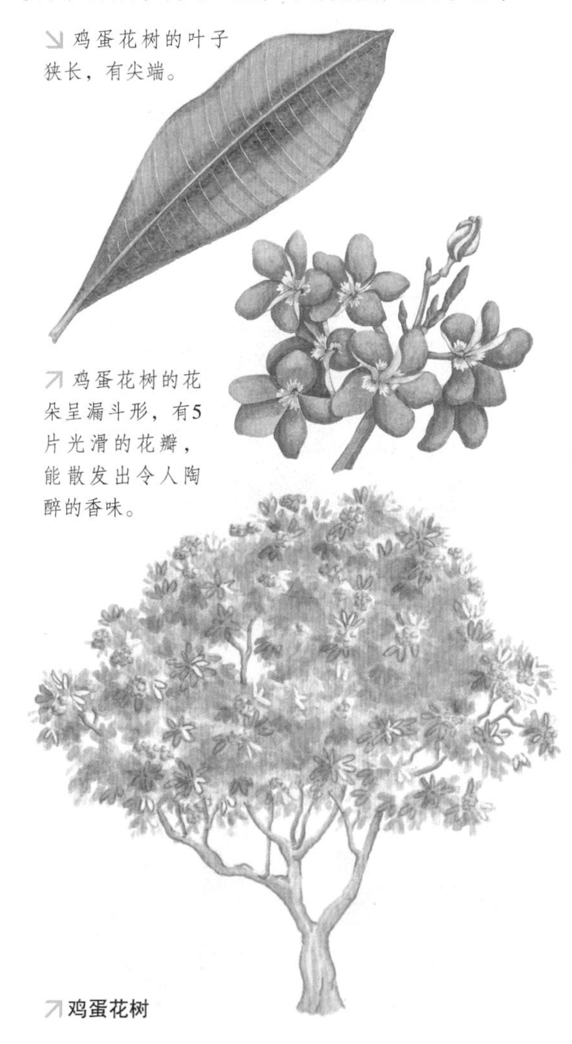

↘ 鸡蛋花树的叶子狭长，有尖端。

↗ 鸡蛋花树的花朵呈漏斗形，有5片光滑的花瓣，能散发出令人陶醉的香味。

↗ 鸡蛋花树

花朵白色、黄色、粉红色或（更常见的）混合色，管状，色彩绚丽，非常香，通常簇生在光秃秃的树枝上。

鸡蛋花属在整个热带广泛栽培作观赏植物——尤其是鸡蛋花，该树比较高，能够耐受海边的条件，花朵开放之后用作庙宇的祭品，树皮具有通便的功效。

夹竹桃科 > 鸡蛋花属

白鸡蛋花树

白鸡蛋花树是最受欢迎的鸡蛋花树之一，它是一种高度大约在 8 米（26 英尺）的常绿树，原产于墨西哥和加勒比海岛。它能开出非常香的纯白色花朵，漂亮极了。这些花成簇长在顶端叶片之间，和其他鸡蛋花树一样，在四季潮湿的地区可以全年开放，而在季节性潮湿的地区则只在潮湿的季节开放。它的叶子形状很特别，为有光泽的暗绿色，倒卵形，长为 15~30 厘米（6~12 英寸）。白鸡蛋花树的矮小变种更接近于灌木，尽管这种树并不像鸡蛋花树（拉丁名为 Plumeria rubra）那样被大量人工栽种，但也不失为一种漂亮的灌木或树种。

白鸡蛋花树
每朵花会结成两个长的结荚，结荚裂开后会散播出很多扁平、带薄翼的种子。

特性介绍：白鸡蛋花树的树干直径大约为 25 厘米（10 英寸），树皮为灰白色，很光滑或有细微的皱纹。它的小枝为绿色，随着岁数的增加会慢慢变成灰色，并分泌出大量的乳白色树液，人体皮肤碰到该树液后有可能会过敏。

夹竹桃科 > 夹竹桃属

黄色夹竹桃

分布于墨西哥东南部、伯利兹城和西印度群岛。树的高度是 9 米（30 英尺），树形为半球形。

黄色夹竹桃的树液和水果有很强的毒性，但是它的种子内含有一种有益的化学物质，经过提取后可制成治疗心脏病的药物。奇怪的是，这些种子还被看成是好运的象征，常被制成首饰。这种树除了典型的黄色花朵外，还有能开出白色、橙色或杏色花朵的变种，有些有怡人的香气，有些则没有。这种树通常被当成快速生长的树篱或屏障，它的叶子往往给人一种非常柔美的感觉。

黄色夹竹桃的树干呈褐色，通常有多个主干，而且弯曲。它的叶子为有光泽的亮绿色，

黄色夹竹桃树

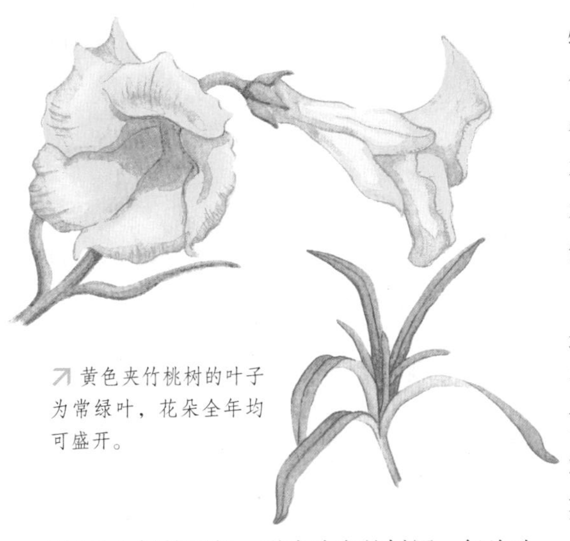

黄色夹竹桃树的叶子为常绿叶，花朵全年均可盛开。

成簇长在树枝顶部，形成浓密的树冠。每片叶子长为 10~15 厘米（4~6 英寸）。它的花全年均可盛开，花朵为管状，长为 8 厘米（3 英寸），盛开时每几朵形成一个顶生的花簇。它的果实为圆形、4 瓣的硬质结荚，宽度为 4 厘米（1.5 英寸），成熟的时候会变成黑色。

夹竹桃科 > 鸡蛋花属

西印度素馨花树（牛奶树）

西印度素馨花树能分泌丰富的乳白色汁液，因此也被称为牛奶树。野生的这种树只分布在西印度群岛的某些岛屿上，虽然外形很有特色，但很少被人工栽种。其中白色或奶油白色的西印度素馨花树实际上是鸡蛋花树（拉丁名为 Plumeria rubra）的一个变种。它的亮褐色木质重且硬，而且表面还很粗糙，通常被用作木柴，但是如果树干尺寸满足条件的话，也可制成木器。

西印度素馨花树

西印度素馨花树的树干直径一般不会超过 10 厘米（4 英寸），树枝很少，因此更接近于灌木。它的树枝虽然较粗，但很软很脆，其顶端长了一簇厚实的硬质叶片，叶子长度可达 38 厘米（15 英寸），但宽度只有大约 5 厘米（2 英寸），上表面为有光泽的绿色，下表面为白色，并覆有浓密的细毛，叶边有向下弯曲的锯齿。它的花朵长在长为 20 厘米（8 英寸）的长柄上，很香，白色，盛开时形成扁平的花簇。它的果实长度为 15 厘米（6 英寸），宽度为 1 厘米（0.5 英寸），其内包裹有很多扁平、带翼的种子。

夹竹桃科 > 胶桐属

胶桐

胶桐属较小（两三种），原产于马来西亚的热带雨林，在那里树长得比较高，有时候长有板状根，生单叶，出产的轻质硬木具有重要的经济价值，尤其是胶桐。以前人们从胶桐的树干里提取牛奶状的白色汁液，也就是一种树胶，用于制作咀嚼口香糖，但是现在大部分已经被人工合成的材料取代。

壳斗科 > 栎属

南洋栎

栎属含 100 多种常青树种，原产自马来群岛，但在北美洲化石中也发现有栎属的树种，它们与橡树相似，但是雄花穗直立而非下垂。栎属是热带地区最广泛栽培的木料用树之一，目前已被过度开发。

鞣皮栎高度可达 20 米，树叶椭圆形，革质，互生，上表面一般呈绿色，光滑，下表面灰白色，被毛，结橡子一般的坚果，簇生。栎属大多数树种与锥属是近亲。

可可梅科 > 可可梅属

可可梅

可可梅属含 2 种小型灌木或乔木，原产自西印度群岛和中美洲，其中一种金果梅延伸至西部热带非洲，现在在整个东非、塞舌尔群岛、越南和斐济广泛移植。二种的原产地均靠近海岸线。

可可梅树高 5 米，生单叶，基部有腺体，花朵不显眼，呈小总状花序。可可梅的果实可食，可生吃或制作蜜饯，因此被广泛栽种。果肉白色、柔软、味酸。种子提取的油可制蜡烛。

苦木科 > 苦树属

苦木

苦树属位于泛热带，包括 40 种小型落叶热带乔木，高 4 米或 5 米，树叶羽状互生或单生，幼时通常呈现红色，后来变成光洁的绿色。圆锥花序或总状花序，花朵很小，通常呈亮彩色，结大的木质果实。

苦木属具有一定的美学价值，但主要是因为它的化学性质而被人工栽培。许多物种可产生苦味，例如苏林南苦木和中美洲苦木，而其他的例如印度苦木可制成医用油。

辣木科 > 辣木属

辣木

辣木属原产于非洲和亚洲的半干旱地区，包括 12 种落叶乔木，大多数具有一定的观赏价值。树高可达 8 米，树干富含水分（特别是辣木），羽状树叶呈大螺旋形排列，芳香的白色或红色花朵呈长总状花序。

辣木是开发最广泛的种类，在热带和亚热带地区栽种作为观赏树，也具有一定的经济价值。它的种子可净化水，出产食用油（在油漆和化妆品制造业中也有一定的价值）；它的根同样可食用。

↗ 辣木膨胀的白色树干看起来非常醒目，为它获得了“鬼树”的俗称。树冠有瘤，奇形怪状。

楝科 > 非洲楝属

非洲楝

非洲楝属含7种，原产自非洲和马达加斯加，在当地常常用来替代它的近亲种即桃花心木属真正的桃花心木。非洲楝高40米，羽状树叶互生，小花朵簇生，生在叶腋处或者直接生在主茎上或树枝上。

非洲楝属7种的木材具有重要的经济价值，其中最有价值的是大叶卡雅楝和马达加斯加楝。非洲楝的树皮也可提取医用药物。

楝科 > 蒜楝属

印度楝树

印度楝树分布在斯里兰卡、印度和缅甸，树高20米（66英尺），树形为舒展形。

它生长速度较快，用途很广。它的木材能抵御白蚁的侵袭，果实内含有具有药用效果的油，叶子和树皮经过提取后可以制成杀虫剂。这种树可以在贫瘠和半贫瘠的热带土壤上存活，在印度被当成观赏性树种、遮荫树种或重造林树种而大量种植。

↗印度楝树

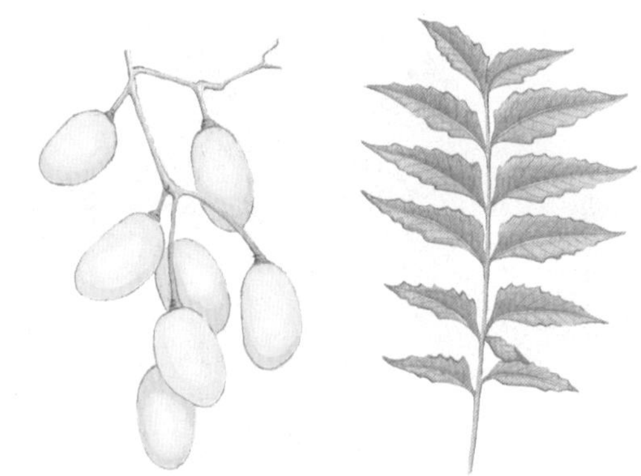

↗印度楝树的果实长为2厘米（3/4英寸），果肉很薄，有甜味，其内有1颗种子。印度楝树的叶子叶面类似于书本，这样可以阻止昆虫的侵袭。

印度楝树的树干直立，树冠开阔。它的叶子为有光泽的中绿色，长为60厘米（24英寸），由很多对镰刀形、叶边有锯齿的小叶组成，小叶的长度为7厘米(2.75英寸)。它的花朵呈星形，很小，浅绿色、黄色或白色，春季盛开时在叶腋处形成蓬松、分叉的花簇，通常会被叶子遮盖。它的果实很小，表皮光滑，长圆形，在秋季的时候结出，成熟后则变成橙色、黄色或黄绿色。

楝科 > 楝属

楝树

又叫海红豆。在印度，楝树备受人们的尊敬，它那美丽的蜂蜜味的花朵常被用作寺庙的祭品。它的种子有毒，种子中间还有一个洞，可以穿绳子，因此也被称为海红豆。在意大利，这种树的种子曾被用来制成念珠。它的寿命较短，生长速度很快，很容易在干燥的热带和亚热带地区存活，在某些地方甚至威胁到了其他植物的生长。

楝树的树干很光滑，树皮很薄，呈暗紫色或灰褐色，树枝松脆。它的叶子为二回羽状叶，长度可达50厘米（20英寸），每片叶子由3~5对羽状叶组成，每个羽状叶则有3~5对小叶。小叶为中绿色到亮绿色，椭圆形，叶边有锯齿。它的花朵在春季时盛开于叶腋处，能形成很大的分叉的花簇。每朵花为浅粉色，中间略带紫

↗棟树

色，直径为 2 厘米（3/4 英寸）。它的果实在秋季结出，数量极多，椭圆形，浅黄色，长为 2.5 厘米（1 英寸）。

楝科 > 楝木属

澳洲桃花心木

该属 80 种，分布范围从东南亚群岛到新西兰和汤加。这些种类长有互生排列的树叶，小小的花朵形成圆锥花序，花朵开在茎上或叶腋处。

楝木在原产地常被当作椴木或澳洲桃花心木，它们在澳大利亚和马来西亚是珍贵的木料用材，与真正的桃花心木即非洲的非洲楝属和美洲的桃花心木属是近亲。楝木属植物的木材通常具有芳香的气味，通常用于精细木工作业。

楝科 > 楝属

印度木、白雪松、乌桃花心木

该属包括 3 种落叶乔木，高 15 米，广泛分布在整个旧大陆的热带地区到澳大利亚。它们的羽状树叶互生，白色或淡紫色的芳香花朵形成稀疏的圆锥花序，因此成为美丽的观赏植物。主要的栽培物种苦楝生长迅速，木材多用于建筑，现在已经移植到它的原产地之外。树叶和树皮也含有不同的药物成分，黄色果实通常做成珠子。

楝科 > 桃花心木属

桃花心木

桃花心木属含有 3 种大型常青乔木，它们的羽状树叶互生，花朵很小，圆锥花序，出产的硬木非常有名。在中美洲和南美洲的热带雨林，它们的高度可达 40 米。

桃花心木属曾被大量开采用于建筑和造船，野生桃花心木的数量已经大大缩减，许多较大的树木被砍倒，只留下稀稀落落质量较差的树木。桃花心木是用途最广泛的物种，直到今天仍旧不断被开采。其他 2 种——墨西哥桃花心木和大花桃花心木——具有相似的用途，现在已经被人工栽培。

楝科 > 驼峰楝属

非洲桃花心、西印度红木

驼峰楝属原产于热带非洲和热带美洲，含 40 种树，通常当作桃花心木的替代品。它们可长到 25 米高，羽状树叶互生，花朵小，圆锥花序，通常是蛾授粉。

非洲桃花心并非广泛栽培的经济作物，但是许多种在它们的发现地已经受到一定程度的开发：在热带非洲，白驼峰楝和黑驼峰楝被开发做木料，同样 G.guidonia 在热带美洲被开发药用。

楝科 > 香椿属

香椿树

香椿属比较小，分布范围从东南亚群岛到澳大利亚，以前归在雪松属，后者分布范围局限于美洲地区。它含有四五种常青或落叶乔木，树高 20 米，树皮很漂亮，羽状树叶，花朵芳香，形成稀疏的圆锥花序。

香椿属是重要的木料树，特别是红椿和香

椿，二者均广泛用于家具制作和建筑，也可为咖啡作物遮阴或者种在街道上（尤其是香椿）。

楝科 > 洋椿属

烟香椿

洋椿属以前被归入旧大陆中国雪松（现在叫作 Toona 属），现在它是由 8 个树种组成的，树的高度可达 30 米，所有种均产自热带美洲。它们的树皮相对比较光滑，生羽状树叶，呈锥形花序，花朵开在叶腋或枝端。

在中美洲和加勒比海，洋椿属是重要的木料来源，香红椿被广泛栽培，它的木头芳香，具有驱虫功效，被广泛用于制作壁橱和雪茄盒，因此得到烟香椿这样的俗称。Cedrela fissilis 也可栽培做木料。

蓼科 > 海葡萄属

海葡萄

海葡萄属是一个比较大的属，约含 120 种，大多数是常绿乔木、灌木和藤蔓植物。它们的树叶比较大，互生，花朵穗状，或密或疏，果实像葡萄，因此得到海葡萄这样的俗称，学名为树蓼。该属原产自热带美洲和加勒比海的大西洋沿岸，果实可食，因此被广泛栽培。

海葡萄属分布在整个热带美洲和加勒比地区，树高可达 20 米，有些种类（例如毛树蓼）偶尔也可种植在街道上或者公园里供人观赏。

海葡萄很漂亮，对盐水的忍受能力很强，一般能直接长在海边。在热带和最温暖的温带海岸地区，这种树被大量种植。它的形状和大小并不固定，主要取决于所处的气候条件，可以是浓密、半球形的，也可以是多主干、蔓生、杂乱的。无论形状如何，依靠它那有特色的叶片照样很容易辨认出来。

特性介绍：海葡萄的树干厚实，树皮为灰色，表面有裂缝。它的叶子硬且坚韧，呈橄榄

↗ **海葡萄**

海葡萄的雄花和雌花长在不同的树上。它的雌花最终能结出类似于葡萄串一样的果实。

绿色，叶脉为红色、粉色或白色，直径可达 20 厘米（8 英寸）。这些叶子在掉落前会转变成金黄色或栗色。它的花有香味，呈白绿色，全年盛开，但在春季和夏季时尤为繁茂。这些花盛开时呈浓密直立的花簇，花簇长度可达 25 厘米（10 英寸）。它的果实能结成下垂的小束，看上去就像是葡萄。每个果实宽度为 2 厘米（3/4 英寸），有酸味，常被用来制成果子冻。

商陆科 > 商陆属

贝拉桑伯

在西班牙语中，“贝拉桑伯”意为“美丽的阴影”，分布于巴西南部、乌拉圭、巴拉圭和阿根廷北部。树高 20 米（66 英尺），树形半球形。因为在乡村，栽种这种树往往是为了获得荫凉。它的根部很有特色，其表面有刻纹，

巴拉桑伯的叶子在秋季或者干燥寒冷的时间里掉落。它的雌花和雄花长在不同的树上，只有雌花才能结成浆果。

形成舒展的支柱根，底部高达 2 米（6.5 英尺），覆盖了直径为 18 米（60 英尺）的区域。它通常是多主干的，主干厚实，能贮存大量的水分。它的生长速度很快，原产于草地平原，能抵御火和风的侵袭。这种树在阿根廷很受尊敬，一般能生活很长时间。

贝拉桑伯的树干和地表根的树皮为白色。它的叶子厚实柔软，表面光滑，长为 10 厘米（4 英寸），有一明显的中脉（生长初期为红色）。在掉落之前，这些叶子会转变成黄色，然后是紫色。它的白色小花盛开时能形成下垂的花簇，花簇长为 10 厘米（4 英寸）。它的果实是小的浆果，成熟后会从黄色转变成红色到黑色，其果汁为红紫色。

龙脑香科 > 龙脑香属

龙脑香树

龙脑香属约 70 种乔木，所有树种均产自东南亚群岛，生螺旋形排列的革质单叶，树皮、树叶和花朵里都含有树脂。它们的高度可达 20 或 30 米，花朵呈下垂的圆锥花序，一般为腋生。

龙脑香属里有些种类广泛栽培做木料，例如 Dipterocarpus costatus，木材可用于建筑或做

龙脑香树高达6米的巨型板状根不对称分布，形成一个厚厚的木架，支撑着庞大的树干。

铁轨枕木。其他重要的树种有来自亚洲东南部的小瘤龙脑香和来自斯里兰卡的假龙脑香木。

龙脑香树树形非常高大，树干笔直，在离地面 15~30 米（50~100 英尺）以下都没有树枝。它有支柱根，高度可达 4 米（13 英尺）。在龙脑香科树种组成的混交森林中，这棵树往往生长在远离潮湿地区的位置，从高处俯瞰着整个林地。它的木材为红褐色，纹理笔直细密，散发出樟脑的香气，能防止菌类的侵蚀。该木材经过抛光后非常闪亮，常被用来制成地板、细木工、房屋和船只等。如今，在婆罗洲北部地区，龙脑香被种植在次生林，并被纳入森林再造计划。

特性介绍：龙脑香的树皮能从暗褐色变成灰白色略带紫色，其表面有竖直的裂缝。它的叶子很光滑，有短的叶柄，长为 7~20 厘米（2.75~8 英寸）。它的白花大小不固定，每朵花里有 27~33 枚雄蕊。它的果实长和宽均为 2.5 厘米（1 英寸），有 4 或 5 片薄翼，每片长为 7~10 厘米（2.75~4 英寸），宽为 1~2 厘米（0.5~0.75 英寸）。

龙脑香

龙脑香的果实特性很奇怪，在结果的年份里，树上缀满了花朵，结出非常多非常多的果实，而在其他年份，则一颗果实也找不到。

龙脑香科 > 龙脑香属

樟脑龙脑香

拉丁名为 Dryobalanops aromaticum，这种树的高度可达 60 米（200 英尺），在 1299 年时由马可波罗（Marco Polo）发现，从公元 6 世纪开始就被阿拉伯半岛的人们当成樟脑使用。最近，樟脑主要从樟脑树（拉丁名为 Cinnamomum camphorum）中提取或人工合成，才不再使用此法。这种树能分泌很香、具有挥发性的油脂，常被用在药物中。这种树主要分布在马拉西亚西部以及苏门答腊岛的北部和东部。它的树皮为亮褐色，易以大的鳞状皮块脱落。它的树枝向上生长，树冠轻盈，整体呈筒形。这种树长到 20 年之后，开始开出白色、有香气的花朵，接下来则每隔 3 或 4 年就会开一次花。

龙脑香科 > 龙脑香属

翅龙脑香

拉丁名为 Dipterocarpus alatus，这种树原产于孟加拉国、缅甸和安达曼群岛。它的木材可制成轻舟和房屋，树皮具有药用价值。它也是含油树脂的主要来源。它的叶子为卵形到椭圆形，长为 10~15 厘米（4~6 英寸）。它在 4 月份开花，开花时在叶腋处形成短的、分叉的花序。它的种子在 5 月结出，长为 3 厘米（1.25 英寸），宽为 4 厘米（1.5 英寸），有 5 片薄翼。

龙脑香科 > 娑罗双属

柳桉

娑罗双属是一个特别重要的属，含有 350 多个大型热带乔木，树高 70 米，树叶互生、单叶，花朵小，通常是总状花序，果实是有翅的坚果，生 1 粒种子。该属是东南亚龙脑香科树混合林里的优势树种。这些树木及其形成的森林对全球的硬木市场均具有重要的价值。

许多物种广泛栽培，经济价值高，例如红柳桉、柯氏桉、大叶桉和卵叶桉。木材在建筑业上可做薄板或夹板。所有物种均具有树脂道，里面含有芳香的树脂，达马（树）脂，可制清漆，但这与其在木材行业产生的重大价值是无法比拟的。

龙脑香科 > 娑罗双属

娑罗双树

分布于印度北部和中东部、缅甸、泰国和印度支那，高度：35 米（115 英尺），树形：扁平到半球形。这种树的木材很硬，非常耐用，在印度已经有 2,000 多年的使用史了。此外，娑罗双树还有其他用途：它的种子里富含脂肪，可以制成黄油；它的叶子可以放在碗碟上承接菜肴；从它的树体上提取出来的达马脂可以制成熏香或燃料；它还能分泌另一种含油量更高的油脂，用在墨水、油漆、香水、香料和药品中。这种树的生长速度较慢，树形直立，树皮厚实，抗火，适合生长在干燥的森林中。无论在什么地方，这种树通常都极具竞争优势。

娑罗双树的树皮为暗褐色，其表面有竖直的裂缝。它的叶子很光滑，宽阔的卵形，较硬，有光泽，其长度为 10~25 厘米（4~10 英寸）。它的小花为浅灰色，外表面有绒毛，里面为橙色，在夏初时节开放，形成很大、分叉的花序，长在叶腋处和树枝末梢。它的果实很硬，褐色，有 2~3 片薄翼，夏初时节结出，长为 5~8 厘米（2~3 英寸），通常还挂在树上的时候就开始发芽。

龙脑香科 > 娑罗双属

纳瓦达娑罗双树

这种树分布在潮湿的低地常绿雨林。栽种这种树的主要目的是为了获得它的木材（用于建筑）、熏香树脂和树皮（可停止发酵）。它的

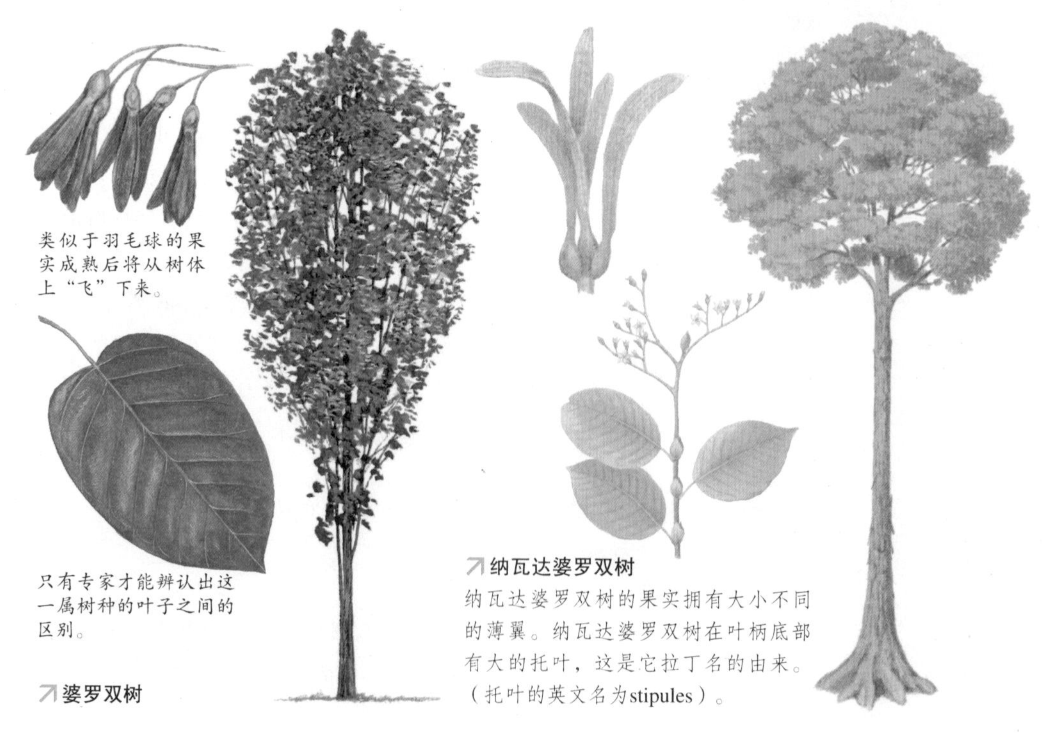

类似于羽毛球的果实成熟后将从树体上“飞”下来。

只有专家才能辨认出这一属树种的叶子之间的区别。

↗ 娑罗双树

↗ 纳瓦达娑罗双树

纳瓦达娑罗双树的果实拥有大小不同的薄翼。纳瓦达娑罗双树在叶柄底部有大的托叶，这是它拉丁名的由来。（托叶的英文名为stipules）。

木质为浅黄色，富含树脂。它的树干底部围绕有厚实的支柱根，树冠浓密，呈球形。

纳瓦达婆罗双树的树干笔直，直径可达1.2米（47英寸），其表面有很深的裂缝，并有薄片剥落，树皮颜色为浅红褐色到暗褐色。在挚枝的每个叶腋处，都有长为1.5厘米（0.5英寸）的托叶（成对的附加叶片）。它的叶子长为11厘米（4.5英寸），叶面上有明显的叶脉。它的花朵盛开时能在叶腋处形成稀疏的圆锥花序，长为10厘米（4英寸）。每朵花的直径为1厘米（0.5英寸），奶油白色，有5片弯曲、顶端较尖的花瓣。它的果实长为1厘米（0.5英寸），宽为2厘米（3/4英寸），有5片扁平的长圆形薄翼，其中2片长为5厘米（2英寸），3片长为10厘米（4英寸）。

龙脑香科 > 婆罗双属

大叶婆罗双树

拉丁名为Shorea macrophylla，这种树的树干长为24米（80英尺），直径为1.5米（5英尺）。它的木质有雪松的香气，比较硬，但是没有其他龙脑香树耐用。不过，在马兰西亚还是有大量种植。它的花朵在初夏时节开放，果实在夏末和秋季时结出，种子带有2片薄翼，每颗种子重为30克（1盎司）。

龙脑香科 > 坡垒属

香坡垒

分布于印度、孟加拉国、缅甸、泰国和马兰西亚，树高37米（122英尺），树形为圆锥形。在龙脑香科树种组成的潮湿森林中，香坡垒属于中层，一般生长在河流边。它的木质为亮黄褐色，纹理细密，易于操作，常被用在细木匠业。香坡垒也能产生达马脂，它的叶子还能提取出丹宁酸，用来加固皮革。

香坡垒的树干很直，有比较小的支柱根。

↗ 香坡垒很像欧洲山毛榉（拉丁名为Fagus sylvatica）。

它的树皮为暗灰褐色，表面有橙褐色的裂缝。它的树枝向上生长，形成浓密的树冠。它的叶子上表面为暗绿色，下表面为明亮的橄榄绿色，长为15厘米（6英寸），宽为6厘米（2.5英寸）。它的花朵很小，灰白色，花瓣有饰边，很香，表面覆有绒毛，春季时开放，在叶腋处形成分叉的花序。它的果实为圆锥形，初夏时节结出，包括一对褐色薄翼在内总长为5厘米（2英寸）。

龙舌兰科 > 假丝兰属

假丝兰

该属是常青的树木状多年生草本植物，可能变成树状，但是高度不超过三四米。这些植物局限于美国西南部和墨西哥，与丝兰是近亲。线形树叶通常在边缘生有刺，开微小的乳白色花朵，花朵密密簇生在长达1.5米的花序上。

树叶在当地用途很多，树液可做成饮料。Dasylirion wheeleri 据说含有酒精。有些种类没有茎干，而其他一些种可能形成矮壮的乔木。它们有时候在花期栽培作为观赏植物。

龙舌兰科 > 丝兰属

丝兰树

丝兰属中既有常青的多年生草本植物，也有小型灌木或乔木，树高可达 10 米，有 30 种分布在美国南部、墨西哥和加勒比海。所有物种的树叶几乎都是带形，呈螺旋形排列，顶部有莲座叶丛，通常有锯齿或顶端有刺；花朵钟状，气味芳香，靠蛾授粉，花朵密生，呈直立的穗状，生在叶腋里。

丝兰树是非常漂亮的观赏植物，尤其是凤尾丝兰。许多物种的树叶纤维可用，其中包括短叶丝兰木，它产自美国西南部地区，生长迅速。有些种例如象腿丝兰可做柴火，其他有的果实可食，有的可用于制作化妆品。

龙血树科 > 龙血树属

龙血树

龙血树属约含 60 种，分布在热带亚洲和非洲（延伸至加纳利群岛），只有 2 种分布在美洲：一种在中美洲，一种在古巴。龙血树寿命相对较长（据说已经存活了几千年，但是能证实的年龄只有几百年），分枝多，高度可达 20 米，树叶光滑，呈线形。

龙血树属里有几种，例如剑叶龙血树和血竭树，可提取出树脂，也就是所谓的“龙血”，可用于制清漆。血竭树分布在加纳利群岛，是最长寿的树种之一，据说能够存活 2000 年以上。有许多种类在园艺上具有重要的观赏价值，尤其是在北方的温室，因为它们可以耐受较低的光照量。现在有许多彩色的栽培变种，例如香龙血树。

这种树的属名“Dracaena”意思为“雌性龙血树”，而“draco”则意为“龙”。它的树液为深红色，在欧洲传说中被认为是龙血，因此而得名。这种树树干粗壮，生长速度很慢，能存活上百年。在坦纳利佛北部，这种古老的树种已经成为旅游者观赏的胜景。在地中海地区，这种树长得很茂盛，它能忍受海岸条件和干旱气候，在温带地区也被栽种成室内树种。

↗ 龙血树在加纳利群岛最大的岛大加纳利岛上茁壮成长。该树生长非常缓慢，需要10~15年甚至更长时间才能长60~100厘米。开花使得茎分枝，而且每10年分枝一次，形成非常有特色的分叉型树冠。

龙血树的树干短粗，表面为浅褐色，较粗糙，能抽出很多短小粗壮的树枝。它的每条树枝上长满了由坚硬的蓝绿色叶子形成的紧实的圆花饰。每个叶子长为 60 厘米（24 英寸），宽为 5 厘米（2 英寸）。它的花朵很小，不起眼，颜色为白绿色，盛开时形成很大的圆锥花序，然后结出很小的橙色浆果。

露兜树科 > 露兜树属

露兜树

露兜树属分布在整个旧大陆热带地区，尤其是马来西亚，这是一个特别大的属（约 700 种），是雌雄异体的常青乔木，生明显的高跷根，高度可达 20 米，例如红刺露兜树。它们的树叶与菠萝树的叶子相像，形成扭曲的螺旋形排列的顶生莲座叶丛，茎低处有老叶痕。树叶本身一般又长又薄，花朵生在肉穗花序的末端。

露兜树分布广泛，一般生在海上，重重的球果靠海浪或诸如海龟和螃蟹这一类海生动物传播。它们的用途广泛：例如 P.julianettii 的纤维果实煮熟后可食，树叶可用于覆盖屋顶和编制篮筐；因为其雄肉穗花序可提取香液，P.fascicularis 在印度被广泛栽培。

露兜树高跷根彼此之间的联结作用使得它们可抵抗侵蚀作用。有些物种也栽培作观赏植物，其中包括斑叶露兜树，它在温暖的温带地区通常种作室内植物。

旅人蕉科 > 鹤望兰属

鹤望兰

鹤望兰属局限于南非的林间沼泽地和河堤，含有 5 种多年生常青草本植物，有时候随着年龄的增大变成木质。有些物种（大鹤望兰）高度可达 10 米，树叶大，像香蕉树的叶子，长度在 2 米以上；花序外包裹着腋生的佛焰苞，然后绽放壮丽的花朵；花朵通常是亮彩色的，有花蜜，在原产地可吸引太阳鸟驻足。

鹤望兰属广泛栽培作观赏植物，而且也用在切花业，鹤望兰是最常见的栽培物种，但高度只有 1 米，更像草而非树。大鹤望兰是该属里的巨型物种，绽放白色或紫色到白色的花朵。

旅人蕉科 > 旅人蕉属

旅人蕉

旅人蕉属只有 1 种，原产于马达加斯加的次生雨林。旅人蕉经常被认作旅人榈，但实际上它与棕榈科没什么关系。它是一种巨大的树形草，高达 16 米，树叶很大、互生，长 4 米，像棕榈树那样丛生；树叶椭圆形，碎碎的，更增添了与棕榈树相似的特征。

旅人蕉的木髓和种子可食，花苞叶和叶鞘可盛水——因此得到旅人蕉这样的俗称。现在它在整个热带地区广泛种植作观赏植物。

马鞭草科 > 海榄雌属

白皮红树

海榄雌属是马鞭草科的唯一的属，包括 7 种，这些树原产自热带海岸边的红树林。所有树种都有红树林特有的竖直的气生根，从主根上向上生长，暴露在河口泥沼低潮位之上。

由于红树林里许多树能够出产优质硬木（海茄苳）以及木炭，因此大片区域已经遭乱砍滥伐。树皮可制染料。树上结的新鲜果实从母树上落到泥里，又开始长成新的树。

马鞭草科 > 柚木属

柚木

柚木属虽小，却具有重要的经济价值，含有 4 种落叶乔木，树高 40 米，树叶大、对生、叶缘完整，侧枝上的树叶长 70 厘米，宽 30 厘米；花朵很小，不显眼，圆锥花序，花序长 30 厘米。

柚木属分布在东南亚和马来西亚，最重要的物种是柚木，它的木材价值很高，用于造船和一般建筑，还可以制作家具。绿色柚木非常致密，而且厚重，以至于在水中会下沉——因此树木在砍伐之前通常需要环状剥皮并晒干。

↗ 柚木的老皮会以小的、薄的、长圆形皮块剥落，露出里面黄色的内皮。在潮湿的季节里，柚木的花朵在新叶长出来后开放。

马鞭草科 > 柚木属

佛罗里达花琴木

佛罗里达花琴木是一种细长的树种或灌木，通常被当成观赏性树种种在花园、灌木篱墙或路边，它的花朵很香，很能吸引蜜蜂。它能忍受含盐的环境，在沙地里也能生存，因此常被种在海岸边上。花琴木很重，纹理细密，常被用来制成房屋和围墙。此外，根据它的名字，可知其也可制成乐器，包括小提琴。

特性介绍：佛罗里达花琴木的小枝为有特色的四角形。它的叶子成对排列，呈黄绿色，长在黄色或橙色的叶柄上。它的花朵盛开时形成总状花序，每朵花都很小，白色花冠上有 5 条浅裂纹。它的肉质果实形成紧实的一簇，从树枝上挂下来，能吸引鸟类和其他野生动物。这种树全年均可开花结果。

马钱子科 > 马钱属

马钱子

马钱属是一个比较大的泛热带属，含有 190 种藤蔓植物、灌木和乔木，树高可达 20 米，树叶圆形或椭圆形，对生，有时无柄，既有薄的膜状树叶，也有厚的革质树叶；花朵小，通常呈白色、黄色或绿色。

该属罕见栽培作观赏植物，但是偶尔做木料，最出名的用途是可制马钱子碱和其他毒性生物碱。马钱子是商业毒性马钱子碱的来源。其他物种（吕宋果）在当地可药用，南美洲土著居民用毒马钱制作毒箭。

↗ 佛罗里达花琴木的白色花朵在夏季时盛开，和叶子形成鲜明的对比。

木棉科 > 猴面包树属

猴面包树

猴面包树属共 8 种，树高可达 20 米，局限于非洲和马达加斯加，只有 1 种分布在澳大利亚北部地区。它们的树干膨胀、树枝相对较短。最有名的种可能是非洲的猴面包树，据说已经存活了几千年。

所有树种都是在夜晚开花，主要靠蝙蝠授粉，昆虫和夜猴也可授粉。夜花垂在长梗上，花瓣以相同的数目顺时针、逆时针方式重叠。猴面包树的树皮可做布料和绳索，果实干燥后可制成一种营养丰富的饮料。猢狲树产自澳大利亚，它为鸟类和当地居民提供大量的水。

木棉科 > 榴莲属

榴莲

榴莲属 28 种，是大型常绿乔木，树干有板状根，原产自缅甸和马来西亚的热带雨林。生单叶，树叶革质，小花簇生，通常直接开在茎上（茎生花），靠蝙蝠授粉；果实很有名，是绿色木质蒴果，上面有刺，直径达 25 厘米，重好几磅。

马来西亚西部出产的榴莲最好。果实成熟时种子周围的肉质假种皮闻起来令人不快，但是吃起来味美，让人联想起香草、焦糖和香蕉的味道。

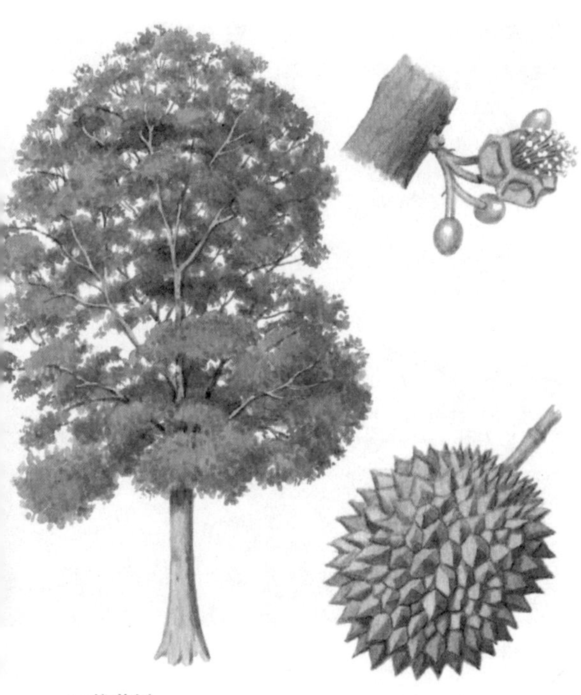

↗ **榴莲树**

白天的时候，榴莲树由昆虫来完成授粉，晚上的时候则依靠蝙蝠。在马来西亚，榴莲树的叶子极具特色。榴莲树的果实要经过12周才能长成，掉到地上后才算成熟。

木棉科 > 木棉属

木棉

木棉是一种大型落叶乔木，高度可达 40 米，原产于热带亚洲和非洲。当树木成熟的时候，有 20 种通常在基部形成板状根以支撑水平伸展的树枝；树叶大、手掌状；绽放多彩的杯形花，或单生，或少许簇生在树枝末端，先于叶开放。

木棉可出产软木材，也可栽培作为观赏树。木丝棉就是来自许多种的花朵子房周围的毛。

木棉科 > 轻木属

轻木

轻木属是由单个多变物种组成的，即塔形轻木，它是一种生长迅速的乔木，树高 30 米，通常生板状根；树叶互生，单裂或手掌状裂；花朵大，单生，呈浅黄色，直径 12 厘米，管状，由蝙蝠授粉。

轻木属原产于热带美洲的低地热带雨林里，在那里它们是先锋树种，由于其木质非常轻（是最轻的经济木材），可用于绝缘和制作模型。

木棉科 > 爪哇木棉属

木棉树

爪哇木棉属含 12 种大型落叶乔木，原产自南美洲热带雨林和稀树大草原里，有一种叫作吉贝的树也延伸至热带非洲。吉贝树高可达 70 米，是非洲最高的树，它也会形成大的板状根，而且也有刺。

吉贝树的种子嵌在白色纤维里，可制成木丝棉，该树被广泛种植，现在已经移植到热带许多地区。在各地也可从其他树种获取纤维，而有些种由于具有艳丽的花朵，且在手掌状树叶之前开放，因此被栽培作为观赏植物。

漆树科 > 黄连木属

洋乳香

黄连木属包括 9 种雌雄异体的灌木和乔木，高 10 米，分布在整个地中海地区和亚洲，还有中美洲以及美国南部。羽状树叶互生，通常会凋落，花朵很小，呈短圆锥花序，长 20 厘米。

由于这些树木用途广泛，自古代起就被人工栽培，出产的洋乳香来自常青树 Pistacia lentiscus 的树脂，笃耨香中提取的油可制清漆，还可做松节油。洋乳香的种子可食。开心果在亚洲中部和西部已经种植了许多年，而且现在在地中海地区和北美洲广泛种植。

漆树科 > 芒果属

芒果

芒果属 60 种，它们是热带地区最重要的经济作物。芒果原产于东南亚群岛，最重要的物种芒果（一种古代的分类学来源不详的植物）起源于印度，在那里有几百种栽培变种。现在在整个泛热带地区都有栽培，而且被移植到许多地区。

芒果树比较高大，单叶互生，小花呈圆锥花序，许多种结甜甜的富含维生素的果实，其中包括 M.pajang 和 M.odorata，有时候也替代芒果。芒果在印度备受推崇，可生吃，或者制成蜜饯和酸辣酱。芒果树的木材也可用，有时候种植芒果树是为了给其他作物遮阴。

漆树科 > 肖乳香属

肖乳香

肖乳香属包括 27 种雌雄异体的灌木和优雅的乔木，四季常青，树高 15 米，树叶互生，形态多变，既有叶缘完整的单叶也有锯齿形叶，既有薄叶也有革质叶，视物种不同而不同。花朵数量多、小，圆锥花序，结的果实很漂亮。

肖乳香属原产于热带美洲。椒木是最出名的栽培物种，它的树形美观，粉红色果实簇生，经常种植作观赏树或遮阴树，它的种子碾碎之后可替代胡椒。另一个常见的栽培物种肖乳香原产于南美洲南部地区，但现在移植到美国佛罗里达州，有时候可能引起皮肤病和呼吸道问题。它比椒木更直，冬季结漂亮的白色果实。

漆树科 > 腰果属

腰果

腰果属含 11 种乔木和灌木，所有都原产自热带美洲炎热的半干旱地区，只有腰果树一种广泛栽培，而且现在移植到整个热带地区。

↗ 腰果梨树

该树高 12 米，生单叶，尺寸各异，花朵不明显，呈短圆锥花序。

人们栽种腰果树是为了收获它的果实，果实外层肉质，里面就是我们熟悉的腰果，但是坚果在食用之前必须经过烘烤以去除壳里的毒素。花梗膨胀之后也形成可食果实（也就是酪梨苹果）。坚果可提取一种润滑油，木质里的一种胶可制染料和墨水。

千屈菜科 > 紫薇属

紫薇

紫薇属含 50 多种落叶乔木，高 40 米，椭圆形树叶对生，花朵呈粉红色到白色，稀疏地腋生和分布在圆锥花序末端。紫薇属在它们的原产地热带亚洲和澳大利亚，以及原产地之外广泛栽培作为观赏树（最有名的是紫薇和大花紫薇），有些种可出产重要木材（广东紫薇和小叶紫薇）。紫薇可能是最广泛种植的观赏树，因此产生了许多栽培变种，花朵颜色多变，从紫红色到白色都有。紫薇属树种的秋叶很漂亮。

荨麻科 > 原伞树属

原伞树

原伞树属只有 2 种常青树种，即原伞树和 M.smithii，原产于热带非洲，它与伞牛属（喇叭树）是近亲，但不像后者那样藏有蚂蚁。复叶互生，花朵小，有圆形花头。

原伞树可栽培作观赏树，它生长迅速，高度可达 20 米，但是寿命相对比较短，只有 20~25 年光阴。2 种均生支柱根，也可出产轻质木材，可制筏以及类似物件，但是现在大多已经被它的近亲种 Cecropia peltata 取代。

茜草科 > 咖啡属

咖啡树

咖啡属含 90 种小型乔木或灌木，树高可达 10 米，原产自热带非洲和马斯克林群岛，但现在在整个热带地区尤其是南美洲都广泛栽种。阿拉伯人首先栽培了咖啡树，他们将种子烘烤后得到咖啡豆，随后又把咖啡这种饮料引入欧洲。最密集的栽培地区是在巴西、哥伦比亚和西印度群岛的高海拔地区。肯尼亚和埃塞俄比亚（非洲东部国家）也出产高质量咖啡，最好的咖啡出自小果咖啡，但是人们也使用中果咖啡和大果咖啡制成速溶咖啡。

↗ 小果咖啡树的花朵白色、星状、簇生，有5片花瓣，散发出茉莉花的香味，花期只有2~3天。该树生长2~4年之后才开始开花，通常在雨后开花。

咖啡树是很好的观赏植物，它们的树叶常青、光滑、对生，开小小的白色花朵，通常具有芳香的气味，有些是单生，有些是小团簇生。果实成熟之后呈现红色，里面含有种子。小果咖啡树的木材也可用。

蔷薇科 > 枇杷属

枇杷

枇杷属约含 26 种常青乔木，原产于喜马拉雅山、马来西亚和东亚。树高 10 米，树叶坚韧、革质、互生，花朵小、白色，气味芳香，端生圆锥花序，被密毛，结的果实像杏子，簇生，直径 4 厘米。

尽管有些枇杷属种类在温带栽培作为观赏植物（尤其是能够耐轻微霜冻的枇杷），但在亚热带和热带地区人们广泛栽培枇杷是为了收获其可食性果实。果实微酸，可生吃，也可制成腌渍品或蜜饯。枇杷源自中国和日本，是最广泛的栽培物种，在日本更常见，有几百种栽培变种。

蔷薇科 > 皂树属

皂皮树

皂树属较小，只有 3 种常青灌木或乔木，树高不到 10 米，树叶光滑、革质，单叶互生。它们的花朵较大，呈白色或玫瑰色，中心紫色，是杂性花。

皂树属原产于南美洲温带地区，它们的树叶和花朵很漂亮，因此尽管比较柔弱，有时候却被栽培作观赏树。但是该属最出名的却是它们内树皮的药效，尤其是智利的皂皮树，树皮还可制成皂角苷，以前用在肥皂制作中。

茄科 > 曼陀罗属

曼陀罗

曼陀罗属是一个小的属，但观赏价值极高，包括 14 种灌木和乔木，树高 10 米，原产自南美洲，特别是在安第斯山脉。树叶大，单叶，互生，开白色到黄色或红色花朵，长 20 厘米以上，花单生，下垂。

黄花曼陀罗有许多栽培变种，它的花朵大，呈白色到黄色，气味芳香，特别迷人。黄花曼陀罗与变色曼陀罗杂交产生了杂交种曼陀罗，广泛栽培。曼陀罗属里有许多种含有生物碱，可能导致幻觉出现。

肉豆蔻科 > 肉豆蔻属

肉豆蔻

该属具有重要的经济价值，包括大型常青乔木，雌雄异体，高 10 米，原产于亚洲和澳大利亚，但是现在在整个热带地区均有栽培。单叶互生，下表面蜡质，花朵小、簇生。

肉豆蔻树可出产肉豆蔻和豆蔻香料，它的果实呈黄色，肉质，含果仁，外面包裹一层网状结构的蜡质红色假种皮，可被制成豆蔻香料；果仁（肉豆蔻）碾碎后可做调料。肉豆蔻主要的生产国是印度尼西亚和格林纳达。在热带海边有时候人们也种植肉豆蔻树作观赏植物。

↗非洲肉豆蔻

非洲肉豆蔻的花朵很漂亮，也很不常见，有研究认为这些花朵在释放花粉之前，有可能会将甲虫困在里面。

桑科 >Milicia 属

绿柄桑

该属虽小却很重要，包括 2 种，分布在热带非洲，树高 20 米，含有白色的牛奶状树液，雌雄异体，雄花呈密密的穗状，雌花形成大的球形花头。有时候栽培作观赏植物，但它们的木头更重要，具有经济价值。其中一种非洲铁木可防蚁蛀，广泛用于制作家具，现在由于过度开采已经处于灭绝的边缘。

桑科 > 构属

构树

构属包括 8 种落叶乔木和灌木，雌雄异体，原产自热带亚洲，在马达加斯加有 1 种。树叶生锯齿边或者深裂，2 种叶形有时候出现在同一株树上，一般呈绿色，上表面摸起来比较粗糙，下表面柔软、光滑，呈灰色。

构树一般生长作为观赏树：树矮小，开的花朵很迷人——雄花是悬挂的柔荑花序，雌花球状头——而且结很大的彩色果实。

现在人们广泛栽培构树，甚至移植到北美洲，而且有许多已命名的栽培变种。以前日本人拿构树的内树皮制作纸张，在太平洋群岛，人们可用它制成一种纸状的布料，也就是塔帕纤维布。

桑科 > 桂木属

面包树、木菠萝

该属50种，树含乳胶，雌雄同株，源自热带亚洲。树叶互生，非常大，可能深裂（羽状），一般生大托叶。

有些种栽培作为木料用树，其他可作为遮阴树，或者取其果实。许多种类结可食的大果，18世纪布莱船长将面包树引进到西印度群岛（在邦逖远航之前已经在亚洲栽培了几千年），该树果实里含有丰富的碳水化合物和维生素，通常做蔬菜食用。木菠萝的果实是世界上最大的果实之一，长达1米，重达40千克。

山榄科 > 胶木属

杜仲胶

胶木属100多种，分布在整个东南亚群岛、中国台湾和萨摩亚群岛（位于南太平洋），所有物种均含有白色乳状汁液，这是胶木属的典型特征。树高可达30米，单叶呈螺旋形排列，香味花朵小团簇生。

同山榄科的其他成员一样，胶木属作为木料的价值变得越来越重要。但是，这些树木大多栽培做杜仲胶，这是从包括P.gutta在内的不同物种的牛奶状树液中提取出来的白色橡胶状物质。杜仲胶具有许多特性，曾经广泛用在工业上，特别是作为电绝缘物质；也用在牙齿上，直到今天仍然被人类使用。

山榄科 > 金叶树属

星苹果

金叶树属分布在泛热带，约含40种常青乔木或灌木，集中分布在美洲，在那里广泛栽培。树高20米，树叶互生或呈螺旋形分布，花朵小团簇生在叶腋，或直接生在茎部。

星苹果原产于中美洲和西印度群岛的热带低地里。该属许多种的果实可食，但是星苹果是最常见也是最广泛的栽培树种，它的果实呈紫色，树叶被毛并有铜锈色的边，因此也是美丽的观赏植物。有些种类的木材可用。

山榄科 > 人心果属

人心果

该属位于泛热带地区，包括65种大型常青乔木（高30米），生螺旋形排列的单叶，花朵单生或簇生。人心果属有30种分布在中美洲和南美洲，数量庞大，但是在墨西哥犹加敦地区、伯利兹城（洪都拉斯首都）和危地马拉遭到广泛开采。M.budentata的主茎里含有牛奶状树脂，可制成工业上所用的非弹力橡胶，而人心果曾被当做口香糖的基质。野生树木通常每两三年收获一次，可追溯到阿兹特克文明和玛雅文明时期，正是那个时期的人们部分造成如今该属在中美洲的分布状况。人心果结李子形的可食果实，它也可出产优质木材（从玛雅文明的遗迹可知）。来自印度的铁线子木材也可用。

山龙眼科 > 澳洲坚果属

澳洲坚果

澳洲坚果属含12种常青灌木和乔木，树叶轮生、完整或有锯齿，花朵小，呈粉红色到白色，圆锥花序，坚果可食，分布在马来西亚东部、澳大利亚到新几内亚，大多数源自澳大利亚东部地区。

澳洲坚果长期以来在澳大利亚栽培作观赏树，现在它们结出的坚果具有重要的经济价值：澳洲坚果以及四叶澳洲坚果是比较常见的栽培物种，而且前者比后者更普遍。澳洲坚果在世界上其他地区也有分布，其中包括南非和北美洲，特别是在夏威夷有许多栽培变种。坚果可晒干、去壳或烘烤之后售卖，味道与榛实相似。

山龙眼科 > 拔克西木属

佛塔树

拔克西木这一名称是为了纪念植物学家约瑟夫·拔克，18 世纪末他在“勇气号”航行过程中采集了该属的第一棵标本树，那次航行是由詹姆斯·库克船长领导的。拔克西木属含 70 种乔木和灌木,除了 1 种位于新几内亚之外，其他都分布在澳大利亚。

这些常青树广泛栽培作观赏植物。树叶坚韧、革质，有时候具锯齿边，尺寸各异。浓密的花束大多做剪花售卖。树叶、花朵和锥形果可干燥后装饰用。

拔克西木属里有些种需要火烧才能使果实裂开释放出里面的种子。许多种有丰富的花蜜吸引食蜜鸟类为自己授粉，据报道当地居民也食用这种花蜜。

山龙眼科 > 帝王花属

帝王花

帝王花属包括 100 多种常青灌木和小乔木，原产于热带非洲和南非，那里是帝王花属种类最集中的地方，它们中许多是地方种。树木高度不超过 6 米，单叶、互生、革质，花朵多且大，色彩艳丽，组成末端花序。花朵产生花蜜，吸引许多鸟类和蜜蜂为之授粉。

↗ 帝王花树高4米，花朵像莲花，苞叶展开后露出里面白色（粉红色）的花朵。

帝王花属主要栽培作为观赏植物，例如 P.neriifolia 和大苞，二者均产自“南非之角”，绽放亮彩色花朵，可制干花，树叶也很漂亮，花朵保存时间长，非常受切花人士的欢迎——特别是普蒂亚花。

山龙眼科 > 银桦属

银桦

银桦属含 260 多种常青灌木和乔木，大部分（254 种）源自澳大利亚，少数孤立种分布在印度尼西亚和美拉尼西亚(西南太平洋岛群，词原意为“黑人群岛”)。它们的高度可达 30 米，但一般比较矮，只有 3~8 米，树叶互生，波浪形边缘或深裂，花朵管状，有丰富的蜜，圆锥花序。

银桦属主要栽培作为观赏植物或屏风植物，尤其是生长迅速的银桦，它的树叶像蕨类植物，花朵橙色、红色或白色，色彩绚丽、簇生，在温带地区可点缀地面。G.striata 可出产优良木材，用于细木工作业。

石榴科 > 石榴属

石榴

石榴属比较小，只含 2 种落叶灌木或小乔木，树高 2 米，分布在欧洲东南部到喜马拉雅山。树叶分叉、对生，叶缘完整，树叶密密聚簇在一起，花朵簇生在枝条末端，花朵管状、肉质，色彩亮丽。

石榴的分类学来源不详，自青铜时代起就被人类认知，起源不详，可能来自亚洲。果实的种子周围有肉质果肉，可生吃或晒干后食用，也可做调味品。果肉也可制成石榴糖浆。古埃及人将果肉发酵后制成烈酒。有时候也栽培供人观赏，石榴由于果实可食而被广泛栽培，其树叶还可制成丹宁酸和药剂。

另一种 P.protopunica 来自阿拉伯海的索科特拉岛 (在阿拉伯海西南部)，现在由于过度开采已经濒临灭绝的边缘，数量很少。

使君子科 > 诃子属

诃子树

诃子属分布在泛热带地区，包括 150 种乔木和灌木，树叶大，呈螺旋形排列，一般簇生在树枝末端。这些树广泛栽培做木料（印度月桂树）、制成丹宁酸和颜料（油榄仁和诃子树），也可栽培作行道树或遮阴树。榄仁树（印度杏树）通常也可栽培作观赏树，它能够耐盐，已经移植到比较远的地区；它的果实也可食用。

↗ 板状四特树（诃子属）分布在中美洲和南美洲的森林里，它的高度可达35米以上。

该属通常出现在热带 (或亚热带) 的稀树大草原上，但是也有些物种分布在热带雨林。亚马孙诃子树分布在中美洲的森林中，高度可达 50 米。

鼠李科 > 枣属

枣树

枣属分布在整个热带和亚热带地区，包括 86 种落叶或常青灌木和乔木，树高可达 10 米，其中一种即枣树分布范围很广，从中国直到地中海，到达欧洲。枣树的树叶互生，树叶靠近叶柄的地方有刺；开黄色花朵，簇生，最后结球形的肉质果实。

枣树在原产地广泛栽培，许多物种的果实可食，大小同橄榄，枣树有许多栽培变种，枣莲的果实可生吃、煮熟吃或烘干后吃。远东地区出口的大枣叫作“红枣椰子”。枣属里其他的物种也可做木料(异叶枣),有的具有药效(酸枣)。

檀香科 > 檀香属

檀香木

檀香属分布很广泛，含 25 种常青灌木和小乔木，树高 3~4 米，原产于东南亚群岛、澳大利亚、夏威夷和智利的胡安 · 费尔南德斯群岛。树叶对生、革质，花朵呈圆锥花序。该属半寄生在其他植物的根部，因此很难人工栽培。

檀香属的开发历史很长，主要是因为它的木头气味芳香，提取的油可做香水和香料。从 20 世纪以来，许多物种由于遭受过度开采已经面临灭绝的边缘，其中包括夏威夷的 S.freycinetianum 以及 S.fernandezianum。在印度，檀香除了野生的被开采之外，还被广泛栽培，它具有重要的经济价值，可做成昂贵的日用品，它的心木坚硬、颜色浅，檀香还可提取出芳香的油。

桃金娘科 >Metrosideros 属

新西兰圣诞树

该属包括 50 种灌木、攀缘植物和乔木，树高 10 米，分布在整个东南亚群岛东部地区、新西兰、太平洋和南非。它们是常青植物，具芳香气味，单叶对生、有腺体，彩色花朵生在花序腋下，有时生在末端。

由于它们生有革质的树叶和美丽的花朵，因此主要栽培作观赏植物，有些物种（例如珊瑚树）可为建筑工业提供有用的木材。最有名的 2 种观赏物种均来自新西兰，一种是新西兰圣诞树，在圣诞节期间开暗红色花朵（这时南半球为夏季），另一种叫作卡拉塔树。树种有时候也可做篱笆。

桃金娘科 > 白千层属

白千层

白千层属是一个大型属，包含 220 种常青灌木和乔木，原产于印度马来群岛和太平洋，在澳大利亚物种最丰富，有 200 多种分布在此。白千层属与红千层属相似（是近亲），单叶密布，有腺体，树皮一般呈纸状，花朵色彩绚丽，雄蕊长，很显眼，腋生花头或呈穗状。

白千层的高度可达 25 米，在它们的原产地具有多方面用途。可栽培作观赏植物，树皮也含有医用油，例如白千层油和绿花白千层油（来自五脉白千层），木头也可用。它的通用名出自马来单词，意为白色木头。

桃金娘科 > 赤楠属

丁香树

赤楠属是一个巨大的属（已经确认的物种有 1000 多种），包含常青灌木和乔木，树高可达 45 米，原产于旧大陆的热带地区。树叶对生，有腺体，花朵一般比较小，彩色，腋生或端生在圆锥花序上。

赤楠属广泛栽培作观赏树，而且有些种例如蒲桃和莲雾的果实可食用。丁香树绽放红色的花朵，它是常青乔木，树高 20 米，花芽晒干后可作它用。丁香树自古代就开始栽培（在中国，公元前人们就已经将丁香药用和食用），现在在整个热带地区均有栽培。目前，桑给巴尔岛（坦桑尼亚东北部）、马达加斯加和加勒比海是这种香料的主要生产地区。

桃金娘科 > 番石榴属

多香果

番石榴属原产于热带美洲的雨林里，包括 5 种热带乔木，高 15 米，生革质的常青树叶，树叶对生，叶缘完整；花朵簇生，短茎，分枝花序。树叶和花朵均有腺体，含有桃金娘科成员特有的芳香油。

有些物种曾用于制作头发香水和普通香水，例如西印度月桂，现在引入其他地方种植。该属出产的香料很有名，是从番石榴未成熟的果实中提取出来的，可做调料。

桃金娘科 > 番樱桃属

番樱桃、扁樱桃

番樱桃属是一个大型的热带属，含 500 多种常青灌木或乔木，高度有时候可达到 30 米，树叶对生、单叶、光滑，花朵通常生在短茎上，总状花序。番樱桃属主要分布在美洲，但有一种位于澳大利亚，一种分布在新几内亚。以前人们总把番樱桃属和蒲桃属联系在一起，实际上在旧大陆它们非常相似。许多种（例如巴西蒲桃）由于果实可食用而被人类广泛栽培，果实可生吃或制成果酱或蜜饯。另外一个种类——番樱桃也出自美国，它的果实像樱桃，经常栽培作树篱。

桃金娘科 > 香桃木属

香桃木

香桃木属局限于北非和地中海，含2种常青灌木，高度可达5米。它们的树叶对生，是单叶，有香味，花朵白色或粉红色，单生在叶腋里。

香桃木天然分布在地中海沿岸的灌木地带，由于具有香味树叶，而且花朵和果实里可提取出香精油，因此长久以来被广泛栽培，总是用在宗教仪式或庆典上。香桃木有几个变种和许多不同的栽培变种，今天已经不清楚原始自然分布状况，其木头也可用于制作家具，树根可提取丹宁酸。

藤黄科 > 藤黄属

罗汉果

藤黄属含200种热带常青灌木和乔木，分布在旧大陆整个热带地区，尤其是亚洲和南非。它们可长到15米高，树叶暗绿色、革质、对生，花朵单生、腋生或簇生，颜色从绿色到白色、红色或黄色。

藤黄属有几个物种的果实可食，因此被人类栽培。山竺由于其结大浆果状果实而在马来西亚广泛栽种，但是在原产地之外不易栽培，其他结果（通常用来做调料）的栽培树种包括藤黄籼，而另外一些物种例如大叶藤黄生长缓慢，树脂可用于染料工业，而且可种植在风景点做屏障。

藤黄科 > 铁力木属

铁力木

铁力木属包括40种热带常青乔木，原产于东南亚群岛。高度可达10米，革质单叶对生，花朵大，单生，气味芳香，色彩艳丽，生在叶腋里。最主要的生长树种即铁力木被广泛栽培，它的木材特别硬，因此得到铁力木的俗称，可用作铁路枕木。铁力木也经常出现在斯里兰卡、印度等地。花朵可药用。

无患子科 > 阿开木属

阿开木

阿开木被布莱船长在邦逖远航中引入西印度群岛，该属包括4种常青乔木，高度可达20米，原产于热带非洲。它们的羽状叶无毛，沿着茎互生，开小小的绿色到白色花朵，气味芳香，总状花序，生在叶腋处。

阿开木广泛栽种在西印度群岛和非洲作为观赏植物，包围黑色种子的白色假种皮可食，当亮黄色到亮红色的果实成熟并裂开之后就露出里面的种子。但是尚未成熟的种子和果实都是有毒的，可能导致低血糖症。

无患子科 > 荔枝属

荔枝

荔枝属只有1种，树高25米，原产自中国南部和马来西亚。自古代起就有栽培，荔枝有3个亚种，只有1个亚种即菲律宾荔枝是野生的，其他2种日本荔枝和中国荔枝只有栽培种。荔枝四季常绿，也可作为观赏树，它的羽状树叶呈螺旋形分布，白色花朵生在圆锥花序末端，白色，果肉多汁，富含维生素，这是人们栽培它的主要原因。未成熟的果实是绿色的，壳硬、多瘤，成熟后变成粉红色或红色。

现在荔枝的种植范围远至南美洲和澳大利亚，还有北美洲，那里栽培2种荔枝，即山地荔枝和季风荔枝（水果商品）。目前已经确认了许多栽培变种，结出来的果实更优质、个更大，大多数加入糖浆做成罐头售卖，也可做甜点。在中国，人们常常拿荔枝和鱼以及肉混合做菜。

无患子科 > 韶子属

红毛丹

韶子属含 22 种常青乔木，高 20 米，树叶互生，单叶或复叶，花朵小，不显眼，稀疏簇生。

韶子属原产于印度尼西亚，含有重要的果树红毛丹，单性繁殖（自授粉）。它的种子在野外需要被猴子吃下并排泄出来后才能够发芽。Nephelium ramboutan — ake 也被栽培以取其可食性果实，2 种均有许多栽培变种。种子去皮后也可食用。韶子属与荔枝属是近亲。

↗ 由于阿开木的梨形果实含有海绵状的白色到黄色果肉，因此有时候被人称作“植物脑”。现在，它那软软的可食假种皮是加勒比海烹饪的特色——在牙买加，腌制鳕和阿开木是国菜。

梧桐科 > 非洲芙蓉属

非洲芙蓉

非洲芙蓉属分布范围从非洲到马斯克林群岛，有许多生在马达加斯加，该属比较大，含超过 250 种常青或落叶灌木和乔木，雌雄同体、雌雄异体或者两性，树木高度可达 20 米。树叶通常是单叶，心脏形，互生，花朵芳香，颜色从白色到红色或黄色，簇生在树枝末端或叶腋。

非洲芙蓉的青翠树叶以及芳香的花团特别迷人，花朵呈深粉红色，因此主要栽培作为观赏植物。杂交种铃铃花（婚礼花 × 非洲芙蓉）有许多变种，也被普遍种植。这些种类在当地也开发做纤维。

梧桐科 > 可可属

可可树

可可属约含 20 种乔木，树高 10 米，树叶较大、互生，叶缘完整，花朵小，生在树叶的叶腋里或直接生在树干上。

可可属原产于热带美洲的低地，但是最常见的栽培物种可可树是常青乔木，现在在整个热带地区均广泛种植，这是因为它们的种子可制成巧克力，可可豆富含营养，能量值高。从古代起人们就开始栽种可可树，它是由汉斯·斯洛尼 (1660~1753) 引入欧洲的，他在牙买加第一次尝试可可豆时把它描述为“不好喝的饮料”。在 19 世纪时兴喝牛奶，因此发明了牛奶巧克力。

可可树现在是重要的经济作物，而且它们的种子——以及由此制作的巧克力——含有令人兴奋的生物碱、咖啡因和可可碱。其他用在巧克力制造业的物种有两色可可树、大花可可树和狭叶可可树。

梧桐科 > 可乐果属

可乐树

可乐果属是一种比较大的属，含 125 种，通常是雌雄同株，原产自热带非洲。这些树可能是常青乔木或落叶乔木，树高 20 米，树叶互生，叶缘可能完整、裂开或深裂，花朵簇生，或呈总状花序。

可乐果属的植物的苦果（坚果）里含有咖啡因，因此被人们广泛种植，尤其是 Cola acuminata。可乐树的果实可咀嚼食用或做成小饼，或者做成可乐饮料——但在今天大多数被人工合成的可乐替代。可乐果属里许多种在亚热带地区也可种植作为观赏植物，其中包括可乐树和 C.verticillata，而且通常栽种在公园里。

仙人掌科 > 巨型仙人掌属

北美洲巨型仙人掌

巨型仙人掌属只有 1 种，即北美洲巨型仙人掌，这是一种巨大的柱形仙人掌，高 20 米，树状，原产于美国西南部和墨西哥的沙漠里。它的主茎直径 60 厘米，最终分枝形成枝状大烛台般的结构。树上长 7 厘米长的刺，开白色的大管状花，靠鸟、昆虫和蝙蝠授粉，花朵生在接近茎顶端。

北美洲巨型仙人掌的果实绿色，略泛红色，可食用，以前是土著居民的一种重要的食物和饮料来源，如今在宗教仪式上仍被使用。

仙人掌科 > 摩天柱属

树形仙人掌

摩天柱属含 12 种树形仙人掌，分布在中美洲。它们具有直立的茎，或生刺或无刺，高达 15 米，管状花朵，白天或夜晚开放，一般呈毛状，结肉质的球形果实。

↗ 所谓的公园仙人掌即菜用仙人掌是加利福尼亚贫瘠的荒漠里一道惊人的风景。它是世界上最大的仙人掌，据测有些高度近21米，重达25吨；花朵生在茎部上端，夜晚开放，由蝙蝠食其花蜜并为其授粉。

摩天柱属许多成员由于具有清晰的轮廓，因此栽培作观赏植物，其中包括摩天柱和菜用仙人掌，它们开白色大花，树高、分枝。它们的果实可食，种子也可碾碎做成面粉。

仙人掌科 > 木麒麟属

木麒麟

木麒麟属比较小，分布在加勒比海、中美洲和南美洲。该属 16 种，既有高达 8 米的多叶乔木，也有小灌木和攀缘植物。尽管茎既不膨胀，也没有钩毛（刺激皮肤），树叶多汁，但它似乎代表了仙人掌科的原始直系。它们的花小，白天开放，通常呈圆锥花序，但也可能单生。

主要的栽培物种木麒麟不是严格意义上的树木，而是一种攀缘植物，高达 10 米，它的果实可食，具有观赏价值。大叶木麒麟是一种乔木，高 5 米，也结肉质可食性果实。

仙人掌科 > 仙人球属

仙人球

仙人球属分布在南美洲，有 50~100 种，人们对这些树形仙人掌不甚明了。它们中有直立的、有棱的柱状分叉树形植物，高 8 米，也有灌木状或臃肿或俯卧的种类，可能无刺，也可能多刺。侧面开放细长的管状花朵，色彩各异，白天或夜晚开放。

仙人球属种类主要栽培作为观赏植物，例如 E.chiloensis，该物种的肉质果实可食。E.pasacana 的茎可制作家具和栅栏。

↗ 仲夏，拳骨团扇的联结端和老果实尖端绽放粉红色（红色）的花朵。与仙人掌属其他的物种不同，拳骨团扇的果实不能成熟，但会继续长在树上，等到第2年，在老果实上面开放新的花朵，并发育成新的果实。

仙人掌科 > 仙人掌属

仙人掌

仙人掌属含 200 个物种，既有生长缓慢的卧俯植物和灌木，也有高达 10 米的乔木（猪耳掌），但通常树高只有 3~4 米。仙人掌的分段茎可能是柱形或扁平的，通常有刺，但是所有物种均含有钩毛（短短的刺毛），可能引起严重的皮肤刺激；花朵大，通常单生，白天开花，也生有钩毛，有时候生刺。仙人掌属分布很广，从加拿大南部到南美洲最南端。

有些种（特别是梨果仙人掌）的果实可食，无刺的仙人掌通常可做草料。多刺的仙人掌可做篱笆。其他栽培物种包括胭脂树，可制成胭脂。

有些物种引入澳大利亚和南非之后已经变成牧地的侵略物种（例如 O.aurantiaca），但是现在通过从它们的原产地引入蛾幼虫成功遏制了这一趋势。

玉蕊科 > 巴西栗属

巴西栗

巴西栗属只包括 1 种落叶乔木，高度可达 40 米，原产自亚马孙的热带雨林中。树干又长又直，只向着顶部分枝，树叶大、革质、长圆形；花朵直立穗状，生在叶腋之上或树枝末端；结又大又重的果实，含坚果。

巴西栗的大部分果实是从野生树上获得的，自繁殖，靠一种蜜蜂授粉。果实只生在树龄 10 年以上的树上，需要 14 个月果实才能成熟，里面的白色果仁营养价值很高，含丰富的脂肪。

仙人掌科 > 仙人柱属

仙人掌树

仙人柱属含 36 种树形仙人掌，原产自西印度群岛和南美洲东部的干旱地区。仙人柱属在过去的 1 个世纪经多次修正，以前包括许多柱形种类，夜晚开花的种现在归入三角柱属。

仙人掌树通常可达 10 米高，分枝多。它的茎通常呈蓝绿色，开白色管状花朵，长 30

↗ 仙人掌树由于具有圆柱形分叉茎而比其他任何仙人掌更像树，茎里含有辛辣的牛奶状汁液，上面生密集的小刺。

厘米。由于它们具有园艺价值和植物学研究价值，因此被人工栽培，有些种的幼茎也可去刺后食用。

玉蕊科 > 炮弹树属

炮弹树

炮弹树属原产于热带美洲温暖的森林里，含 4 种乔木，高度可达 35 米，生螺旋形排列的单叶，有时候边缘呈锯齿状。花朵大，色彩绚丽，形成下垂的圆锥花序；花朵生在茎上（直接生在最老的树干上），C.guianensis 的花序长度在 3 米以上。果实直径达 20 厘米，起初是肉质的，后来封闭在一个木质的蒴果里——因此得到炮弹树这一俗名。

炮弹树有时候被种植在街道上，也是很好的木料用树。

芸香科 > 椴木属

椴木

该属只含 1 种，原产自印度南部和邻近的斯里兰卡（南亚岛国）。椴木的树叶互生、羽状，有腺体，花朵小，圆锥花序。该树是小型落叶乔木，有香味，高 20 米，源自斯里兰卡，由于它的木材质地好，可制作家具和胶合板，因此被人们栽培。

芸香科 > 花椒属

花椒树

花椒属分布在泛热带地区，含有 250 种落叶乔木或常青多刺乔木，树高可达 20 米，羽状树叶互生，花朵一般呈黄绿色或白色，圆锥花序，落叶物种的花朵先叶开放，例如美洲花椒树。

这些树木生香味树叶和树皮，有时候可栽培供人观赏。然而，花椒属最有名的用途却是其树皮，它含有多种生物碱，有药效。果实也可食用并做香料（毛刺花椒），而其他的物种可出产优质木材，例如黄色花椒木。

↗ 炮弹树的花呈杏红色和金色，上面的雄蕊很奇特，倾向一边。花朵闻起来特别芳香，生长在树干的老木上。

樟科 > 鳄梨属

鳄梨

鳄梨属具有重要的经济价值，含 200 种常青乔木和灌木，原产于热带美洲和亚洲。树高 20 米，树叶互生，叶缘完整，花朵小，呈绿色到白色，不显眼，圆锥花序。

由于它们的果实也就是酪梨的维生素含量特别高，因此栽培历史有几千年，最重要的物种是来自中美洲的鳄梨。鳄梨属有许多栽培变种，而且许多杂交种在非洲、以色列和加利福尼亚州广泛栽培，产品出口到世界各地，主要是欧洲。木料树种有 P.borbonia 和 P.nanmu。

樟科 > 绿心樟属

绿心樟

绿心樟属包含 350 种热带树，分布范围从热带和温带美洲直到热带非洲、南非和马达加斯加。但是，绿心樟属大部分物种原产于热带美洲。树叶通常是常绿的，革质，有腺体，花朵 3 瓣，总状花序。

绿心樟属广泛栽培用作木料：来自巴西的巴西黄樟具有香味树皮，红绿心樟在美洲被广泛开采，而非洲的水泡绿心樟可能是经济价值最高的物种。

樟科 > 樟属

樟树、肉桂

樟属含 350 种芳香的乔木和灌木，具有重要的经济价值，分布在亚洲东南部、澳大利亚、斐济、萨摩亚群岛（位于南太平洋）和热带美洲。树高可达 30 米，树叶革质，气味芳香，通常是对生。

锡兰肉桂的香树皮是商品肉桂的来源，但是，产自缅甸的香肉桂也有类似的用途，并在中国被广泛栽培。樟脑也是从樟属中的香樟的树叶里提取出来的，但该树主要出产木料，可制作优良的木工艺品。

樟属其他许多种的树皮可做香料或者药用，其中包括大叶桂和阴香。

紫葳科 > 黄钟木属

风铃木

黄钟木属约含有 100 种树木，树高 30 米，分布在热带美洲，树叶对生，单叶或复叶，管状花朵，气味芳香，呈圆锥花序。它们的木材价值和观赏性也很高，有些物种例如黄花风铃木是重要的沿海物种，可抵抗盐风。

黄钟木属出产的木材特别耐用，因此被大量开采（例如中美洲蚁木）。其他物种例如锯叶风铃木和红蚁木既出产珍贵的木材，又具有观赏价值。

紫葳科 > 火焰树属

火焰树

火焰树属只有 1 种，来自非洲，但是由于广泛种植，现在移植到热带其他地方，特别是亚洲部分地区。火焰树高 20 米，生羽状树叶，开猩红色管状花朵，像郁金香，总状花序。

↗ 火焰树绽放鲜艳的橙色到猩红色花朵，有金边，直径10厘米；花朵呈大总状花序，出现在树枝末端；由于一次只开放一部分，因此花朵可保留数月。树叶大，长达50厘米，羽状，有褶饰边。

火焰树生深绿色树叶，树皮成熟后有凹槽，具有板状根，看起来特别迷人。它被广泛种植在公园里，树冠很大，可遮阴，而且满树绽放的猩红色花朵可保持很长时间不凋谢。

紫葳科 > 蓝花楹属

蓝花楹

蓝花楹属绽放的花朵具有惊人的美，因此成为重要的观赏植物，生羽状树叶，绽放蓝色或紫色的钟状花朵，花生在总状花序的腋下或末端。该属含有 34 种灌木和乔木，树高 30 米，所有种均产自热带美洲干旱地区。

蓝花楹是常见的栽培物种，高 15 米，树叶像蕨类植物的叶子，夏天开芳香的蓝色花朵，圆锥花序。蓝花楹在整个热带和亚热带地区很常见，常常种植在街道两旁。该属的木头可做纸浆（例如 J.copaia），有些种的树皮可提取出具有医学价值的药物。

↗ 蓝花楹紫红色的喇叭状花朵在怒放，它们一般生在光秃秃的灰色树枝上，先于叶开放。

棕榈科 > 贝叶棕属

贝叶棕

贝叶棕属含 6 种扇子棕榈树，原产于热带亚洲和澳洲，树高 20 米，手掌状树叶宽达 5 米，生在直立的单树干上。所有种类均只有 1 个花季（只有 1 个开花期），但是栽培种需要长达 50 年才能开花。贝叶棕具有独特的直立花序，长 8 米，生无数微小的单花，结的果实多达 25 万个。

贝叶棕属有许多种被人工栽培，其中包括巨人棕，它的花序是很好的棕榈汁和棕榈糖源。贝叶棕的树叶可做盖屋的材料和书写纸。

棕榈科 > 槟榔属

槟榔

槟榔属被广泛栽培，含 60 种，原产于印尼到马来群岛、澳大利亚和所罗门群岛。它们的高度可达 20 米，生独特的弓形羽毛状树叶，长 2 米。在原产地的热带雨林里是矮层植物，现在在热带栽培作为观赏植物，有时候在温带地区栽培作为温室植物。

槟榔属最有名的种是槟榔。在东南亚，槟榔的种子被切成薄片，然后用蒌叶卷住，和着石灰一起咀嚼，会释放出一种生物碱，为温和的麻醉剂，可提高快感，同时唾液变成亮红色。槟榔属其他种的树叶切碎之后，最外层可用于制作纺织品。

↗ 槟榔的树干窄、向上挺直，树叶宽、羽毛状，它的种子（槟榔）是世界上最受欢迎的零食之一。